高等学校机电工程类系列教材

自动控制原理

邹　恩　漆海霞
杨秀丽　邢　航　编著

西安电子科技大学出版社

内容简介

本书是根据高等工科院校自动化、电气工程、电子信息等电类专业对“自动控制原理”课程的要求编写的。全书共7章，内容有自动控制原理的基本概念，控制系统数学模型，控制系统时域分析法，控制系统的根轨迹法，控制系统的频域分析，控制系统的校正以及线性离散系统分析。每章都配有适当的例题和习题。

本书可作为高等工科院校自动化、电气工程、电子信息、检测技术与自动化装置等电类专业和机械类专业的教学用书，还可供相关工程技术人员参考。

为了满足使用本书的教师和学生的教与学要求，与本书配套的《〈自动控制原理〉学习指导与习题解答》也同期出版。

图书在版编目(CIP)数据

自动控制原理/邹恩等编著. —西安：西安电子科技大学出版社，2014.8(2020.8重印)
高等学校机电工程类系列教材
ISBN 978-7-5606-3390-9

Ⅰ. ①自… Ⅱ. ①邹… Ⅲ. ①自动控制理论—高等学校—教材 Ⅳ. ①TP13

中国版本图书馆CIP数据核字(2014)第110773号

策　　划　邵汉平
责任编辑　邵汉平　王晓燕
出版发行　西安电子科技大学出版社(西安市太白南路2号)
电　　话　(029)88242885　88201467　　邮　　编　710071
网　　址　www.xduph.com　　电子邮箱　xdupfxb001@163.com
经　　销　新华书店
印刷单位　西安日报社印务中心
版　　次　2014年8月第1版　2020年8月第3次印刷
开　　本　787毫米×1092毫米　1/16　印　张　17.5
字　　数　414千字
印　　数　3501～4000册
定　　价　39.00元
ISBN 978-7-5606-3390-9/TP

XDUP 3682001-3

*****如有印装问题可调换*****

前　言

自动化技术是当代发展迅速、应用广泛、最引人瞩目的高新技术之一，是推动新的技术革命和新的产业革命的核心技术。近年来，自动化技术已广泛应用于机械加工、采矿冶炼、化学工业、电力系统、交通运输、农业生产、环境保护、医药卫生、军事技术、航空航天、科学研究、办公服务、家庭生活等领域；自动化的实现改善了工作环境，提高了生产效率和生产能力以及产品质量和经济效益，丰富了人民的生活水平。自动化技术推进了传统产业现代化，代替了人的体力劳动和部分脑力劳动，实现了高水平自动化生产，在某种程度上，可以说自动化是现代化的同义词，因此自动化程度可反映一个国家工业发展的水平。在当今社会的家庭、办公室、工厂、公共场所等，都离不开自动化设备，自动化为人类文明进步做出了重要贡献。例如，空调机可在炎热的夏天使室内自动保持适宜的温度；全自动洗衣机能自动地把衣服洗干净；订票系统可以预订到世界各地任何一家航空公司的任何一条航线的机票；电子银行可以快速地完成银行或用户之间的资金转移；农业机器人可移植秧苗、灌溉田地、栽培蔬菜、采摘果实、养猪养鱼、挤牛奶、剪羊毛；港口能自动地根据编号将集装箱装上船舶；宇航员在天宫一号上的太空授课同步发送到地面；等等。

自动控制原理是一门应用性较强的专业课，起着承上启下的作用，学生学习的兴趣、掌握的程度都会直接影响后续专业课程的学习。为了适应自动化、电气工程及其自动化、通信等电类专业学习自动控制原理的需要，我们编写了这本教材。本书涵盖了经典控制理论的基本内容，强化控制理论与控制工程学科的实践性，介绍了控制系统在时域和频域中的分析方法、传递函数、方框图和信号流图模型；详细阐述了用于控制系统分析和设计的时域法、根轨迹法和频域法；介绍了系统的校正设计方法；对离散系统的稳定性、瞬态和稳态性能进行了讨论。书中特别注意结合控制系统分析与设计，比一般教材增加了大量的实际例题，大部分例题除采用计算方法解题外还采用了 MATLAB 的解题方法，并给出了一些实际系统的 MATLAB 仿真示例，以利于培养学生理论联系实际的科学观点，提高学生综合分析问题和解决问题的能力。

全书图文并茂，理论联系实际，特别注重工程实用性。在附录中加入了拉普拉斯变换和 MATLAB 常用函数，可供读者在学习中查询。

与本书配套的《〈自动控制原理〉学习指导与习题解答》同期出版，它对本书中所有习题都提供了详细解题过程。

本书可作为高等工科院校电类和机械类相关专业的教材，也可供相关工程技术人员参考。

本书由邹恩教授、漆海霞副教授、杨秀丽及邢航讲师编著，编写中得到张铁民教授的支持，在此表示感谢。本书由华南农业大学重点教改项目“自动化专业实践教学改革的研究与探索”(JG12014)、华南农业大学“自动控制原理”精品课程、广东省2014年民办高校质量工程“专业综合改革试点——电气工程及其自动化专业学生应用能力培养的综合改革”等项目资助。

由于时间仓促和编者水平所限，书中不妥之处在所难免，敬请广大读者不吝赐教。

编　者

2014年1月

目　　录

第一章　引　　论

本章介绍了自动控制基本概念和自动控制系统基本原理，自动控制系统示例和分类，自动控制系统基本要求和术语。

1.1　自动控制的基本原理

1.1.1　自动控制和自动控制系统

18 世纪下半叶，瓦特发明了蒸汽机，使传统的手工业过渡到机器大工业，引起了第一次技术和工业革命的高潮；19 世纪 70 年代，发电机的发明，使电力在生产和生活中得到广泛的应用，第二次工业技术促成了一大批工业部门的诞生；随着现代科学技术的发展，自动控制技术成为当代发展迅速、应用广泛、最引人瞩目的高技术之一，是推动新的技术革命和新的产业革命的核心技术。

自动控制是指在没有人直接干预的情况下，控制装置(如机器设备或生产过程)按照预先设定的控制过程(如测量、运动等)，对被控对象的工作状态(如被控制量，温度、压力、流量、速度等)进行控制。自动控制系统是指能够对被控对象的工作状态进行自动控制的系统，它一般由控制装置和被控对象组成。

自动控制系统已被广泛应用于工业、农业、军事、交通等各个领域。在工业上，冶金、化工、机械制造等生产过程中遇到的各种物理量，如温度、流量、压力、厚度、张力、速度、位置、频率、相位等，都有相应的自动控制系统。在此基础上通过采用数字计算机还建立起了控制性能更好、自动化程度更高的数字控制系统，以及具有控制与管理双重功能的过程控制系统。在农业上，包括水位自动控制系统、农业机械的自动操作系统等。在军事技术上，有各种类型的伺服控制系统、火力控制系统、制导与控制系统等。在航天、航空和航海上，除了各种形式的控制系统外，还包括导航系统、遥控系统和各种仿真器。办公室自动化、图书管理、交通管理乃至日常家务，也离不开自动控制技术。

随着控制理论和控制技术的发展，自动控制系统的应用领域还在不断扩大，几乎涉及生物、医学、生态、经济、社会等所有领域。

1.1.2　自动控制系统的工作原理

自动控制系统的组成和工作原理与人体的构成和工作机理有很多相似之处：人体的许多功能可以在不需要有意识地干涉的情况下完成，从而维持我们的生命，如人体的体温恒定调节系统、心跳自动控制系统、自动平衡系统等都是人体内在复杂的控制系统。

同时，人的生活和生产等活动也无不体现出自动控制系统的工作，如打羽毛球，运动员要根据对手打过来的球的位置，调整自己的位置接球；水位人工控制系统，通过人工目测水位在目标水位的上或下位置，关闭或打开进水阀，以保证水平面的高度。在人参与的活动中，眼睛作为传感器，人脑和神经系统作为控制装置(或控制器)，人的手、腿、肌肉作为执行元件。传感器用来测量被控量的状态信息，并转换为电信号，传送给控制器；控制器计算出控制对象当前状态与目标状态的差值，按一定规律产生控制信号，经信号放大，送给执行机构操作，直到检测到当前状态与目标状态的差值为零为止。这是一种控制和消除偏差的过程，是按偏差控制的反馈控制。

如果传感器检测的输出信号与输入信号叠加后，使系统产生的偏差越来越小，则称为负反馈(控制)；反之，如果输出信号与输入信号叠加后，偏差信号越来越强，则称为正反馈(控制)。正反馈在自动控制系统中主要用来对小的变化进行放大，从而可以使系统在一个稳定的状态下工作。如核反应就是一个正反馈的例子：在反应堆工作之前，要通过几个触发中子使系统工作起来，一旦反应开始后，系统本身会产生大量的中子来维持反应的进行，利用这种正反馈机制可以形成大规模的核反应。由于正反馈总是起放大作用，会使系统中的作用越来越剧烈，最后可能导致系统损坏。所以一般正反馈都与负反馈配合使用，以使系统的性能更优，有的时候会在正反馈后面加上非线性环节(如限幅环节)。本教材中提到的反馈控制系统如果无特殊说明，一般都指负反馈控制。

1.1.3 自动控制系统的基本控制方式

自动控制系统的基本控制方式包括：开环控制、闭环控制、前馈控制、复合控制。

自动控制系统大多都是闭环(反馈)控制系统，系统方框图如图 1-1 所示。其特点是：输出影响输入，所以能削弱或抑制干扰；可由低精度元件组成高精度系统。

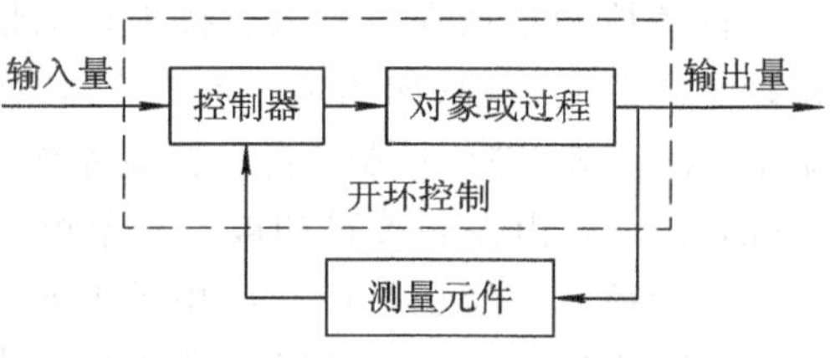

图 1-1 闭环控制系统方框图

当自动控制系统构成元件的精度较高，或系统本身要求的精度不高时，无需反馈，就构成了如图 1-1 中虚线部分的开环控制系统。开环控制是指控制器与被控对象之间只有顺向作用而没有反向联系的控制过程。此时，系统构成没有传感器对输出信号的检测部分。

开环控制的特点是：输出不影响输入，通常容易实现；系统的精度与组成的元器件精度密切相关；系统的稳定性不是主要问题；系统的控制精度取决于系统事先的调整精度，对于工作过程中受到的扰动或特性参数的变化无法自动补偿。开环控制方式结构简单，成本低廉，多用于系统结构参数稳定和扰动信号较弱的场合，如自动售货机、自动报警器、自动流水线等系统中。

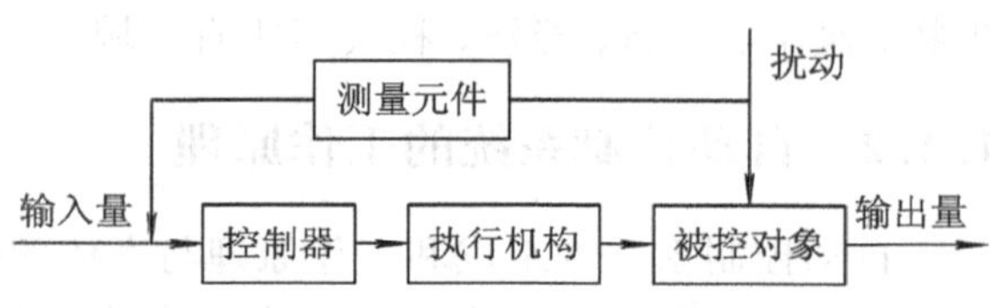

图 1-2 按扰动补偿的系统方框图

还有一种控制方式是按扰动进行补偿的，称为前馈控制，系统方框图如图 1-2 所示。这种控制方式的原理是：利用对扰动信号的测量产生控制作用，以补偿扰动对输出量的影响。前馈控制是直接按扰动而不是按偏差控制，干扰发生后，被测量还未显现出变化之前，控制器就产生了控制作用，所以，前馈控制对干扰的抑制要比反馈控制更及时。由于扰动信号经测量元件、控制器至被控对象的输出量是单向传递的，故按扰动补偿方式是开环控制方式的一种特例，对于不可测扰动以及被控对象及各功能部件内部参数变化给输出量造成的影响，系统自身无法控制，因此控制精度有限，常用于工作机械的恒速控制(如稳定刀具转速)以及电源系统的稳压、稳频控制。

复合控制方式是指同时包含按偏差的闭环控制和按扰动或输入的开环控制的控制方式。前馈控制用来作为补偿装置，只能补偿一种扰动，而对其他的扰动并不起补偿作用；反馈控制是按偏差确定控制作用以使输出量保持在期望值上。对于滞后较大的控制对象，反馈控制作用不能及时影响系统的输出，常引起输出量的过大波动。如果引起输出量变化的外扰是可量测的(例如在汽轮机调速系统中，汽轮机的负荷就是可以量测的)，则用外扰信号直接控制输出就能更迅速和有效地补偿外扰对输出的影响。影响输出量变化的扰动因素很多，但可量测并用来进行控制的只能是主扰动。按扰动控制一般不能单独采用，常需与按偏差控制结合使用，构成复合控制。复合控制将按扰动的补偿控制与按偏差的反馈控制结合起来，发挥各自的优点，能显著减小扰动对系统的影响，有利于提高系统控制精度。

1.2 自动控制系统示例

1.2.1 液位控制系统

液位控制系统可根据系统的实际需要有不同的构成，如图 1-3 所示。图(a)为机械式液位自动控制系统，图(b)为电控式液位自动控制系统。从图 1-3 可见，液位控制是基本的反馈控制。图(a)的工作原理：水箱出水，液位逐渐下降，当液位低于设定的水位高度时，浮球下降，带动控制杠杆使控制阀门打开，增加水流入量；当水位渐渐上升时，控制阀门随之关小，减少水流入量，使水箱内液位保持在设定的高度上。此时，控制杠杆起着液位测量和调节的作用。图(b)的工作原理：自动控制器通过比较实际液位与期望液位，得到两者之间的误差并通过调整气动阀门的开度，对误差进行修正，从而保持液位不变。

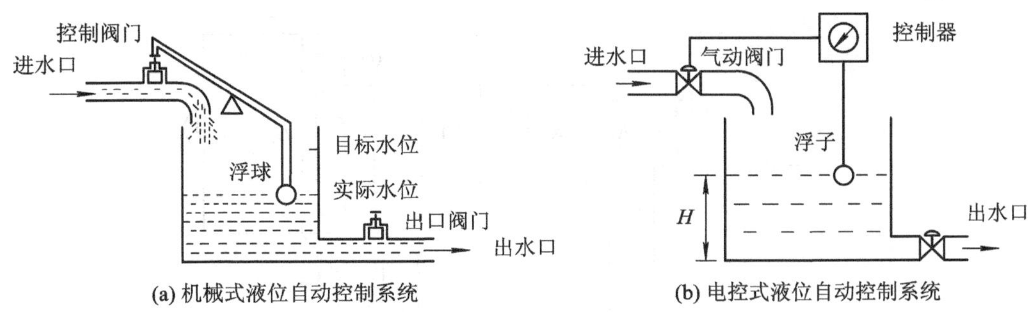

(a) 机械式液位自动控制系统

(b) 电控式液位自动控制系统

图 1-3 液位自动控制系统

1.2.2 温度控制系统

如图 1-4 为热处理炉温度自动控制系统。热处理炉需要保持温度在某一恒定值，该目标温度是由给定的电压信号 u_1 控制的。炉内温度由热电偶测量，热电偶把炉内温度转换成电压 u_2 输出，u_2 与 u_1 比较，所得电压偏差 $\Delta u = u_1 - u_2$ 经放大器放大，驱动电动机。Δu 改变时，对应的电动机转速和方向也发生改变，通过传动装置拖动调压器触头。当温度偏低时，动触头向着增加电流方向运动；反之，当温度偏高时，动触头向着减小电流方向运动，直到所测实际温度与设定温度相等，$\Delta u = 0$，电动机才停转。

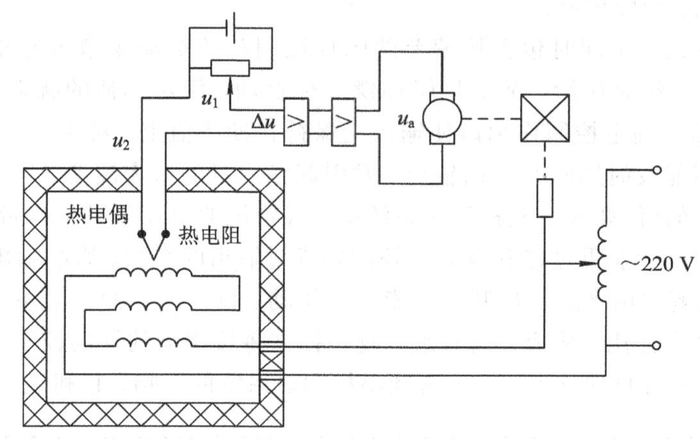

图 1-4　热处理炉温度自动控制系统

1.2.3　转速自动调节系统

在直流电动机单闭环转速自动调节系统中，直流电动机电枢电压变化会引起电动机转速的变化，给定电枢电压值，实际上是给定了电动机的输出转速。直流电动机转速自动调节系统如图 1-5 所示。在电动机轴上安装一台测速发电机 TG，随着电动机转子同速转动，输出与转速成正比的电压 U_n，将 U_n 与设定值 U_n^* 比较，得到偏差 ΔU_n，该偏差经放大器放大为 U_{ct}，U_{ct}送给调节触发装置 GT，产生一定触发角的触发信号，控制晶体管可控整流器 VT 输出相应电枢电压 U_d驱动直流电动机转动。当电动机转速低时，U_{tg}就小，相应的 U_n 就小，与设定电压比较后得到偏差 ΔU_n 就大，则输出的 U_d 就大，电动机转速就提高；反之亦然。

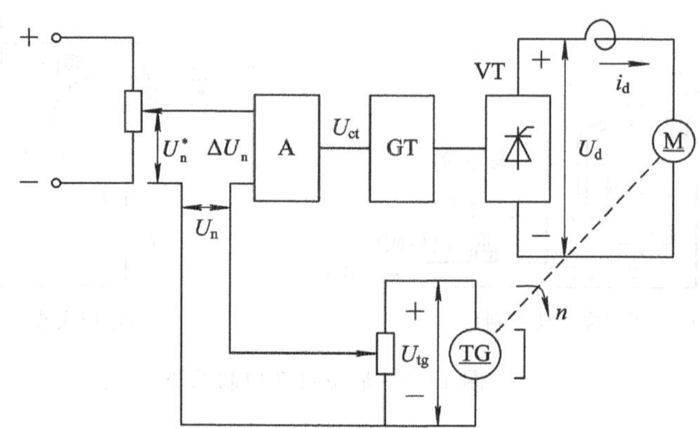

A—放大器；GT—触发器；VT—晶体管可控整流器；M—直流电动机；TG—测速发电机

图 1-5　直流电动机转速自动调节系统

1.2.4 自整角机位置随动系统

自整角机位置随动系统的功能是使自整角发送机 TX 转子角位移 θ_i 总是跟随着自整角接收机 TR 的转子角位移 θ_o。图 1-6 为自整角机位置随动系统，该位置随动系统实际上是火炮瞄准系统，初始状态应该是自整角发送机的位置角 θ_i 和自整角接收机的位置角 θ_o 相等。当火炮手向某方向摇动手轮时，$\theta_i > \theta_o$，产生的失调角 $\theta = \theta_i - \theta_o \neq 0$，则自整角接收机输出一个与 θ 成正比的电压 U，经放大器放大，加到直流伺服电动机上，伺服电动机转动，带动火炮一起转动，同时，与伺服电动机转子联结的自整角接收机转子也跟着一起转动，则 θ_o 增加，θ 值就会减小，当 $\theta_i = \theta_o$ 时，$\theta = 0$，$U = 0$，伺服电动机停转，这时，火炮转过的角度实际上就是火炮手摇动的角度。

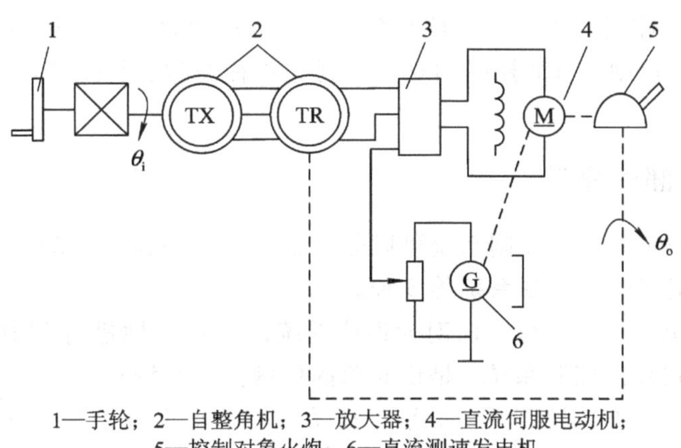

1—手轮；2—自整角机；3—放大器；4—直流伺服电动机；
5—控制对象火炮；6—直流测速发电机

图 1-6 自整角位置随动系统

1.2.5 热工水温控制系统

图 1-7 为热工水温控制系统。冷水在热交换器中由通入的蒸汽加热，得到一定温度的热水，冷水流量变化用流量计测量，温度传感器不断测量热水温度，并在温度控制器中与给定温度比较，当实际水温高于设定温度值时，输出的偏差会控制蒸汽阀门关小，进入热

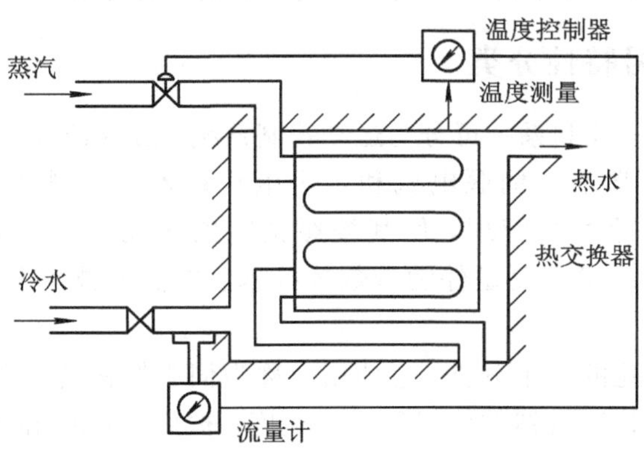

图 1-7 热工水温控制系统

交换器的蒸汽量减少，水温降低，直至偏差为零。在该系统中，冷水流量为扰动量。当冷水流量变大时，热水温度有所降低，流量计测得冷水流量变化，按前馈控制加到温度控制器中加以补偿，使阀门开大，蒸汽量增加，补偿冷水量变大引起的热水温度的降低。

1.3 自动控制系统的类型

自动控制系统的类型不是单一的，根据不同的分类方法有不同的类型，同一控制系统可能是属于多种类型。自动控制系统分类方法如下。

1.3.1 按控制方式分类

自动控制系统控制方式主要指控制系统中信号的流动方向。按控制方式分类，可以分为开环控制、闭环控制、前馈控制和复合控制等 4 种类型。前面已对这 4 种控制方式作了介绍，不再重复。

1.3.2 按执行部件分类

按执行部件不同，自动控制系统可以分为机械控制系统、气动控制系统、液压控制系统、机电控制系统和电气控制系统等 5 种。

机械控制系统是指用机械方法对元件或系统的工作特性进行调节或操纵的控制系统，前面提到的机械式液位控制系统，是最简单的机械控制系统；

气动控制系统和液压控制系统分别是指系统中的动力分别是气压和液压的控制系统。液压控制系统一般是由阀体、电磁阀、油泵及连接所有零部件的流体通道及执行器组成的，如伺服液压缸。气动控制系统一般由压力控制阀、流量控制阀、方向控制阀和逻辑元件、传感元件以及气动辅件连接起来组成。在气动控制系统中，气动发生装置一般为空气压缩机，它将原动机供给的机械能转换为气体的压力能，如公交车的上下乘客的车门控制是常见的气动控制。

机电控制系统是指由机械结构和电气控制相结合构成的整个控制系统，包括数控系统、可编程控制系统、生产线控制和物流控制系统等。比如机电控制技术工程应用中的位置控制系统、速度控制系统、过程控制系统及综合机电控制系统。

1.3.3 按系统信号特性分类

按系统信号特性，控制系统可分为运动控制系统、过程控制系统和顺序控制系统。

运动控制系统大都基于伺服电机和步进电机；运动控制就是对机械运动部件的位置、速度等进行实时的控制管理，使其按照预期的运动轨迹和规定的运动参数进行运动。早期的运动控制技术主要是伴随着数控技术、机器人技术和工厂自动化技术的发展而发展的。

运动控制是自动化的一个分支，它使用通称为伺服机构的一些设备如液压泵、线性执行机构或者是电机来控制机器的位置和(或)速度，被广泛应用在包装、印刷、纺织和装配工业中。

过程控制系统是指自动调整系统温度、压力、流量、液面或 *PH* 值(氢离子浓度)等这样一些输出变量的系统。过程控制在工业中获得广泛应用，如在加热炉的温度控制中，炉温是根据预先制定的程序进行控制的，也叫程序控制。程序控制是经常采用的一种过程控制系统，例如，炉温在一定的时间间隔内，先上升到某一给定温度，然后在另一段时间间隔内再下降到另一给定温度。在这类程序控制中，给定量是按照预先制定的规律变化的，而控制器则保持炉温紧紧地跟随给定量的变化。应当指出，大多数程序控制系统都包含随动系统，作为系统的整体部件。

顺序控制系统是指按照规定的时间或逻辑的顺序，对某一工艺系统或主要辅机的多个终端控制元件进行一系列操作的控制系统。顺序控制在控制系统中用得最多，通常是采用继电器控制电路实现整个系统的操作功能。

1.3.4 按控制参量分类

控制系统的控制参量有温度、压力、流量、位置、速度等，按控制参量不同，控制系统可分为温度控制系统、压力控制系统、位置控制系统和流量控制系统等。

1.3.5 按系统性能分类

按系统性能，控制系统可分为线性系统、非线性系统、连续系统、离散系统、定常系统、时变系统、确定性系统和不确定性系统。

线性系统是实际系统的一类理想化的模型，常用的数学模型有时间域模型和频率域模型。经典线性控制理论数学基础是拉普拉斯变换，模型是传递函数，分析和综合方法是频率响应法。线性系统满足线性叠加原理。

线性连续系统常用微分方程来描述，其一般表达式为

$$
\begin{aligned}
& a_0 \frac{\mathrm{d}^n}{\mathrm{d}t^n}y(t) + a_1 \frac{\mathrm{d}^{n-1}}{\mathrm{d}t^{n-1}}y(t) + \cdots + a_{n-1} \frac{\mathrm{d}}{\mathrm{d}t}y(t) + a_n y(t) \\
& = b_0 \frac{\mathrm{d}^m}{\mathrm{d}t^m}x(t) + b_1 \frac{\mathrm{d}^{m-1}}{\mathrm{d}t^{m-1}}x(t) + \cdots + b_{m-1} \frac{\mathrm{d}}{\mathrm{d}t}x(t) + b_m x(t)
\end{aligned}
$$

式中，$x(t)$为系统输入量；$y(t)$为系统输出量；$a_i(i=0, 1, 2, \cdots, n)$、$b_j(j=0, 1, 2, \cdots, m)$均由系统结构决定。若 $a_i(i=0, 1, 2, \cdots, n)$，$b_j(j=0, 1, 2, \cdots, m)$为常数，则微分方程所表达的系统为线性定常系统；若随时间变化，则为线性时变系统。宇宙飞船控制系统就是时变控制的一个例子(宇宙飞船的质量随着燃料的消耗而变化)。

非线性系统输入与输出间的关系是非线性的，非线性系统不满足线性叠加原理。上述系统中只要有一个元部件的输入输出特性是非线性的，这类系统就称为非线性控制系统，例如某非线性控制系统微分方程描述：

$$\ddot{y}(t) + y(t)\dot{y}(t) + y^2(t) = r(t)$$

可见，非线性系统微分方程中系数和变量有关，或者方程中含有变量及其导数的高次幂或乘积项。典型的非线性特性有饱和特性、死区特性、间隙特性、继电特性、磁滞特性等。非线性系统的理论研究远不如线性系统的那么完整，一般只能近似地定性描述和数值计算。

严格来说，任何物理系统的特性都是非线性的。但为了研究问题的方便，许多系统在一定的条件下，一定的范围内，可以近似地看成线性系统来加以分析研究，其误差往往在

工业生产允许的范围之内。

离散系统是指系统的信号在时间上是离散的，系统的某一处或几处，信号以脉冲序列或数码的形式传递的控制系统。工业计算机控制系统就是典型的离散系统。随着计算机的发展，利用数字计算机进行控制的系统越来越多，连续信号经过开关的采样可以转换成离散系统。离散系统可分为脉冲控制系统和数字控制系统。离散系统用差分方程描述。

1.3.6 按输入量变化规律分类

线性定常系统按其输入量的变化规律不同，可分为恒值控制系统、随动系统和程序控制系统。

恒值控制系统：这类系统的输入量是一个常值，要求被控量亦等于一个常值。温度控制系统——恒温箱(刚出生的早产儿要放在保温箱里)温度一经调整，被控量就应与调整好的输入量保持一致。压力控制系统、液位控制系统等，都是典型的恒值控制系统。

随动系统：这类系统的输入量是预先未知的随时间任意变化的函数，要求被控制量以尽可能小的误差跟随输入量的变化而变化。典型的随动系统有函数记录仪、高炮自动跟踪系统和工业伺服控制系统。在随动系统中，扰动的影响是次要的，系统分析、设计的重点是研究被控制量跟随的快速性和准确性。

程序控制系统：这类系统的输入量是按预定规律随时间变化的函数。如机械加工数字程序控制机床。程序控制系统要求被控制量迅速、准确地复现。

1.4 自动控制系统的基本要求

设计和控制一个系统就是希望系统的性能指标能达到某一范围内，衡量一个系统的好坏也就是看系统的性能是否满足控制要求，那么，如何评价一个自动控制系统的性能呢?

理想情况下，总是希望控制系统的输出量不受干扰信号的影响，始终等于输入信号决定的理想值。但实际系统，由于扰动的作用或输入信号的变化及系统本身的结构参数决定的性能，系统的实际输出与理想输出值之间总是存在误差。当自动控制系统受到干扰或者人为要求给定值改变，被控量就会发生变化，偏离给定值。通过系统的自动控制作用，经过一定的过渡过程，被控量又被恢复到原来的稳定值或稳定到一个新的给定值。被控量在变化过程中的过渡过程称为动态过程，被控量处于平衡状态称为静态或稳态。图 1－8 为自动控制系统被控量变化的动态特性。

自动控制系统动态过程多属于图 1－8(b)的情况。希望过渡过程时间(又称调整时间)越短越好，振荡幅度越小越好，衰减得越快越好。自动控制系统最基本的要求是被控量的稳态误差(偏差)为零或在允许的范围内。对于一个好的自动控制系统来说，一般要求稳态误差在被控量额定值的 2%～5%。

自动控制系统的基本要求概括来讲，就是要求系统具有稳定性、快速性和准确性。

稳定性是对系统的基本要求，不稳定的系统不能实现预定任务，也无从谈起对其的控制。线性控制系统的稳定性通常由系统的结构决定，与外界因素无关。稳定性反映的是系

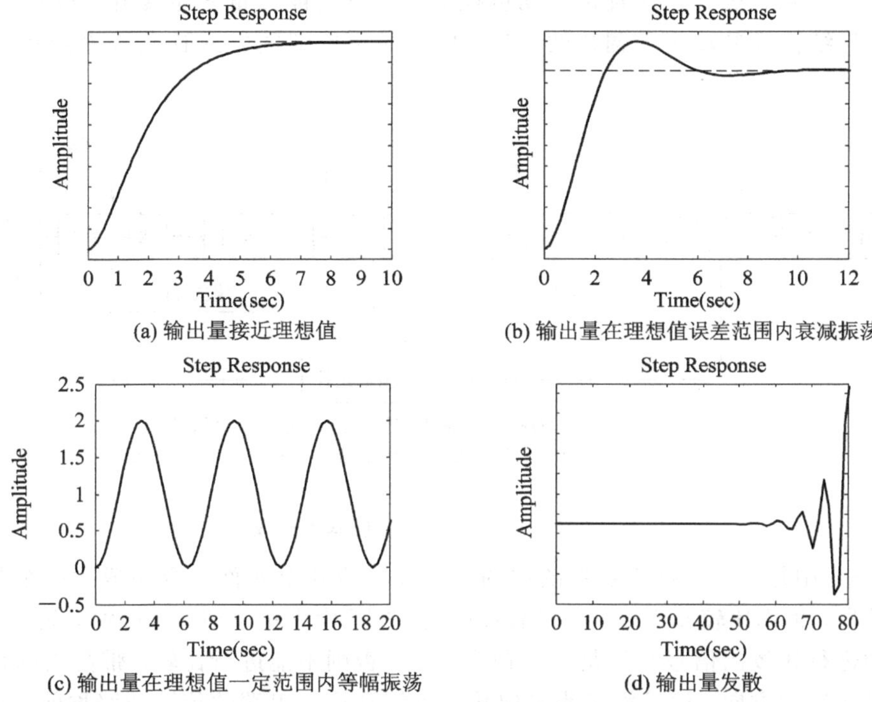

图 1-8 自动控制系统被控量变化的动态特性

统受到扰动信号作用或输入量变化后，经过一个振荡衰减的过渡过程，系统最终达到平衡状态。对于恒值稳定系统，当系统受到扰动后，经过一定时间的调整能够回到原来的期望值。对于随动系统，被控制量应能始终跟踪输入量的变化。

快速性是对过渡过程的形式和快慢提出要求，因此快速性一般也称为动态性能。在系统稳定的前提下，希望过渡过程进行得越快越好，但如果要求过渡过程时间很短，可能使动态误差过大，合理的设计应该兼顾这两方面的要求。

准确性用稳态误差来衡量。在参考输入信号作用下，当系统达到稳态后，其稳态输出与参考输入所要求的期望输出之差叫做给定稳态误差。显然，这种误差越小，表示系统的输出跟随参考输入的精度越高。当准确性与快速性有矛盾时，应兼顾这两方面的要求。

1.5 自动控制系统的术语和定义

自动控制系统一般都是反馈控制系统，主要由控制装置、被控部分、测量元件组成。控制装置是由具有一定职能的各种基本元件组成的。在不同系统中，结构完全不同的元部件都可以具有相同的职能。组成控制装置的元部件按职能分类，主要有给定元件、比较元件和校正元件和放大元件。图 1-9 所示为自动控制系统基本组成。

从图 1-9 可见，自动控制机理是：测量元件测量被控制的物理量；给定元件给出系统输入量；比较器(○)把测量元件检测的被控量实际值与给定元件给出的输入量进行比较，求出它们之间的偏差；放大元件将比较器给出的偏差进行放大，用来驱动执行元件去控制被控对象；执行元件直接驱动被控对象，使其被控量发生变化；校正元件亦称补偿元件，是结构或参数便于调整的元件，用串联或反馈的方式连接在系统中，以改善系统性能。

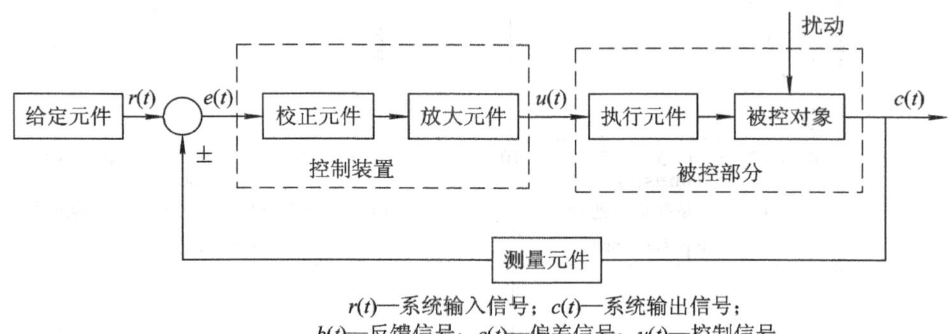

图 1-9　自动控制系统基本组成

图 1-9 中每一个方框表示系统中的一个元件或几个元件组合而成的一个装置。“○”代表比较器，也称比较元件；“－”代表负反馈，“＋”代表正反馈。需特别提请注意的是：在比较器中进行比较的信号必须是同一种物理量，否则不能进行比较。带箭头的直线表示系统中信号流通的方向，信号沿箭头方向从输入端到达输出端的传输通路称前向通路；系统输出量经测量元件反馈到输入端的传输通路称主反馈通路。前向通路与主反馈通路共同构成主回路。此外，还有局部反馈通路以及由它构成的内回路。

在自动控制系统中，还有一个扰动量，是一种对系统的输出产生不利影响的信号。如果扰动产生在系统内部，则称为内扰；如果扰动产生在系统外部，则称为外扰。外扰也称为系统的输入量。

任何一个自动控制系统，都可以将其按基本的组成结构划分，画出其系统方框图，如前面图 1-3(b)给出的电动式液位控制系统，其方框图如图 1-10 所示。图中，控制装置由比较器(○)和放大元件组成，被控部分由气动阀门和水箱组成，水箱是被控对象，浮子是测量元件。浮子测出实际液位高度，送入控制装置中与目标液位比较，产生的偏差信号经放大后，驱动气动阀门动作，以调节进水量。

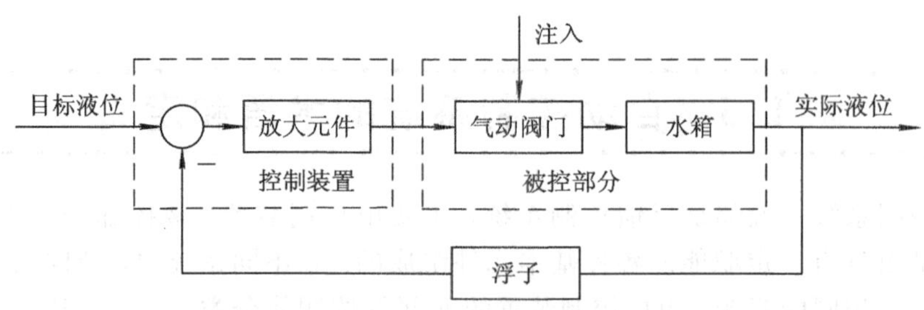

图 1-10　电动式液位控制系统方框图

再如图 1-5 直流电动机调速系统，其方框图如图 1-11 所示。

直流电动机调速系统的工作机理是：由给定装置中的电位器给出基准电压 U_n^*，测速发电机作为转速反馈装置，测得电压 U_n 送入放大器输入端，与 U_n^* 比较，偏差信号 ΔU_n

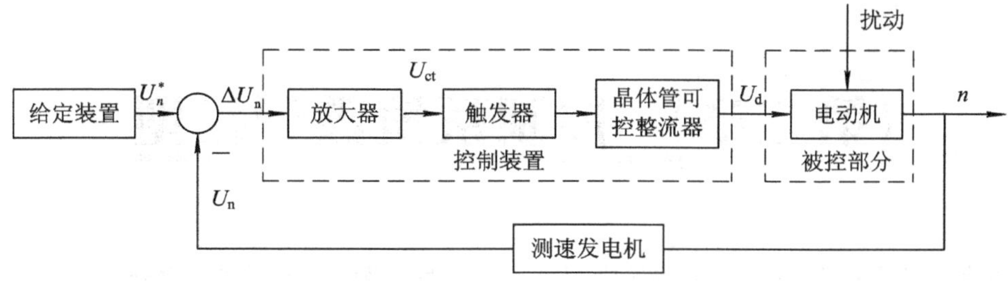

图 1-11 直流电动机调速系统方框图

经控制装置输出电压 U_d，U_d 用来控制电机输出。在直流电动机转速自动控制系统中，需要进行比较的两个物理量分别是电压和转速，所以要把转速通过测速发电机的转换，变成电压后再比较。当电动机带负载时，负载的变化可以看做是扰动。

习 题 一

1-1 试描述自动控制系统基本组成，并比较开环控制系统和闭环控制系统的特点。

1-2 请说明自动控制系统的基本性能要求。

1-3 请给出图 1-4 炉温控制系统的方框图。

1-4 请给出图 1-7 热工水温控制系统方框图，说明系统如何工作以保持热水温度为期望值，并指出被控对象、控制装置、测量装置及输入量和输出量。

1-5 如图 1-12 所示的家用电冰箱控制系统示意图，请画出电冰箱温度控制系统原理方框图，并说明其工作原理。

1-6 图 1-13 为谷物湿度控制系统示意图。在谷物磨粉生产过程中，磨粉前需控制谷物湿度，以达到最多的出粉量。谷物按一定流量通过加水点，加水量由自动阀门控制。加水过程中，谷物流量、加水前谷物湿度及水压都是对谷物湿度的扰动。为提高控制精度，系统中采用了谷物湿度顺馈控制，试画出系统方框图。

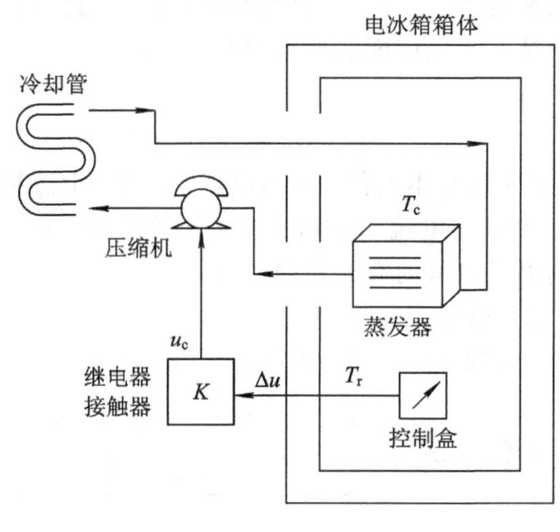

图 1-12 题 1-5 图

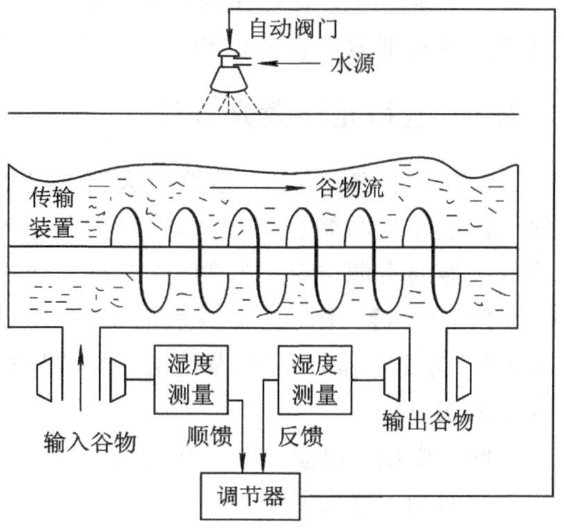

图 1-13 习题 1-6 图

第二章 控制系统数学模型

本章介绍了控制系统时域数学模型定义、典型示例、时域模型(微分方程)建立的方法和步骤，控制系统的复数域数学模型，传递函数的定义和变换，控制系统的结构图和信号流图，梅逊公式。

2.1 控制系统时域数学模型

要对控制系统进行分析和设计，首先就要建立系统的数学模型。控制系统的数学模型是描述系统内部物理量(或变量)之间关系的数学表达式。常用的数学模型有微分方程、传递函数、结构图、信号流图、频率特性以及状态空间描述等。

建立控制系统数学模型的方法有分析法(又称机理建模法)和实验法(又称系统辨识)。

分析法是根据组成系统各元件工作过程中所遵循的物理定理来进行的。例如电路中的基尔霍夫电路定理、力学中的牛顿定理、热力学中的热力学定理等。对于已知结构的系统常用此法。

实验法是根据元件或系统对某些典型输入信号的响应或其他实验数据建立数学模型，当元件或系统比较复杂，其运动特性很难用几个简单的数学方程表示时，实验法就显得非常重要了。

无论是用分析法还是用实验法建立模型，都存在模型精度和复杂性之间的矛盾，即描述系统运动特性的数学模型越精确，则方程的阶次越高，对系统的分析与设计越困难。所以，在控制工程上总是在满足分析精度要求的前提下，尽量使数学模型简单，为此在建立数学模型时常做许多假设和简化，最后得到的是有一定精度的近似模型。

2.1.1 电路元件微分方程

电阻、电容、电感、运算放大器等是构成电路的基本元件，对由电阻、电容、电感构成的无源电路列写微分方程式，要用到电路的基尔霍夫电流和基尔霍夫电压等定律。对含运算放大器的有源电路列写微分方程式，要用到电子技术的有关基础知识。

【例 2-1】 图 2-1 所示的 RLC 串联电路，以电压 $u_i(t)$为输入量，$u_0(t)$为输出量，试列写该电路的微分方程式。

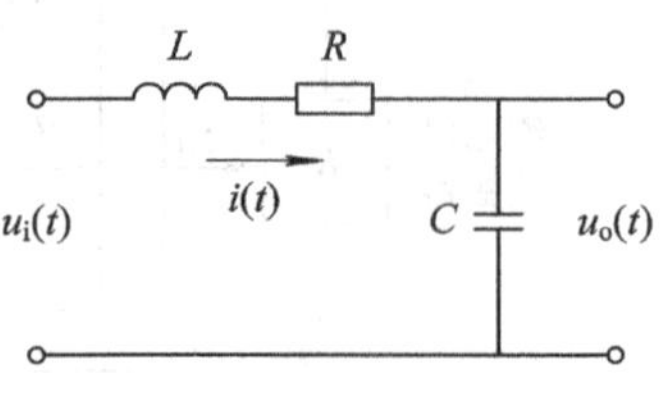

图 2-1 RLC 电路

解 电阻、电感、电容元件两端的电压、电流与元件参数间的关系分别为：

$$u_R(t) = Ri(t)$$

$$u_L(t) = L\frac{\mathrm{d}i(t)}{\mathrm{d}t}$$

$$i(t) = C\frac{\mathrm{d}u_o(t)}{\mathrm{d}t} \tag{2-1}$$

根据基尔霍夫电压定律，有：

$$Ri(t) + L\frac{\mathrm{d}i(t)}{\mathrm{d}t} + u_o(t) = u_i(t) \tag{2-2}$$

将式(2－1)代入式(2－2)，并消去中间变量 $i(t)$，得：

$$LC\frac{\mathrm{d}u_o^2(t)}{\mathrm{d}t^2} + RC\frac{\mathrm{d}u_o(t)}{\mathrm{d}t} + u_o(t) = u_i(t) \tag{2-3}$$

可见，RLC 电路微分方程是一个典型二阶线性常系数微分方程，该系统是一个二阶线性定常系统。

【例 2－2】 求出图 2－2 所示运算放大器的输出量与输入量的比值。

解 根据电子技术基础可知

$$i_1(t) + i_f(t) = i'(t)$$

又因为 A 点为虚地，即 $U_A \approx 0$，所以 $i'(t) \approx 0$，则

$$i_1(t) = -i_f(t)$$

因此有

$$\frac{u_i(t)}{z_i} = -\frac{u_o(t)}{z_f}$$

$$\frac{输出量}{输入量} = \frac{u_o(t)}{u_i(t)} = -\frac{z_f}{z_i}$$

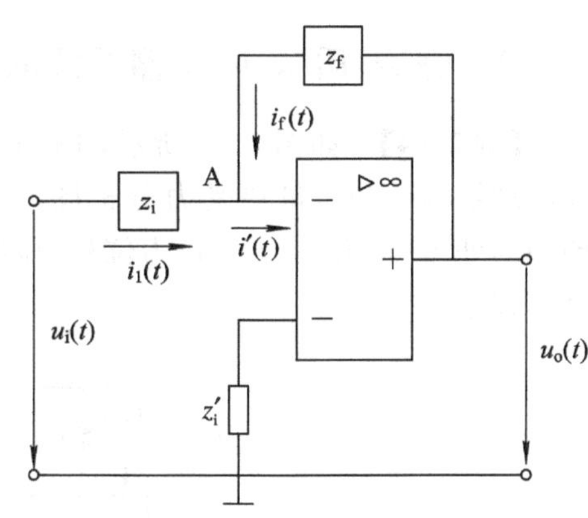

图 2－2　运算放大器

其中，z_i 为运算放大器的输入回路总阻抗；z_f 为运算放大器的反馈回路总阻抗。

【例 2－3】 图 2－3 为一个由 RC 组成的四端无源网络。试列写以 $u_1(t)$为输入量，$u_2(t)$为输出量的四端无源网络微分方程。

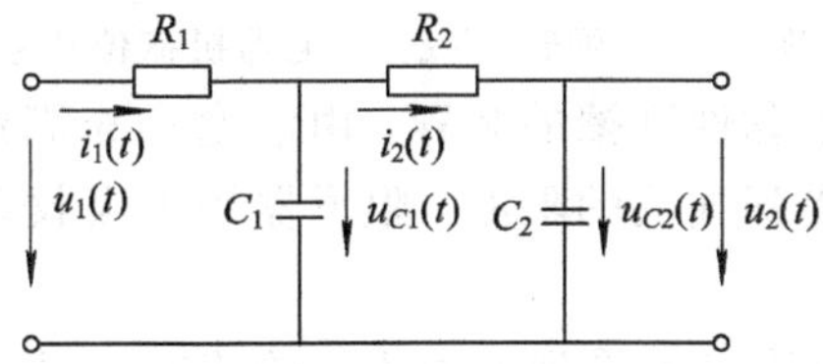

图 2－3　RC 组成的四端网络

解 由图 2－3，根据基尔霍夫定律，列写方程

$$u_1(t) = R_1 i_1(t) + u_{C1}(t) \tag{2-4}$$

$$u_{C1}(t) = \frac{1}{C_1}\int (i_1(t) - i_2(t))\mathrm{d}t \tag{2-5}$$

$$u_{C1}(t) = R_2 i_2(t) + u_{C2}(t) \tag{2-6}$$

$$u_{C2}(t) = \frac{1}{C_2}\int i_2(t)\mathrm{d}t \tag{2-7}$$

$$u_2(t)=u_{C2}(t) \tag{2-8}$$

由式(2-7)、式(2-8)，得

$$i_2(t)=C_2\frac{\mathrm{d}u_{C2}(t)}{\mathrm{d}t}=C_2\frac{\mathrm{d}u_2(t)}{\mathrm{d}t} \tag{2-9}$$

由式(2-5)、式(2-9)导出

$$i_1(t)=C_1\frac{\mathrm{d}u_{C1}(t)}{\mathrm{d}t}+i_2(t)=C_1\frac{\mathrm{d}u_{C1}(t)}{\mathrm{d}t}+C_2\frac{\mathrm{d}u_2(t)}{\mathrm{d}t} \tag{2-10}$$

将式(2-9)、式(2-10)代入式(2-4)、式(2-6)，消去中间变量 $i_1(t)$，$i_2(t)$，$u_{C1}(t)$，$u_{C2}(t)$，整理得：

$$u_1(t)=R_1C_1R_2C_2\frac{\mathrm{d}^2u_2(t)}{\mathrm{d}t^2}+(R_1C_1+R_1C_2+R_2C_2)\frac{\mathrm{d}u_2(t)}{\mathrm{d}t}+u_2(t) \tag{2-11}$$

可见，由 RC 组成的四端网络的数学模型是一个二阶线性微分方程。

2.1.2 弹簧-质量-阻尼器系统的微分方程

【例 2-4】 如图 2-4 所示，图(a)、图(b)分别为一个弹簧—质量—阻尼器机械位移系统原理结构图和质量块受力分析图，m 为物体质量，k 为弹簧系数，f 为黏性阻尼系数，$F(t)$为外力(输入量)，$x(t)$为位移(输出量)，试确定该系统的输入 $F(t)$、输出 $x(t)$间的微分方程。

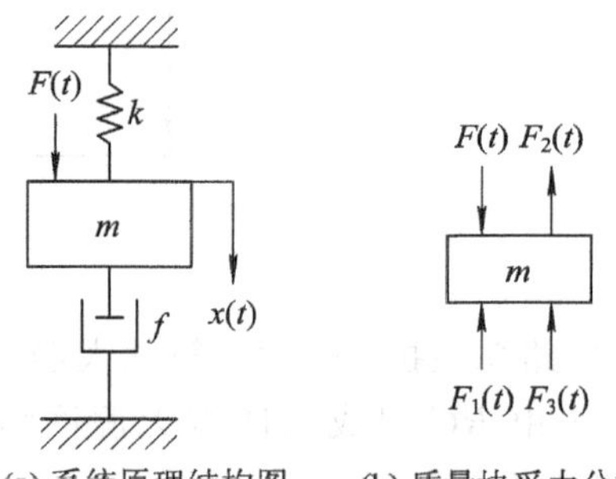

图 2-4　弹簧-质量-阻尼器机械位移系统

解　阻尼器是一种产生黏性摩擦的装置，由活塞和充满油液的缸体组成。活塞和缸体之间的任何相对运动都将受到油液的阻滞。阻尼器用来吸收系统的能量并转变为热量而散失掉。

如图 2-4 (a)所示，设质量体受到外力 $F(t)$的作用，质量块发生位移 $x(t)$，质量块受力情况如图 2-4 (b)所示，则

阻尼器产生的阻滞力：

$$F_1(t)=f\frac{\mathrm{d}x(t)}{\mathrm{d}t} \tag{2-12}$$

弹簧产生的弹性拉力：

$$F_2(t)=kx(t) \tag{2-13}$$

根据牛顿定理，可列出质量块的力平衡方程如下：

$$F_3(t) = m\frac{\mathrm{d}^2x(t)}{\mathrm{d}t^2} = F(t) - F_1(t) - F_2(t) \tag{2-14}$$

将式(2-12)、式(2-13)代入式(2-14)，得

$$m\frac{\mathrm{d}^2x(t)}{\mathrm{d}t^2} = F(t) - f\frac{\mathrm{d}x(t)}{\mathrm{d}t} - kx(t)$$

整理得

$$m\frac{\mathrm{d}^2x(t)}{\mathrm{d}t^2} + f\frac{\mathrm{d}x(t)}{\mathrm{d}t} + kx(t) = F(t) \tag{2-15}$$

这是一个线性定常二阶微分方程。$x(t)$为输出量，$F(t)$为输入量。在国际单位制中，m、f 和 k 的单位分别为 kg、N·s/m 和 N/m。

我们注意到例 2-1 的微分方程式(2-3)：$LC\frac{\mathrm{d}u_o^2(t)}{\mathrm{d}t^2}+RC\frac{\mathrm{d}u_o(t)}{\mathrm{d}t}+u_o(t)=u_i(t)$与例 2-4 的微分方程式(2-15)：$m\frac{\mathrm{d}^2x(t)}{\mathrm{d}t^2}+f\frac{\mathrm{d}x(t)}{\mathrm{d}t}+kx(t)=F(t)$，形式是完全一样的，将这种物理意义不同但方程形式完全相同的系统称为力-电荷相似系统。在该相似系统中，x，F，m，f，k 和 u_o，u_i，LC，RC，1 分别为相似量。根据相似系统的概念，可在实现系统仿真研究时，用一个易于实现的系统来模拟相对复杂的系统。

【例 2-5】 图 2-5 所示也是一个弹簧-质量-阻尼器机械位移系统，k_1、k_2 为弹簧系数，f 为黏性阻尼系数，$x_i(t)$为输入位移，$x_o(t)$为输出位移，试确定该系统的微分方程。

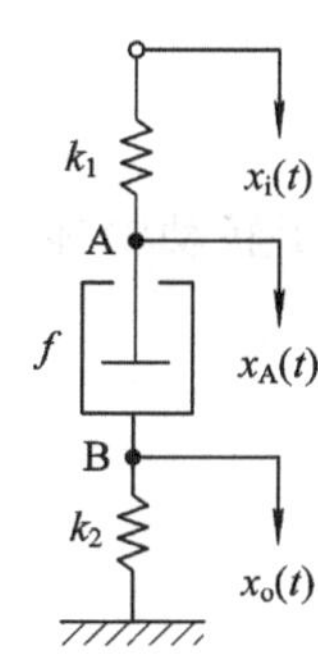

图 2-5　弹簧-质量-阻尼器机械位移系统

解　输入位移 $x_i(t)$将受到弹簧 k_1、k_2 的阻力和阻尼器的阻滞力，将系统阻尼器前后的 A、B 点输出位移分别进行分析，则 A、B 点受力情况如图 2-6 所示。

如图 2-6(a)所示，A 点受到弹簧 k_1 的压力和阻尼器的阻力，且该两种力均与 A 点的位移 $x_A(t)$

$k_1(x_i(t)-x_A(t))$
A
$f(\dot{x}_A(t)-\dot{x}_o(t))$

(a) A点受力情况

$f(\dot{x}_A(t)-\dot{x}_o(t))$
B
$k_2x_o(t)$

(b) B点受力情况

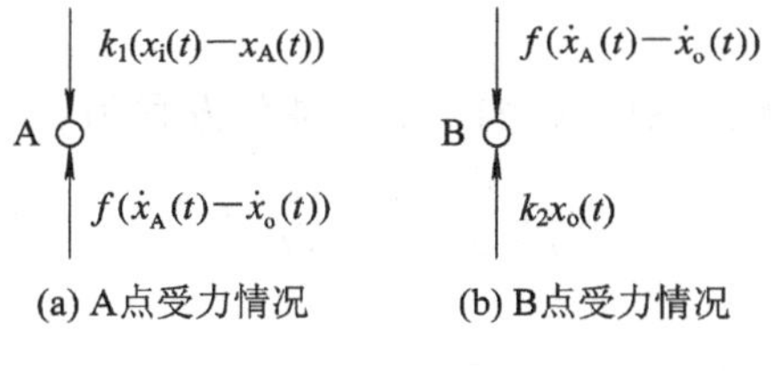

图 2-6　A、B 点受力情况

有关，根据力平衡方程式，有：

$$k_1(x_i(t) - x_A(t)) = f(\dot{x}_A(t) - \dot{x}_o(t)) \tag{2-16}$$

如图 2-6 (b)所示，B 点受到阻尼器的阻压力和弹簧 k_2 的弹力，且该两种力均与 B 点的位移 $x_o(t)$有关，根据力平衡方程式，有：

$$f(\dot{x}_A(t) - \dot{x}_o(t)) = k_2x_o(t) \tag{2-17}$$

综合式(2-16)、式(2-17)，则有：

$$k_1(x_i(t) - x_A(t)) = k_2 x_o(t) \tag{2-18}$$

解式(2－18)，得：

$$x_A(t) = x_i(t) - \frac{k_2}{k_1} x_o(t) \tag{2-19}$$

将式(2－19)代入式(2－17)，整理得：

$$f\dot{x}_i(t) = k_2 x_o(t) + f\left(1 + \frac{k_2}{k_1}\right)\dot{x}_o(t) \tag{2-20}$$

可见，此系统为一阶线性定常微分方程。

2.1.3 机械传动系统的微分方程

【例 2－6】 图 2－7 所示为一机械传动系统，设外加转矩 M 为输入量，转角 θ 为输出量，f 和 k 分别为粘滞阻尼系数和扭转弹性系数，J 为旋转系统转动惯量，求该机械传动系统的微分方程。

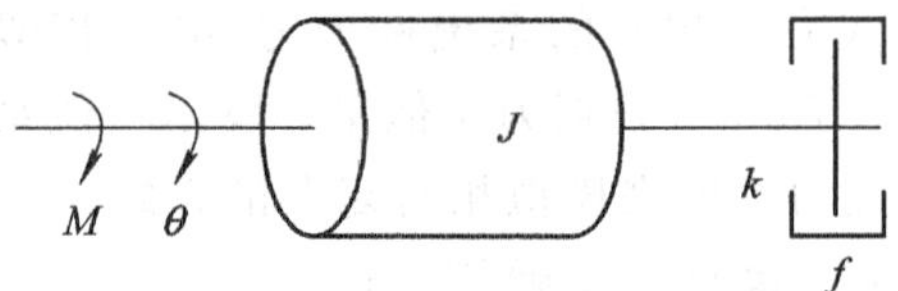

图 2－7 机械传动系统

解 对于转动物体，可用转动惯量 J 代表惯性负载。根据机械传动系统的动力学方程，有：

$$J\frac{d^2\theta}{dt^2} = M - f\frac{d\theta}{dt} - k\theta$$

整理得：

$$J\frac{d^2\theta}{dt^2} + f\frac{d\theta}{dt} + k\theta = M$$

此式与例 2－4 的机械位移系统微分方程式(2－15)$m\frac{d^2x(t)}{dt^2} + f\frac{dx(t)}{dt} + kx(t) = F$ 形式上是一样的。

若方程中忽略扭转弹性系数的影响，系统微分方程为：

$$J\frac{d^2\theta}{dt^2} + f\frac{d\theta}{dt} = M$$

令$\frac{d\theta}{dt} = \omega$，方程为：

$$J\frac{d\omega}{dt} + f\omega = M$$

若再忽略黏滞阻尼系数，系统微分方程为：

$$J\frac{d\omega}{dt} = M$$

2.1.4 直流电动机电枢控制方式微分方程

【例 2－7】 图 2－8 所示为直流电动机工作原理示意图。图中，u_a 为电枢输入电压，

M_c 为负载转矩，e_a 为直流电动机电枢绕组反电动势，R_a 为电枢回路电阻，L_a 为电枢回路电感。直流电动机励磁电流 i_f 不变，通过调节输入电压 u_a 的大小，可实现电动机转速的调节。试写出直流电动机在该控制方式下的微分方程。

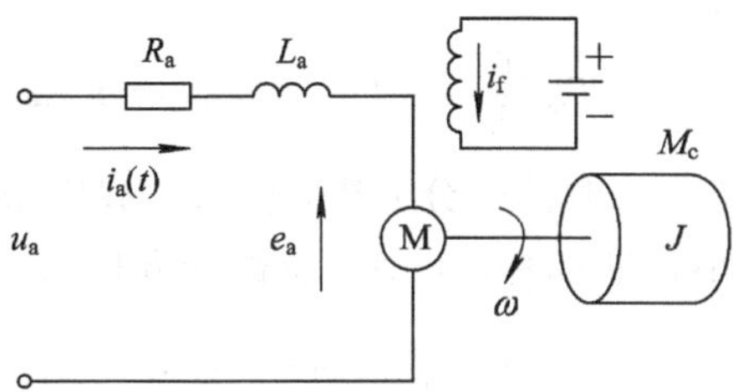

图 2-8　直流电动机电枢控制方式

解　输入为电枢电压 u_a 和等效到电机转轴上的负载转矩 M_c，输出是转速 ω。根据直流电动机电枢回路电压方程：

$$L_a \frac{\mathrm{d}i_a(t)}{\mathrm{d}t} + R_a i_a(t) + e_a = u_a \tag{2-21}$$

电枢绕组反电动势：

$$e_a = K_1 \psi \omega$$

在气隙磁场不饱和的情况下，气隙磁通常与励磁电流为正比例关系，即 $\psi = K_f i_f$。若励磁电流为常数，则 $\psi = K_f i_f =$ 常数。此时，电枢绕组反电动势为：

$$e_a = K_1 K_f i_f \omega = C_e \omega$$

式中，C_e 称为电动机电势常数。

设电机输出的电磁转矩为 M，由直流电动机电磁转矩表达式，则

$$M = K_2 \psi i_a = K_2 K_f i_f i_a = C_m i_a \tag{2-22}$$

式中，C_m 称为电动机转矩常数。

再根据牛顿定律动力学方程，得系统运动学方程：

$$J \frac{\mathrm{d}\omega}{\mathrm{d}t} = M - M_c \tag{2-23}$$

由式(2-22)，得

$$i_a = \frac{M}{C_m} \tag{2-24}$$

由式(2-23)，得：

$$M = J \frac{\mathrm{d}\omega}{\mathrm{d}t} + M_c \tag{2-25}$$

将(2-24)、(2-25)式代入(2-21)式，并整理，得

$$\frac{L_a J}{C_e C_m} \frac{\mathrm{d}^2\omega}{\mathrm{d}t^2} + \frac{R_a J}{C_e C_m} \frac{\mathrm{d}\omega}{\mathrm{d}t} + \omega = \frac{u_a}{C_e} - \frac{L_a}{C_e C_m} \frac{\mathrm{d}M_c}{\mathrm{d}t} - \frac{R_a M_c}{C_e C_m}$$

略去摩擦力和扭转弹性力的情况下，进一步化简，得系统微分方程：

$$T_a T_m \frac{\mathrm{d}^2\omega}{\mathrm{d}t^2} + T_m \frac{\mathrm{d}\omega}{\mathrm{d}t} + \omega = K_u u_a - K_m \left(T_a \frac{\mathrm{d}M_c}{\mathrm{d}t} + M_c \right) \tag{2-26}$$

式中，$T_a = \dfrac{L_a}{R_a}$，称为直流电动机的电磁时间常数；$T_m = \dfrac{R_a J}{C_e C_m}$，称为直流电动机的机电时间

常数；$K_u=\frac{1}{C_e}$ ，$K_m=\frac{R_a}{C_eC_m}$，为传递系数。

由式(2－26)可见，直流电动机电枢控制系统是一个线性定常二阶微分方程。

令 $M_c=0$，则系统微分方程为：

$$T_aT_m\frac{d^2\omega}{dt^2}+T_m\frac{d\omega}{dt}+\omega=K_uu_a \tag{2-27}$$

此为电机负载为零($M_c=0$)时的微分方程，称为空载模型。

若再假设电枢电感很小，即 $L_a\approx0$ ，则系统微分方程为：

$$T_m\frac{d\omega}{dt}+\omega=K_uu_a \tag{2-28}$$

可见，忽略电枢电感($T_a=\frac{L_a}{R_a}\approx0$)时，系统微分方程为一阶微分方程。

若 R_a 和 J 都可忽略，则 $T_m=\frac{R_aJ}{C_eC_m}=0$，于是有：

$$\omega=K_uu_a$$

其中，$K_u=\frac{1}{C_e}$。因此

$$u_a=C_e\omega \tag{2-29}$$

式(2－29)说明在直流电动机所带负载为零，且忽略电机电枢绕组电感、电枢回路电阻、电机转动惯量的情况下，直流电动机的转速与电枢电压成正比。

2.1.5　控制系统微分方程的列写步骤

列写控制系统微分方程时，需要先写出系统中各元件的微分方程，再根据整个系统的的各构成元件以及信号传递顺序，求出控制系统的微分方程。

1. 列写元件微分方程的步骤

(1) 根据元件的结构原理、工作原理、特性及其在控制系统中的作用，确定其输入、输出量；

(2) 分析元件工作中所遵循的物理规律、化学规律、电路作用，列写对应微分方程；

(3) 消去中间变量，写出输入变量、输出变量关系的微分方程；

(4) 整理成微分方程标准形式。

2. 控制系统的微分方程步骤

(1) 由系统原理图画出系统方块图；

(2) 列写各元件的微分方程；

(3) 从系统的输入端开始，按照信号的传递顺序，在所有元部件的方程中消去中间变量，最后得到描述系统输入和输出关系的微分方程；

(4) 将控制系统微分方程变换成标准形式。

3. 控制系统微分方程标准形式

控制系统标准形式包含以下内容：

(1) 将与输入量有关的各项放在方程的右边，与输出量有关的各项放在方程的左边；

(2) 各导数项按降幂排列。

下面用例题来说明控制系统微分方程的列写方法和步骤。

【例 2-8】 如图 2-9 所示为一直流电动机带负载运行的速度控制系统原理图，试列写该系统的微分方程。

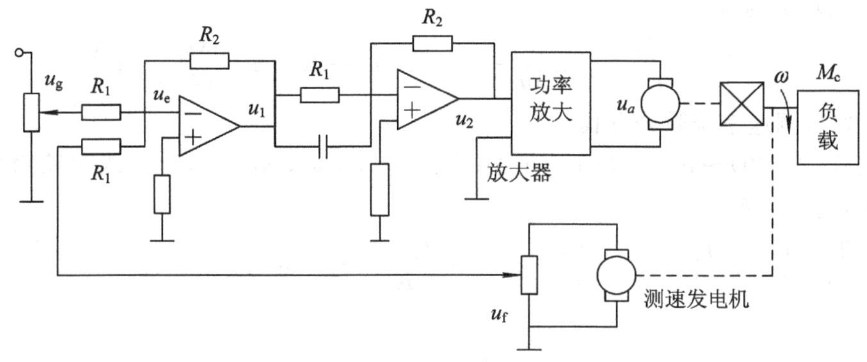

图 2-9　速度控制系统原理图

解 (1) 该速度控制系统由电动机、测速发电机、功率放大电路、两级运算放大器、控制信号给定电路和比较电路构成。其中，控制信号给定电位器给定电机控制电压 u_g，测速发电机检测电动机的转速，输出与转速成正比的直流电压信号 u_f，反馈回给定信号输入端，与给定信号比较，比较差值 u_e 经放大器Ⅰ放大为 u_1，经放大器Ⅱ放大为 u_2，经功率放大电路(包括触发电路和晶闸管主电路的晶闸管整流装置)输出 u_a 给直流电机电枢两端，控制电动机转速。

(2) 该系统的输出量是 ω，输入量是 u_g，扰动量是 M_c。

(3) 根据(1)中对系统工作原理的描述，画出直流电动机速度控制系统方框图，如图 2-10 示。

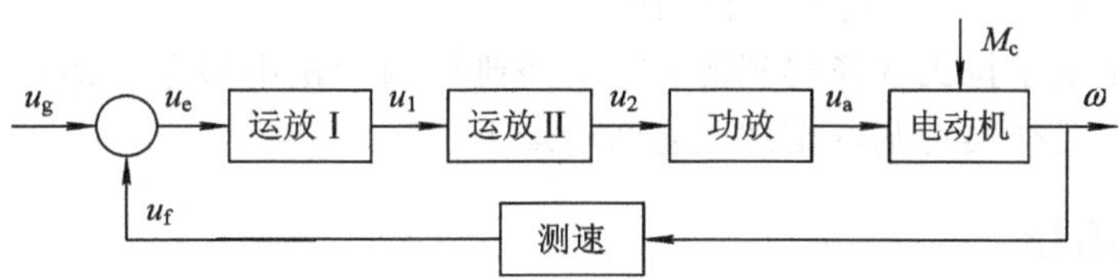

图 2-10　速度控制系统方框图

(4) 写出各环节微分方程。

运算放大器Ⅰ：

$$u_1 = k_1(u_g - u_f) = k_1 u_e \tag{2-30}$$

式中，$k_1 = R_2/R_1$ 为运算放大器Ⅰ的放大倍数。

运算放大器Ⅱ：

$$u_2 = k_2(\tau \dot{u}_1 + u_1) \tag{2-31}$$

式中，$k_2 = R_2/R_1$ 为运算放大器Ⅱ的放大倍数；$\tau = RC$ 为微分时间常数。

功率放大电路：

$$u_a = k_3 u_2 \tag{2-32}$$

式中，k_3 为忽略晶闸管整流电路时间滞后的比例系数。

测速发电机反馈环节：

$$u_f = k_f\omega \tag{2-33}$$

式中，k_f 为测速发电机比例系数。

电动机环节与式(2-26)一致，即：

$$T_a T_m \frac{d^2\omega}{dt^2} + T_m \frac{d\omega}{dt} + \omega = K_u u_a - K_m\left(T_a \frac{dM_c}{dt} + M_c\right) \tag{2-34}$$

(5) 列写调速系统微分方程。

根据式(2-30)～式(2-34)，消去中间变量 u_f，u_e，u_1，u_2，u_a，求出输出量 ω 与输入量 $u_g(M_c)$间的关系

$$\frac{T_a T_m}{1+K_0}\frac{d^2\omega}{dt^2} + \frac{T_m + K_0\tau}{1+K_0}\frac{d\omega}{dt} + \omega = \frac{K}{1+K_0}(\tau\dot{u}_g + u_g) - \frac{K_m}{1+K_0}\left(T_a\frac{dM_c}{dt} + M_c\right) \tag{2-35}$$

式中，$K_0 = k_u k_3 k_2 k_1 k_f$；$K = k_u k_3 k_2 k_1 = \dfrac{K_0}{k_f}$。

由式(2-35)可见，转速 ω 既与输入量 u_g 有关，也与扰动量 M_c 有关。

2.2 控制系统的复数域数学模型

微分方程是控制系统基本的数学模型，在时间域描述控制系统的动态性能。从微分方程出发分析系统的性能，必须求出微分方程的解，而对于二阶以上微分方程的求解并非易事，因此，控制系统微分方程并不是使用起来最方便的数学模型。

如果用拉氏变换法，将微积分运算转换为代数运算，得到控制系统在复数域的数学模型，然后在复数域中求解，再通过拉氏反变换求出所求的微分方程的时域解，那么，在复数域中，对高阶微分方程求解就不再困难。

传递函数是基于拉氏变换得到的，它是经典控制理论中最重要的数学模型之一。有关拉氏变换和拉氏反变换的基本定理，请见附录Ⅰ。

2.2.1 传递函数

【例 2-9】 如图 2-11 所示为一个 RC 电路网络，设 $t=0$ 时刻是在开关 S 闭合的瞬间，且此时电容两端的初始电压为 $u_C(0)$，如果开关 S 闭合后不再打开，则相当于在 RC 电路输入端加了一恒定的电压，其幅值为 u_r。试求开关 S 闭合后，电容的端电压 $u_c(t)$。

解 开关 S 闭合瞬间，网络有阶跃电压 $u_r(t) = u_r \cdot 1(t)$ 输入，电路网络微分方程为：

$$u_r(t) = Ri(t) + u_C(t)$$

$$u_C(t) = \frac{1}{C}\int i(t)dt$$

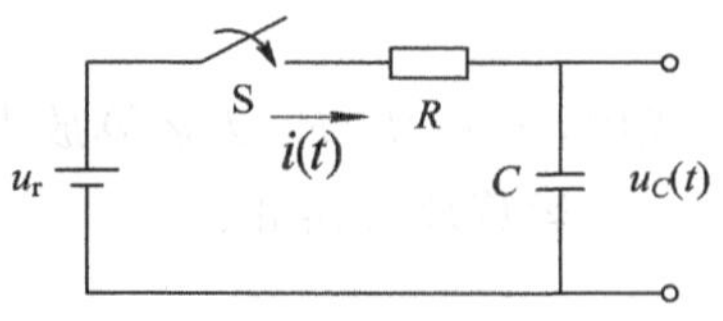

图 2-11 RC 电路网络

消去中间变量 $i(t)$，则网络微分方程为：

$$RC\frac{du_C(t)}{dt} + u_C(t) = u_r(t)$$

令 $T=RC$，为电路时间常数，则微分方程变换为：

$$T\frac{\mathrm{d}u_C(t)}{\mathrm{d}t}+u_C(t)=u_r(t) \tag{2-36}$$

对式(2-36)两边进行拉氏变换，得

$$TsU_C(s)-TU_C(0)+U_C(s)=U_r(s)$$

整理，得：

$$U_C(s)=\frac{1}{Ts+1}U_r(s)+\frac{T}{Ts+1}U_C(0) \tag{2-37}$$

将阶跃输入信号 $U_r(s)=\frac{u_r}{s}$，代入式(2-37)：

$$U_C(s)=\frac{1}{Ts+1}\frac{u_r}{s}+\frac{T}{Ts+1}U_C(0) \tag{2-38}$$

对式(2-38)两边进行拉氏反变换，得开关 S 闭合后，电容的端电压 $u_C(t)$的时域解：

$$u_C(t)=u_r(1-\mathrm{e}^{-\frac{t}{T}})+u_C(0)\mathrm{e}^{-\frac{t}{T}}$$

如果电容输出电压初始条件为零，即 $U_C(0)=0$，代入(2-38)式，则

$$U_C(s)=\frac{1}{Ts+1}U_r(s)$$

整理，得：

$$\frac{U_C(s)}{U_r(s)}=\frac{1}{Ts+1}=G(s)$$

所以，输出电压的拉氏变换式可以写成：

$$U_C(s)=G(s)U_r(s) \tag{2-39}$$

由(2-39)式可见，输出 $U_C(s)$的特性完全由 $G(s)$决定。$G(s)$反映了控制系统自身的动态特性，是与系统的结构和参数有关的函数，称之为传递函数。

因此，传递函数的定义为：线性定常系统在零初始条件下系统输出量的拉氏变换式与输入量的拉氏变换式之比。

2.2.2 传递函数的几种表达形式

根据传递函数的定义，传递函数描述为：

$$传递函数\ G(s)=\left.\frac{输出信号的拉氏变换\ C(s)}{输入信号的拉氏变换\ R(s)}\right|_{零初始条件}$$

传递函数方框图可以用图 2-12 表示。

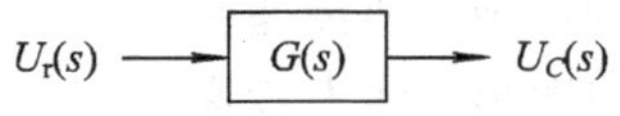

$U_r(s)$ ⟶ [$G(s)$] ⟶ $U_C(s)$

图 2-12　传递函数方框图

设线性定常系统 n 阶线性常系数微分方程一般式为：

$$a_nc^{(n)}(t)+a_{n-1}c^{(n-1)}(t)+\cdots+a_0c(t)=b_mr^{(m)}(t)+b_{m-1}r^{(m-1)}(t)+\cdots+b_0r(t)$$

式中，a_i，b_j($i=0\sim n$，$j=0\sim m$)是由系统结构参数决定的实常数，$c(t)$为系统输出量，$r(t)$为系统输入量。

设初始条件为零，对上式两边进行拉氏变换，得

$$(a_n s^n + a_{n-1} s^{n-1} + \cdots + a_1 s + a_0)C(s) = (b_m s^m + b_{m-1} s^{m-1} + \cdots + b_1 s + b_0)R(s)$$

则系统传递函数为：

$$G(s) = \frac{C(s)}{R(s)} = \frac{b_m s^m + b_{m-1} s^{m-1} + \cdots + b_1 s + b_0}{a_n s^n + a_{n-1} s^{n-1} + \cdots + a_1 s + a_0} \tag{2-40}$$

传递函数的分子多项式和分母多项式因式分解后可写成两种形式：一种通常称为首 1 形式，该表达形式常在根轨迹法中使用；另一种通常称为尾 1 形式，该表达形式常在频率法中使用。

传递函数首 1 形式表达式：

$$G(s) = \frac{b_m(s-z_1)(s-z_2)\cdots(s-z_m)}{a_n(s-p_1)(s-p_2)\cdots(s-p_n)} = K^* \frac{\prod_{i=1}^{m}(s-z_i)}{\prod_{j=1}^{n}(s-p_j)} = \frac{M(s)}{D(s)} \tag{2-41}$$

式中，$z_i(i=1, 2, \cdots, m)$是分子多项式的零点，称为传递函数的零点；$p_j(j=1, 2, \cdots, n)$是分母多项式的零点，称为传递函数的极点，z_i 和 p_j 可以是实数或复数；系数 $K^* = \frac{b_m}{a_n}$称为传递系数或开环根轨迹增益。

传递函数尾 1 形式表达式：

$$G(s) = \frac{b_0(\tau_1 s+1)(\tau_2{}^2 s^2 + 2\zeta\tau_2 s+1)\cdots(\tau_i s+1)}{a_0(T_1 s+1)(T_2{}^2 s^2 + 2\zeta T_2 s+1)\cdots(T_j s+1)} \tag{2-42}$$

式中，一次因子对应实数零极点，二次因子对应共轭复数零极点，τ_i 和 T_j 称为时间常数；$K = \frac{b_0}{a_0} = K^* \frac{\prod_{i=1}^{m}(-z_i)}{\prod_{j=1}^{n}(-p_j)}$ 称为传递系数或开环增益。

根据式(2-41)，$D(s)=0$，为传递函数的特征方程。可见，系统传递函数的极点 $p_j(j=1, 2, \cdots, n)$就是系统的特征方程的特征根。

零点和极点的数值完全取决于系统诸参数 b_0，b_1，…，b_m 和 a_0，a_1，…，a_n，即取决于系统的结构参数。

一般情况下，零点和极点可为实数(包括零)或复数。若为复数，必定是共轭成对出现，这是因为系统结构参数均为正实数的缘故。把传递函数的零、极点表示在复平面上的图形，称为传递函数的零、极点分布图。传递函数 $G(s) = \frac{s+2}{(s+3)(s^2+2s+2)}$的零、极点分布如图 2-13 所示，图中零点用“○”表示，极点用“×”表示。

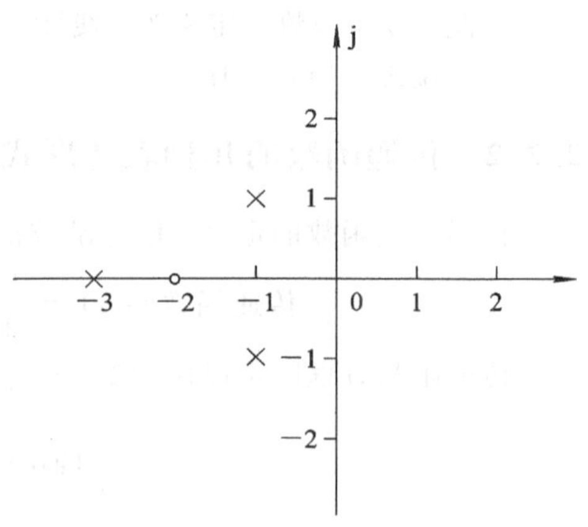

图 2-13 零、极点分布图

2.2.3　传递函数的性质

由线性定常系统传递函数一般式(2-40)可知，传递函数具有以下性质：

(1) 传递函数的概念适用于线性定常系统，它与线性常系数微分方程一一对应，且与系统的动态特性一一对应。

(2) 传递函数不能反映系统或元件的学科属性和物理性质。物理性质和学科类别截然不同的系统可能具有完全相同的传递函数。

(3) 传递函数 $G(s)$ 是复变量 s 的有理真分式，所有系数均为实数，且 $m \leqslant n$；$G(s)$ 具有复变函数的所有性质。

(4) 传递函数只取决于系统或环节本身的结构和参数，与系统或环节输入信号的形式和大小无关，也不反映系统内部的任何信息。

(5) 传递函数的概念主要适用于单输入单输出系统。

(6) 传递函数的拉氏反变换是脉冲响应 $g(t)$。

【例 2-10】 电路如图 2-14 所示，试用拉氏变换法，求该电路的传递函数。

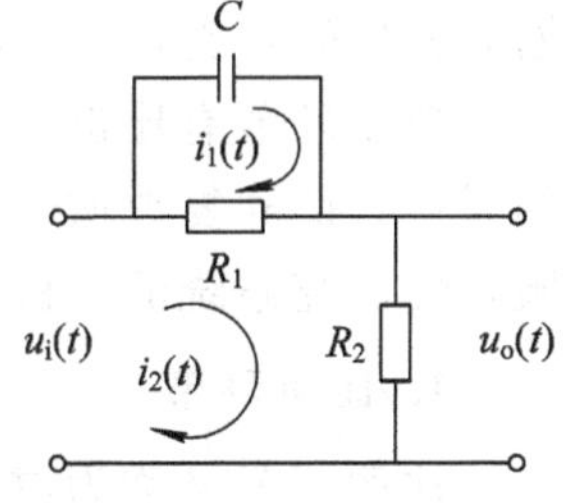

图 2-14　电路网络

解　将整个电路划分成几部分，先列写出各回路微分方程：

$$\frac{1}{C}\int i_1(t)\mathrm{d}t + R_1 i_1(t) - R_1 i_2(t) = 0$$

$$R_1 i_2(t) - R_1 i_1(t) + R_2 i_2(t) = u_i(t)$$

$$R_2 i_2(t) = u_o(t)$$

各微分方程的拉氏变换式：

$$\left(\frac{1}{Cs} + R_1\right)I_1(s) - R_1 I_2(s) = 0 \qquad (2-43)$$

$$-R_1 I_1(s) + (R_1 + R_2)I_2(s) = U_i(s) \qquad (2-44)$$

$$R_2 I_2(s) = U_o(s) \qquad (2-45)$$

由(2-45)式，得：

$$I_2(s) = \frac{U_o(s)}{R_2} \qquad (2-46)$$

由(2-43)式变换，并将(2-46)代入，得

$$I_1(s) = \frac{R_1}{\left(\frac{1}{Cs} + R_1\right)}I_2(s) = \frac{R_1}{\left(\frac{1}{Cs} + R_1\right)}\frac{U_o(s)}{R_2} \qquad (2-47)$$

将(2-46)、(2-47)式代入(2-44)式，消去中间变量 $I_1(s)$ 和 $I_2(s)$，得：

$$\frac{U_o(s)}{U_i(s)} = \frac{R_2}{\dfrac{1}{\dfrac{1}{R_1} + CS} + R_2} = \frac{R_2(1 + R_1 Cs)}{R_1 + R_2 + R_1 R_2 Cs}$$

$$= \frac{1 + \dfrac{R_1 + R_2}{R_2}\dfrac{R_2}{R_1 + R_2}R_1 Cs}{\dfrac{R_1 + R_2}{R_2}\left(1 + \dfrac{R_1 R_2}{R_1 + R_2}Cs\right)} = \frac{1 + \alpha Ts}{\alpha(1 + Ts)}$$

式中，$\alpha=\frac{R_1+R_2}{R_2}$；$T=\frac{R_2R_1C}{R_1+R_2}$。

所以，该电路网络的传递函数为：

$$G(s)=\frac{U_o(s)}{U_i(s)}=\frac{1}{\alpha}\frac{1+\alpha Ts}{1+Ts} \tag{2-48}$$

2.3 典型环节的数学模型

2.3.1 典型元件的传递函数

一个自动控制系统，不管其多么复杂，总是由若干个元件按不同的方式根据一定的目的组合而成的。从结构和作用原理角度来看，可以有各种各样不同的元件，如机械式、电气式、液压式、气动式等等。但从描述各种元件的行为特征的数学模型来看，不管元件的结构和作用原理如何千差万别，其数学模型却有可能完全一样。因此从元件的数学模型来划分元件的种类，只有几种最基本的(典型)元件(或称为环节)。

典型环节有比例、积分、惯性、振荡、微分和延迟环节等多种。以下分别讨论典型环节的时域特征和复数域(s 域)特征。时域特征包括微分方程和单位阶跃输入下的输出响应。s 域特性研究系统的零极点分布。

1. 比例环节

比例环节又称为放大环节。比例环节实例有：分压器、电子放大器、齿轮、电阻(电位器)、感应式变送器、无间隙无变形齿轮传动等。

图 2-15 为比例环节电位器示意图，K 为放大系数。

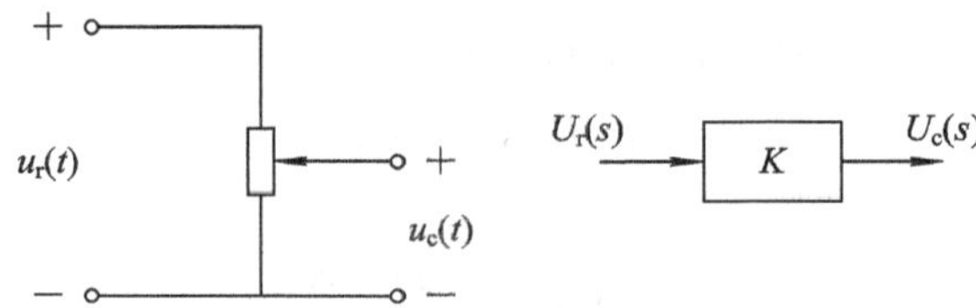

图 2-15　比例环节电位器图

设 $y(t)=u_c$ 为比例环节输出，$x(t)=u_r$ 为比例环节输入，则比例环节时域方程为：

$$y(t)=Kx(t),\ t\geqslant 0$$

经拉氏变换后，比例环节传递函数为：

$$G(s)=\frac{Y(s)}{X(s)}=K \tag{2-49}$$

2. 积分环节

积分环节实例：放大器、减速器、电动机角速度与角度之间的传递函数(忽略惯性和摩擦)，模拟计算机中的积分器等。

图 2-16 所示为典型积分环节实例 1——放大器。

根据放大器虚地的原理，列写图 2-16 的基本方程式：

$$\frac{U_i(s)}{R}=-\frac{U_o(s)}{\frac{1}{Cs}}$$

整理后，得积分环节传递函数：

$$\frac{U_o(s)}{U_i(s)}=-\frac{1}{RCs}=-\frac{1}{Ts} \tag{2-50}$$

式中，$T=RC$，为时间常数。

图 2-17 为典型积分环节实例 2——直流电动机(忽略惯性和摩擦)。

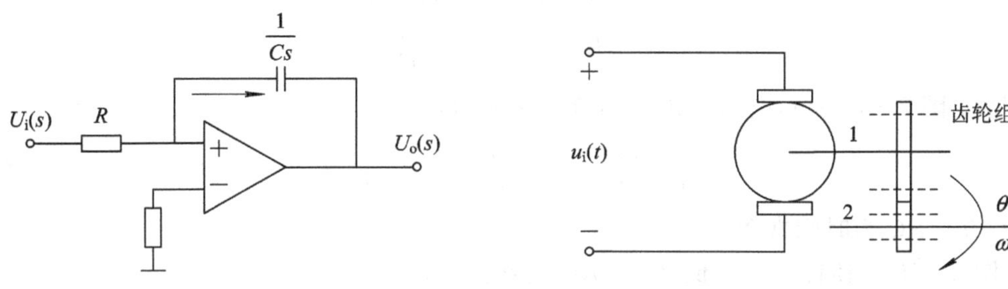

图 2-16　积分环节实例 1　　　　图 2-17　典型积分环节实例 2

图 2-17 中，直流电动机电枢加电压 u_i，电枢旋转带动齿轮 1，齿轮 1 与齿轮 2 啮合，齿轮 2 旋转，齿轮 2 轴与负载连接，角位移为 θ 转角，角速度为 ω。由直流电动机的基本方程式可得：

$$\omega = ku_i$$

$$\theta = \int_0^t ku_i(t)\mathrm{d}t$$

进行拉氏变换后，得：

$$\Omega(s) = kU_i(s)$$

$$\Theta(s) = \frac{1}{s}kU_i(s)$$

整理后，得直流电动机以角速度 $\Omega(s)$ 为输出量，电枢端电压 $U_i(s)$ 为输入量的传递函数表达式：

$$G(s) = \frac{\Omega(s)}{U_i(s)} = k \tag{2-51}$$

此时，直流电动机为一个比例环节。

直流电动机以角度 $\Theta(s)$ 为输出量，电枢端电压 $U_i(s)$ 为输入量的传递函数表达式为：

$$G(s) = \frac{\Theta(s)}{U_i(s)} = \frac{k}{s} = \frac{1}{Ts} \tag{2-52}$$

式中，$T=\frac{1}{k}$，为时间常数。此时，直流电动机为一个积分环节。

由此可见，当输入量为 $x(t)$，输出量为 $y(t)$，积分环节时域方程为：

$$y(t) = k\int_0^t x(t)\mathrm{d}t,\ t \geqslant 0$$

积分环节传递函数：

$$G(s)=\frac{Y(s)}{X(s)}=\frac{k}{s}=\frac{1}{Ts} \tag{2-53}$$

3. 惯性环节

惯性环节实例：*RC* 滤波电路、温度控制系统、交/直流电动机等。

图 2-18 所示为惯性环节实例 1——运算放大器。

由电路基本运算，有 $Z_1=R+\frac{1}{Cs}$，$Z_2=\frac{1}{Cs}$，根据放大器虚地的概念，得：

$$\frac{U_i(s)}{R+\frac{1}{Cs}}=-\frac{U_o(s)}{\frac{1}{Cs}}$$

整理后，图 2-18 所示电路的传递函数表达式为：

$$\frac{U_o(s)}{U_i(s)}=-\frac{1}{RCs+1}=-\frac{1}{1+Ts} \tag{2-54}$$

式中，$T=RC$ 为时间常数。

图 2-19 为惯性环节实例 2——*RC* 电路。

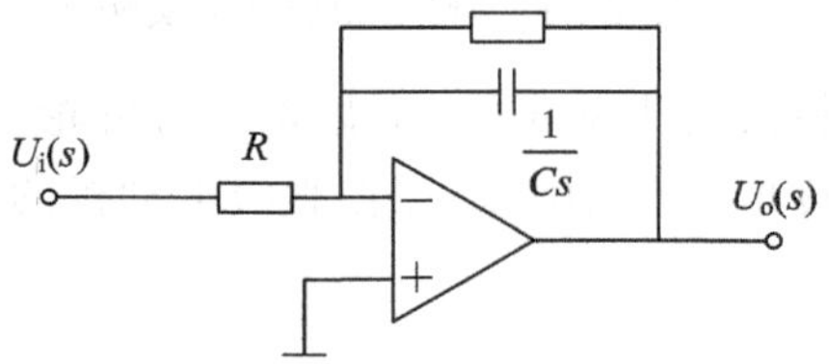

图 2-18 惯性环节实例 1

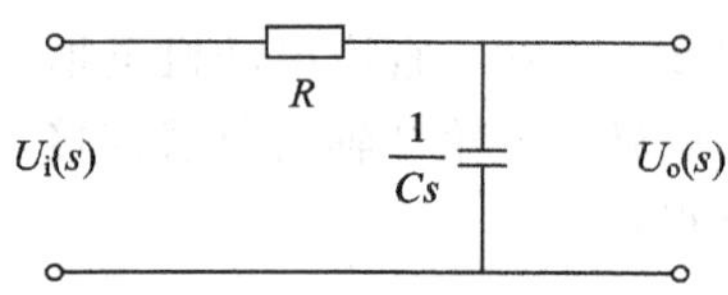

图 2-19 惯性环节实例 2

由电路基本定律，得：

$$\frac{U_i(s)}{Z_1}=\frac{U_o(s)}{Z_2}$$

式中

$$Z_1=R+\frac{1}{Cs},\ Z_2=\frac{1}{Cs}$$

整理后，得图 2-19 所示的 *RC* 电路的传递函数表达式：

$$\frac{U_o(s)}{U_i(s)}=\frac{\frac{1}{Cs}}{R+\frac{1}{Cs}}=\frac{1}{1+Ts} \tag{2-55}$$

式中，$T=RC$ 为时间常数。

可见，当设输入量为 $x(t)$，输出量为 $y(t)$时，惯性环节时域方程为：

$$Ty'(t)+y(t)=kx(t),\quad t\geqslant 0$$

惯性环节传递函数为：

$$G(s)=\frac{Y(s)}{X(s)}=\frac{k}{Ts+1} \tag{2-56}$$

4. 微分环节

微分环节的时域形式有三种：纯微分、一阶微分和二阶微分环节。其数学表达式分别为：

纯微分环节：

$$y(t) = k\dot{x}(t)$$

一阶微分环节：

$$y(t) = k(\tau\dot{x}(t) + x(t))$$

二阶微分环节：

$$y(t) = k(\tau^2 \ddot{x}(t) + 2\zeta\tau\dot{x}(t) + x(t))$$

微分环节没有极点，只有零点，分别是零、实数和一对共轭零点(若 $0<\zeta<1$)。在实际系统中，由于存在惯性，单纯的微分环节是不存在的，一般都是微分环节加惯性环节。

图 2－20 为微分环节实例 1——测速发电机。

在工程中，测量转速的测速发电机实质上是一台直流发电机，当以发电机转角 $\theta_i(t)$ 为输入量，电枢电压 $u_o(t)$ 为输出量时，则有：

$$u_o(t) = K_i \frac{d\theta_i(t)}{dt}$$

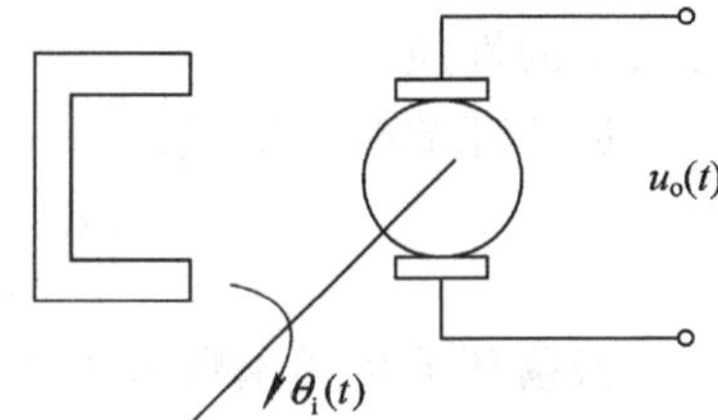

图 2－20　微分环节实例 1

式中，K_i 为发电机常数。

进行拉氏变换后，得测速发电机的传递函数：

$$G(s) = \frac{U_o(s)}{\Theta(s)} = K_i s \tag{2-57}$$

微分环节的输出是输入的微分，当输入为单位阶跃函数时，输出就是脉冲函数，这在实际中是不可能的。因此，理想的微分环节难以实现，它总是与其它环节同时出现。

图 2－21 为微分环节实例 2——无源微分电路网络。

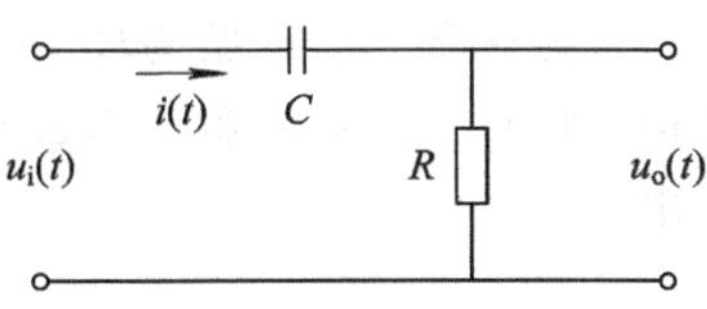

图 2－21　微分环节实例 2

设电压 $u_i(t)$ 为输入量，$u_o(t)$ 为输出量，电流 $i(t)$ 为中间变量。

根据基尔霍夫电压方程，可列写出：

$$u_i(t) = \frac{1}{C}\int i(t)dt + Ri(t)$$

$$u_o(t) = Ri(t)$$

经拉氏变换，消去 $I(s)$，整理后得

$$G(s) = \frac{U_o(s)}{U_i(s)} = \frac{RCs}{RCs+1} = \frac{Ts}{Ts+1}$$

式中，$T=RC$ 为时间常数。

可见，无源电路网络是一个惯性微分环节。当 $\frac{1}{C}\int i(t)dt \gg i(t)R$，即 C 很小时，$U_o(s) \approx TsU_i(s)$。故工程技术中经常将 RC 串联电路作微分器用。

微分环节的输出是输入的导数，即输出反映了输入信号的变化趋势，所以也等于给系

统以有关输入变化趋势的预告。因而，微分环节常用来改善控制系统的动态性能。

根据微分环节的时域形式，可写出各种形式的微分环节传递函数：

$$G(s)=\frac{Y(s)}{X(s)}=Ks \tag{2-58}$$

$$G(s)=\frac{Y(s)}{X(s)}=Ts+1 \tag{2-59}$$

$$G(s)=\frac{Y(s)}{X(s)}=K\tau^2 s_2+2\zeta\tau s+1 \tag{2-60}$$

5. 振荡环节

振荡环节一般含有两个独立的储能元件，且所储存的能量能互相转换，会导致输出带有振荡的性质。

振荡环节时域形式：

$$T^2\frac{\mathrm{d}^2 y_o(t)}{\mathrm{d}t^2}+2\zeta T\frac{\mathrm{d}y_0(t)}{\mathrm{d}t}+y_0(t)=Kx_i(t)$$

振荡环节传递函数形式之一：

$$G(s)=\frac{Y_0(s)}{X_i(s)}=\frac{K}{T^2 s^2+2\zeta Ts+1} \tag{2-61}$$

式中，T 为振荡环节的时间常数；ζ 为阻尼比；K 为比例系数。

振荡环节传递函数形式之二($K=1$)：

$$G(s)=\frac{Y_0(s)}{X_i(s)}=\frac{\omega_n^2}{s^2+2\zeta\omega_n s+\omega_n^2} \tag{2-62}$$

式中，$\omega_n=\frac{1}{T}$，为无阻尼固有频率。

例 2－4 和例 2－7 的系统都是振荡环节。从振荡环节传递函数标准形式看，当 $0<\zeta<1$ 时，二阶特征方程才有共轭复根，此时二阶系统称为振荡环节；当 $\zeta>1$ 时，二阶系统有两个实数根，为两个惯性环节的串联。

6. 延迟环节

延迟环节加上输入量后，输出量要等待一段时间 τ 后，才能不失真地复现输入信号，因此延迟环节又称时滞环节，或时延环节。延迟环节出现在许多控制系统中，如传输时间延迟、监测时间延迟等纯时间延迟，这些时间延迟都会给系统带来许多不良的影响。因此，延迟环节不单独存在，一般与其他环节同时出现。

延迟环节常见于管道压力、流量等物理量的控制；液压、气动系统中，施加输入量后，往往由于管道长度，延迟了信号传递的时间，而使输出量在时间上滞后于输入量。

图 2－22 为纯时间延迟实例——液体混合装置。

图 2－22 所示装置可把两种不同液体按一定比例进行混合，为了保证能测到均匀的溶液，测量点应离开混合点一定距离。那么，混合点与测量浓度变化点之间就存在着传输延迟，延迟时间为 $\tau=\frac{L}{\nu}$，ν 是液体流速。

假设混合点的浓度为 $c_i(t)$ ，而且在时间 τ 之后，溶液在监测点时，浓度没有变化，则被测量为：

$$c_o(t) = c_i(t - \tau)$$

经拉氏变换，并整理后，该液体混合装置的传递函数：

$$G(s) = \frac{C_o(s)}{C_i(s)} = e^{-\tau s}$$

延迟环节时域形式：

$$y(t) = x(t - \tau)$$

延迟环节传递函数：

$$G(s) = e^{-\tau s} \tag{2-63}$$

延迟环节时域示意图如图 2-23 所示。

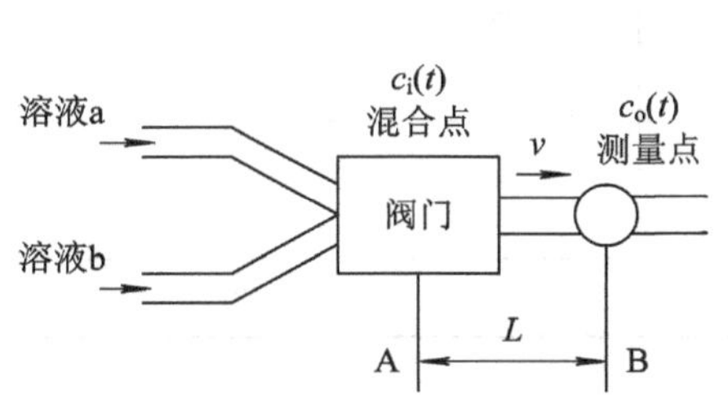

图 2-22　纯时间延迟实例

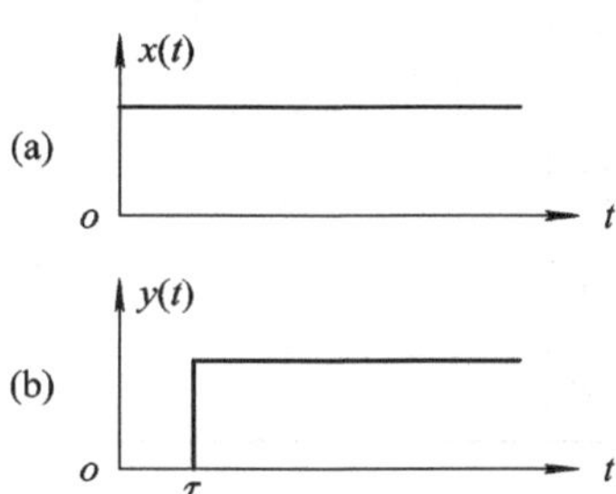

图 2-23　延迟环节时域示意图

延迟环节是一个非线性的超越函数，所以有延迟的系统是很难分析和控制的。为简单起见，将延迟环节按泰勒级数展开，化简并近似表达如下：

$$e^{-\tau s} = \frac{1}{e^{\tau s}} = \frac{1}{1 + \tau s + \cdots} \approx \frac{1}{1 + \tau s}$$

$$e^{-\tau s} = \frac{e^{-\tau s/2}}{e^{\tau s/2}} = \frac{1 - \tau s/2}{1 + \tau s/2}$$

可见，若把延迟环节用泰勒级数展开，以零点和极点的形式近似表达时，会发现它具有正实部零点，称为非最小相位环节。

2.3.2　最小相位环节和非最小相位环节传递函数

从传递函数角度看，在 s 域中，如果一个环节传递函数的极点和零点的实部全都小于或等于零(即零、极点位于 s 平面的左半平面)，则称这个环节是最小相位环节。如果传递函数中具有正实部的零点或极点，或有延迟环节，这个环节就是非最小相位环节。

对于闭环系统，如果它的开环传递函数的极点或零点的实部小于或等于零，则称它是最小相位系统；如果开环传递函数中有正实部的零点或极点，或有延迟环节，则称系统是非最小相位系统。

最小相位环节有：比例环节、惯性环节、振荡环节、一阶微分环节、二阶微分环节、积分环节。

非最小相位环节有：比例环节、惯性环节、振荡环节、一阶微分环节、二阶微分环节，延迟环节等。

将最小相位环节和非最小相位环节的传递函数列于表 2-1 进行比较。

表 2-1 最小相位环节和非最小相位环节传递函数对照表

典型环节	最小相位环节传递函数	非最小相位环节传递函数
比例环节	$K(K>0)$	$K(K<0)$
惯性环节	$\frac{1}{Ts+1}(T>0)$	$\frac{1}{-Ts+1}(T>0)$ 或 $\frac{1}{Ts-1}$
一阶微分环节	$Ts+1(T>0)$	$-Ts+1(T>0)$或 $Ts-1$
二阶微分环节	$\frac{s^2}{\omega_n^2}+\frac{2\zeta s}{\omega_n}+1(\omega_n>0,\ 0\leqslant\zeta<1)$	$\frac{s^2}{\omega_n^2}-\frac{2\zeta s}{\omega_n}+1(\omega_n>0,\ 0<\zeta<1)$
振荡环节	$\frac{1}{\frac{s^2}{\omega_n^2}+\frac{2\zeta s}{\omega_n^2}+1}(\omega_n>0,\ 0\leqslant\zeta<1)$	$\frac{1}{\frac{s^2}{\omega_n^2}-\frac{2\zeta s}{\omega_n^2}+1}(\omega_n>0,\ 0<\zeta<1)$
微分环节	s	—
积分环节	$\frac{1}{s}$	—
延迟环节	—	$e^{-\tau s}$

2.3.3 各环节间负载效应

在图 2-19 所示的无源电路网络中，求出传递函数 $G(s)=\frac{1}{RCs+1}$，此时，一般是假设网络输出端接有无穷大负载阻抗，输入内阻为零。如果 RC 网络形式如图 2-24 所示，那么传递函数将是怎样的呢？

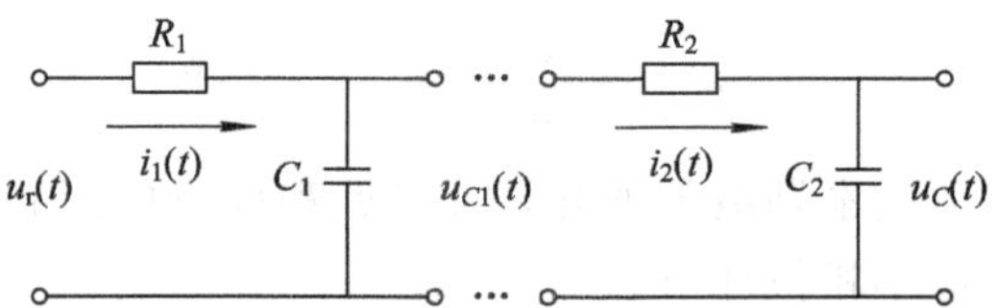

图 2-24 多级 RC 电路网络

如果两个网络不相连接，各自独立，则与图 2-19 的情形一样，此时，两个独立电路网络的传递函数分别是：

$$G_1(s)=\frac{U_{C1}(s)}{U_r(s)}=\frac{1}{R_1C_1s+1},\ G_2(s)=\frac{U_o(s)}{U_{C1}(s)}=\frac{1}{R_2C_2s+1}$$

如果两个电路网络直接相连(如图 2-3 所示)，由电路微分方程。可得复数域方程：

$$I_1(s)=\frac{U_r(s)-U_{C1}(s)}{R_1}$$

$$U_{C1}(s)=\frac{I_1(s)-I_2(s)}{C_1s}$$

$$I_2(s)=\frac{U_{C1}(s)-U_C(s)}{R_2}$$

$$U_C(s)=\frac{I_2(s)}{C_2s}$$

整理后，消去中间变量 $I_1(s)$，$I_2(s)$，$U_{C1}(s)$，得传递函数(或直接由例 2-3 的时域微分方程进行拉氏变换，可得)：

$$G(s)=\frac{U_C(s)}{U_r(s)}=\frac{1}{R_2R_1C_1C_2s^2+(R_1C_1+R_1C_2+R_2C_2)s+1}$$

可见，$G(s)\neq G_1(s)G_2(s)$，$G(s)$分母中增加了 R_1C_2 项。从图 2-24 可清楚地看到，后一级 R_2C_2 网络作为前级 R_1C_1 网络的负载，当两级相联时，后级有分流，对前级有负载影响。R_2C_2 网络会对前级 R_1C_1 网络的输出电压产生影响，这就是负载效应。

2.4 控制系统结构图

对于一个简单的元件或系统，可通过列写出微分方程，然后在零初始条件下做拉氏变换，求出传递函数。但如果系统较复杂，中间变量较多，则列写微分方程就很困难，从而增加了传递函数求解的难度。一种简便的方法就是利用结构图或信号流图来求传递函数。

控制系统的结构图或信号流图都是描述系统各元部件之间信号传递的数学图形，它们表示了系统中各变量之间的因果关系以及对各变量所进行的运算。结构图或信号流图的本质是代数方程组各变量之间关系的一种图形表示。采用结构图或信号流图，更便于求取系统的传递函数，还能直观地表明输入信号以及各中间变量在系统中的传递过程。因此，结构图和信号流图作为一种数学模型，在控制理论中得到了广泛的应用。

2.4.1 结构图的组成和绘制

控制系统的结构图是系统各元件特性、系统结构和信号流向的图解表示法，如图 2-25(a)所示。把环节的传递函数标在结构图的方块里，这样输入量和输出量就可用传递函数表示，如图 2-25(b)所示。这时 $Y(s)=G(s)X(s)$的关系可以在结构图中体现出来。

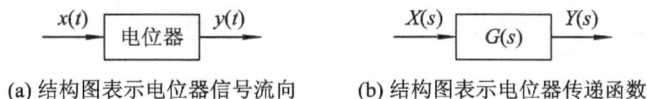

(a) 结构图表示电位器信号流向

(b) 结构图表示电位器传递函数

图 2-25 结构图形式

控制系统结构图由信号线、方框、比较点和引出点四个基本单元组成。

信号线：表示信号传递通路与方向，用有向线段表示。

方框：表示对信号进行的数学变换，方框中写入元件或系统的传递函数。

比较点：对两个以上的信号进行加减运算。“+”表示相加，“-”表示相减。

引出点：表示信号引出或测量的位置。同一位置引出的信号数值和性质完全相同。

若已知系统的组成和各部分的传递函数，则可以画出各个部分的结构图并连成整个系统的结构图。

结构图的绘制步骤如下：

(1) 写出组成系统各环节的微分方程或传递函数(考虑负载效应)，并将它们用方框表示；

(2) 按信号流向用信号线将函数方框一一连接起来，得到系统结构图。

【例 2-11】 本章例 2-8 中图 2-9，2-10 所示，为直流电动机调速系统原理图和方框图。试绘制该调速系统的各环节结构图，并连接成系统的总结构图。

解　根据直流电机调速系统的方框图，根据各环节输入、输出变量，求出各环节的传递函数。

比较环节：

$$U_e(s)=U_g(s)-U_f(s)$$

运算放大器Ⅰ：

$$\frac{U_1(s)}{U_e(s)}=K_1$$

运算放大器Ⅱ：

$$\frac{U_2(s)}{U_1(s)}=K_2(\tau s+1)$$

功率放大环节：

$$\frac{U_a(s)}{U_2(s)}=K_3$$

测速反馈环节：

$$\frac{U_f(s)}{\Omega(s)}=K_f$$

电动机环节：

$$(T_aT_ms^2+T_ms+1)\Omega(s)=K_uU_a(s)-K_m(T_as+1)M_c(s)$$

根据图 2-10 给出的方框图信号流向，将图 2-26(a)～(f)各环节按输入、输出关系连接，可得到系统传递函数总结构图，如图 2-26(g)所示。

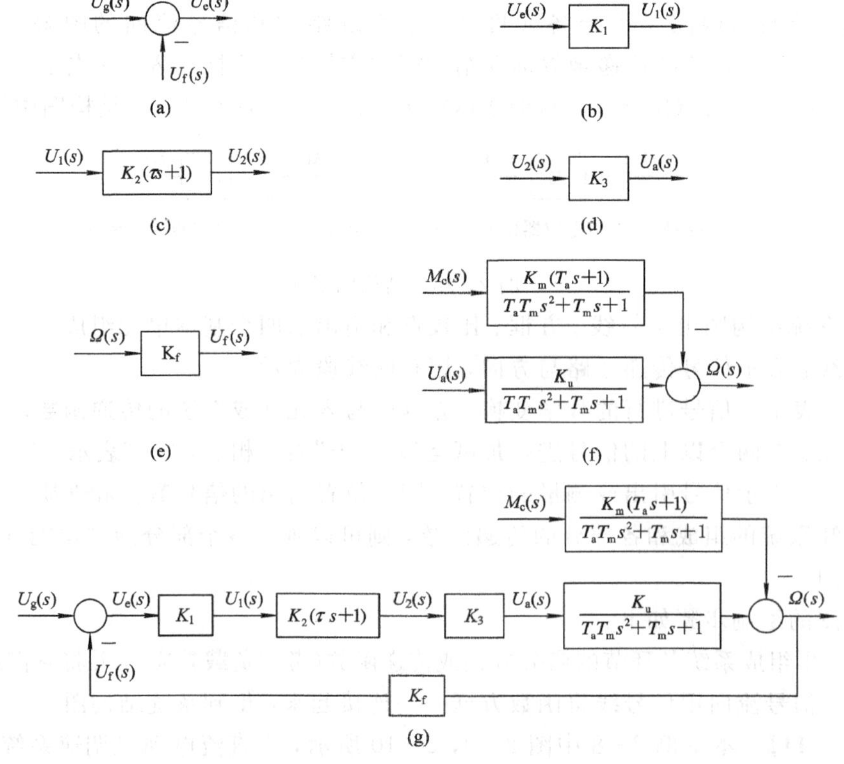

图 2-26　电机调速系统结构图

可见，结构图不仅能反映系统的组成和信号流向，还能表示信号传递过程中的数学关系。所以系统结构图也是系统的数学模型，是复域的数学模型。

2.4.2　结构图的等效变换和简化规则

系统结构图连接关系一般比较复杂，需经过结构图的等效变换，将结构图化简，以求出整个系统总的传递函数。结构图的等效变换指在结构图上进行数学方程的运算。结构图等效变换形式有：

(1) 环节间的合并。方框图的基本连接方式有串联、并联和反馈。应根据连接方式不同进行方框的合并运算。

(2) 信号分支点或比较点的移动。在方框合并运算过程中，需要对分支点或(和)比较点进行移动，以便于方框的合并运算。

结构图等效变换的基本原则是：变换环节中变量的数学关系保持不变，即前向通路总的传递函数保持不变，结构图总的传递函数保持不变。

下面介绍结构图的简化规则。

1. 方框图串联环节的化简

如图 2－27(a)所示，n 个传递函数分别为 $G_1(s)$、$G_2(s)$、…、$G_n(s)$的方框串联连接，$G_1(s)$的输出为 $G_2(s)$的输入，$G_2(s)$的输出为 $G_3(s)$的输入，依次类推，则

$$Y(s) = G_1(s)G_2(s)\cdots G_n(s)X(s)$$

所以，合并后的传递函数为：

$$G(s) = \frac{Y(s)}{X(s)} = G_2(s)G_1(s)\cdots G_n(s) = \prod_{i=1}^{n} G_i(s) \qquad (2-64)$$

合并后的等效传递函数可用图 2－27(b)表示。

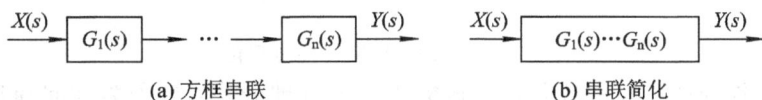

(a) 方框串联　　(b) 串联简化

图 2－27　方框串联及简化

结论：两个或两个以上串联方框合并的等效方框为串联通道上每个方框传递函数之乘积。

2. 方框图并联环节的化简

如图 2－28(a)所示，n 个传递函数分别为 $G_1(s)$、$G_2(s)$、…、$G_n(s)$的方框并联连接，$G_1(s)$、$G_2(s)$、…、$G_n(s)$输入量同为 $X(s)$，输出同为 $Y(s)$，则

$$Y(s) = [G_1(s) + G_2(s) + \cdots + G_n(s)]X(s)$$

所以，合并后的传递函数为：

$$G(s) = \frac{Y(s)}{X(s)} = [G_1(s) + G_2(s) + \cdots + G_n(s)] = \sum_{i=1}^{n} G_i(s) \qquad (2-65)$$

合并后的等效传递函数可用图 2－28(b)表示。

结论：两个或两个以上并联方框合并的等效方框为并联通道上每个方框传递函数之代数和。

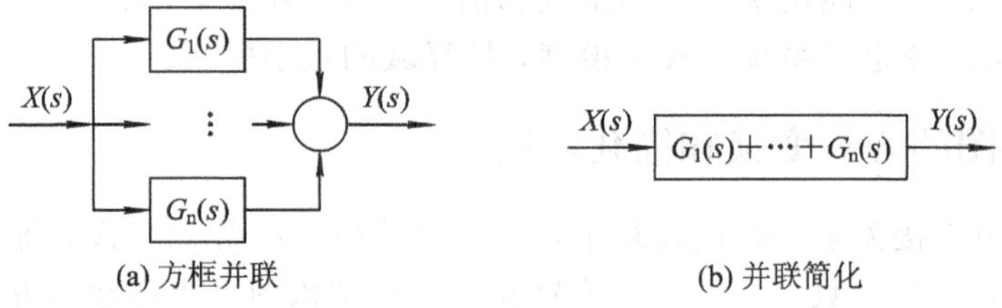

(a) 方框并联　　(b) 并联简化

图 2-28　方框并联及简化

3. 方框图反馈环节的化简

反馈连接如图 2-29(a)所示，正负号(+/-)分别表示反馈回来的信号与输入信号是相加或相减，分别对应正或负反馈。

由图 2-29(a)可得：

$$Y(s)=G(s)E(s)$$
$$E(s)=X(s)\pm Y(s)H(s)$$

所以，合并后的传递函数为：

$$G(s)=\frac{Y(s)}{X(s)}=\frac{G(s)}{1\mp G(s)H(s)} \tag{2-66}$$

式中，“-”对应正反馈连接，“+”对应负反馈连接。

合并后的等效传递函数可用图 2-29(b)表示。

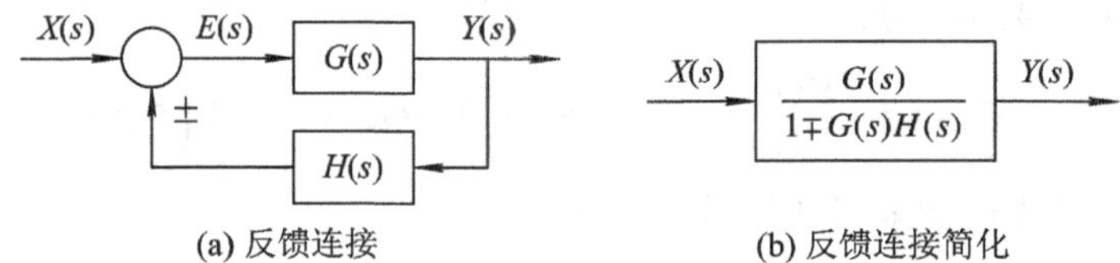

(a) 反馈连接　　(b) 反馈连接简化

图 2-29　反馈连接与简化

结论：反馈连接方框的等效传递函数为一个有理分式，分子为前向通道传递函数，分母为1∓前向通道传递函数与反馈通道传递函数的乘积(即 $G(s)H(s)$，又称开环传递函数)。

4. 信号分支点或比较点的移动

实际的控制系统结构图有时并不是简单的串联、并联、反馈连接关系，而是有些信号的分支、比较，使三种连接交叉在一起而无法化简，此时，要简化结构图，需考虑将分支点或比较点的位置进行移动。

信号分支点或比较点的移动需保持信号移动前后的等效性。移动的基本方法有：

(1) 信号比较点的移动：把比较点从环节的输入端移到输出端，或从输出端移到输入端；

(2) 信号分支点的移动：把分支点从环节的输入端移到输出端，或从输出端移到输入端；

(3) 相邻的比较点位置可以互换，同一信号的分支点位置可互换，比较点和分支点在一般情况下不能互换。

下面分别就各种移动方法进行等效推导。

1）信号比较点的移动

如图 2-30(a)所示，比较点在方框前(输入端)，则有：

$$Y(s)=[X_1(s)\pm X_2(s)]G(s)=X_1(s)G(s)\pm X_2(s)G(s)$$

等效移动后方框结构如图 2-30(b)所示。

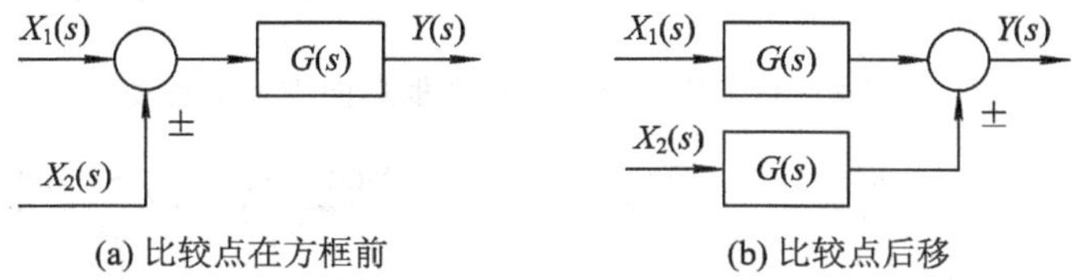

图 2-30　比较点从方框前移动到方框后

如图 2-31(a)所示，比较点在方框后，则有：

$$Y(s)=X_1(s)G(s)\pm X_2(s)=X_1(s)G(s)\pm X_2(s)N(s)G(s)$$

因此，比较点向前移动后：$N(s)=\dfrac{1}{G(s)}$。

比较点从方框后移动到方框前的等效结构如图 2-31(b)所示。

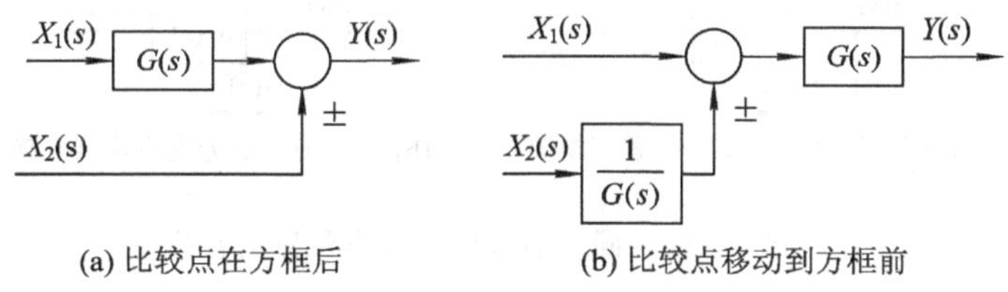

图 2-31　比较点从方框后移动到方框前

2）信号分支点的移动

如图 2-32(a)所示，信号分支点在方框前，移动到方框后，等效结构图如图 2-32(b)所示。

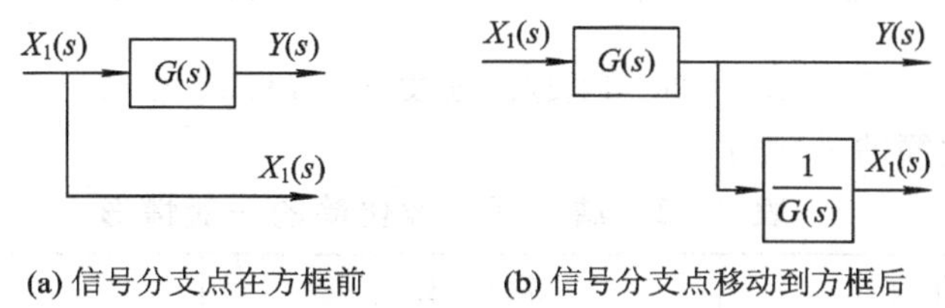

图 2-32　信号分支点从方框前向方框后移动

如图 2-33(a)所示，信号分支点在方框后，移动到方框前，等效结构图如图 2-33(b)所示。

图 2-34(a)所示为两相邻比较点，可以将比较点位置互换，如图 2-34(b)所示。

图 2-35(a)所示为同一信号的分支点位置，可以互换成图 2-35(b)所示的形式。

图 2-36(a)所示为比较点与分支点相邻的情况，此时，它们不能互换成图 2-36(b)的形式，而应将分支点之后的部分先合并，再处理含比较点的部分。

总结以上分析，通常情况下，比较点向比较点移动，分支点向分支点移动。表 2-2 给

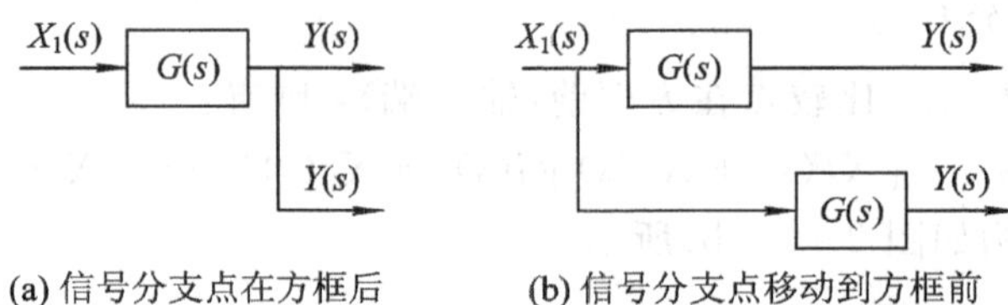

(a) 信号分支点在方框后　　(b) 信号分支点移动到方框前

图 2－33　信号分支点从方框后向方框前移动

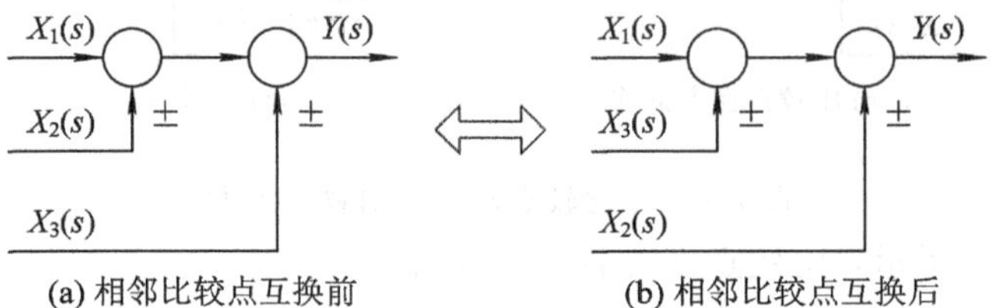

(a) 相邻比较点互换前　　(b) 相邻比较点互换后

图 2－34　相邻比较点的位置互换

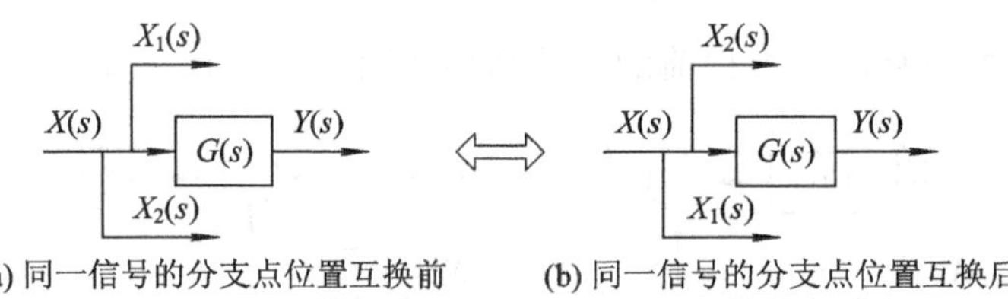

(a) 同一信号的分支点位置互换前　　(b) 同一信号的分支点位置互换后

图 2－35　同一信号的分支点位置的互换

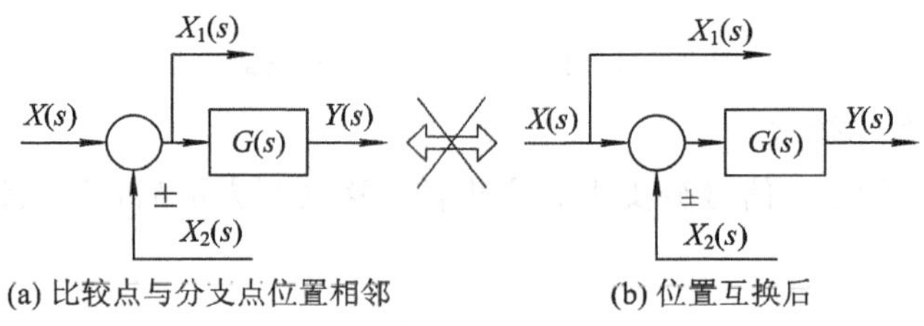

(a) 比较点与分支点位置相邻　　(b) 位置互换后

图 2－36　比较点和分支点位置相邻的情况

出了结构图等效化简的一般情形。

表 2－2　结构图等效化简的一般情形

方框图简化前	等效运算式	方框图等效简化后
$X(s)$ → $G_1(s)$ → … → $G_n(s)$ → $Y(s)$	串联 $Y(s)=G_1(s)G_2(s)\cdots G_n(s)X(s)$	$X(s)$ → $G_1(s)\cdots G_n(s)$ → $Y(s)$
$X(s)$ → $G_1(s)$, ⋮, $G_n(s)$ → ⊗ → $Y(s)$	并联 $Y(s)=[G_1(s)+G_2(s)+\cdots$ $+G_n(s)]X(s)$	$X(s)$ → $G_1(s)+\cdots+G_n(s)$ → $Y(s)$

续表

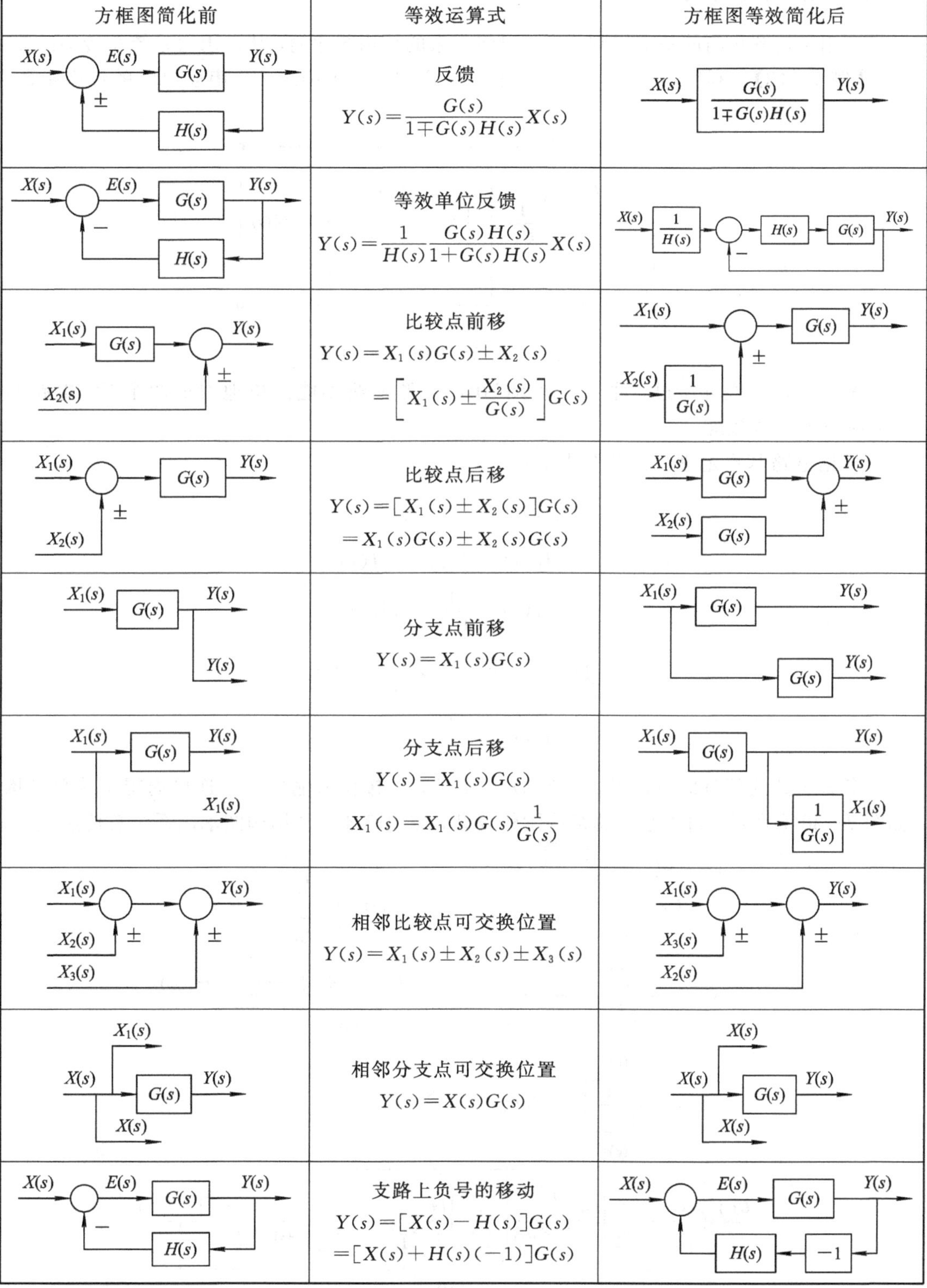

方框图简化前	等效运算式	方框图等效简化后
	反馈 $Y(s)=\dfrac{G(s)}{1\mp G(s)H(s)}X(s)$	
	等效单位反馈 $Y(s)=\dfrac{1}{H(s)}\dfrac{G(s)H(s)}{1+G(s)H(s)}X(s)$	
	比较点前移 $Y(s)=X_1(s)G(s)\pm X_2(s)$ $=\left[X_1(s)\pm\dfrac{X_2(s)}{G(s)}\right]G(s)$	
	比较点后移 $Y(s)=[X_1(s)\pm X_2(s)]G(s)$ $=X_1(s)G(s)\pm X_2(s)G(s)$	
	分支点前移 $Y(s)=X_1(s)G(s)$	
	分支点后移 $Y(s)=X_1(s)G(s)$ $X_1(s)=X_1(s)G(s)\dfrac{1}{G(s)}$	
	相邻比较点可交换位置 $Y(s)=X_1(s)\pm X_2(s)\pm X_3(s)$	
	相邻分支点可交换位置 $Y(s)=X(s)G(s)$	
	支路上负号的移动 $Y(s)=[X(s)-H(s)]G(s)$ $=[X(s)+H(s)(-1)]G(s)$	

2.4.3 结构图的化简

利用结构图化简的基本规则，就可以将复杂的结构图化简，从而求得系统总传递函数。

【例 2-12】 利用结构图等效变换求出图 2-37 所示两级 RC 串联电路的传递函数。

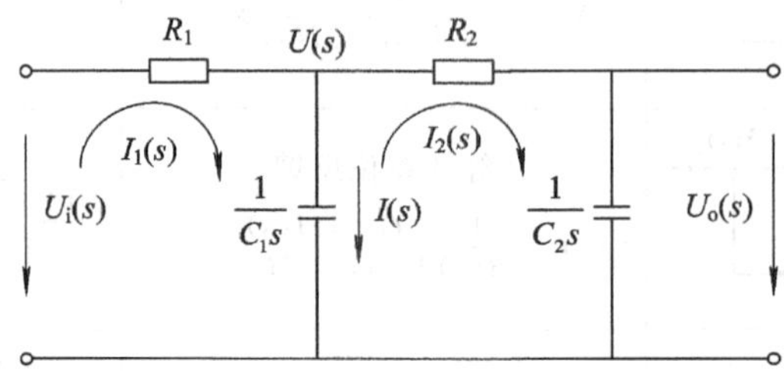

图 2-37 两级 RC 串联电路

解 前面已经介绍过，此时两级 RC 串联电路网络不能简单地看成两个 RC 电路的串联，应考虑负载效应。

根据电路基本定理，有以下式子：

$$[U_i(s)-U(s)]\frac{1}{R_1}=I_1(s)$$

$$I_1(s)-I_2(s)=I(s)$$

$$I(s)\times\frac{1}{C_1 s}=U(s)$$

$$[U(s)-U_o(s)]\times\frac{1}{R_2}=I_2(s)$$

$$I_2(s)\times\frac{1}{C_2 s}=U_o(s)$$

各式表达的环节框图如图 2-38(a)～(e)所示，按输入输出关系连接而得系统总结构图如图 2-38(f)所示。可见系统总结构图较复杂，需化简才能从结构图求出系统总传递函数。

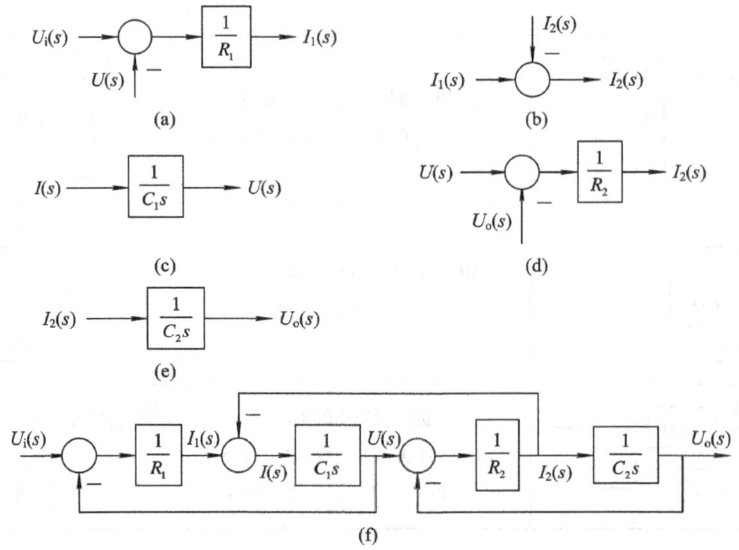

图 2-38 两级 RC 串联电路各环节框图及总结构图

结构图化简的等效变换步骤如图 2-39(a)～(d)示，图(a)是将图 2-38(f)的 $I_2(s)$处分支点后移，将$\frac{1}{R_2}$、$\frac{1}{C_2 s}$构成的单位负反馈环节合并而成的，图(b)是将 $I_1(s)$处比较点前移而成的，图(c)是将 $U_1(s)$处两比较点合并，将$\frac{1}{R_1}$、$\frac{1}{C_1 s}$构成的单位负反馈环节合并而成的，图(d)是较简化结构图。根据图(d)，可求出系统总传递函数：

$$G(s)=\frac{U_o(s)}{U_i(s)}=\frac{\dfrac{1}{(R_1C_1s+1)(R_2C_2s+1)}}{1+\dfrac{R_1C_2s}{(R_1C_1s+1)(R_2C_2s+1)}}=\frac{1}{(R_1C_1s+1)(R_2C_2s+1)+R_1C_2s}$$

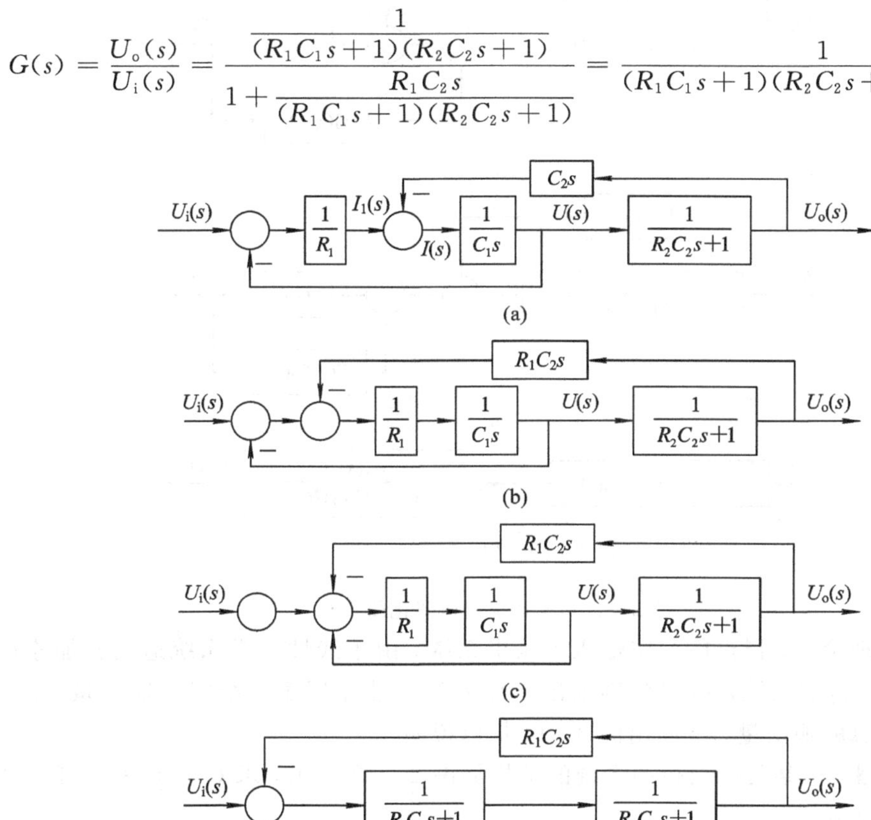

图 2-39　两级 RC 电路结构图化简步骤

【例 2-13】　某系统结构图如图 2-40 所示，求传递函数 $G(s)=\frac{C(s)}{R(s)}$。

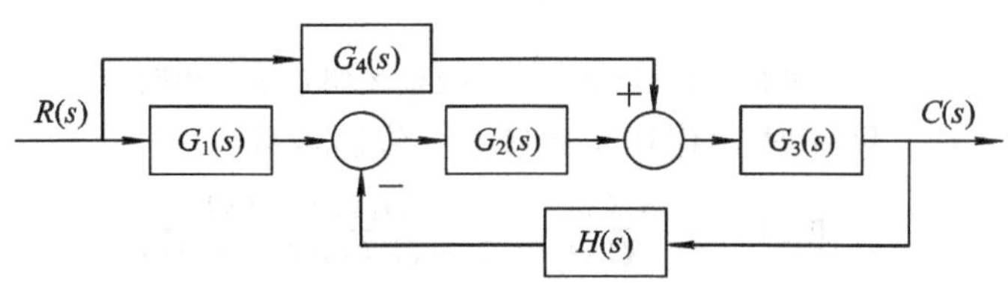

图 2-40　某系统结构图

解　根据结构图等效变换的规则，化简结构图步骤如图 2-41 所示。图 2-40 中，将第一个比较点后移成图 2-41(a)，再将相邻比较点互换成图(b)，然后 $G_1(s)$，$G_2(s)$，

$G_4(s)$构成的串联、并联方框合并，$G_3(s)$、$H(s)G_2(s)$构成的反馈方框合并成图（c）简化的结构图形式，得出总结构图传递函数：

$$G(s)=\frac{G_3(s)[G_1(s)G_2(s)+G_4(s)]}{1+G_2(s)G_3(s)H(s)}$$

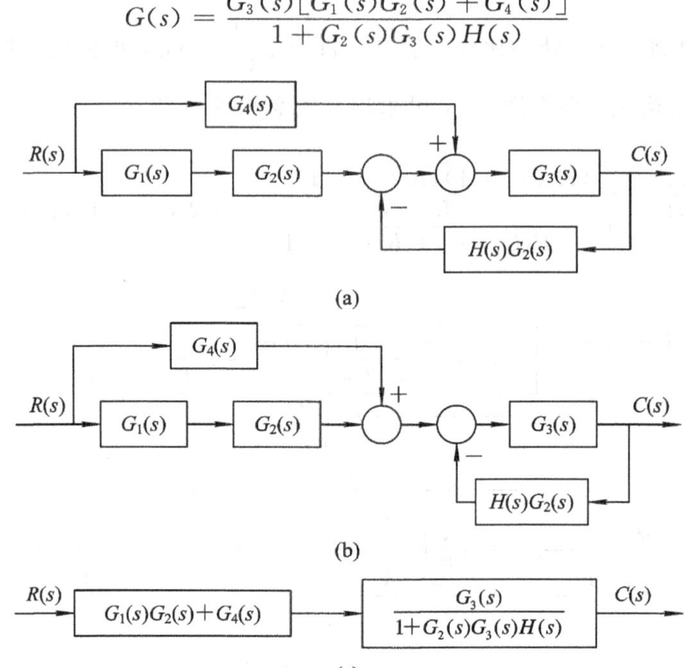

图 2-41　某系统结构图化简步骤

经典控制理论中，讨论的是单输入单输出系统。由于线性定常系统适用叠加原理，因此，对于多输入量的系统，可以分别求出各输入量单独作用于系统时的输出量，再叠加，即可求出系统总的输出量。下面用例 2-14 加以说明。

【例 2-14】 设某负反馈控制系统的结构如图 2-42 所示，求 $C(s)$在 $R(s)$和 $N(s)$同时作用下的表达式。

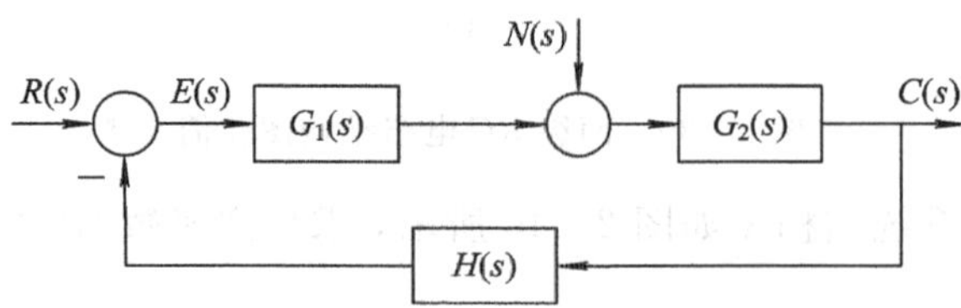

图 2-42　例 2-14 负反馈控制系统结构图

解　令 $N(s)=0$，只有 $R(s)$作用于系统，得传递函数：

$$\Phi_{CR}(s)=\frac{C(s)}{R(s)}=\frac{G_1(s)G_2(s)}{1+G_1(s)G_2(s)H(s)}$$

令 $R(s)=0$，只有 $N(s)$作用于系统，则等效的结构图如图 2-43 所示，得传递函数：

$$\Phi_{CN}(s)=\frac{C(s)}{N(s)}=\frac{G_2(s)}{1+G_1(s)G_2(s)H(s)}$$

则系统总输出为：

$$C(s)=\Phi_{CR}(s)R(s)+\Phi_{CN}(s)N(s)$$
$$=\frac{G_1(s)G_2(s)R(s)}{1+G_1(s)G_2(s)H(s)}+\frac{G_2(s)N(s)}{1+G_1(s)G_2(s)H(s)}$$

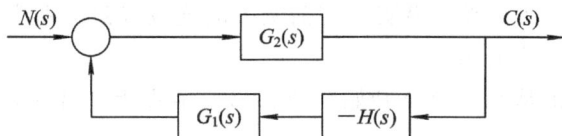

图 2-43　某负反馈控制系统当 $R(s)=0$ 时结构图

2.5　控制系统的信号流图

控制系统信号流图是系统的数学模型之一。信号流图是用小圆圈和带箭头的线段组成的图形，利用信号流图可表示一个或一组线性代数方程，然后利用梅逊增益公式即可求得系统的传递函数。

2.5.1　信号流图的组成及术语

信号流图由节点和支路组成；如图 2-44 所示。

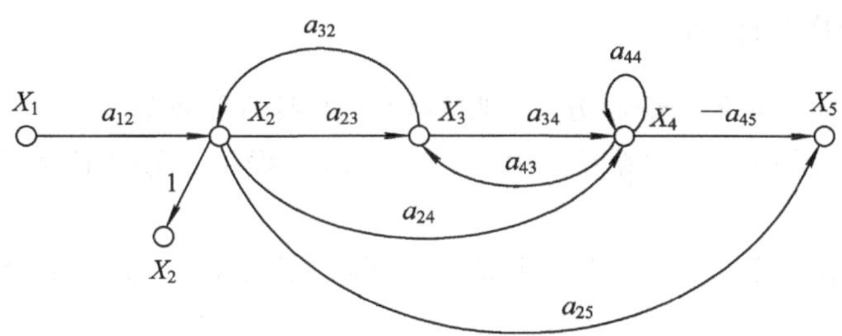

图 2-44　信号流图组成及术语示例

节点：表示变量或信号的小圆圈。方程组中有几个变量，就有相应数目的节点。图 2-44 对应的一组线性方程如下：

$$X_2=a_{12}X_1+a_{32}X_3$$
$$X_3=a_{23}X_2+a_{43}X_4$$
$$X_4=a_{24}X_2+a_{34}X_3+a_{44}X_4$$
$$X_5=a_{25}X_2-a_{45}X_4$$

信号流图中共有 5 个节点，则方程组对应有 5 个变量。

支路：连接两个节点的定向线段。线段上箭头的方向，表示信号流通的方向。

支路旁标明的数字、字母或表达式称为支路传输值或支路传输增益。支路上的箭头指向节点，叫该节点的输入支路，如 a_{12} 是节点 X_2 的输入支路；支路上的箭头离开节点，叫该节点的输出支路，如 a_{23} 是节点 X_2 的输出支路。

结合图 2-44，信号流图常用术语有：

输入节点：只有输出支路的节点，叫作输入节点，也叫作源节点，如 X_1。

输出节点：只有输入支路的节点，叫作输出节点，也叫作阱节点，如 X_5。

混合节点：既有输入支路，又有输出支路的节点，叫作混合节点，如 X_2、X_3、X_4。增加一条单位传输支路，可使混合节点变为输出节点，但不能使其变为输入节点，如 X_2。

通道：凡从某一节点开始，沿支路的箭头方向连续经过一些节点而终止在另一节点或同一节点的路径，统称为通道。

开通道：如果通道从某一节点开始终止在另一节点上，而且通道中每个节点只经过一次，该通道叫作通道。

闭通道：如果通道的终点就是通道的始点，而且通道中每个节点只经过一次，该通道叫作闭通道，也叫作回环或回路，如 a_{44}，a_{34} 和 a_{43}，a_{23} 和 a_{32}，分别构成回路。但 a_{23}、a_{34}、a_{43}、a_{32}，虽然通道是从 X_2 开始，最后又回到了 X_2，但由于经过了 X_3 两次，所以不构成回路。

前向通道：在开通道中，从源节点始到阱节点止，每个节点只经过一次的通道，叫作前向通道。在确定前向通道时，首先要明确源节点与阱节点。

不接触回路：如果一些回路没有任何公共节点，就叫作不接触回路，如 a_{44} 构成的回路和 a_{23}、a_{32} 构成的回路，这两个回路就是不接触回路。

通道传输(或增益)：通道中各支路传输(或增益)的乘积。

回路传输(或增益)：闭通道中各支路传输(或增益)的乘积。

2.5.2 信号流图的性质

根据信号流图的定义及绘制方法，归纳信号流图的性质为：

(1) 信号流图适用于线性系统。根据线性代数方程组，先确定变量数目，依次排列，然后用有向线段连接。

(2) 支路表示一个信号对另一个信号的函数关系，信号只能沿支路上的箭头指向传递。

(3) 在节点上可以把所有输入支路的信号叠加，并把相加后的信号送到所有的输出支路。因此，流入节点的信号可以各不相同，但流出节点的信号表示同一个信号。

(4) 具有输入支路和输出支路的混合节点，通过增加一个具有单位增益的支路把它作为输出节点来处理。

(5) 对于一个给定的系统，由于描述同一个系统的方程可以表示为不同的形式，所以，信号流图不是唯一的。

2.5.3 信号流图的绘制和化简

信号流图的绘制有两种方法，方法一是根据系统微分方程来绘制，方法二是根据系统结构图来绘制。同一系统用这两种方法都可以绘制出信号流图，一般由方法二将系统结构图转成信号流图更方便、简洁。

方法一：根据系统微分方程来绘制。

线性定常系统可以列写线性微分方程组，经过拉氏变换，可得到 s 平面的代数方程组，根据系统线性拉氏变换式，按变量流通的顺序从左至右排列，变量用节点表示，根据各变量间的因果关系，用有向线段正确连接，有向线段上标明变量经拉氏变换运算的增益(即支路增益)，即可得到系统的信号流图。如例 2-12 中，两级 RC 串联电路(图 2-37)，根据电路基本定律求出拉氏变换后的方程式，并按变量因果关系排列如下：

$$I_1(s)=\frac{U_i(s)-U(s)}{R_1}$$

$$I(s)=I_1(s)-I_2(s)$$

$$U(s)=I(s)\times\frac{1}{C_1 s}$$

$$I_2(s)=\frac{U(s)-U_o(s)}{R_2}$$

$$U_o(s)=I_2(s)\times\frac{1}{C_2 s}$$

根据上述方程组，将变量 $U_i(s)$，$U_i(s)-U(s)$，$I_1(s)$，$I(s)$，$U(s)$，$I_2(s)$，$U_o(s)$设置为节点并按顺序排列，将方程运算关系写在节点间连接的有向线段上作为增益，得图 2-45 所示信号流图。

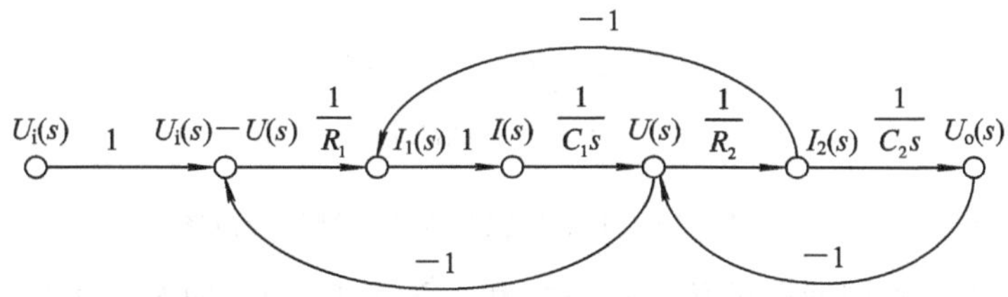

图 2-45　两级 RC 串联电路信号流图

方法二：根据系统结构图来绘制

由系统结构图来绘制信号流图是简单、直观的方法，信号流图可以无需化简，直接用 Mason(梅森)增益公式求得系统传递函数。

将系统结构图绘制成系统信号流图遵循的规则是：

(1) 将输入量、输出量、比较点的输出、分支点及中间变量改为节点；

(2) 用标有传递函数的有向线段代替各环节的方框，成为信号流图的支路。

如图 2-46(a)所示，首先将各输入变量、输出变量、比较点、分支点、中间变量找出，分别为 R、V_1、V_2、V_3、C 用小圆圈表示，作为节点，各变量间的方框用有向线段代替，为信号流向支路，方框中的传递函数标示在流图支路上作为信号增益，分别为 b、d、e、f、g、h、k、l、m，画出系统信号流图，如图 2-46(b)所示。

2.5.4　梅逊(Mason)公式

对于一个确定的信号流图或方框图，具有任意条前向通路，任意个单独回路，任意个不接触回路，应用梅逊公式可以直接求得输入变量到输出变量的系统总传递函数。

梅逊公式表达式为：

$$P=\frac{1}{\Delta}\sum_{k=1}^{n}p_k\Delta_k \tag{2-67}$$

式中，P 为系统总传递函数；p_k 为第 k 条前向通路的传递函数；Δ 为流图的特征式，即

$$\Delta=1-\sum L_a+\sum L_bL_c-\sum L_dL_eL_f+\cdots$$

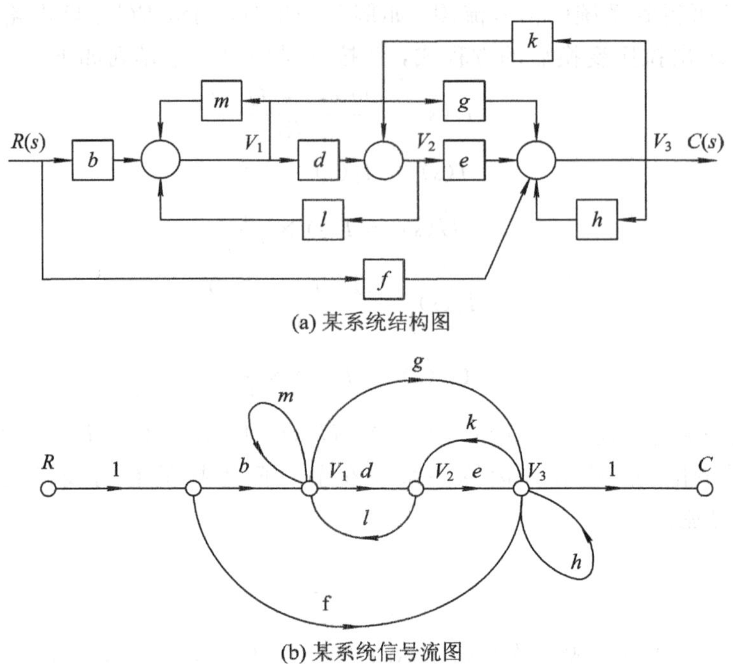

图 2-46　由某系统结构图绘制信号流图

其中，$\sum L_a$ 为所有不同回路的传递函数之和；$\sum L_b L_c$ 为每两个互不接触回路传递函数乘积之和；$\sum L_d L_e L_f$ 为每三个互不接触回路传递函数乘积之和；Δ_k 为第 k 条前向通路特征式的余因子式，即对于流图的特征式 Δ，将与第 k 条前向通路相接触的回路传递函数代以零值，余下的 Δ 即为 Δ_k。

【例 2-15】 利用梅逊公式求图 2-44 所示信号流图中 X_1 与 X_5 之间的增益(即系统总传递函数)。

解　根据梅逊公式的定义，求出系统总传递函数，需找出信号流图中的前向通道及各前向通道传递函数，找出所有回路、两个互不接触回路、三个互不接触回路，求出流图的特征式和每条前向通路特征式的余因子式 Δ_k。

由图 2-44 分析，有三条前向通道：

$$G_1 = -a_{12}a_{23}a_{34}a_{45}\text{；}G_2 = -a_{12}a_{24}a_{45}\text{；}G_3 = a_{12}a_{25}$$

故 $n=3$。

对应的各前向通道传递函数：

$$p_1 = -a_{12}a_{23}a_{34}a_{45}\text{；}p_2 = -a_{12}a_{24}a_{45}\text{；}p_3 = a_{12}a_{25}$$

根据公式分别求得：

$$\sum L_a = a_{23}a_{32} + a_{34}a_{43} + a_{44} + a_{24}a_{43}a_{32}$$

$$\sum L_b L_c = a_{23}a_{32}a_{44}$$

$$\begin{aligned}\Delta &= 1 - \sum L_a + \sum L_b L_c \\ &= 1 - (a_{23}a_{32} + a_{34}a_{43} + a_{44} + a_{24}a_{43}a_{32}) + a_{23}a_{32}a_{44}\end{aligned}$$

$$= 1 - (a_{23}a_{32} + a_{34}a_{43} + a_{44} + a_{24}a_{43}a_{32}) + a_{23}a_{32}a_{44}$$

$$\Delta_1 = 1\ ;\ \Delta_2 = 1\ ;\ \Delta_3 = 1 - a_{34}a_{43} - a_{44}$$

则 X_5 与 X_1 之间的增益 $\frac{X_5}{X_1}$ 为

$$P = \frac{X_5}{X_1} = \frac{1}{\Delta}\sum_{k=1}^{3} p_k\Delta_k = \frac{1}{\Delta}(p_1\Delta_1 + p_2\Delta_2 + p_3\Delta_3)$$

$$= \frac{-a_{12}a_{23}a_{34}a_{45} - a_{12}a_{24}a_{45} + a_{12}a_{25}(1 - a_{44} - a_{34}a_{43})}{1 - (a_{23}a_{32} + a_{34}a_{43} + a_{44} + a_{24}a_{43}a_{32}) + a_{23}a_{32}a_{44}}$$

【例 2-16】 图 2-46(b)所示为信号流图，试求出其传递函数。

解　图 2-46(b)共含有五个单独回路，即Ⅰ、Ⅱ、Ⅲ、Ⅳ、Ⅴ，如图 2-47 所示，有三对互不接触回路，即回路Ⅰ和Ⅲ、Ⅰ和Ⅳ、Ⅱ和Ⅳ。

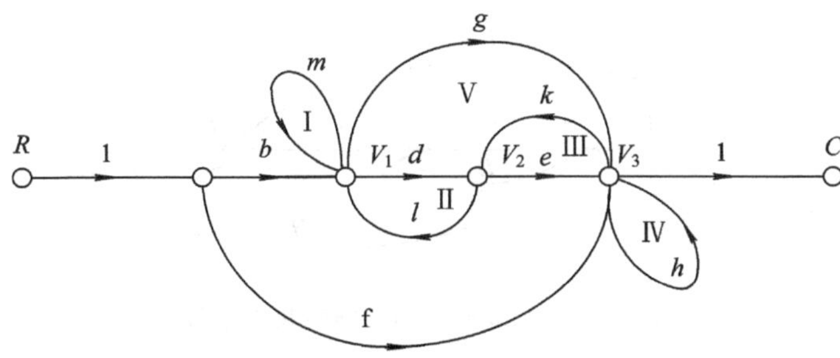

图 2-47　例 2-16 信号流图情况分析

所有单独回路增益之和为：

$$\sum_i L_i = m + dl + ke + h + gkl$$

两两互不接触回路增益乘积之和为：

$$\sum_{j,k} L_jL_k = mke + mh + dlh$$

故

$$\Delta = 1 - \sum_i L_i + \sum_{j,k} L_jL_k = 1 - (m + dl + ke + h + gkl) + mh + dlh + mke$$

把 Δ 中与第 k 条前向通道有关的回路去掉后，从输入到输出的前向通道和其增益以及相应的余子式如表 2-3 所示。

表 2-3　第 k 条前向通路特征式的余因子式

前向通道	前向通道增益	余子式
$R\to V_1\to V_2\to V_3\to C$	$p_1=bde$	$\Delta_1=1$
$R\to V_3\to C$	$p_2=f$	$\Delta_2=1-m-ld$
$R\to V_1\to V_3\to C$	$p_3=bg$	$\Delta_3=1$

则信号流图总传递函数为：

$$P = \frac{C}{R} = \frac{1}{\Delta}\sum_{k=1}^{3} p_k\Delta_k = \frac{1}{\Delta}(p_1\Delta_1 + p_2\Delta_2 + p_3\Delta_3)$$

$$= \frac{bde + f(l - m - ld) + bg}{1 - (m + dl + ke + h + gkl) + mh + dlh + mke}$$

【例 2 - 17】 使用 Mason 公式计算图 2 - 48 结构图的传递函数$\dfrac{C(s)}{R(s)}$，$\dfrac{E(s)}{R(s)}$。

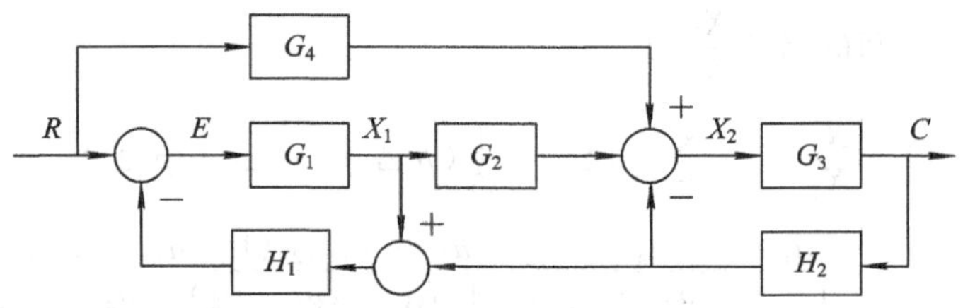

图 2 - 48 例 2 - 17 结构图

解 在结构图上将变量 R、E、X_1、X_2、C 找出来，作为节点，方框用有向线段代替，画出信号流图，如图 2 - 49 所示。

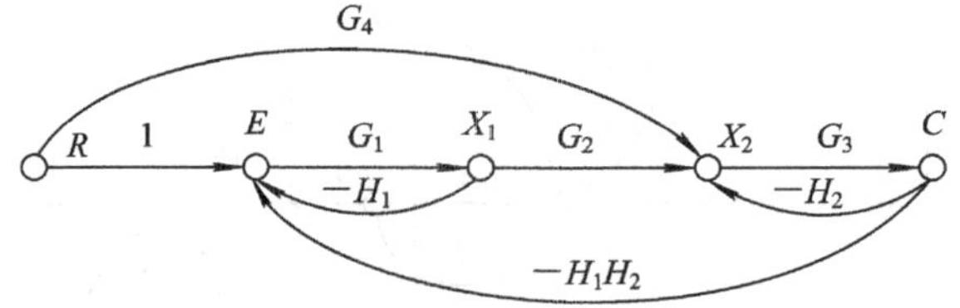

图 2 - 49 例 2 - 17 结构图转化的信号流图

求解$\dfrac{C(s)}{R(s)}$：

前向通道有两条，分别为：

$$p_1 = G_1G_2G_3\text{；}p_1 = G_3G_4$$

回路有三个，分别为：$-G_1H_1$，$-G_3H_2$，$-G_1G_2G_3H_1H_2$。

有两个不接触回路：$-G_1H_1$ 和$-G_3H_2$。

所以：

$$\Delta = 1 - \sum L_a + \sum L_bL_c = 1 + G_1H_1 + G_3H_2 + G_1G_2G_3H_1H_2 + G_1G_3H_1H_2$$

$$\Delta_1 = 1\text{，}\Delta_2 = 1 + G_1H_1$$

因此：

$$P = \frac{1}{\Delta}\sum_{k=1}^{2} p_k\Delta_k = \frac{G_1G_2G_3 + G_3G_4 + G_1G_3G_4H_1}{1 + G_1H_1 + G_3H_2 + G_1G_2G_3H_1H_2 + G_1G_3H_1H_2}$$

求解$\dfrac{E(s)}{R(s)}$：

前向通道有两条，分别为：

$$p_1 = 1\text{ ；}p_2 = -G_3G_4H_1H_2$$

回路有三个，分别为：$-G_1H_1$；$-G_3H_2$；$-G_1G_2G_3H_1H_2$。

有两个不接触回路：$-G_1H_1$ 和$-G_3H_3$。

所以

$$\Delta = 1 - \sum L_a + \sum L_bL_c = 1 + G_1H_1 + G_3H_2 + G_1G_2G_3H_1H_2 + G_1G_3H_1H_2$$

则 $\Delta_1 = 1 + G_3H_2$，$\Delta_2 = 1$。

因此

$$P=\frac{1}{\Delta}\sum_{k=1}^{2}p_k\Delta_k=\frac{1+G_3H_2-G_3G_4H_1H_2}{1+G_1H_1+G_3H_2+G_1G_2G_3H_1H_2+G_1G_3H_1H_2}$$

从例 2-17 可得：对于一个给定的系统，流图特征式 Δ 总是不变。

注意：梅逊公式只能求系统的总增益，即输出对输入的增益，而输出对混合节点(中间变量)的增益就不能直接应用梅逊公式。也就是说对混合节点，不能简单地通过引出一条增益为 1 的支路，而把非输入节点变成输入节点。对此问题有两种方法求其传递函数：

(1) 把该混合节点的所有输入支路去掉，将其作为输入节点处理，然后再用梅森公式；

(2) 分别用梅逊公式求取输出节点及该节点对输入节点的传递函数，然后把它们的结果相比，即可得到输出对该混合节点的传递函数，如例 2-17 中的 E 节点。

【例 2-18】 试数数图 2-50 有几个回路和前向通道。

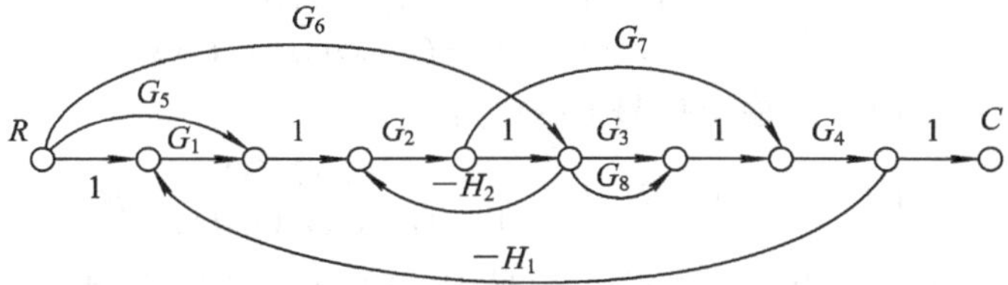

图 2-50　例 2-18 信号流图

有四个回路，分别是：$-G_2H_2$，$-G_1G_2G_3G_4H_1$，$-G_1G_2G_7G_4H_1$，$-G_1G_2G_8G_4H_1$。它们都是互相接触的。

所以：

$$\Delta=1+G_2H_2+G_1G_2G_3G_4H_1+G_1G_2G_7G_4H_1+G_1G_2G_8G_4H_1$$

有九条前向通道，分别是：

$$p_1=G_1G_2G_3G_4,\ p_2=G_1G_2G_7G_4,\ p_3=G_1G_2G_8G_4,\ p_4=G_5G_2G_3G_4,\ p_5=G_5G_2G_7G_4,$$
$$p_6=G_5G_2G_8G_4,\ p_7=G_6G_3G_4,\ p_8=G_6G_8G_4,\ p_9=-G_6H_2G_2G_7G_4$$

2.6　闭环系统的传递函数

一个典型的反馈控制系统一个典型的反馈控制系统如图 2-51 所示，其中，$R(s)$为系统的输入信号，$N(s)$为系统的输入干扰信号，$C(s)$为系统的输出信号。$R(s)$和 $N(s)$同为外作用信号，对系统的输出 $C(s)$都有影响。研究多输入信号对系统输出 $C(s)$的影响，需要分别求出各个输入信号作用下的闭环传递函数 $C(s)/R(s)$、$C(s)/N(s)$，系统的输入信号与反馈信号的误差信号 $E(s)$的闭环误差传递函数 $E(s)/R(s)$或 $E(s)/N(s)$。

2.6.1　系统的开环传递函数

图 2-51 所示为闭环反馈系统，当主反馈信号在 $B(s)$处断开时，从输入信号 $R(s)$到反馈信号 $B(s)$之间的增益 $G_1(s)G_2(s)H(s)$，称为该闭环系统的开环传递函数。

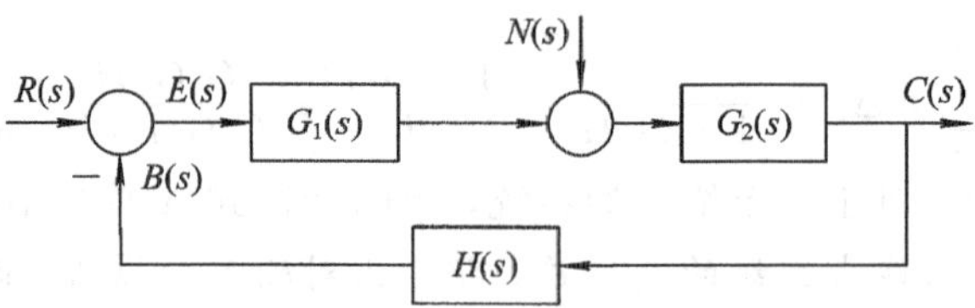

图 2-51　典型反馈控制系统结构图

2.6.2　系统的闭环传递函数

1. 输入信号作用下的闭环传递函数

当 $N(s)=0$，则输入信号 $R(s)$到输出信号 $C(s)$之间的传递函数为：

$$\Phi(s)=\frac{C(s)}{R(s)}=\frac{G_1(s)G_2(s)}{1+G_1(s)G_2(s)H(s)} \tag{2-68}$$

则在输入信号 $R(s)$作用下的输出信号 $C(s)$为：

$$C(s)=\Phi(s)R(s)=\frac{G_1(s)G_2(s)}{1+G_1(s)G_2(s)H(s)}R(s) \tag{2-69}$$

从式子(2-69)可以看出，系统输入信号 $R(s)$作用下的输出响应 $C(s)$取决于闭环传递函数 $C(s)/R(s)$及输入信号 $R(s)$的形式。

2. 扰动信号作用下的闭环传递函数

当 $R(s)=0$ 时，扰动信号 $N(s)$作用下的的系统结构图如图 2-52 所示。可求出系统在扰动信号作用下的闭环传递函数：

$$\Phi(s)=\frac{C(s)}{N(s)}=\frac{G_2(s)}{1+G_1(s)G_2(s)H(s)} \tag{2-70}$$

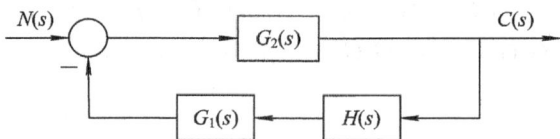

图 2-52　在扰动信号 $N(s)$作用下系统结构图

系统在扰动信号作用下的输出信号 $C(s)$为：

$$C(s)=\Phi(s)N(s)=\frac{G_2(s)}{1+G_1(s)G_2(s)H(s)}N(s) \tag{2-71}$$

根据线性定常系统叠加原理，系统同时在输入信号 $R(s)$和扰动信号 $N(s)$的作用下，其输出应是两种信号分别作用下的输出信号的叠加，即

$$\begin{aligned}\sum C(s)&=\Phi(s)R(s)+\Phi(s)N(s)\\&=\frac{1}{1+G_1(s)G_2(s)H(s)}[G_1(s)G_2(s)R(s)+G_2(s)N(s)]\end{aligned} \tag{2-72}$$

若式(2-72)中，$G_1(s)G_2(s)H(s)\gg 1$ 且 $G_1(s)H(s)\gg 1$，式子可简化为

$$\sum C(s)\approx\frac{1}{H(s)}R(s) \tag{2-73}$$

可见，一定条件下，闭环系统的输出与前向通路传递函数和扰动信号作用无关，只取决于反馈通路传递函数和输入信号。

当 $H(s)=1$ 时，为单位负反馈系统。此时，系统输出信号 $C(s)\approx R(s)$，近似于对系统输入信号的完全复现，较强地抑制了系统的扰动信号。

3. 闭环系统误差传递函数函数

闭环系统的输入信号 $R(s)$ 与反馈信号 $B(s)$ 之误差信号为 $E(s)$，以 $E(s)$ 为输出量时，其对输入量 $R(s)$ 或 $N(s)$ 的传递函数，称为闭环系统的误差传递函数。图 2－51 所示的误差传递函数为：

$$\Phi_e(s)=\frac{E(s)}{R(s)}=\frac{1}{1+G_1(s)G_2(s)H(s)} \tag{2-74}$$

$$\Phi_{en}(s)=\frac{E(s)}{N(s)}=\frac{-G_2(s)H(s)}{1+G_1(s)G_2(s)H(s)} \tag{2-75}$$

习　题　二

2－1　请列写出图 2－53(a)、(b)各自的系统传递函数，并证明图(a)的电网络与图(b)的机械系统有相同的数学模型。其中，图(a)的输入量为 $u_i(t)$，输出量为 $u_o(t)$；图(b)的输入量为 $y_i(t)$，输出量为 $y_o(t)$，x 为弹簧 k_2 的位移。

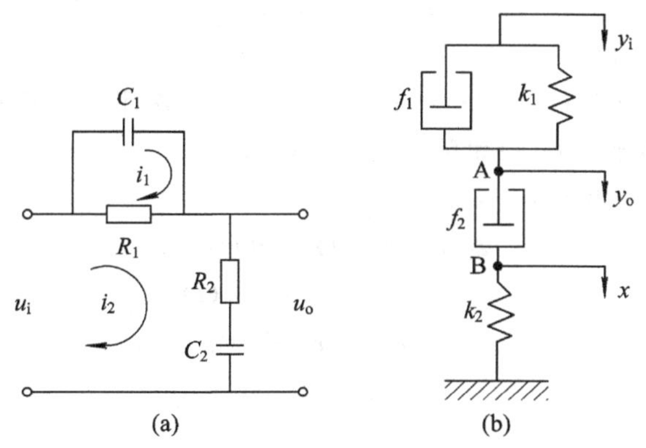

图 2－53　题 2－1 图

2－2　求图 2－54 所示有源网络传递函数 $U_o(s)/U_r(s)$。

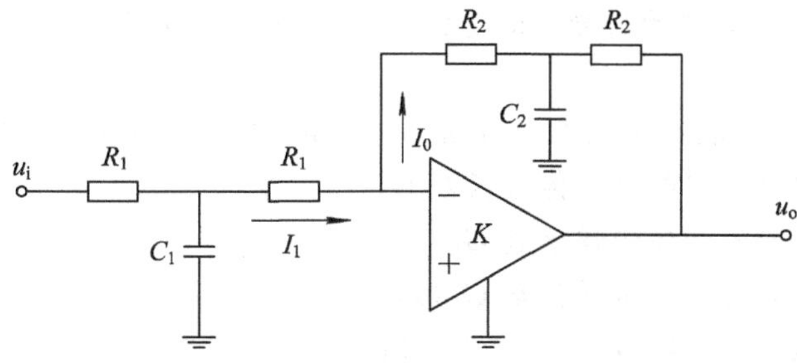

图 2－54　题 2－2 图

2-3　试分别推出图 2-55 中各无源网络的微分方程(设电容 C 上的电压为 $u_C(t)$，电容 C_1 上的电压为 $u_{C1}(t)$，依此类推)。

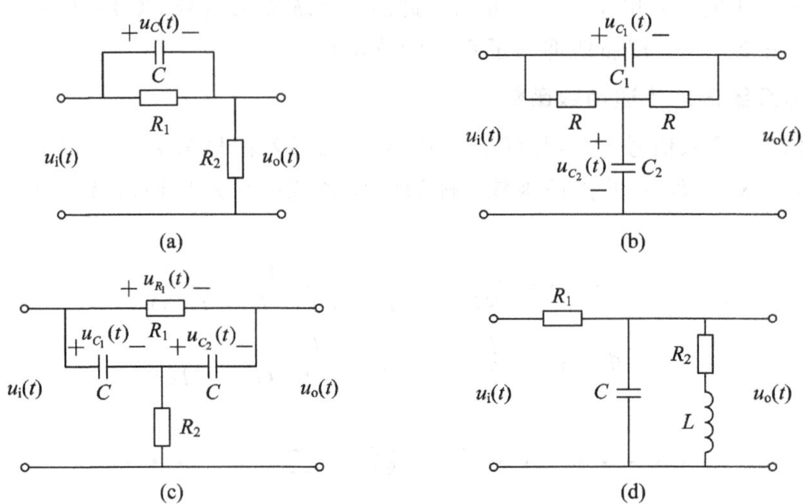

图 2-55　题 2-3 图

2-4　试求图 2-55 中无源网络的传递函数。

2-5　已知系统的传递函数为：$\dfrac{C(s)}{R(s)}=\dfrac{2}{s^2+3s+2}$，系统初始条件为 $C(0)=-1$，$\dot{C}(s)=0$，试求系统的单位阶跃响应。

2-6　某系统在阶跃信号 $r(t)=1(t)$ 时，零初始条件下的输出响应 $c(t)=1-e^{-2t}+e^{-t}$，试求系统的传递函数 $G(s)$ 和脉冲响应 $c_\delta(t)$。

2-7　系统微分方程组：

$$x_1(t)=r(t)-c(t)-n_1(t)$$

$$x_2(t)=K_1x_1(t)$$

$$x_3(t)=x_2(t)-x_5(t)$$

$$T\frac{\mathrm{d}x_4(t)}{\mathrm{d}t}=x_3(t)$$

$$x_5(t)=x_4(t)-K_2n_2(t)$$

$$\frac{\mathrm{d}^2c(t)}{\mathrm{d}t^2}+\frac{\mathrm{d}c(t)}{\mathrm{d}t}=K_0x_5(t)$$

式中，K_0、K_1、K_2 和 T 均为常数，试建立以 $r(t)$、$n_1(t)$、$n_2(t)$ 为输入量，以 $c(t)$ 为输出量的系统结构图。

2-8　已知系统结构图如图 2-56 所示，当 $R(s)\neq0$，$N(s)=0$ 时，试求：

(1) $E(s)$ 到 $C(s)$ 的前向通道传递函数 $G(s)$；

(2) $E(s)$ 到 $B(s)$ 的开环传递函数 $G_K(s)$；

(3) $R(s)$ 到 $E(s)$ 的误差传递函数 $G_E(s)$；

(4) $R(s)$ 到 $C(s)$ 的闭环传递函数 $G_B(s)$；

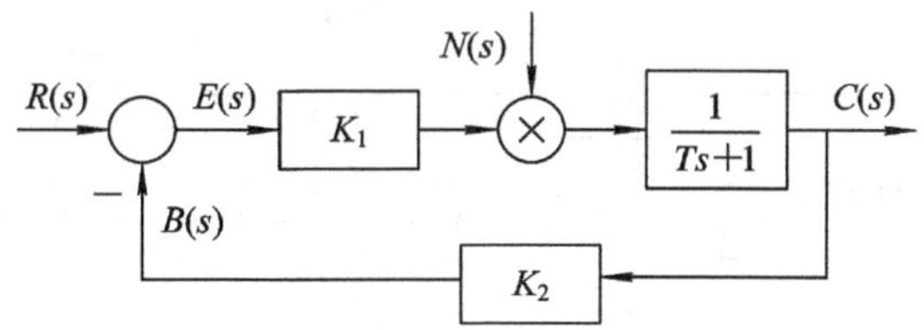

图 2－56　题 2－8 图

2－9　试通过结构图等效变换，求图 2－57 所示各控制系统传递函数 $C(s)/R(s)$。

(a)　(b)

(c)

(d)

图 2－57　题 2－9 图

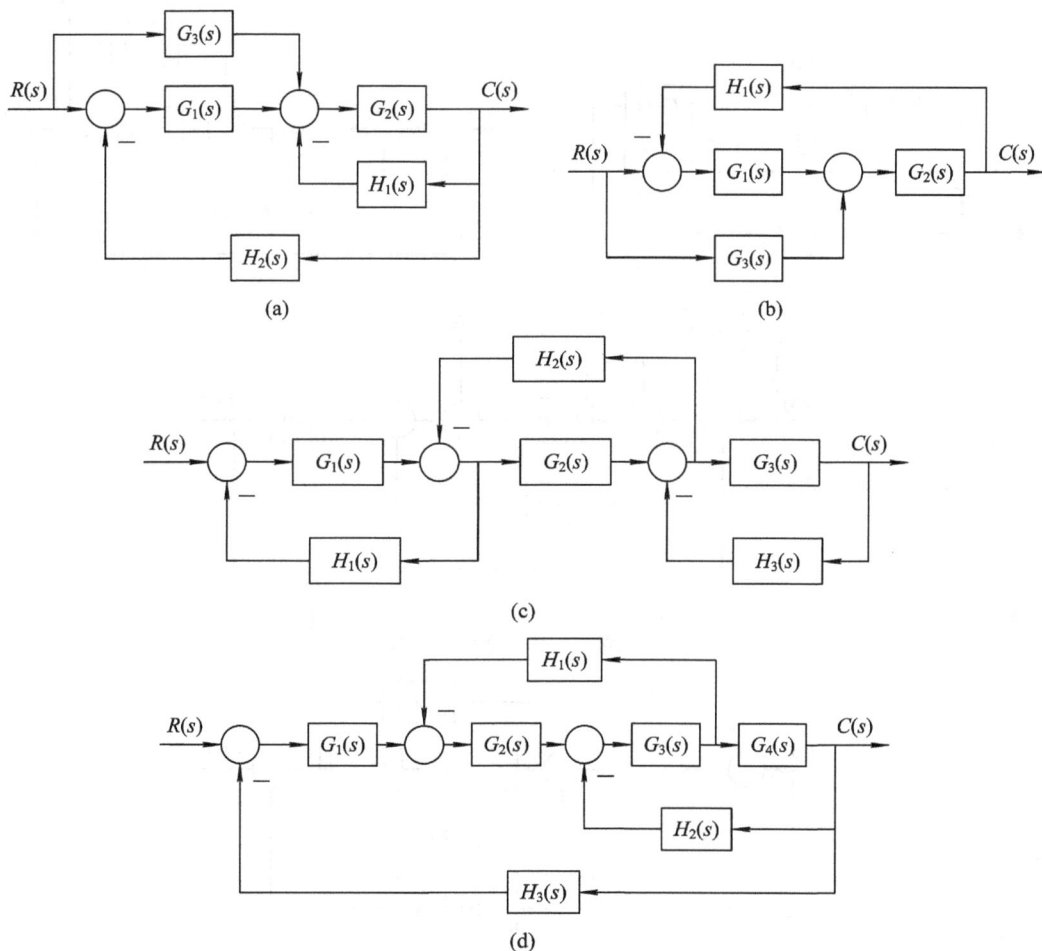

2－10　用结构图化简的方法，将图 2－58 所示结构图化简，并求出其闭环传递函数 $C(s)/R(s)$、$C(s)/N(s)$。

2－11　试通过对结构图的化简，求图 2－59 所示系统的传递函数 $C(s)/R(s)$。

2－12　绘制图 2－60 中各系统结构图对应的信号流图，并用梅逊公式求各系统传递函数 $C(s)/R(s)$和 $C(s)/N(s)$。

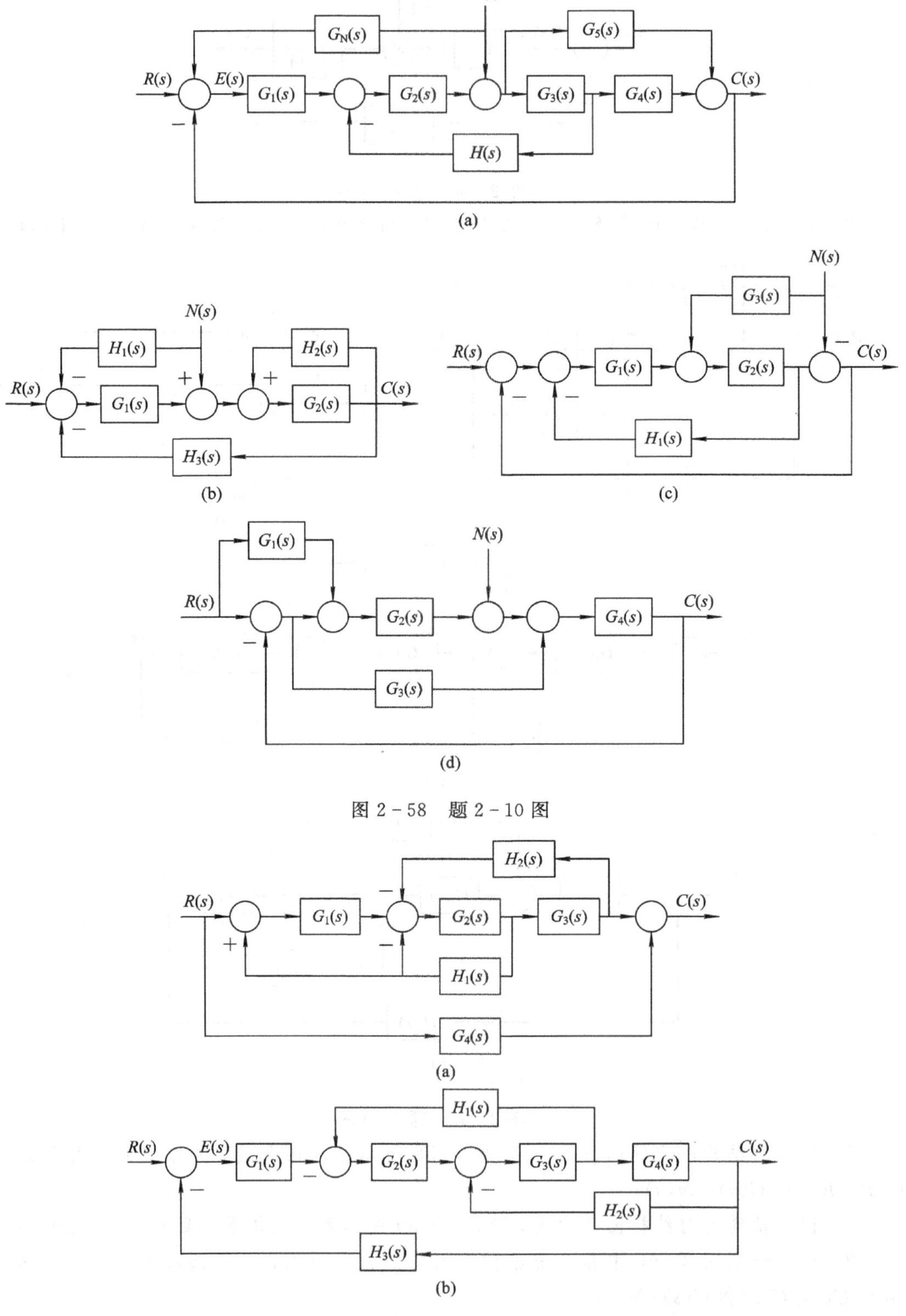

图 2-58 题 2-10 图

图 2-59 题 2-11 图

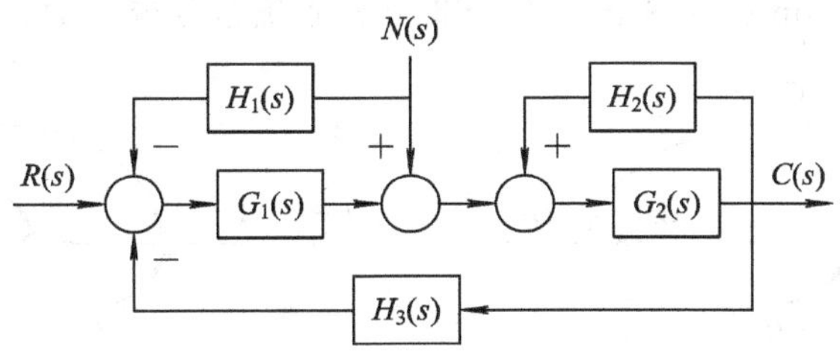

图 2-60　题 2-12 图

2-13　根据图 2-61 给出的系统结构图，绘制出该系统的信号流图，并用梅森公式求系统传递函数 $C(s)/R(s)$。

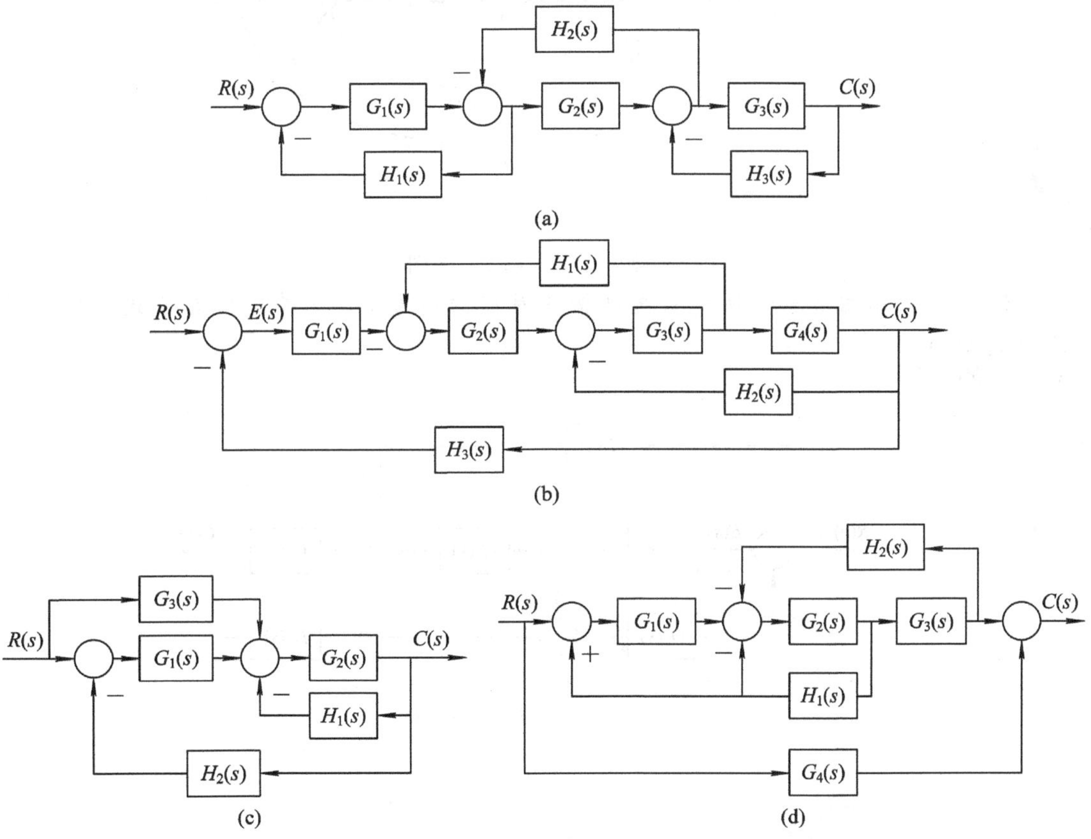

图 2-61　题 2-13 图

2-14　有一个复杂液位被控对象，其液位阶跃响应实验结果如表 2-4 所示：

表 2-4　液位阶跃响应实验结果

t/s	0	10	20	40	60	80	100	140	180	250	300	400	500	600
h/cm	0	0	0.2	0.8	2.0	3.6	5.4	8.8	11.8	14.4	16.6	18.4	19.2	19.6

试：(1) 画出该液位被控对象的阶跃响应曲线；

(2) 若该对象用有延迟的一阶惯性环节近似，请用近似法确定延迟时间 τ 和时间常数 T。

2-15　试用 Mason 公式求出图 2-62 中各系统信号流图的传递函数 $C(s)/R(s)$。

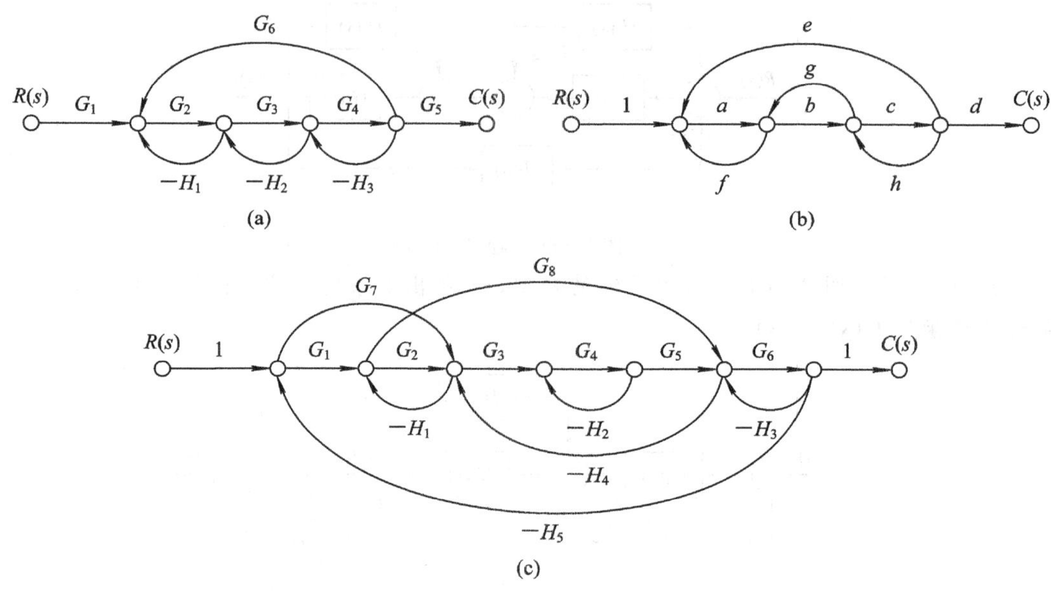

图 2-62　题 2-15 图

2-16　画出图 2-63 所示系统结构图对应的信号流图，并用梅逊公式求传递函数 $\dfrac{C(s)}{R(s)}$和$\dfrac{E(s)}{R(s)}$。

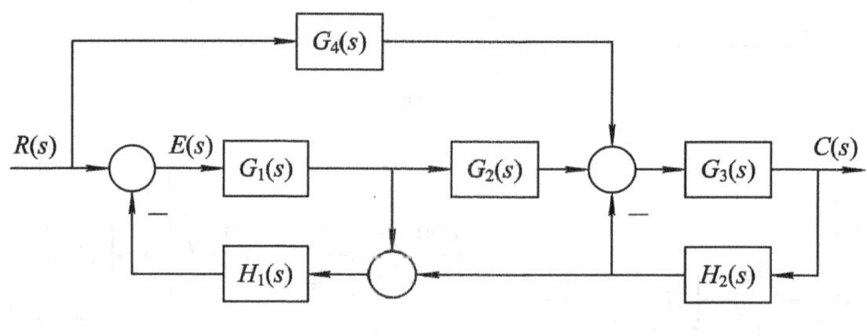

图 2-63　题 2-16 图

第三章　控制系统时域分析法

分析和设计控制系统的首要任务是建立系统的数学模型。一旦获得合理的数学模型，就可以采用不同的分析方法来分析系统的稳定性、稳态性能和动态性能。在经典控制理论中主要采用的分析方法有：时域分析法、根轨迹法和频率特性法。本章主要研究时域分析法。时域分析法是最基本的分析方法，该方法引出的概念、方法和结论是以后学习复域法、频域法等其他方法的基础。时域分析法是在时域中研究系统的运动规律，在数学上表现为微分方程的时间解，具有直观、准确的优点，可以提供系统时间响应的全部信息。

3.1　系统时域性能指标

时域分析主要是对系统输出响应特性进行分析，其输出响应与系统的结构参数以及系统的输入信号形式有关。为了便于分析和评价系统的性能，必须了解典型输入信号的形式。

3.1.1　典型输入信号

一般情况下，控制系统的外加输入信号具有随机性，因而无法预先知道，而且其瞬时函数关系往往不能用解析形式来表达，例如防空雷达跟踪系统的被跟踪目标，其位置和速度就是不确定的随机信号，难以用函数描述。只有在一些特殊情况下，控制系统的输入信号才是确知的，例如温度、水位等控制系统，输入信号为定值。因此，为便于分析和设计控制系统，我们选定一些基本的输入信号形式，称之为典型输入信号，用以评价和比较控制系统的性能，并可以由此去推知更复杂输入下的系统响应。

控制系统中常用的典型输入信号有：单位阶跃(位置)函数、单位斜坡(速度)函数、单位抛物线(加速度)函数、单位脉冲函数和正弦函数，这些函数都是简单的时间函数，便于数学分析和试验研究。

在研究控制系统性能时，不同系统典型输入信号如何选取，需要考虑以下几个方面：输入信号的形式应尽可能反映系统在工作过程中的常见工作状态；所选输入信号在形式上应尽可能简单，以便于分析处理；应考虑选取那些能使系统工作在最不利情况下的输入信号作为典型输入信号。

1. 阶跃(位置)函数

阶跃函数的定义为

$$r(t)=\begin{cases}R & t\geqslant 0\\ 0 & t<0\end{cases}$$

式中，R 为常数，是输入信号的幅值，如图 3-1(a)所示。当 $R=1$ 时，该函数称为单位阶

跃(位置)函数，其数学表达式为

$$r(t)=\begin{cases}1 & t\geqslant 0\\ 0 & t<0\end{cases}$$

常记为 $1(t)$。单位阶跃函数的拉普拉斯变换为

$$R(s)=\frac{1}{s}$$

在 $t=0$ 处，阶跃信号相当于一个不变的信号突然加到系统上。对于恒值系统，相当于给定值突然变化或者扰动量突然变化；对于随动系统，相当于加入一个突变的给定位置信号，如电动机负荷的突然改变、阀门的突然开关、电源的突然开关等均可视为阶跃函数输入。

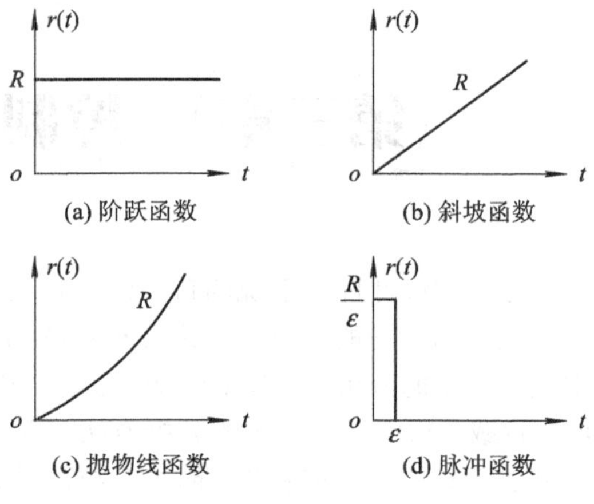

图 3-1　典型输入信号

通常采用单位阶跃函数作为统一的典型输入信号，从而在一个统一的基础上对各种控制系统的特性进行比较和研究。

2. 斜坡(速度)函数

斜坡函数的定义为

$$r(t)=\begin{cases}Rt & t\geqslant 0\\ 0 & t<0\end{cases}$$

式中，R 为常数，是输入信号的斜率，如图 3-1(b)所示。当 $R=1$ 时，该函数称为单位斜坡(速度)函数，其数学表达式为

$$r(t)=\begin{cases}t & t\geqslant 0\\ 0 & t<0\end{cases}$$

有时也记为 $t\cdot 1(t)$。单位斜坡函数的拉普拉斯变换为

$$R(s)=\frac{1}{s^2}$$

单位斜坡函数相当于随动系统中加入一个按恒速变化的位置信号，如跟踪通信卫星的天线控制系统、数控机床加工斜面时的进给系统、大型船闸的匀速升降系统等。输入信号随时间逐渐变化的控制系统的输入均可视为斜坡函数。

单位斜坡函数是考察系统对等速率信号跟踪能力时的试验信号。

3. 抛物线(加速度)函数

抛物线函数的定义是

$$r(t)=\begin{cases}\frac{1}{2}Rt^2 & t\geqslant 0\\ 0 & t<0\end{cases}$$

式中，R 为常数，是输入信号的加速度，如图 3-1(c)所示。当 $R=1$ 时，该函数称为单位抛物线(加速度)函数，其数学表达式为

$$r(t)=\begin{cases}\dfrac{1}{2}t^2 & t\geqslant 0\\ 0 & t<0\end{cases}$$

单位抛物线函数的拉普拉斯变换为

$$R(s)=\frac{1}{s^3}$$

单位抛物线函数是用于考察系统机动跟踪能力时的试验信号。如宇宙飞船控制系统等的典型输入即可选抛物线信号。

4. 脉冲函数

脉冲函数的定义是

$$r(t)=\begin{cases}\dfrac{R}{\varepsilon} & 0<t<\varepsilon\\ 0 & t<0,\ t>\varepsilon\end{cases}$$

式中，R 为常数，如图 3-1(d)所示。当 $R=1$ 时，该函数称为单位脉冲函数，是一个宽度为 ε，高度为 $1/\varepsilon$ 的矩形脉冲，当 $\varepsilon\to 0$ 时，就得到理想的单位脉冲函数 $\delta(t)$。其数学表达式为

$$\begin{cases}\delta(t)=\begin{cases}\infty & t=0\\ 0 & t\neq 0\end{cases}\\ \displaystyle\int_{-\infty}^{+\infty}\delta(t)\mathrm{d}t=1\end{cases}$$

其拉普拉斯变换为

$$R(s)=1$$

理想单位脉冲是不存在的，但是在控制理论中却是一个重要的数学工具。当需要使用理想单位脉冲函数作为测试信号时，实际上总是采用宽度很小的单位脉冲信号代替。一些持续时间极短的脉冲信号，可视为理想脉冲函数。如脉动电压信号、冲击力、阵风中的大气湍流等都可视为脉冲函数。

单位脉冲信号用于考察系统在脉冲扰动后的恢复过程。

5. 正弦函数

正弦函数的数学表达式是

$$r(t)=\begin{cases}A\sin\omega t & t\geqslant 0\\ 0 & t<0\end{cases}$$

式中，A 为正弦函数的幅值或振幅，ω 为振荡角频率。当 $A=1$ 时，正弦函数称为单位正弦函数，其拉普拉斯变换为

$$R(s)=\mathscr{L}[\sin\omega t]=\frac{\omega}{s^2+\omega^2}$$

在实际控制系统中，当输入信号具有周期变化特性时，可采用正弦函数作为典型输入信号。如机车设备上受到的振动力、伺服振动台的输入信号、电源及机械振动噪声等。正弦函数主要用于频率域分析中。

对同一系统，不论选择哪种典型输入信号，其响应过程所表征的系统特性是一致的。

因此，对各种控制系统特性进行比较研究时，通常采用单位阶跃函数作为典型输入信号。

3.1.2　时域性能指标

对于一个典型输入信号作用下的控制系统，任何时间响应都是由动态响应和稳态响应两部分组成。动态响应是指系统在典型输入信号作用下，系统输出量从初始状态到接近最终状态的响应过程，又称为暂态过程或动态过程。动态响应主要表现为衰减、发散或等幅振荡形式，可以提供系统的稳定性、响应速度和阻尼比等信息。显然，一个实际运行的控制系统，其动态响应必须是衰减的，即系统必须是稳定的。稳态响应是指系统在典型输入信号作用下，当时间 t 趋于无穷时系统输出量的表现形式，其表征系统输出量最终复现输入量的程度，提供有关稳态误差的信息，又称为稳态过程。

控制系统的时域性能指标通常根据系统的单位阶跃响应曲线确定，如某系统的单位阶跃响应曲线如图 3-2 所示。因此用时域分析法分析和评价系统主要是分析系统的动态性能指标和稳态性能指标。注意：只有系统稳定，对于其动态性能和稳态性能的研究才是有意义的。因此，稳定是控制系统能正常运行的首要条件。控制系统的稳定性取决于系统本身的结构和参数，与外加信号无关。

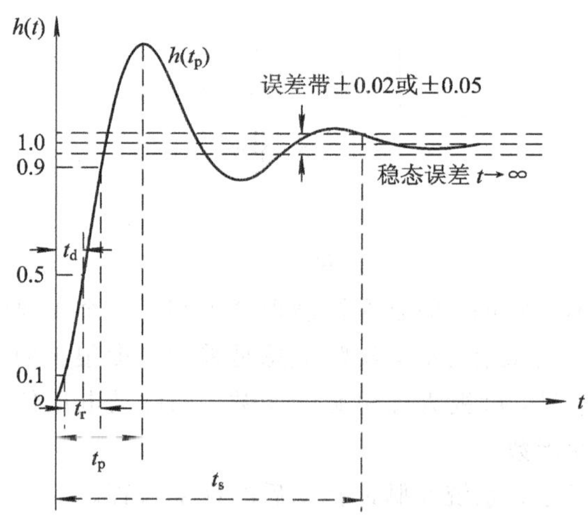

图 3-2　系统的典型阶跃响应及动态性能指标

1. 动态性能指标

延迟时间 t_d　阶跃响应曲线第一次达到其稳态值的一半所需的时间。

上升时间 t_r　一般定义为响应曲线从稳态值的 10%上升到稳态值的 90%所需的时间。对于有振荡的系统，也可定义为阶跃响应曲线首次达到稳态值所需的时间。

峰值时间 t_p　阶跃响应曲线超过稳态值 $h(\infty)$到达第一个峰值所需的时间。

调节时间 t_s　阶跃响应曲线到达并保持在稳态值的允许误差带内($\Delta=0.05$ 或 0.02)所需的最短时间。除非特别说明，本书以后所说的调节时间均以稳态值的±5%($\Delta=0.05$)误差带定义。

超调量 $\sigma\%$　阶跃响应曲线越过稳态值第一次达到峰值时，越过部分的幅度与稳态值之比称为超调量，工程上常用百分率来表示：

$$\sigma\% = \frac{h(t_p) - h(\infty)}{h(\infty)} \times 100\% \tag{3-1}$$

上述各动态性能指标之间互有联系，因此，对于一个控制系统通常没有必要列举出所有动态性能指标；同样，由于它们之间互有联系，在设计系统时不可能对所有指标提出要求，因为这些要求有可能彼此矛盾，以致在调节系统参数时顾此失彼。我国工程界目前习惯采用超调量 $\sigma\%$ 和调节时间 t_s 两项作为动态性能的主要指标。显然，$\sigma\%$ 和 t_s 都是越小越好，通常认为 $\sigma\%$ 不宜超过 50%，而 t_s 则随被控对象本身的时间尺度可以有较大差别，如空中战机的转弯时间以秒计算，而大船的转弯时间以分钟计算。

2. 稳态性能指标

稳态误差是描述系统稳态性能的指标，是指时间 t 趋于无穷时系统实际输出与理想输出之间的误差，是系统控制精度或抗干扰能力的一种度量，通常在阶跃函数、斜坡函数或抛物线函数作用下进行测量和计算(具体请参阅第 3.6 节)。

应当指出，系统性能指标的确定应根据实际情况而有所侧重。例如，民航客机要求飞行平稳，不允许有超调；歼击机则要求机动灵活，响应迅速，允许有适当的超调；对于一些启动之后便需要长期运行的生产过程(如化工过程等)则往往更强调稳态精度等。

3.2　一阶系统时域分析

凡是以一阶微分方程作为运动方程的控制系统，称为一阶系统。它是工程中最基本最简单的系统。一些控制元部件及简单系统如 RC 网络、发电机、空气加热器、液位控制系统等都可以用一阶系统来描述。

3.2.1　一阶系统数学模型

图 3-3 所示 RC 电路是最常见的一种一阶系统。

它的运动方程为

$$RC\frac{du_o(t)}{dt} + u_o(t) = u_i(t)$$

直流电动机系统空载时的运动方程为

$$T_m\frac{d\omega(t)}{dt} + \omega(t) = k_u u_a(t)$$

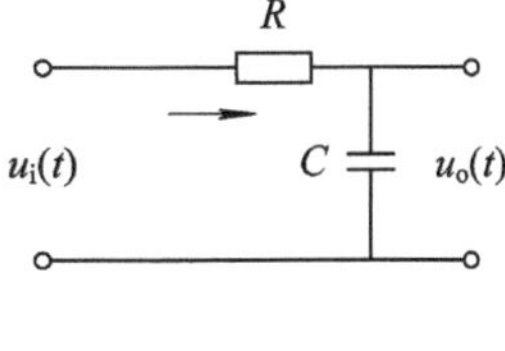

图 3-3　RC 电路

它也是一个一阶系统。

描述一阶系统的运动方程的标准形式是

$$T\frac{dc(t)}{dt} + c(t) = r(t)$$

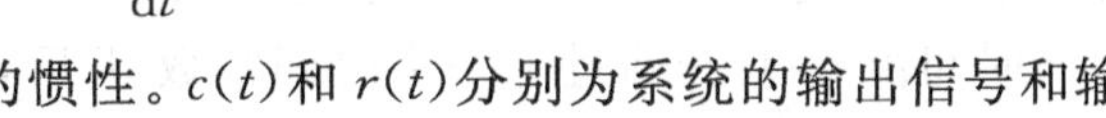

其中，T 为时间常数，代表系统的惯性。$c(t)$ 和 $r(t)$ 分别为系统的输出信号和输入信号。假定该系统的初始条件为零时，得到描述一阶系统数学模型的传递函数的标准形式是

$$\Phi(s) = \frac{C(s)}{R(s)} = \frac{1}{Ts+1} \tag{3-2}$$

典型一阶系统的结构图如图 3-4 所示。

注意： 具有同一数学模型的所有线性系统，对同一输入信号的响应是相同的，区别仅

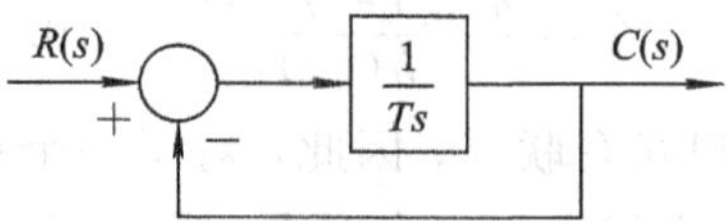

图 3-4 一阶系统典型结构图

在于物理意义的不同。

下面分析一阶系统在典型信号输入作用下的响应过程，假定系统的初始条件为零。

3.2.2 一阶系统的单位阶跃响应

当一阶系统输入信号为单位阶跃函数 $r(t)=1(t)$ 时，系统单位阶跃响应的拉氏变换为

$$C(s)=\Phi(s)\cdot R(s)=\frac{1}{Ts+1}\cdot\frac{1}{s}$$

系统单位阶跃响应为

$$h(t)=\mathscr{L}^{-1}[C(s)]=1-\mathrm{e}^{-t/T}\qquad t\geqslant 0 \tag{3-3}$$

系统误差响应为

$$e(t)=1-h(t)=\mathrm{e}^{-t/T}\qquad t\geqslant 0 \tag{3-4}$$

由式(3-3)知，当初始条件为零时，一阶系统单位阶跃响应的变化曲线是一条单调上升的指数曲线，式中的 1 为稳态分量，$\mathrm{e}^{-t/T}$ 为瞬态分量，当 $t\to\infty$ 时，瞬态分量衰减为零。在整个工作时间内，系统的响应都不会超过稳态值 1。由于该响应曲线具有非振荡特征，故也称为非周期响应。一阶系统的单位阶跃响应曲线如图 3-5 所示。

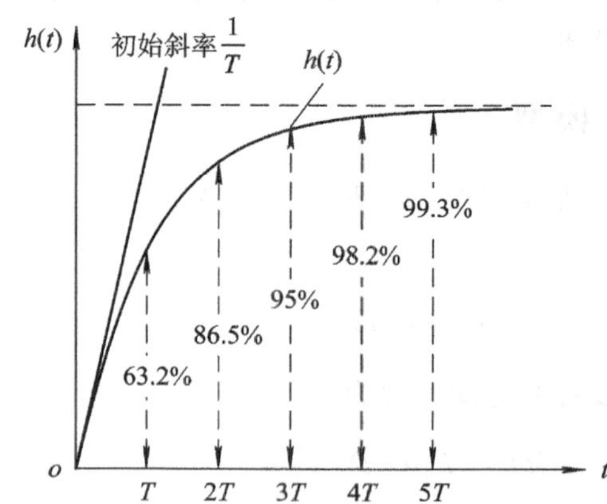

图 3-5 一阶系统单位阶跃响应曲线

一阶系统单位阶跃响应具有以下重要特点：

(1) 可通过实验确定一阶系统的时间常数 T。当 $t=T$ 时，输出达到系统终值的 63.2%，即当时间由 $t=0$ 开始过了一个时间常数 T 后，系统输出达到相应过程总变化量的 63.2%，因此可通过实验方法确定一阶系统的时间常数 T。

(2) 系统响应曲线在 $t=0$ 处其切线的斜率为 $1/T$，并随时间推移而下降。如果可以得到初始斜率特性，就可以确定一阶系统的时间常数 T。

(3) 系统响应曲线无超调，系统稳态误差为零。

根据动态性能指标的定义，一阶系统的动态性能指标为

$$t_d = 0.69T$$
$$t_r = 2.20T$$
$$t_s \approx \begin{cases} 3T & \Delta = 0.05 \\ 4T & \Delta = 0.02 \end{cases} \tag{3-5}$$

显然，峰值时间 t_p 和超调量 $\sigma\%$ 都不存在。由于时间常数 T 反映系统惯性，因此，一阶系统惯性越小，响应过程越快；惯性越大，响应过程越慢。

【例 3－1】 已知某一阶系统的结构图如图 3－6 所示。

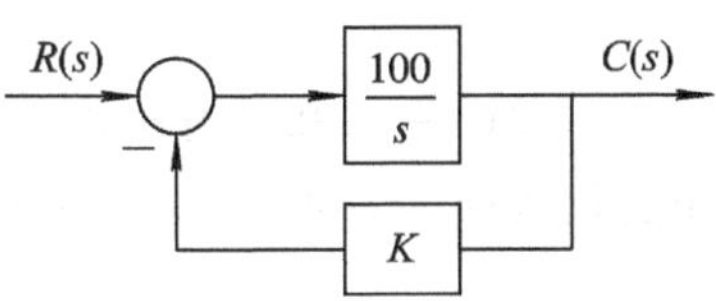

图 3－6　某一阶系统结构图

(1) 若反馈系数 $K=0.1$，试求该系统单位阶跃响应的调节时间 t_s；

(2) 若要求 $t_s \leqslant 0.1$ s，求此时的反馈系数 K。

解　(1) 由系统结构图求出闭环传递函数

$$\Phi(s) = \frac{C(s)}{R(s)} = \frac{\frac{100}{s}}{1+\frac{100}{s}\times K} = \frac{\frac{1}{K}}{\frac{1}{100K}s+1}$$

当 $K=0.1$ 时，由闭环传递函数知系统时间常数 $T=\frac{1}{100K}=0.1$ s。因此，系统的调节时间为

$$t_s = 3T = 0.3\ \text{s}(\Delta = 0.05)$$

(2) 若要求 $t_s \leqslant 0.1$ s，即要求

$$t_s = 3T = 3\cdot\frac{1}{100K} \leqslant 0.1$$

从而求得此时反馈系数

$$K \geqslant 0.3$$

由此可知：对一阶系统而言，反馈加深可使调节时间减小。

例 3－1 中系统的单位阶跃响应的 MATLAB 程序如下：

```
s=tf('s');
G=100/s;
H=0.1;
sys=feedback(G, H)          %求系统闭环传递函数
step(sys)                   %求系统单位阶跃响应
grid
```

3.2.3　一阶系统的单位脉冲响应

当输入信号为理想单位脉冲信号 $\delta(t)$ 时，系统的输出响应称为脉冲响应。由于理想单位脉冲函数的拉氏变换为 $R(s)=1$，因此系统单位脉冲响应的拉氏变换与系统的闭环传递函数相同。通常可以将单位脉冲输入信号作用于系统，根据被测定系统的单位脉冲响应，求得被测系统的闭环传递函数。

系统单位脉冲响应的拉氏变换为

$$C(s)=\Phi(s)R(s)=\frac{1}{Ts+1}\cdot 1$$

系统单位脉冲响应为

$$c(t)=\frac{1}{T}e^{-t/T}\qquad t\geqslant 0 \tag{3-6}$$

系统误差响应为

$$e(t)=r(t)-c(t)=-\frac{1}{T}e^{-t/T}\qquad t\geqslant 0 \tag{3-7}$$

由式(3-6)知，当初始条件为零时，一阶系统单位脉冲响应的变化曲线是一条单调下降的指数曲线，如图3-7所示，系统稳态误差为零，系统脉冲响应的调节时间为

$$t_s\approx\begin{cases}3T & \Delta=0.05\\ 4T & \Delta=0.02\end{cases} \tag{3-8}$$

由此可以得出，系统的惯性越小，响应过程的持续时间越短，从而系统响应输入信号的快速性越好。

求系统单位脉冲响应的matlab函数为impulse()，如例3-1中求系统单位脉冲响应可采用impulse(sys)语句。

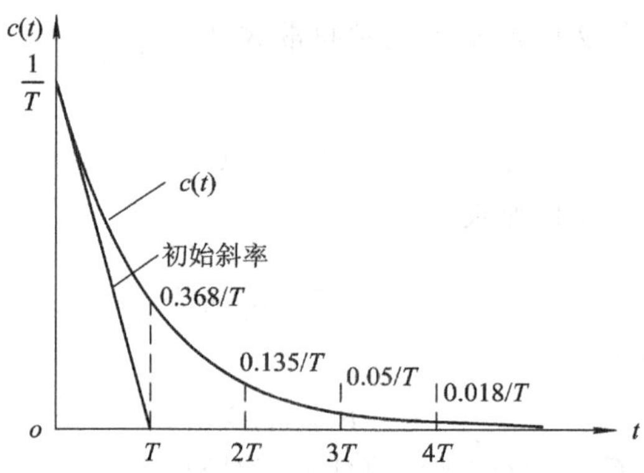

图3-7　一阶系统的单位脉冲响应曲线

在工程实际中，不可能得到理想的单位脉冲函数，而近似用具有一定宽度和有限幅度的窄脉冲来代替理想脉冲。为减小近似误差，要求实际脉冲函数的宽度 h 与系统的时间常数 T 相比应该足够小，通常要求 $h<0.1T$。

3.2.4　一阶系统的单位斜坡(速度)响应

当一阶系统的输入信号为单位斜坡信号 $r(t)=t$ 时，系统输出响应的拉氏变换为

$$C(s)=\Phi(s)R(s)=\frac{1}{Ts+1}\cdot\frac{1}{s^2}$$

系统的单位斜坡响应为

$$c(t)=(t-T)+Te^{-t/T}\qquad t\geqslant 0 \tag{3-9}$$

系统的误差响应为

$$e(t)=r(t)-c(t)=T(1-e^{-t/T})\qquad t\geqslant 0 \tag{3-10}$$

由式(3-9)知，$(t-T)$为稳态分量，$Te^{-t/T}$为瞬态分量。一阶系统的单位斜坡响应曲

线如图3－8所示。当 $t\to\infty$ 时，瞬态分量衰减到零，稳态分量是一个与输入斜坡信号斜率相同但时间滞后 T 的斜坡函数。由式(3－10)知，当时间 $t\to\infty$ 时，误差为常值，即该系统在位置上存在稳态跟踪误差，其值正好等于时间常数 T。显然，系统的惯性越小，跟踪的准确度越高。同样，减小时间常数，也可以减小瞬态响应的时间。

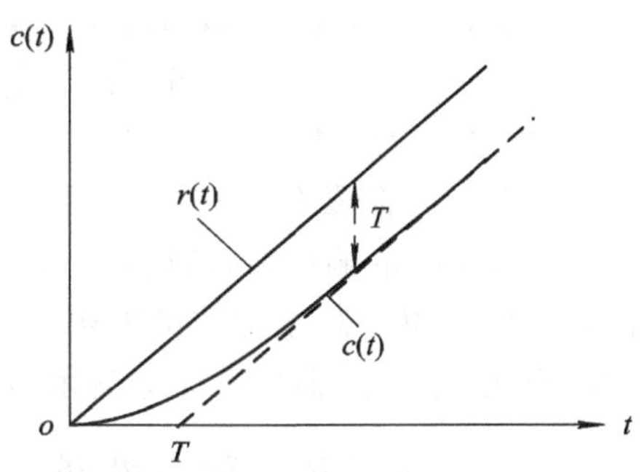

图 3－8　一阶系统的单位速度响应曲线

连续系统对任意输入函数的响应可利用Matlab的函数lsim()来实现，如例3－1中求系统斜坡响应可采用如下MATLAB程序：

```
t =0:0.001:1;              %设定仿真时间为5s
input=0.1 * t;             %定义输入信号为斜坡信号
lsim(sys, input, t, 0)     %求系统斜坡响应
```

3.2.5　一阶系统的单位抛物线(加速度)响应

当一阶系统的输入信号为单位抛物线信号 $r(t)=\frac{1}{2}t^2$ 时，系统输出响应的拉氏变换为

$$C(s)=\Phi(s)R(s)=\left(\frac{1}{Ts+1}\right)\frac{1}{s^3}$$

系统的单位抛物线响应为

$$c(t)=\frac{1}{2}t^2-Tt+T^2(1-\mathrm{e}^{-t/T})\qquad t\geqslant 0 \tag{3-11}$$

系统响应误差为

$$e(t)=r(t)-c(t)=Tt-T^2(1-\mathrm{e}^{-t/T})\qquad t\geqslant 0 \tag{3-12}$$

由式(3－12)知，跟踪误差随时间推移而增大，而时间 $t\to\infty$ 时，跟踪误差将增至无穷大。这就说明，对一阶系统来说，不能实现对加速度输入的跟踪。

一阶系统对典型信号的响应归纳如表3－1所示。从表中可见，系统对输入信号导数的响应，就等于系统对该输入信号响应的导数；系统对输入信号积分的响应，就等于系统对该输入信号响应的积分，积分常数由零初始条件确定。这是线性定常系统的一个重要特性，但不适用于线性时变系统和非线性系统。因此，研究线性定常系统的时间响应，往往只取其中一种典型形式进行研究即可。

表 3－1　一阶系统对典型输入信号的响应

输入信号 $r(t)$	输出信号 $c(t)$
$\delta(t)$	$\frac{\mathrm{e}^{-t/T}}{T}$，　$t\geqslant 0$
$1(t)$	$1-\mathrm{e}^{-t/T}$，　$t\geqslant 0$
t	$t-T+T\mathrm{e}^{-t/T}$，　$t\geqslant 0$
$\frac{t^2}{2}$	$\frac{t^2}{2}-Tt+T^2(1-\mathrm{e}^{-t/T})$，　$t\geqslant 0$

3.3 二阶系统的时域分析

凡是以二阶微分方程作为运动方程的控制系统，称为二阶系统。在分析或设计系统时，二阶系统的响应特性常被视为一种基准。在实际控制工程中二阶系统的实例很多见，而且三阶或更高阶系统有可能用二阶系统去近似，或者其响应可以表示为一、二阶系统响应的合成。因此，研究二阶系统的分析和计算方法，有较大的实际意义。

3.3.1 二阶系统的数学模型

设一伺服系统原理图如图 3-9 所示，其任务是控制机械负载的位置，使其与参考位置相协调。该系统的工作原理：用一对电位计作为系统的误差测量装置，它们可以将输入和输出位置信号转换为与位置成正比的电信号。输入电位计电刷臂的角位置 θ_r 由控制输入信号确定，而输入电位计的电刷臂上的电位与电刷臂的角位置成正比，输出电位计电刷臂的角位置 θ_c 由输出轴的位置确定，同样与输出电位计电刷臂上的电位成正比。

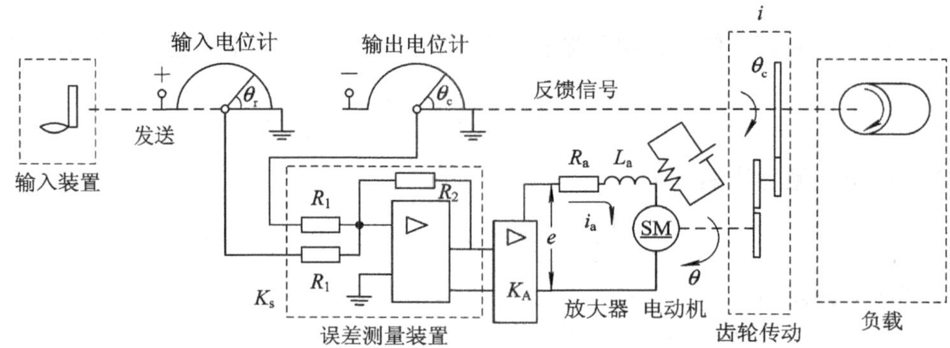

图 3-9　伺服系统原理图

电枢回路电压

$$e(t)=K_sK_A[\theta_r(t)-\theta_c(t)]$$

式中，K_s 为电位器传递函数；K_A 为具有很高输入阻抗和很低输出阻抗的放大器的增益。

放大器的输出电压作用到直流电动机的电枢电路上，对于电枢电路

$$L_a\frac{\mathrm{d}i_a(t)}{\mathrm{d}t}+R_ai_a(t)+K_b\frac{\mathrm{d}\theta(t)}{\mathrm{d}t}=e(t)$$

式中，L_a、R_a 为电动机电枢绕组的电感和电阻；K_b 为电动机的反电势常数；θ 为电动机轴的角位移。

电动机激磁绕组上加有固定电流。如果出现误差信号，电动机就产生力矩以转动输出负载，使误差信号减少到零。当激磁电流固定时，电动机产生的力矩(电磁转距)为

$$M(t)=C_mi_a(t)$$

式中，C_m 为电动机的转矩系数；i_a 为电枢电流。

电动机的力矩平衡方程为：

$$J\frac{\mathrm{d}^2\theta(t)}{\mathrm{d}t^2}+f\frac{\mathrm{d}\theta(t)}{\mathrm{d}t}=M(t)$$

式中，J 为电动机负载和齿轮传动装置折合到电动机轴上的组合转动惯量；f 为电动机负载和齿轮传动装置折合到电动机轴上的粘性摩擦系数。

设齿轮传动比为 i，则有

$$\theta_c(t) = \frac{1}{i}\theta(t)$$

将上述等式进行拉氏变换，得到下列等式

$$E(s) = K_s K_A[\theta_r(s) - \theta_c(s)] \tag{3-13}$$

$$(L_a s + R_a)I_a(s) = E(s) - K_b s\theta(s) \tag{3-14}$$

$$M(s) = C_m I_a(s) \tag{3-15}$$

$$(Js^2 + fs)\theta(s) = M(s) \tag{3-16}$$

$$\theta_c(s) = \frac{1}{i}\theta(s) \tag{3-17}$$

根据上面的表达式，可以画出系统的结构图如图 3-10 所示。

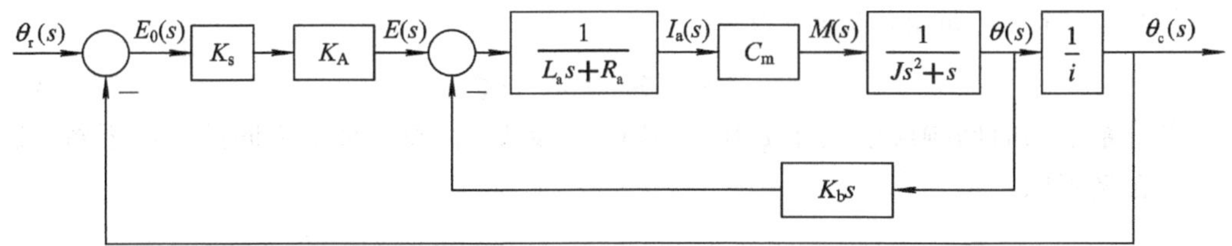

图 3-10　伺服控制系统结构图

可分析得系统的开环传递函数为

$$G(s) = \frac{\theta_c(s)}{E_0(s)} = K_S K_A \frac{\frac{1}{L_a s + R_a} C_m \frac{1}{Js^2 + fs}}{1 + \frac{C_m \cdot K_b s}{(L_a s + R_a)(Js^2 + fs)}} \cdot \frac{1}{i} = \frac{\frac{K_S K_A C_m}{i}}{(L_a s + R_a)(Js^2 + fs) + C_m K_b s}$$

如果略去电枢电感 L_a，则有

$$G(s) = \frac{\frac{K_S K_A C_m}{iR_a}}{s\left(Js + f + \frac{C_m K_b}{R_a}\right)} = \frac{K_1}{s(Js + F)} = \frac{\frac{K_1}{F}}{s\left(\frac{J}{F}s + 1\right)}$$

式中，$K_1 = \frac{K_S K_A C_m}{iR_a}$，称为增益；$F = f + \frac{C_m K_b}{R_a}$，称为阻尼系数。可见由于电动机反电势的 K_b 存在，增大了系统的粘性摩擦。

令 $K = \frac{K_1}{F}$，称为系统开环增益；$T_m = \frac{J}{F}$，称为机电时间常数，则在不考虑负载力矩的情况下，伺服系统的开环传递函数可以简化为

$$G(s) = \frac{K}{s(T_m s + 1)}$$

相应的闭环传递函数为

$$\Phi(s) = \frac{\theta_c(s)}{\theta_r(s)} = \frac{G(s)}{1 + G(s)} = \frac{K}{T_m s^2 + s + K} = \frac{\frac{K}{T_m}}{s^2 + \frac{1}{T_m}s + \frac{K}{T_m}}$$

为了使研究的结果具有普遍意义，可将上式表示为如下标准形式

$$\Phi(s)=\frac{C(s)}{R(s)}=\frac{\omega_n^2}{s^2+2\zeta\omega_n s+\omega_n^2} \tag{3-18}$$

式中，$\omega_n=\sqrt{\dfrac{K}{T_m}}$称为自然频率(或无阻尼振荡频率)；$\zeta=\dfrac{1}{2\sqrt{T_m K}}$称为阻尼比(或相对阻尼系数)。系统相应的结构图如图 3-11 所示。

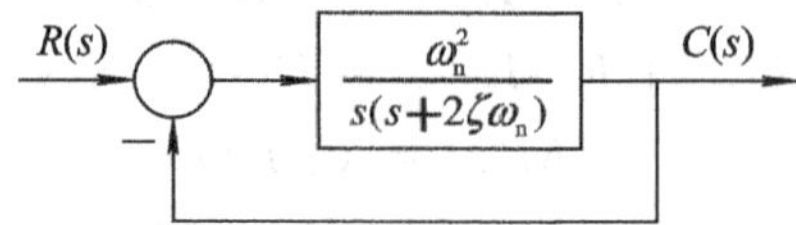

图 3-11　标准形式二阶系统结构图

令式(3-18)的分母多项式为零，得到的等式称为二阶系统的特征方程

$$s^2+2\zeta\omega_n s+\omega_n^2=0 \tag{3-19}$$

其两个特征根(即闭环极点)为

$$s_{1,2}=-\zeta\omega_n\pm\omega_n\sqrt{\zeta^2-1} \tag{3-20}$$

二阶系统的时间响应取决于 ζ 和 ω_n 这两个参数。注意，对于不同的二阶系统，ζ 和 ω_n 的物理含义不同。

3.3.2　二阶系统的单位阶跃响应

根据式(3-20)可知，若系统阻尼比 ζ 取值范围不同，则其特征根形式不同，进而响应特性也不同。

当 $\zeta<0$ 时，二阶系统具有两个正实部的特征根，其单位阶跃响应为

$$h(t)=1-\frac{e^{-\zeta\omega_n t}}{\sqrt{1-\zeta^2}}\sin(\omega_n\sqrt{1-\zeta^2}\,t+\beta)\qquad -1<\zeta<0,\quad t\geqslant 0$$

其中 $\beta=\arctan\dfrac{\sqrt{1-\zeta^2}}{\zeta}$，或

$$h(t)=1+\frac{e^{-(\zeta+\sqrt{\zeta^2-1})\omega_n t}}{2\sqrt{\zeta^2-1}(\zeta+\sqrt{\zeta^2-1})}-\frac{e^{-(\zeta-\sqrt{\zeta^2-1})\omega_n t}}{2\sqrt{\zeta^2-1}(\zeta-\sqrt{\zeta^2-1})}\qquad \zeta<-1,\ t\geqslant 0$$

由于 $\zeta<0$，因此 $-\zeta\omega_n>0$，$-(\zeta+\sqrt{\zeta^2-1})\omega_n>0$，$-(\zeta-\sqrt{\zeta^2-1})\omega_n>0$，显然系统的动态过程为发散形式，从而表明二阶系统在 $\zeta<0$ 时是不稳定的，因此不再讨论。

当 $\zeta=0$ 时，特征方程具有一对纯虚根，$s_{1,2}=\pm j\omega_n$，通过分析，其单位阶跃响应为等幅振荡过程，此时，系统称为无阻尼系统；当 $0<\zeta<1$ 时，特征方程有一对具有负实部的共轭复根，$s_{1,2}=-\zeta\omega_n\pm j\omega_n\sqrt{1-\zeta^2}$，通过分析，其单位阶跃响应为衰减振荡过程，此时，系统称为欠阻尼系统；当 $\zeta=1$ 时，特征方程具有两个相等的负实根，$s_{1,2}=-\omega_n$，通过分析，其单位阶跃响应为非周期地趋于稳态输出过程，此时，系统称为临界阻尼系统；当 $\zeta>1$ 时，特征方程具有两个不相等的负实根，$s_{1,2}=-\zeta\omega_n\pm\omega_n\sqrt{\zeta^2-1}$，通过分析，其单位阶跃响应为非周期地趋于稳态输出过程，但响应速度比临界阻尼情况要慢，此时，系统称为过阻尼系统。其分类见表 3-2 所示。

表 3-2　二阶系统(按阻尼比 ζ)分类表

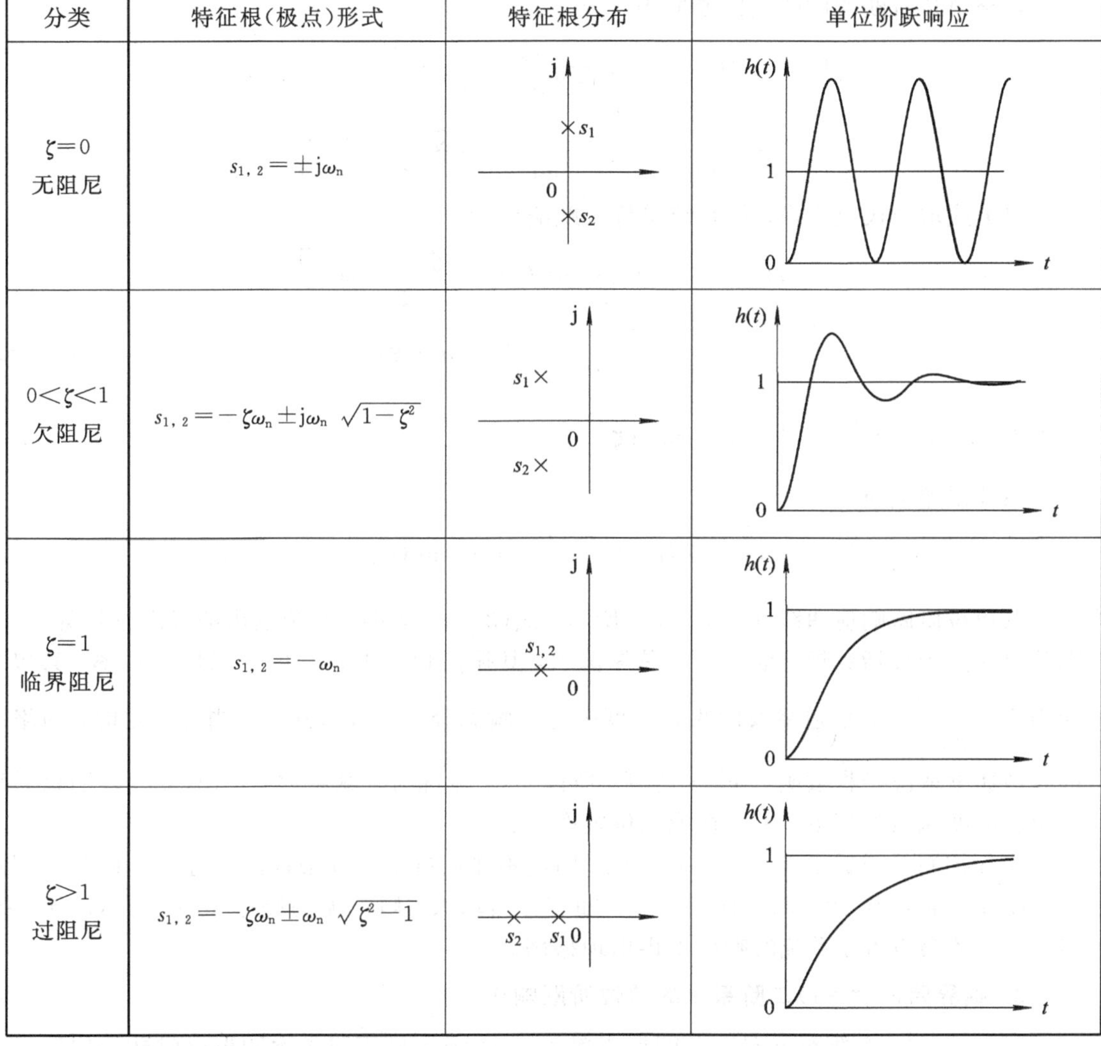

分类	特征根(极点)形式	特征根分布	单位阶跃响应
$\zeta=0$ 无阻尼	$s_{1,2}=\pm j\omega_n$		
$0<\zeta<1$ 欠阻尼	$s_{1,2}=-\zeta\omega_n\pm j\omega_n\sqrt{1-\zeta^2}$		
$\zeta=1$ 临界阻尼	$s_{1,2}=-\omega_n$		
$\zeta>1$ 过阻尼	$s_{1,2}=-\zeta\omega_n\pm\omega_n\sqrt{\zeta^2-1}$		

按上列不同情况具体分析二阶系统的单位阶跃响应。

1. 无阻尼($\zeta=0$)二阶系统的单位阶跃响应

当 $\zeta=0$ 时，系统有一对共轭纯虚根 $s_{1,2}=\pm j\omega_n$，系统此时单位阶跃响应的拉氏变换为

$$C(s)=\Phi(s)R(s)=\frac{\omega_n^2}{s^2+2\zeta\omega_n s+\omega_n^2}\cdot\frac{1}{s}=\frac{\omega_n^2}{s^2+\omega_n^2}\cdot\frac{1}{s}=\frac{1}{s}-\frac{s}{s^2+\omega_n^2}$$

对上式取拉氏反变换，得单位阶跃响应为：

$$h(t)=1-\cos\omega_n t\quad t\geqslant 0\tag{3-21}$$

其单位阶跃响应曲线如表 3-2 中所示。显然，此时输出以频率 ω_n 做等幅振荡，ω_n 称为无阻尼振荡频率，也称为自然频率。

2. 欠阻尼($0<\zeta<1$)二阶系统的单位阶跃响应

当 $0<\zeta<1$ 时，系统有一对共轭复数根 $s_{1,2}=-\zeta\omega_n\pm j\omega_n\sqrt{1-\zeta^2}$，其中，令 $\sigma=\zeta\omega_n$，称为衰减系数，$\omega_d=\omega_n\sqrt{1-\zeta^2}$，称为阻尼振荡频率，则有

$$s_{1,2}=-\sigma\pm j\omega_d$$

系统单位阶跃响应的拉氏变换为

$$C(s)=\Phi(s)R(s)=\frac{\omega_n^2}{s^2+2\zeta\omega_n s+\omega_n^2}\cdot\frac{1}{s}$$

$$=\frac{1}{s}-\frac{s+\zeta\omega_n}{(s+\zeta\omega_n)^2+\omega_d^2}-\frac{\zeta}{\sqrt{1-\zeta^2}}\frac{\omega_n\sqrt{1-\zeta^2}}{(s+\zeta\omega_n)^2+\omega_d^2}$$

对上式取拉氏反变换，得系统单位阶跃响应为

$$h(t)=1-e^{-\zeta\omega_n t}\left[\cos\omega_d t+\frac{\zeta}{\sqrt{1-\zeta^2}}\sin\omega_d t\right]$$

$$=1-\frac{1}{\sqrt{1-\zeta^2}}e^{-\zeta\omega_n t}\sin(\omega_d t+\beta)\qquad t\geqslant 0 \tag{3-22}$$

式中 $\beta=\arctan\left(\frac{\sqrt{1-\zeta^2}}{\zeta}\right)$ 或 $\beta=\arccos\zeta$。

系统误差响应为

$$e(t)=r(t)-h(t)=\frac{1}{\sqrt{1-\zeta^2}}e^{-\zeta\omega_n t}\sin(\omega_d t+\beta)\qquad t\geqslant 0 \tag{3-23}$$

其单位阶跃响应曲线如表 3-2 中所示。式(3-22)表明，系统输出的稳态分量为 1，瞬态分量为一个按指数规律衰减的正弦振荡项，其振荡频率为 ω_d，即阻尼振荡频率，其包络线为 $1\pm\frac{e^{-\zeta\omega_n t}}{\sqrt{1-\zeta^2}}$，该包络线的收敛速度决定了瞬态分量的衰减速度，当 ζ 一定时，包络线的收敛速度取决于指数函数 $e^{-\zeta\omega_n t}$ 的幂，所以 $\sigma=\zeta\omega_n$ 称为衰减系数。式(3-23)表明该系统在单位阶跃函数作用下，不存在稳态位置误差。

实际控制系统通常有一定的阻尼比，因此不能通过实验方法直接测得 ω_n，而只能测得 ω_d，且 $\omega_d<\omega_n$，当 $\zeta=0$ 时，有 $\omega_d=\omega_n$，随着 ζ 值增大，阻尼振荡频率 ω_d 将减小，当 $\zeta\geqslant 1$ 时，ω_d 将不复存在，系统的响应不再出现振荡。

3. 临界阻尼($\zeta=1$)二阶系统的单位阶跃响应

当 $\zeta=1$ 时，系统有一对相等的负实根 $s_{1,2}=-\omega_n$，则二阶系统的单位阶跃响应的拉氏变换为

$$C(s)=\frac{\omega_n^2}{(s+\omega_n)^2}\cdot\frac{1}{s}=\frac{1}{s}-\frac{\omega_n}{(s+\omega_n)^2}-\frac{1}{s+\omega_n}$$

此时二阶系统的单位阶跃响应也称为临界阻尼响应，为

$$h(t)=1-e^{-\omega_n t}(1+\omega_n t)\qquad t\geqslant 0 \tag{3-24}$$

系统误差响应为

$$e(t)=r(t)-h(t)=e^{-\omega_n t}(1+\omega_n t)\qquad t\geqslant 0 \tag{3-25}$$

其单位阶跃响应曲线如表 3-2 中所示。显然，当 $\zeta=1$ 时，二阶系统的单位阶跃响应是稳态值为 1 的无超调单调上升过程，它是这类响应中速度最快的。

4. 过阻尼($\zeta>1$)二阶系统的单位阶跃响应

当 $\zeta>1$ 时，系统有两个不相等的负实根 $s_{1,2}=-\zeta\omega_n\pm\omega_n\sqrt{\zeta^2-1}$，则二阶系统的单位阶跃响应的拉氏变换为

$$C(s)=\frac{\omega_n^2}{(s-s_1)(s-s_2)}\cdot\frac{1}{s}=\frac{\omega_n^2}{[s+\omega_n(\zeta-\sqrt{\zeta^2-1})][s+\omega_n(\zeta+\sqrt{\zeta^2-1})]s}$$

此时二阶系统的单位阶跃响应为

$$h(t)=1-\frac{1}{2\sqrt{\zeta^2-1}(\zeta-\sqrt{\zeta^2-1})}e^{-(\zeta-\sqrt{\zeta^2-1})\omega_n t}+\frac{1}{2\sqrt{\zeta^2-1}(\zeta+\sqrt{\zeta^2-1})}e^{-(\zeta+\sqrt{\zeta^2-1})\omega_n t}\quad t\geqslant 0\qquad(3-26)$$

系统误差响应为

$$\begin{aligned}e(t)&=r(t)-h(t)\\&=\frac{1}{2\sqrt{\zeta^2-1}(\zeta-\sqrt{\zeta^2-1})}e^{-(\zeta-\sqrt{\zeta^2-1})\omega_n t}-\frac{1}{2\sqrt{\zeta^2-1}(\zeta+\sqrt{\zeta^2-1})}e^{-(\zeta+\sqrt{\zeta^2-1})\omega_n t}\end{aligned}\qquad(3-27)$$

其单位阶跃响应曲线如表 3-2 中所示。由于 $\zeta>1$，因此 $-(\zeta+\sqrt{\zeta^2-1})\omega_n<0$，$-(\zeta-\sqrt{\zeta^2-1})\omega_n<0$，因此由式(3-26)知，响应特性的稳态分量为 1，响应特性的瞬态分量由两个单调衰减的指数项组成，当时间 t 趋于无穷大时，此两项的和趋于零，且其代数和绝不会超过稳态值 1，因而过阻尼二阶系统的单位阶跃响应是单调上升的非振荡过程，通常称为过阻尼响应。

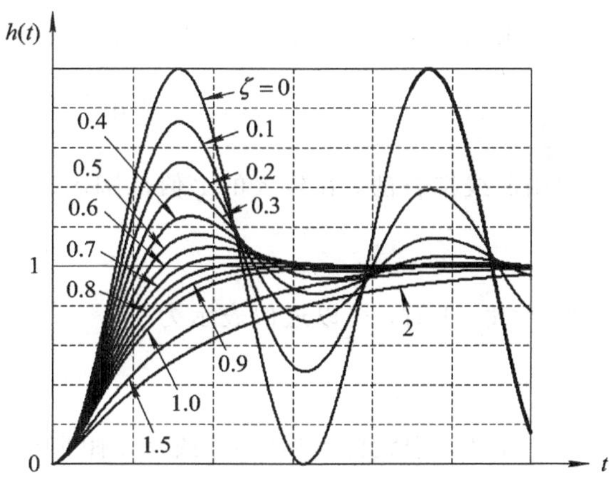

图 3-12　二阶系统单位阶跃响应曲线

图 3-12 给出了不同 ζ 值时二阶系统单位阶跃响应曲线。由图可见，随着 ζ 的增大，$h(t)$ 从无衰减的周期运动变为有衰减的正弦运动，当 $\zeta\geqslant1$ 时，$h(t)$ 呈现单调上升运动(无振荡)，可见，ζ 值反映实际系统的阻尼情况，因此称为阻尼系数。

3.3.3　二阶系统动态性能指标计算

下面分别研究欠阻尼和过阻尼两种情况下的二阶系统动态性能指标计算。

1. 欠阻尼二阶系统

在工程实际中，除了那些不容许产生振荡的系统外，实际应用的控制系统大多数都设计成欠阻尼系统，以便使系统具有适度的阻尼、较快的响应速度和较短的调节时间。如图 3-9 所示的伺服系统中，常将线性系统的增益设计得比较高，如伺服系统中 $\zeta=\frac{1}{2\sqrt{T_m K}}$，当 K 比较高时，ζ 将减小，此时有较快的响应速度和较短的调节时间。一般二阶控制系统的阻尼比取 0.4～0.8 之间。此时系统为欠阻尼二阶系统，其闭环极点为两个共轭的复数根。其分布如表 3-2 中所示，其中以闭环极点 s_1 来说明其具体分布特征，如图 3-13 所示。

由图 3-13 可见，衰减系数 σ 的绝对值是闭环极点到虚轴之间的距离；阻尼振荡频率 ω_d 是闭环极点到实轴之间的距离；自然频率 ω_n 是闭环极点到坐标原点之间的距离；ω_n 与负实轴夹角的余弦正好是阻尼比，即 $\zeta=\cos\beta$，故称 β 为阻尼角。在自然振荡频率 ω_n 保持不变的情况下，阻尼角 β 越大，则阻尼比 ζ 越小；阻尼角 β 越小，则阻尼比 ζ 越大。

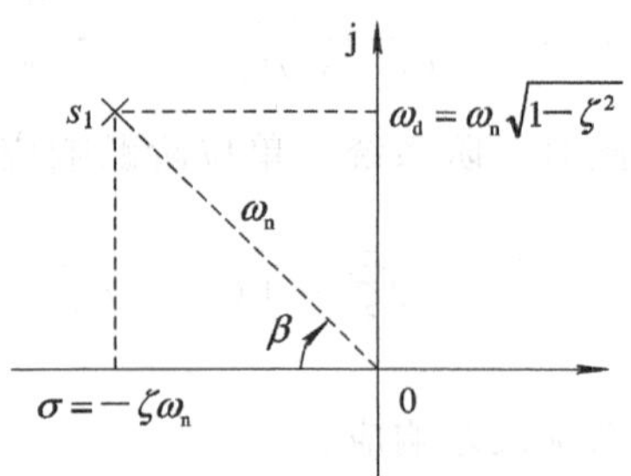

图 3-13　欠阻尼二阶系统闭环极点 s_1 分布

系统的性能指标一般在阶跃函数输入的情况下进行定义。下面根据式(3-22)推导欠阻尼二阶系统动态性能指标。

1) 延迟时间 t_d

根据定义，令式(3-22)中 $h(t_d)=0.5$，可得 t_d 的隐函数表达式

$$\omega_n t_d=\frac{1}{\zeta}\ln\frac{2\sin(\sqrt{1-\zeta^2}\,\omega_n t_d+\arccos\zeta)}{\sqrt{1-\zeta^2}}$$

利用曲线拟合法，在较大的 ζ 值范围内，近似可求得

$$t_d=\frac{1+0.6\zeta+0.2\zeta^2}{\omega_n} \tag{3-28}$$

当 $0<\zeta<1$ 时，可以近似表示为

$$t_d=\frac{1+0.7\zeta}{\omega_n} \tag{3-29}$$

显然，增大自然频率 ω_n 或减小阻尼比 ζ，都可以减小延迟时间。

2) 上升时间 t_r

根据定义，令式(3-22)中 $h(t_r)=1$，求得

$$\frac{e^{-\zeta\omega_n t_r}}{\sqrt{1-\zeta^2}}\sin(\omega_d t_r+\beta)=0$$

由于 $e^{-\zeta\omega_n t_r}\neq0$，所以有 $\sin(\omega_d t_r+\beta)=0$，求得

$$t_r=\frac{\pi-\beta}{\omega_d}=\frac{\pi-\beta}{\omega_n\sqrt{1-\zeta^2}} \tag{3-30}$$

式中 $\beta=\arccos\zeta$。显然，当 ζ 一定时，阻尼角 β 不变，t_r 与 ω_n 成反比；而当 ω_d 一定时，t_r 与阻尼比 ζ 成正比，阻尼比越小，上升时间越短。

3) 峰值时间 t_p

根据定义，将式(3-22)中系统的时间响应函数 $h(t)$ 对 t 求导，并令 $h'(t)=0$，得到

$$-\frac{e^{-\zeta\omega_n t_p}}{\sqrt{1-\zeta^2}}\omega_d\cos(\omega_d t_p+\beta)+\frac{\zeta\omega_n}{\sqrt{1-\zeta^2}}e^{-\zeta\omega_n t_p}\sin(\omega_d t_p+\beta)=0$$

由于 $e^{-\zeta\omega_n t_p}\neq0$，因此 $-\omega_d\cos(\omega_d t_p+\beta)+\zeta\omega_n\sin(\omega_d t_p+\beta)=0$

即有

$$\tan(\omega_d t_p+\beta)=\frac{\sqrt{1-\zeta^2}}{\zeta}$$

又因 $\mathrm{tg}\beta=\dfrac{\sqrt{1-\zeta^2}}{\zeta}$，所以有 $\omega_d t_p=0$，π，2π，…，显然应取 $\omega_d t_p=\pi$，即

$$t_p=\frac{\pi}{\omega_d}=\frac{\pi}{\omega_n\sqrt{1-\zeta^2}} \tag{3-31}$$

显然，当 ω_n 一定时，ζ 越小，t_p 越小；当 ζ 一定时，ω_n 越大，t_p 越小。

4）超调量 $\sigma\%$

因超调量的定义发生在峰值时间 t_p 上，因此将 t_p 表达式带入式(3-22)可得

$$h(t_p)=1-\frac{e^{\frac{-\zeta\pi}{\sqrt{1-\zeta^2}}}}{\sqrt{1-\zeta^2}}\sin(\pi+\beta)$$

因为 $\sin(\pi+\beta)=-\sin\beta=-\sqrt{1-\zeta^2}$，所以有

$$h(t_p)=1+e^{\frac{-\zeta\pi}{\sqrt{1-\zeta^2}}}$$

根据定义

$$\sigma\%=\frac{h(t_p)-h(\infty)}{h(\infty)}\times100\%=e^{\frac{-\zeta\pi}{\sqrt{1-\zeta^2}}}\times100\% \tag{3-32}$$

显然，超调量 $\sigma\%$ 只与阻尼比 ζ 有关，其关系曲线如图 3-14 所示，由图可见，ζ 越小，$\sigma\%$ 越大。通常为了获得良好的平稳性和快速性，阻尼比取 0.4～0.8 之间，响应超调量为 25%～1.5%之间，过小的 ζ，会使响应超调过大。

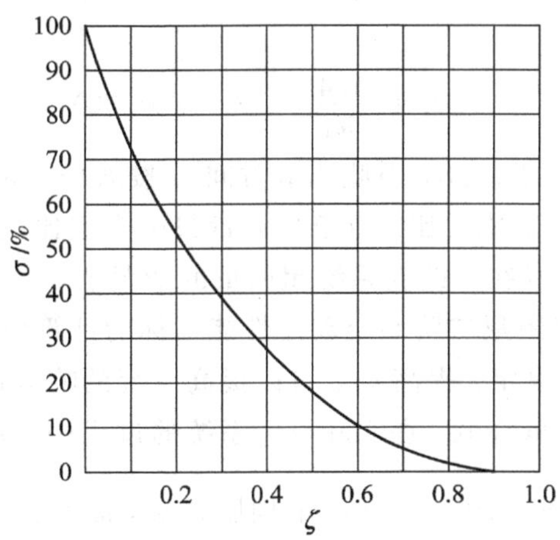

图 3-14　欠阻尼二阶系统 ζ 与 $\sigma\%$ 关系曲线

5）调节时间 t_s

用定义求解系统的调节时间比较麻烦，常采用近似方法计算。在 3.3.2 节中提到二阶欠阻尼系统的包络线概念，通常按欠阻尼二阶系统阶跃响应曲线的包络线进入误差带的时间计算调节时间。其包络线函数为 $1\pm\dfrac{e^{-\zeta\omega_n t}}{\sqrt{1-\zeta^2}}$，如图 3-15 所示。

令

$$\left|1+\frac{e^{-\zeta\omega_n t_s}}{\sqrt{1-\zeta^2}}-1\right|=\frac{e^{-\zeta\omega_n t_s}}{\sqrt{1-\zeta^2}}=\Delta$$

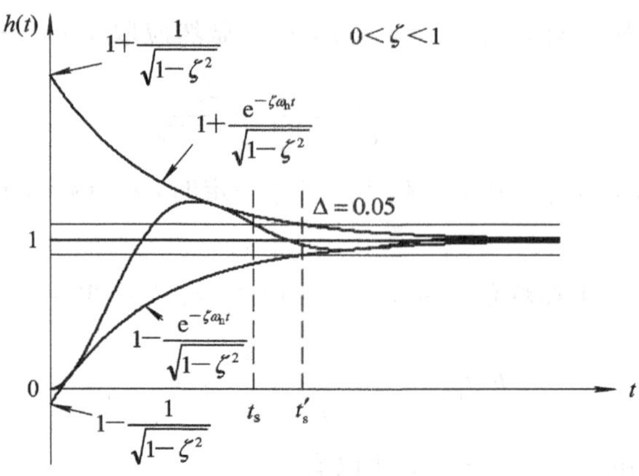

图 3-15　欠阻尼二阶系统单位阶跃响应及包络线

可解得

$$t_s = \frac{1}{\zeta\omega_n}\ln\frac{1}{\Delta\sqrt{1-\zeta^2}}$$

当 $0<\zeta<0.8$ 时，近似有

$$t_s \approx \frac{3.5}{\zeta\omega_n} \qquad (\Delta = 0.05)$$

或

$$t_s \approx \frac{4.4}{\zeta\omega_n} \qquad (\Delta = 0.02) \tag{3-33}$$

由于系统一般设计为 $\zeta<0.8$，因此调节时间 t_s 按式(3-33)计算。由式(3-33)可知，调节时间与闭环极点的实部成反比。由于超调量只由阻尼比决定，因此若能保持阻尼比不变而增大自然频率，就可以在不改变系统超调量的情况下，缩短调节时间。

由上面给出的典型欠阻尼二阶系统动态性能指标的计算公式可知，二阶系统的性能完全由两个特征参数 ζ、ω_n 决定。提高 ω_n，可以提高系统的响应速度；增大 ζ，可以提高系统的阻尼程度，从而使超调量降低。在实际设计系统的过程中，ω_n 的提高一般都是通过增大系统的开环增益 K 来实现，如图 3-9 所示伺服系统，$\omega_n=\sqrt{\frac{K}{T_m}}$，$\zeta=\frac{1}{2\sqrt{T_m K}}$，一般来说机电时间常数 T_m 在电动机选定后是一个不可调的确定参数，当增大 ω_n 时，系统相应 ζ 减小，可见系统在响应速度和阻尼程度之间存在矛盾，解决的方法是对系统进行校正。

通过分析知，$0.4<\zeta<0.8$ 之间时，调节时间和超调量都相对较小。特别是 $\zeta=0.707$ ($\beta=45°$)时，系统性能总体获得“最佳”。工程上取 $\zeta=\frac{\sqrt{2}}{2}=0.707$ 作为系统性能最佳的设计依据。

【例 3-2】 设二阶系统的单位阶跃响应曲线如下图 3-16 所示，试确定系统的闭环传递函数。

解　从响应曲线明显可以看出，在单位阶跃函数作用下，系统响应的稳态值为 3，故此系统的增益不是 1，而是 3，因此系统的闭环传递函数形式应为

$$\Phi(s)=\frac{3\cdot\omega_n^2}{s^2+2\zeta\omega_n s+\omega_n^2}$$

观察图中的时域性能指标得

$$\begin{cases}\sigma\%=\dfrac{h(t_p)-h(\infty)}{h(\infty)}\times100\%=\dfrac{4-3}{3}\times100\%=33\%=e^{-\frac{\zeta\pi}{\sqrt{1-\zeta^2}}}\times100\%\\ t_p=0.1\ \text{s}=\dfrac{\pi}{\omega_n\sqrt{1-\zeta^2}}\end{cases}$$

解得

$$\zeta=0.33,\ \omega_n=33.2\ \text{rad/s}$$

因此该系统的闭环传递函数为

$$\Phi(s)=\frac{3306.72}{s^2+22s+1102.4}$$

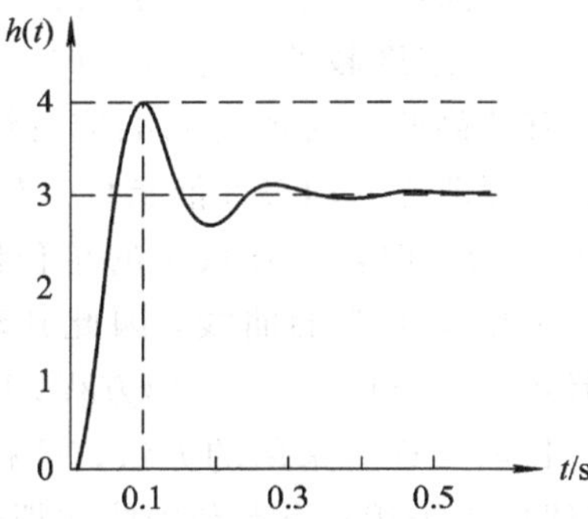

图 3-16　某二阶系统的单位阶跃响应曲线

【例 3-3】　设系统如图 3-17 所示，如果要求系统的性能指标 $\sigma\%=15\%$，$t_p=0.8$ s，试确定增益 K_1 和速度反馈系数 K_f，同时计算在此 K_1 和 K_f 数值下系统的上升时间和调节时间。

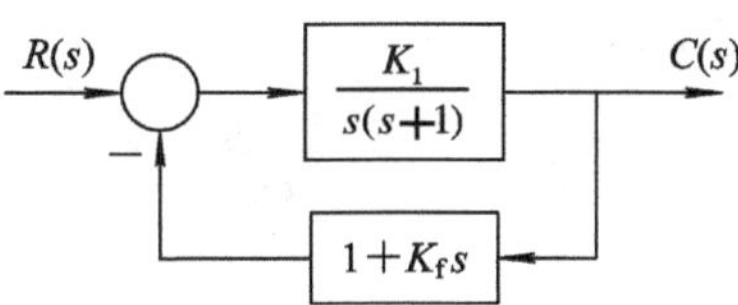

图 3-17　某二阶系统的结构图

解　由题目给定条件有

$$\begin{cases}\sigma\%=e^{-\frac{\zeta\pi}{\sqrt{1-\zeta^2}}}\times100\%=15\%\\ t_p=\dfrac{\pi}{\omega_n\sqrt{1-\zeta^2}}=0.8\ \text{s}\end{cases}\Rightarrow\begin{cases}\zeta=0.517\\ \omega_n=4.588\ \text{rad/s}\end{cases}$$

由系统结构图得系统的闭环传递函数为

$$\Phi(s)=\frac{\dfrac{K_1}{s(s+1)}}{1+\dfrac{K_1}{s(s+1)}\cdot(1+K_f s)}=\frac{K_1}{s^2+(1+K_1K_f)s+K_1}$$

与二阶系统标准形式进行比较，有

$$\omega_n^2 = K_1, \qquad 2\zeta\omega_n = 1 + K_1 K_f$$

解得

$$K_1 = 21.05, \qquad K_f = 0.178$$

在此 $K_1=21.05$，$K_f=0.178$ 数值下，可求得上升时间和峰值时间

$$t_r = \frac{\pi - \arccos\zeta}{\omega_n\sqrt{1-\zeta^2}} = 0.538\text{s}$$

$$t_s = \frac{3}{\zeta\omega_n} = 1.234\text{s}$$

2. 过阻尼二阶系统

过阻尼系统响应缓慢，一般不希望采用过阻尼系统。但在某些低增益、大惯性的控制系统中，需要采用过阻尼系统，如液位控制系统，超调会导致液体溢出等。在有些不允许时间响应出现超调，而又希望响应速度较快的情况，如在指示仪表系统和记录仪表系统中，需要采用临界阻尼系统。有些高阶系统的时间响应特性可用过阻尼二阶系统的时间响应来近似，因此，研究过阻尼二阶系统的动态性能指标，有较大的工程意义。

当阻尼比 $\zeta>1$，且初始条件为零时，二阶系统的单位阶跃响应如式(3-26)所示。显然，其单位阶跃响应曲线是一个单调上升的曲线，因此其动态性能指标只有延迟时间 t_d、上升时间 t_r 和调节时间 t_s。但式(3-26)是一个超越方程，因此无法根据各动态性能指标的定义求出其准确的计算公式。目前工程上采用的方法，是利用数值解法求出不同 ζ 值下的无因次时间 $\omega_n t$，然后制成曲线以供查用；或者利用曲线拟合法给出近似计算公式。下面给出采用上述方法求得的动态性能指标近似计算公式，以备查用。

1) 延迟时间 t_d

$$t_d = \frac{1 + 0.6\zeta + 0.2\zeta^2}{\omega_n} \qquad \zeta \geqslant 1 \tag{3-34}$$

2) 上升时间 t_r

对于无振荡过程，根据定义求得

$$t_r = \frac{1 + 1.5\zeta + \zeta^2}{\omega_n} \tag{3-35}$$

3) 调节时间 t_s

将系统的特征方程写成极点形式：

$$s^2 + 2\zeta\omega_n s + \omega_n^2 = \left(s + \frac{1}{T_1}\right)\left(s + \frac{1}{T_2}\right) \tag{3-36}$$

调节时间 t_s 与 T_1、T_2 的关系曲线图如图 3-18 所示。

此时可用查图法求取相应的调节时间 t_s，即由已知的 T_1、T_2 值在图 3-18 上查出相应的 t_s。当 $\zeta>1$ 时，若 $T_1\geqslant 4T_2$，可取

$$t_s = 3T_1 \tag{3-37}$$

相对误差不超过 10%。

当 $\zeta=1$ 时，由于 $T_1/T_2=1$，因此临界阻尼二阶系统的调节时间为

$$t_s = 4.75T_1 \tag{3-38}$$

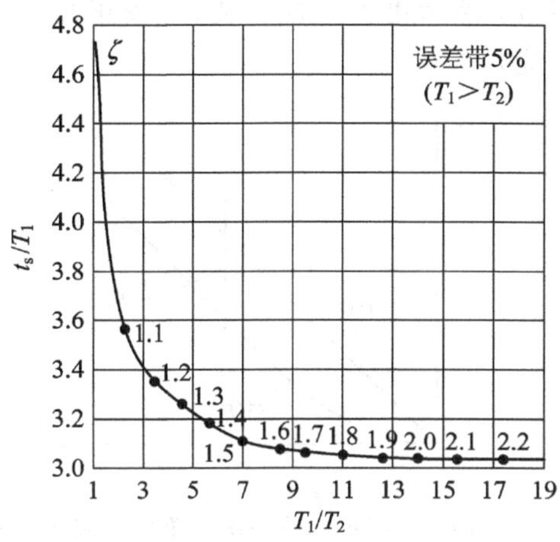

图 3-18　过阻尼二阶系统的调节时间特性

3.3.4　二阶系统的单位斜坡响应

当输入信号为单位斜坡输入信号 $r(t)=t$ 时，则系统输出的拉氏变换式为

$$C(s)=\frac{\omega_n^2}{s^2+2\zeta\omega_n s+\omega_n^2}\cdot\frac{1}{s^2}$$

$$=\frac{1}{s^2}-\frac{\frac{2\zeta}{\omega_n}}{s}+\frac{\frac{2\zeta}{\omega_n}(s+\zeta\omega_n)+(2\zeta^2-1)}{s^2+2\zeta\omega_n s+\omega_n^2}$$

对上式取拉氏反变换，可得欠阻尼($0<\zeta<1$)二阶系统的单位斜坡响应为

$$c(t)=t-\frac{2\zeta}{\omega_n}+\frac{e^{-\zeta\omega_n t}}{\omega_n\sqrt{1-\zeta^2}}\sin(\omega_d t+\varphi)\qquad t\geqslant 0 \tag{3-39}$$

其中，$\varphi=2\ \arctan\dfrac{\sqrt{1-\zeta^2}}{\zeta}=2\beta$。

系统误差响应为

$$e(t)=r(t)-c(t)=\frac{2\zeta}{\omega_n}-\frac{e^{-\zeta\omega_n t}}{\omega_n\sqrt{1-\zeta^2}}\sin(\omega_d t+2\beta) \tag{3-40}$$

显然，系统的单位斜坡响应是由两部分组成，一部分是稳态分量 $t-\dfrac{2\zeta}{\omega_n}$，另一部分是瞬态分量$\dfrac{e^{-\zeta\omega_n t}}{\omega_n\sqrt{1-\zeta^2}}\sin(\omega_d+\varphi)$。其中，瞬态分量随着时间增长而振荡衰减，最终趋于零。因此系统的稳态误差为 $e_{ss}=\dfrac{2\zeta}{\omega_n}$。

图 3-19 为欠阻尼二阶系统单位斜坡响应曲线。由图可见，系统的稳态输出是一个与输入量具有相同斜率的斜坡函数。但是，在输出位置上有一个常值误差值$\dfrac{2\zeta}{\omega_n}$，显然这误差并不是指稳态时输入、输出上的速度之差，而是指位置上的差别。此误差值只能通过改变系统参数来减小，如加大自然频率 ω_n 或减小阻尼比 ζ 来减小稳态误差，但不能消除。并且，这样改变系统参数，会使系统响应的平稳性变差。因此，在系统设计时，一般可先根据

稳态误差要求确定系统参数，然后再引入控制装置(校正装置)来改善系统的性能(即用改变系统结构来改善系统性能)。

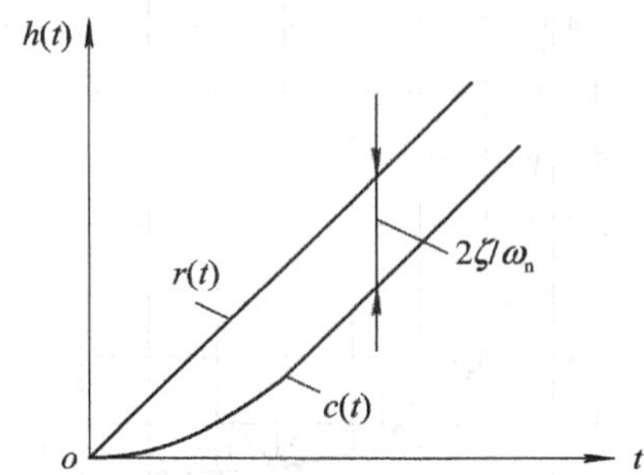

图 3-19 欠阻尼二阶系统的单位斜坡响应曲线

3.3.5 改善二阶系统动态性能的措施

为了改善二阶系统的性能，有时需要在系统结构中加入附加的装置，通过调节附加装置的参数，来改善系统的性能。这个加入的附加装置称为校正装置，这个过程称为对系统校正或称为系统综合。一般工程上希望系统具有较小的超调和较快的响应速度。

我们以二阶位置伺服系统为例来说明改善二阶系统性能的方法。图 3-20 中所示波形分别为二阶伺服系统阶跃响应曲线 $h(t)$、误差响应曲线 $e(t)$以及阶跃响应曲线的导数 $\dot{h}(t)$和误差响应曲线的导数 $\dot{e}(t)$。由曲线 $h(t)$可看出，其单位阶跃响应具有较大的超调量。下面分析一下二阶系统单位阶跃响应产生超调的过程。

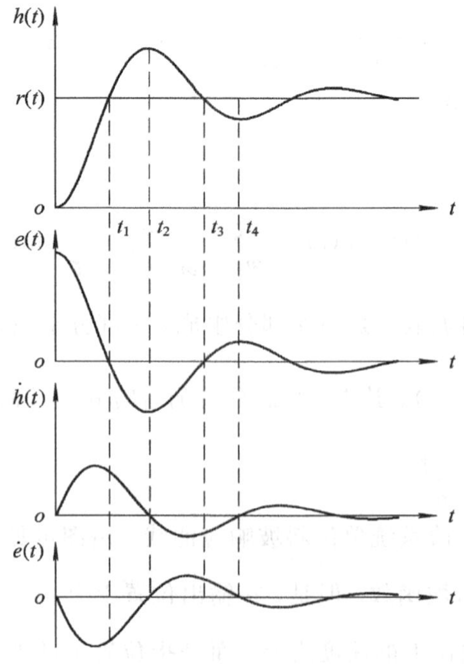

图 3-20 二阶系统信号波形图

在 $0\sim t_1$ 时间间隔内，由于误差信号 $e(t)$为正，使执行机构伺服电机产生正向力矩。但因为系统阻尼较小，电机的正向加速度、速度较大，因此在 $t=t_1$ 时刻输出响应穿过稳态值出现正向超调量。而在 $t_1\sim t_2$ 时间间隔内，误差信号 $e(t)$为负，电机产生反向力矩，但由于开始反向力矩不够大，而系统原输出本已具有较大的速度，所以需要经过一段时间才使正向速度为零，即输出响应直至 $t=t_2$ 时刻才达到最大值 $h(t_2)$。在 $t_2\sim t_3$ 时间间隔内，误差信号 $e(t)$仍然为负，电机反向力矩继续作用，使输出量开始减小，由于反向力矩作用过大，输出量在 $t=t_3$ 时刻再次穿过稳态值形成反向超调。而在 $t_3\sim t_4$ 时间间隔内，误差信号又重新为正，电机产生正向力矩，力图使输出量重新恢复到稳态值，但开始正向修正作用不够大，需要经过一段时间才使反向速度为零，即直到 $t=t_4$ 输出响应才达到反向最大值。如此反复，使动态过程产生振荡，出现较大超调。

可以看出，造成响应出现超调的原因主要是：

(1) 在 $0\sim t_1$ 时间间隔内，正向力矩较大，在 t_1 时刻之前没有及时反向制动；

(2) 在 $t_1\sim t_2$ 时间内，反向制动力矩不足，因此导致需要一定时间才能使输出趋向稳态值。

因此，需要在 $0\sim t_1$ 时间内削弱正向力矩，可采用加入一个与原误差信号 $e(t)$符号相反的信号，即负信号，来使原来正的 $e(t)$减小；在 $t_1\sim t_2$ 时间内，要加强反向制动力矩，可采用加一个与原误差信号 $e(t)$符号相同的信号，也为负信号，来使原来负的 $e(t)$增强。同理，在 $t_2\sim t_3$ 时间内，应加一个与原误差信号 $e(t)$符号相反的信号，即正信号；在 $t_3\sim t_4$ 时间内，应加一个与原误差信号 $e(t)$符号相同的信号，即正信号……，即可减小系统的超调。综合知，即在 $0\sim t_2$ 时间内原误差信号应附加一个负信号，在 $t_2\sim t_4$ 时间内原误差信号附加一个正信号。观察图 3－20 中 $\dot{h}(t)$、$\dot{e}(t)$的极性可知，原误差信号减去输出的微分 $\dot{h}(t)$或加上误差的微分 $\dot{e}(t)$恰好能起到这样的作用，从而改善系统性能。这就是比例-微分控制(即加上误差的微分)和测速反馈控制(即减去输出的微分)两种方法。实践已经证明，恰当地引入微分信号，将会大大改善系统的性能。

1. 比例-微分控制

比例-微分控制的二阶系统的典型结构图如图 3－21 所示，其中 T_d 为微分时间常数。由于加入了误差的微分信号，它可以敏感误差信号的变化，因此比例-微分控制可以在出现位置误差前，提前产生控制作用，即使控制作用带有一定程度的“预见性”，从而达到改善系统动态性能的目的。由于误差微分信号只反映误差信号变化的速率，因此，微分控制并不影响稳态误差的大小。

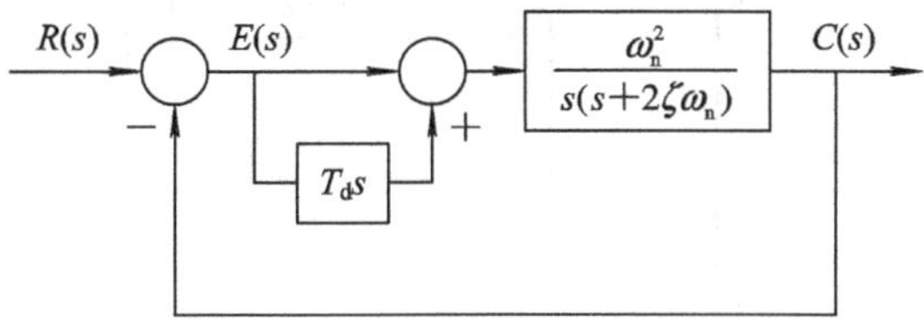

图 3－21　比例-微分控制系统

图 3-21 所示系统闭环传递函数为

$$\Phi(s)=\frac{C(s)}{R(s)}=\frac{\omega_n^2 T_d\left(s+\frac{1}{T_d}\right)}{s^2+2\zeta_d\omega_n s+\omega_n^2} \tag{3-41}$$

式中

$$\zeta_d=\zeta+\frac{1}{2}T_d\omega_n \tag{3-42}$$

与不增加微分控制的典型二阶系统相比较可知，比例-微分控制不改变系统的自然频率，但是增加了系统阻尼比（$\zeta_d>\zeta$），同时给二阶系统增添了闭环零点（$-1/T_d$）。因此，具有比例-微分控制的二阶系统常称为有零点的二阶系统，而原系统称为无零点的二阶系统。

有零点二阶系统的性能指标估算方法与无零点情况相类似，这里不作详细推导，只给出计算公式。设其标准闭环传递函数为

$$\Phi(s)=\frac{\omega_n^2}{z}\frac{s+z}{s^2+2\zeta_d\omega_n s+\omega_n^2}$$

式中 $\zeta_d=\zeta+\frac{\omega_n}{2z}$。

性能指标近似计算公式

$$t_p=\frac{\pi-\arctan\left[\frac{\omega_n\sqrt{1-\zeta_d^2}}{(z-\zeta_d\omega_n)}\right]}{\omega_n\sqrt{1-\zeta_d^2}} \tag{3-43}$$

$$\sigma\%=\frac{\sqrt{z^2-2\zeta_d z\omega_n+\omega_n^2}}{z}e^{-\frac{\zeta_d t_p}{\sqrt{1-\zeta_d^2}}}\times 100\% \tag{3-44}$$

$$t_s=\frac{3+\frac{1}{2}\ln(z^2+2\zeta_d z\omega_n+\omega_n^2)-\ln z-\frac{1}{2}\ln(1-\zeta_d^2)}{\zeta_d\omega_n},\quad \Delta=0.05 \tag{3-45}$$

2. 测速反馈控制

测速反馈控制的典型结构图如图 3-22 所示。其中 K_t 为测速反馈系数，在位置伺服系统中，其量纲通常为电压/转速。系统开环传递函数为

$$G(s)=\frac{\omega_n^2}{s(s+2\zeta\omega_n+K_t\omega_n^2)}=\frac{\omega_n}{2\zeta+K_t\omega_n}\frac{1}{s\left(\frac{1}{2\zeta\omega_n+K_t\omega_n^2}s+1\right)} \tag{3-46}$$

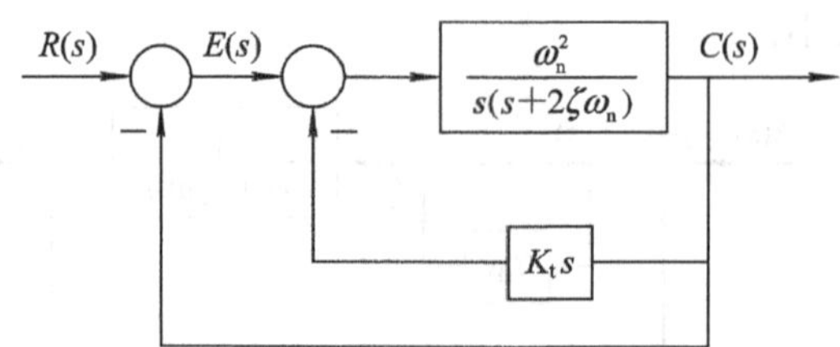

图 3-22　测速反馈控制系统

系统的开环增益

$$K=\frac{\omega_n}{2\zeta+K_t\omega_n} \tag{3-47}$$

显然，相比不增加测速反馈环节的原系统的开环增益 $K=\frac{\omega_n}{2\zeta}$，加入测速反馈降低了原系统的开环增益，从而增大了系统斜坡响应时稳态误差(详见 3.6.3 节)。因此，在设计测速反馈控制时，可以适当增大原系统的开环增益，以补偿测速反馈引起的增益下降。为了说明测速反馈对系统动态性能的影响，写出系统闭环传递函数为

$$\Phi(s)=\frac{\omega_n^2}{s^2+(2\zeta\omega_n+K_t\omega_n^2)s+\omega_n^2}=\frac{\omega_n^2}{s^2+2\zeta_t\omega_n s+\omega_n^2} \tag{3-48}$$

式中

$$\zeta_t=\zeta+\frac{1}{2}K_t\omega_n \tag{3-49}$$

显然，测速反馈与比例-微分控制一样，会增大阻尼比，但不影响系统的自然频率 ω_n。将式(3-49)与式(3-42)进行比较，如果 $K_t=T_d$，则 $\zeta_d=\zeta_t$，因此可以预料，测速反馈同样可以改善系统的动态性能。此时需要适当选择测速反馈系数 K_t，使阻尼比 ζ_t 在 0.4 到 0.8 之间，以满足给定的各项动态性能指标。同时，由式(3-48)可见，测速反馈控制并不增添闭环零点。因此，测速反馈与比例-微分控制对系统动态性能的改善程度有所不同。

测速反馈控制可采用测速发电机、速度传感器等部件来实现。

【例 3-4】 设某控制系统结构图如图 3-23(a)所示，分别采用测速反馈和比例微分控制方法，系统结构图如图 3-23(b)和 3-23(c)所示。其中 $K_t=0.216$，分别写出它们各自的开环传递函数、闭环传递函数，计算出动态性能指标($\sigma\%$，t_s)并进行对比分析。

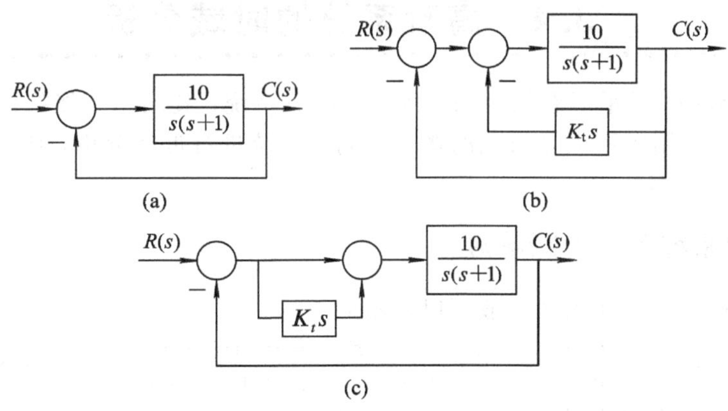

图 3-23　某控制系统结构图

解　图 3-23(a)、(b)中的系统均为无零点的二阶系统，其动态性能指标($\sigma\%$，t_s)按式(3-32)、式(3-33)计算。而图 3-23(c)中的系统有一个闭环零点，可按式(3-44)、式(3-45)计算。各个系统的开环传递函数、闭环传递函数、动态特性参数以及性能指标计算结果如下：

图 3-23(a)：

$G_{(a)}(s)=\frac{10}{s(s+1)}$，$\Phi_{(a)}(s)=\frac{10}{s^2+s+10}$，$\zeta=0.158$，$\omega_n=3.16$，$\sigma\%=60\%$，$t_s=7$ s

图 3-23(b)：

$G_{(b)}(s)=\frac{10}{s(s+1+10K_t)}$，$\Phi_{(b)}(s)=\frac{10}{s^2+(1+10K_t)s+10}$，$\zeta=0.5$，$\omega_n=3.16$，$\sigma\%=16.3\%$，$t_s=2.2s$

图 3-23(c)：

$G_{(c)}(s)=\frac{10(K_t s+1)}{s(s+1)}$，$\Phi_{(c)}(s)=\frac{10(K_t s+1)}{s^2+(1+10K_t)s+10}$，$\zeta=0.5$，$\omega_n=3.16$，$\sigma\%=23\%$，$t_s=2.1\ \text{s}$

可以看出，采用测速反馈和比例微分控制后，系统动态性能得到了明显改善。

3. 比例-微分控制和测速反馈控制的比较

(1) 从工程实现角度来看：比例-微分装置可以用 *RC* 网络或模拟运算线路来实现，结构简单，成本低，重量轻；而测速反馈装置通常要用测速发电机，成本高。

(2) 抗干扰能力方面：微分控制对噪声有明显放大作用，当系统输入端噪声严重时，一般不宜采用微分控制，同时微分器的输入信号是偏差信号，信号电平低，需要相当大的放大作用，为了使信噪比不明显恶化，要求采用高质量的放大器。而测速反馈对噪声有滤波作用，能使内回路中被包围部件的非线性特性、参数变化等不利影响大大削弱。因此，测速反馈控制在系统中应用广泛。

(3) 对动态性能影响：两者均能改善系统性能，在相同的阻尼比 ζ 和自然频率 ω_n 条件下，测速反馈控制因不增加闭环零点，所以超调量要低些，但反应速度相对慢些。另外测速反馈控制会使系统在斜坡输入下的稳态误差加大。

实际采用哪一种方法，应根据具体情况适当选择。

3.4　高阶系统的时域分析

在控制工程中，几乎所有的控制系统都是高阶系统，其动态性能指标的确定是比较复杂的。工程上常采用闭环主导极点的概念对高阶系统进行近似分析，从而得到高阶系统的动态性能指标的估算公式。

3.4.1　高阶系统单位阶跃响应

高阶系统的闭环传递函数一般可以表示为

$$\Phi(s)=\frac{C(s)}{R(s)}=\frac{b_m s^m+b_{m-1}s^{m-1}+\cdots+b_1 s+b_0}{a_n s^n+a_{n-1}s^{n-1}+\cdots+a_1 s+a_0}\qquad n\geqslant m$$

将上式分解为零极点表达形式，得到如下形式，

$$\Phi(s)=\frac{C(s)}{R(s)}=\frac{K\prod_{i=1}^{m}(s-z_i)}{\prod_{j=1}^{n}(s-p_j)}\qquad n\geqslant m$$

式中，$K=\frac{b_m}{a_n}$，由于 $C(s)$、$R(s)$均为实系数多项式，故闭环零点 z_i、极点 p_j 只能是实根或共轭复数根。现假设系统的所有闭环零点和极点互不相同，且其极点有实数极点和复数极点，零点均为实数零点，则系统单位阶跃响应的拉氏变换可表示为

$$C(s)=\Phi(s)\cdot\frac{1}{s}=\frac{K\prod_{i=1}^{m}(s-z_i)}{s\prod_{j=1}^{l}(s-p_j)\prod_{k=1}^{q}(s^2+2\zeta_k\omega_{nk}s+\omega_{nk}{}^2)}$$

式中，$l+2q=n$。

对上式进行部分分式展开得到

$$C(s)=\frac{A_0}{s}+\sum_{j=1}^{l}\frac{A_j}{(s-p_j)}+\sum_{k=1}^{q}\frac{B_k(s+\zeta_k\omega_{nk})+C_k\omega_{nk}\sqrt{1-\zeta_k^{\,2}}}{s^2+2\zeta_k\omega_{nk}s+\omega_{nk}^{\,2}} \tag{3-50}$$

式中 A_0、A_j 分别是 $C(s)$ 在原点和实数极点处的留数；B_k、C_k 分别为 $C(s)$ 在其共轭复数极点 $-\zeta_k\omega_{nk}\pm j\sqrt{1-\zeta_k^{\,2}}$ 处留数的实部和虚部。

对上式进行拉氏反变换可得

$$c(t)=A_0+\sum_{j=1}^{l}A_j e^{p_j t}+\sum_{k=1}^{q}B_k e^{-\zeta_k\omega_{nk}t}\cos\omega_{nk}\sqrt{1-\zeta_k^{\,2}}\,t$$

$$+\sum_{k=1}^{q}C_k e^{-\zeta_k\omega_{nk}t}\sin\omega_{nk}\sqrt{1-\zeta_k^2}\,t,\qquad t\geqslant 0 \tag{3-51}$$

由上式可见，高阶系统的单位阶跃响应是由常数项和一阶惯性环节以及二阶振荡环节的响应分量合成。一阶惯性环节以及二阶振荡环节的响应分量由闭环极点确定，而部分分式系数与闭环零点、极点分布有关，因此高阶系统的单位阶跃响应取决于闭环系统零、极点的分布情况。下面我们简单地讨论高阶系统单位阶跃响应和闭环零、极点之间的一些关系。

3.4.2　闭环主导极点

对于稳定的高阶系统(闭环极点全部位于 s 左半平面)，极点为实数或共轭复数，分别对应时域表达式的指数衰减曲线或正弦衰减曲线，但衰减的快慢取决于极点离虚轴的距离。距虚轴近的极点对应的模态衰减得慢，距虚轴远的极点对应的模态衰减得快。所以，距虚轴近的极点对瞬态响应影响大。

此外，各瞬态分量的具体值还与其系数大小有关。各瞬态分量的系数与零、极点的分布有如下关系：

(1) 若某极点远离原点，则相应项的系数很小；

(2) 若某极点接近一零点，而又远离其他极点和零点，则相应项的系数也很小；

(3) 若某极点远离零点又接近原点或其他极点，则相应项系数就比较大。

系数大而且衰减慢的分量在瞬态响应中起主要作用。因此，距离虚轴最近而且附近又没有零点的极点对系统的动态性能起主导作用，称相应极点为主导极点。

一般规定，若某极点的实部绝对值大于主导极点实部绝对值的 5～6 倍以上时，则可以忽略相应分量的影响；若两相邻零、极点间的距离比它们本身的模值小一个数量级时，则称该零、极点对为“偶极子”，其作用近似抵消，可以忽略相应分量的影响。

在绝大多数实际系统的闭环零、极点中，可以选留最靠近虚轴的一个或几个极点作为主导极点，略去比主导极点距虚轴远 5 倍以上的闭环零、极点，以及不十分接近虚轴的靠得很近的偶极子，忽略其对系统动态性能的影响。

通常，高阶系统的主导极点为一对复数极点。在设计高阶系统时，人们常利用主导极点这个概念来选择系统的参数，使系统具有预期的一对主导极点，从而把一个高阶系统近似地用一对主导极点所描述的二阶系统去表征。

设 $p_{1,2}=-\zeta_1\omega_{n1}\pm j\sqrt{1-\zeta_1^{\,2}}=-\sigma\pm j\omega_d$ 为高阶系统的闭环主导极点，则由式(3-22)，

系统单位阶跃响应的近似表达式为

$$h(t)=1-\mathrm{e}^{-\zeta_1\omega_{n1}t}\left(\cos\omega_d t+\frac{\zeta_1}{\sqrt{1-\zeta_1^{\ 2}}}\sin\omega_d t\right) \qquad t\geqslant 0$$

显然，利用上式可以对高阶系统的瞬态性能指标进行近似估算。

3.5 线性系统的稳定性分析

稳定是控制系统正常工作的首要条件。分析系统的稳定性并提出保证系统稳定的措施，是自动控制理论的基本任务之一。

3.5.1 稳定性的基本概念

下面我们以如图 3-24 所示的实例来说明稳定性的含义。图(a)中，假设小球受到有界扰动偏离了原来的平衡点，不论扰动引起的偏差有多大，当扰动取消后，小球都能以足够的准确度恢复到初始平衡点，这种系统称为大范围稳定的系统；图(b)中，如果小球受到有界扰动作用后，只有当扰动引起的初始偏差小于某一范围时，小球才能在扰动取消后恢复到初始平衡点，否则就不能恢复到初始平衡点，这样的系统称为小范围稳定的系统；图(c)中，假设小球受到有界扰动偏离了原来的平衡点，不论扰动引起的偏差有多大，当扰动取消后，小球都不能恢复到初始平衡点，这样的系统称为不稳定系统。对于稳定的线性系统，必然是在大范围和小范围都能稳定；只有非线性系统才可能有小范围稳定而大范围不稳定的情况。

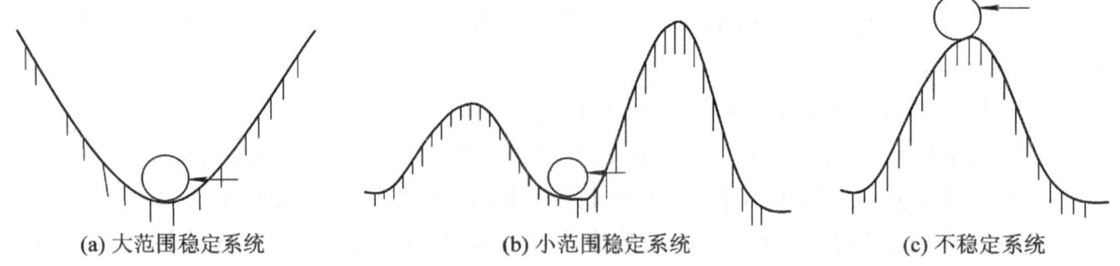

图 3-24　小球运动系统

由此可知，系统稳定性的一般含义是：设线性定常系统处于某一平衡状态，若此系统在扰动作用下偏离了原来的平衡状态，当扰动消失后，系统如果能恢复到原来的平衡状态，则称系统是稳定的，否则称为不稳定。

稳定性是指平衡状态(或给定运动)的稳定性，其严密的数学定义是由俄国学者李雅普诺夫于 1892 年建立。该定义是具有普遍性的稳定性理论，不仅适用于线性定常系统，也适用于时变系统和非线性系统。这里我们只研究单变量线性定常系统，只根据李雅普诺夫稳定性理论给出分析线性定常系统稳定性的方法，而不对其稳定性理论进行全面讨论。根据李雅普诺夫稳定性理论，线性定常系统的稳定性可叙述如下：若线性控制系统在初始扰动的影响下，其输出的动态过程随时间的推移逐渐衰减并趋于零(原平衡工作点)，则称系统渐近稳定，简称稳定；反之，若在初始扰动影响下，系统输出的动态过程随时间的推移而发散，则称系统不稳定。

3.5.2 线性系统稳定的充分必要条件

设控制系统具有一个平衡工作点，对于该平衡工作点来说，若系统的输入信号为零，则其输出信号也为零，当扰动信号作用于系统时，其输出信号将偏离原平衡工作点。将理想单位脉冲信号看作一种典型的扰动信号，设线性定常系统在初始条件为零时，作用一个理想单位脉冲 $\delta(t)$，这时系统的输出为脉冲响应 $c(t)$。根据系统稳定性的定义，当 t 趋于无穷大时，系统的输出响应 $c(t)$ 如果能收敛到原来的平衡工作点，即

$$\lim_{t\to\infty} c(t) = 0 \tag{3-52}$$

则系统是稳定的。根据这个思路分析系统稳定的充分必要条件。

设系统闭环传递函数为

$$\Phi(s) = \frac{C(s)}{R(s)} = \frac{b_m s^m + b_{m-1} s^{m-1} + \cdots + b_1 s + b_0}{a_n s^n + a_{n-1} s^{n-1} + \cdots + a_1 s + a_0}$$

若其特征方程 $a_n s^n + a_{n-1} s^{n-1} + \cdots + a_1 s + a_0 = 0$ 的根(即闭环极点)为互不相同的根，则脉冲响应的拉氏变换为

$$C(s) = \Phi(s)\cdot 1 = \frac{K\prod_{i=1}^{m}(s-z_i)}{\prod_{j=1}^{l}(s-p_j)\prod_{k=1}^{q}(s^2+2\zeta_k\omega_{nk}s+\omega_{nk}{}^2)}$$

式中，$l+2q=n$，于是系统的脉冲响应为

$$\begin{aligned} c(t) = & \sum_{j=1}^{l} A_j e^{p_j t} + \sum_{k=1}^{q} B_k e^{-\zeta_k\omega_{nk}t}\cos\left(\omega_{nk}\sqrt{1-\zeta_k{}^2}\right)t \\ & + \sum_{k=1}^{q} \frac{C_k - B_k\zeta_k\omega_{nk}}{\omega_{nk}\sqrt{1-\zeta_k{}^2}} e^{-\zeta_k\omega_{nk}t}\sin\left(\omega_{nk}\sqrt{1-\zeta_k{}^2}\right)t, \qquad t \geqslant 0 \end{aligned} \tag{3-53}$$

A_j 是 $C(s)$ 在闭环实数极点处的留数，B_k 和 C_k 是与 $C(s)$ 在闭环复数极点处的留数有关的常系数。

式(3-53)表明，当系统特征方程的根都具有负实部时，各瞬态分量都是衰减的，且有 $\lim\limits_{t\to\infty} c(t)=0$，此时系统是稳定的；如果特征根中有一个或一个以上具有正实部，则该根对应的瞬态分量是发散的，此时有 $\lim\limits_{t\to\infty} c(t)\to\infty$，系统是不稳定的；如果特征根中有一个或一个以上的零实部根，而其余的特征根均有负实部，则 $c(t)$ 趋于常数或作等幅振荡，这时系统处于稳定和不稳定的临界状态，称之为临界稳定状态。由于系统参数的变化以及扰动是不可避免的，实际上等幅振荡不可能永远维持下去，系统很可能会由于某些因素而导致不稳定。因此临界稳定的系统在工程上属于不稳定系统，经典控制理论中将临界稳定系统划归为不稳定系统之列。

由上述分析可知，系统稳定的充分必要条件是：系统闭环特征方程的所有根都具有负实部，或者说闭环传递函数的极点均严格位于 s 平面的左半平面。

线性系统的稳定性是其自身的属性，只取决于系统自身的结构参数，与初始条件及外

作用无关。

3.5.3 劳斯稳定判据

根据线性系统稳定的充要条件可知，判定线性系统是否稳定就是求解系统特征根，并检验这些特征根是否具有负实部的问题。但对于高阶系统来说，求解其特征根比较困难。于是便提出这样一个问题，能否不用直接求取特征根，而是根据特征方程的系数与特征根的关系去判别系统特征根是否具有负实部，从而来分析线性系统的稳定性。答案是肯定的。劳斯(Routh)于1877年提出一种不需要求解特征方程，而是通过特征方程的各项系数分析线性系统稳定性的间接方法，称为劳斯稳定判据。下面介绍如何应用劳斯稳定判据的结论分析线性系统的稳定性问题，其数学推导从略。

1. 判定稳定的必要条件

设线性系统特征方程为

$$D(s) = a_n s^n + a_{n-1} s^{n-1} + a_{n-2} s^{n-2} + \cdots + a_0 = 0 \qquad a_n > 0 \tag{3-54}$$

若该方程的特征根为 $p_i(i=1, 2, \cdots, n)$，该 n 个根可以是实数也可以是复数，则上式可改写成为

$$s^n + \frac{a_{n-1}}{a_n} s^{n-1} + \frac{a_{n-2}}{a_n} s^{n-2} \cdots + \frac{a_0}{a_n} = (s - p_1)(s - p_2)\cdots(s - p_n) = 0$$

根据代数方程的基本理论，下列关系式成立：

$$\begin{cases} \dfrac{a_{n-1}}{a_n} = -(p_1 + p_2 + \cdots + p_n) \\ \dfrac{a_{n-2}}{a_n} = p_1 p_2 + p_1 p_3 + \cdots. + p_2 p_3 + p_2 p_4 + \cdots + p_{n-1} p_n \\ \vdots \\ \dfrac{a_0}{a_n} = (-1)^n p_1 \cdot p_2 \cdots p_n \end{cases} \tag{3-55}$$

通过分析可知，如果系统稳定，则所有特征根 $p_i(i-1, 2, \cdots, n)$都具有负实部，则式(3-55)中特征方程式的所有系数 $a_i(i=0, 1, \cdots, n)$必然都大于零。故系统稳定的必要条件是其特征方程的各项系数均为正，即

$$a_i > 0 \qquad (i = 0, 1, 2, \cdots, n) \tag{3-56}$$

根据必要条件，在判别系统的稳定性时，可事先检查系统特征方程的系数是否都大于零，若有任何系数是负数或等于零，则系统是不稳定的。但是，当特征方程满足稳定的必要条件时，并不意味着系统一定是稳定的，为了进一步确定系统的稳定性，需要使用劳斯稳定判据。

2. 劳斯稳定判据

劳斯稳定判据为表格形式，见表3-3。表中前两行是由特征方程(3-54)的系数直接构成的，第一行为第1，3，5，…项系数组成，第二行为第2，4，6，…项系数组成，其他各行的数值按表3-3所示规则逐行计算。凡在运算过程中出现的空位，均置为零。这种计算过程一直进行到第 $n+1$ 行为止。表中系数排列呈上三角形。

表 3-3　劳　斯　表

s^n	a_n	a_{n-2}	a_{n-4}	a_{n-6}	…
s^{n-1}	a_{n-1}	a_{n-3}	a_{n-5}	a_{n-7}	…
s^{n-2}	$b_1=\frac{a_{n-1}a_{n-2}-a_na_{n-3}}{a_{n-1}}$	$b_2=\frac{a_{n-1}a_{n-4}-a_na_{n-5}}{a_{n-1}}$	$b_3=\frac{a_{n-1}a_{n-6}-a_na_{n-7}}{a_{n-1}}$	b_4	…
s^{n-3}	$c_1=\frac{b_1a_{n-3}-a_{n-1}b_2}{b_1}$	$c_2=\frac{b_1a_{n-5}-a_{n-1}b_3}{b_1}$	$c_3=\frac{b_1a_{n-7}-a_{n-1}b_4}{b_1}$	c_4	…
⋮	⋮	⋮	⋮	⋮	⋮
s^0	a_0				

根据劳斯稳定判据，系统稳定的充分必要条件是：劳斯表中第一列各系数值均为正。如果劳思表第一列中出现小于零的数值，系统就不稳定，且第一列各系数值符号的改变次数，代表特征方程具有正实部根的个数。

【例 3-5】 设系统特征方程为 $D(s)=s^5+s^4+3s^3+4s^2+s+2=0$，试判定系统的稳定性。

解　该系统劳斯表为

$$
\begin{array}{llll}
s^5 & 1 & 3 & 1 \\
s^4 & 1 & 4 & 2 \\
s^3 & \frac{1\times3-1\times4}{1}=-1 & \frac{1\times1-1\times2}{1}=-1 & \\
s^2 & \frac{-1\times4-1\times(-1)}{-1}=3 & \frac{-1\times2-1\times0}{-1}=2 & \\
s^1 & \frac{3\times(-1)-(-1)\times2}{3}=-\frac{1}{3} & 0 & \\
s^0 & 2 & &
\end{array}
$$

由于劳斯表第一列系数符号不全为正，且符号改变了四次，所以系统不稳定，且有四个具有正实部的根。

用 MATLAB 语言编程分析系统的稳定性，一般是绘制出系统的单位阶跃响应曲线或求取系统特征方程的根。前者需要构建完整的闭环传递函数，由于闭环传递函数的分子与系统的稳定性无关，所以在采用上式方法分析稳定性时，系统闭环传递函数的分子可取任意常数，在此取 1，分析稳定性的程序如下：

```
num=[1]; den=[1 1 3 4 1 2];
step(num, den)      %绘制单位阶跃响应曲线方法
roots(den)          %求特征方程的根方法
```

3. 劳斯判据特殊情况的处理

(1) 劳斯表中某行第一列元素为零，而该行其他元素不为零或不全为零。此时在计算下一行的第一个元素时会出现无穷大，使计算不能继续进行，从而使劳斯稳定判据的运用失效，此时可采用以下方法：

① 用一个很小的正数 ε 代替第一列的零元素，然后计算完劳斯表中其他项，表格计算

完成后再令 $\varepsilon \to 0$，进行判断。

【例 3-6】 已知系统特征方程 $D(s)=s^4+2s^3+s^2+2s+2=0$，试用劳斯稳定判据判断系统的稳定性。

解 该系统列劳斯表为

s^4	1	1	2
s^3	2	2	0
s^2	ε(取代 0)	2	0
s^1	$\frac{2\varepsilon-4}{\varepsilon}$	0	0
s^0	2		

令 $\varepsilon \to 0$，则 $\frac{2\varepsilon-4}{\varepsilon}<0$，可见劳斯表第一列元素的符号改变两次，故系统是不稳定的，有两个具有正实部的根。

② 用因子 $(s+a)$ 乘原特征方程（其中 a 为任意正数），然后对新特征方程应用劳斯判据。

【例 3-7】 已知如例 3-6 所示系统，试用上述方法进行稳定性判断。

解 该系统列劳斯表为

s^4	1	1	2
s^3	2	2	0
s^2	0	2	

由于表中第三行第一列为零，因此采用 $(s+1)$ 乘原特征方程，得到新的特征方程

$$D(s)=(s+1)(s^4+2s^3+s^2+2s+2)=s^5+3s^4+3s^3+3s^2+4s+2=0$$

列出新的劳斯表如下

s^5	1	3	4
s^4	3	3	2
s^3	2	$\frac{10}{3}$	
s^2	-2	2	
s^1	$\frac{4}{3}$		
s^0	2		

劳斯表第一列系数符号改变了两次，所以系统是不稳定的，且有两个正实部根。

(2) 劳斯表中某行元素全为零。这种情况表明特征方程存在一些绝对值相同但符号相异的特征根，这些根包括两个大小相等符号相异的实根和(或)共轭纯虚根以及对称于实轴的共轭复根。这种情况下，可以利用全零行的上一行元素构成辅助方程，该辅助方程对复变量 s 求导得到新的方程，用新方程的系数代替该全零行的所有元素，继续完成劳斯表的计算。辅助方程的次数通常为偶数，它表明该系统特征方程具有数值相同但符号相反的根的个数。特征方程的所有绝对值相同但符号相异的根，均可由辅助方程求得。

【例 3-8】 已知系统特征方程 $D(s)=s^6+2s^5+6s^4+8s^3+10s^2+4s+4=0$，判定系统是否稳定性。

解　列劳斯表

s^6	1	6	10	4
s^5	2	8	4	0
s^4	2	8	4	
s^3	0	0	0	

由于出现全零行，故采用其上一行 s^4 行系数构造辅助方程如下：

$$F(s) = 2s^4 + 8s^2 + 4 = 0$$

该辅助方程对复变量 s 求导，得到导数方程

$$F'(s) = 8s^3 + 16s = 0$$

用导数方程的系数代替全零行相应各项系数，便可按劳斯表的计算规则完成计算，得到

s^6	1	6	10	4	
s^5	2	8	4	0	
s^4	2	8	4		列辅助方程 $F(s) = 2s^4 + 8s^2 + 4 = 0$
s^3	8	16			$F'(s) = 8s^3 + 16s = 0$ 的系数
s^2	4	4			
s^1	8	0			
s^0	4				

由于劳斯表第一列系数符号没有改变，所以系统没有在右半 s 平面的根，但由于劳斯表出现全零行，表明系统特征方程中存在一些绝对值相同但符号相异的特征根，其值可由辅助方程求得

$$F(s) = 2s^4 + 8s^2 + 4 = 0$$

解得

$$s_{1,2} = \pm \mathrm{j}\sqrt{0.586} = \pm \mathrm{j}0.766$$

$$s_{3,4} = \pm \mathrm{j}\sqrt{3.414} = \pm \mathrm{j}1.848$$

可见系统存在共轭纯虚根，系统是临界稳定的，即为不稳定系统。

综上所述，应用劳斯表判据分析系统的稳定性时，一般可以按如下顺序进行：

(1) 确定系统是否满足稳定的必要条件。当特征方程的系数不满足 $a_i>0(i=0, 1, \cdots, n)$ 时，系统是不稳定的。

(2) 运用劳斯表判断稳定性。当劳斯表的第一列系数都大于零时，系统是稳定的。如果第一列出现小于零的系数，则系统是不稳定的。

(3) 若计算劳斯表时出现上述特殊情况，可按上述方法处理。

3.5.4　劳斯稳定判据的应用

劳斯稳定判据可以确定系统的一个或多个可调参数对系统稳定性的影响，即确定一个或多个使系统稳定的参数的取值范围。同时，已知当线性系统的特征方程的所有根都具有负实部时，系统才是稳定的，由高阶系统单位阶跃响应表达式(3-51)可知，若稳定系统的特征根的负实部紧靠虚轴，即其负实部值很小，则系统动态过程将具有缓慢的非周期特性或强烈的振荡特性。为了使稳定的系统具有良好的动态响应，常常希望 s 左半平面上的系

统的特征根与虚轴之间有一定的距离。因此可在左半 s 平面上作一条 $s=-a$ 的垂线，而 a 是系统特征根与虚轴之间的给定距离，通常称为给定稳定度。然后，用 $s=s_1-a$ 代替原系统特征方程中的 s，得到一个以 s_1 为新特征变量的新特征方程，再应用稳定性判据判断新特征方程对应系统的稳定性，即可判定原系统的特征根是否都位于 $s=-a$ 左侧，即系统稳定"程度"如何。

【例 3-9】 已知系统方框图如图 3-25 所示，试应用劳斯稳定判据确定能使系统稳定的反馈参数的取值范围。

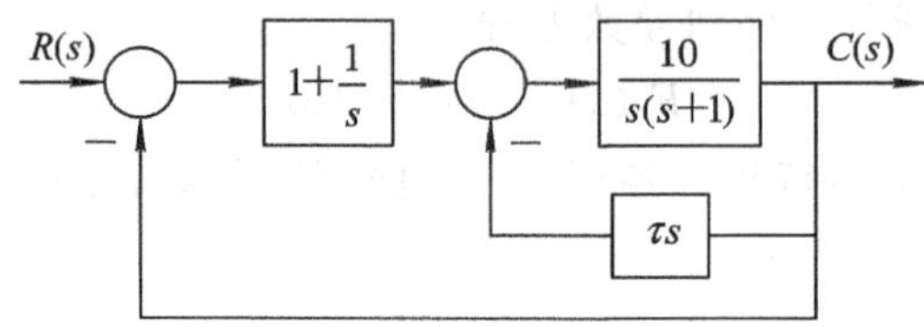

图 3-25 某系统方框图

解 系统的闭环传递函数为

$$\Phi(s)=\frac{10s+10}{s^3+(1+10\tau)s^2+10s+10}$$

则特征方程为

$$D(s)=s^3+(1+10\tau)s^2+10s+10=0$$

列劳斯表

$$\begin{array}{lcc} s^3 & 1 & 10 \\ s^2 & 1+10\tau & 10 \\ s^1 & \dfrac{100\tau}{1+10\tau} & 0 \\ s^0 & 10 & \end{array}$$

若使系统稳定，则应有

$$1+10\tau>0$$

$$\frac{100\tau}{1+10\tau}>0$$

解得当 $\tau>0$ 时，系统稳定。

【例 3-10】 控制系统结构图如图 3-26 所示。

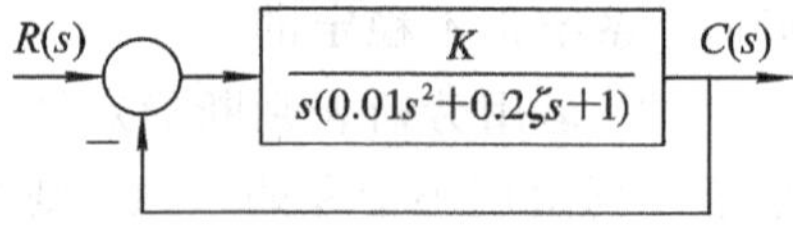

图 3-26 某控制系统结构图

(1) 确定使系统稳定的开环增益 K 与阻尼比 ζ 的取值范围；

(2) 当 $\zeta=2$ 时，确定使系统极点全部落在直线 $s=-1$ 左边的 K 值范围。

解 (1) 系统闭环传递函数为

$$\Phi(s)=\frac{K}{s(0.01s^2+0.2\zeta s+1)+K}$$

系统特征方程

$$D(s)=s^3+20\zeta s^2+100s+100K=0$$

列劳斯表

s^3	1	100
s^2	20ζ	$100K$
s^1	$\dfrac{(2000\zeta-100K)}{20\zeta}$	0
s^0	$100K$	

根据劳斯稳定判据，要使系统稳定，则

$$20\zeta>0$$

$$\frac{(2000\zeta-100K)}{20\zeta}>0$$

$$100K>0$$

可得使系统稳定的开环增益 K 与阻尼比 ζ 的取值范围为 $\zeta>0$，$0<K<20\zeta$。

(2) 令 $s=s_1-1$ 带入原特征方程进行坐标平移，得到新坐标下系统的特征方程为

$$(s_1-1)^3+20\zeta(s_1-1)^2+100(s_1-1)+100K=0$$

代入 $\zeta=2$，整理得

$$D(s_1)=s_1^3+37s_1^2+23s_1+(100K-61)$$

列劳斯表：

${s_1}^3$	1	23
${s_1}^2$	37	$100K-61$
${s_1}^1$	$\dfrac{(37\times23+61-100K)}{37}$	0
${s_1}^0$	$100K-61$	0

根据劳斯稳定判据，要使系统稳定，则

$$\frac{37\times23+61-100K}{37}>0$$

$$100K-61>0$$

因此，使系统极点全部落在 s 平面 $s=-1$ 左侧的 K 值范围是

$$0.61<K<9.12$$

3.6　线性系统的稳态误差计算

系统的稳态特性考虑的是系统输出响应在时间 t 趋于无穷时的品质，其性能指标通常用稳态误差来描述。稳态误差的大小反映系统对于给定信号的跟踪精度，是系统控制精度的一种度量。稳态误差必须在允许范围之内，控制系统才有实用价值。例如，工业加热炉的炉温误差超过限度就会影响产品质量，轧钢机的辊距误差超过限度就轧不出合格的钢材，导弹的跟踪误差超过允许的限度就不能用于实战等等。

实际的系统中由于存在不灵敏区、间隙、零漂等非线性因素会造成稳态误差，称为附加稳态误差。这里我们讨论的稳态误差是不涉及由非线性因素造成的误差，只研究系统在稳态时，由于结构、输入信号形式和类型所产生的误差，即原理性误差。控制系统设计的任务之一，就是尽量减小系统的稳态误差，或使稳态误差小于某一容许值。通常把在阶跃输入作用下没有原理性稳态误差的系统称为无差系统；而把有原理性稳态误差的系统称为

有差系统。

本节主要讨论线性系统原理性稳态误差的计算方法，包括计算稳态误差的终值定理法和静态误差系数法。

3.6.1 误差与稳态误差

控制系统结构图一般可用图 3-27(a)的形式表示，经过等效变换可以化成图 3-27(b)所示的单位反馈系统形式。系统的误差通常有两种定义方法：一是按输入端定义，二是按输出端定义。

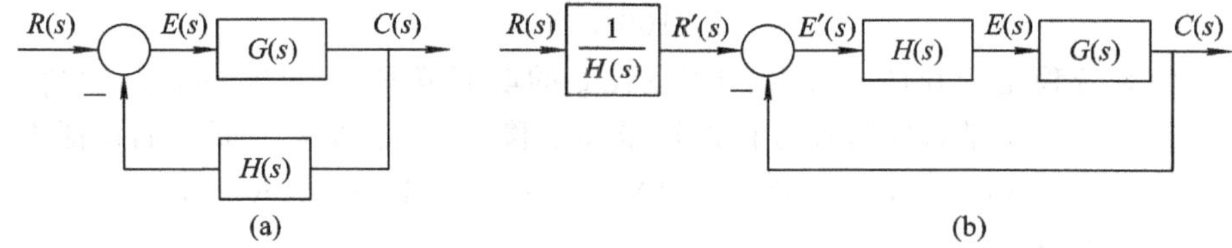

图 3-27 控制系统结构图及误差定义

(1) 按输入端定义的误差，即把偏差定义为误差：

$$E(s) = R(s) - H(s)C(s) \tag{3-57}$$

该方法定义的误差在实际系统中是可测的，有一定的物理意义。

(2) 按输出端定义的误差：

$$E'(s) = \frac{R(s)}{H(s)} - C(s) \tag{3-58}$$

该方法定义的误差 $E'(s)$是期望输出 $R'(s)$与实际输出 $C(s)$之差，在系统性能指标的提法中经常用到，但它通常不可测量，只有数学意义。

两种误差定义之间存在如下关系：

$$E'(s) = \frac{E(s)}{H(s)} \tag{3-59}$$

除特别说明外，本书以后讨论的误差都是指按输入端定义的误差(即偏差)。

误差本身是时间的函数，其时域表达式为

$$e(t) = \mathscr{L}^{-1}[E(s)] = \mathscr{L}^{-1}[\Phi_e(s)R(s)] \tag{3-60}$$

式中，$\Phi_e(s)$为系统误差传递函数

$$\Phi_e(s) = \frac{E(s)}{R(s)} = \frac{1}{1+G(s)H(s)} \tag{3-61}$$

误差信号 $e(t)$也包含动态分量 $e_{ts}(t)$和稳态分量 $e_{ss}(t)$两部分，由于系统必须稳定，因此当时间 t 趋于无穷大时，其动态分量 $e_{ts}(t)$必趋于零。稳态误差定义为当时间 t 趋于无穷大时误差信号的稳态分量 $e_{ss}(\infty)$。

如果除原点外，有理函数 $sE(s)$在 s 右半平面及虚轴上解析，即 $sE(s)$的极点均位于左半 s 平面(包括坐标原点)，则可根据拉氏变换的终值定理，来简化稳态误差的求解，即

$$e_{ss} = \lim_{t\to\infty} e(t) = \lim_{s\to 0} sE(s) = \lim_{s\to 0} s\,\frac{sR(s)}{1+G(s)H(s)} \tag{3-62}$$

控制系统的稳态误差根据输入信号的类型不同可以分为两类，即给定输入信号作用时

的稳态误差和扰动输入信号作用时的稳态误差。

3.6.2 终值定理法计算稳态误差

利用终值定理计算稳态误差是求取稳态误差的一般方法，它适用于各种情况下的稳态误差计算，既可以用于求给定输入作用下的稳态误差，也可以用于求干扰作用下的稳态误差。具体计算方法如下：

(1) 判定系统的稳定性。稳定是系统正常工作的前提条件，系统不稳定时，求稳态误差没有意义。

(2) 注意终值定理的应用条件。终值定理应用的条件是 $sE(s)$ 的极点均位于左半 s 平面（包括坐标原点）。

(3) 求误差传递函数 $\Phi_e(s)=\dfrac{E(s)}{R(s)}$。

(4) 用终值定理求稳态误差 $e_{ss}=\lim\limits_{s\to 0}s[\Phi_e(s)R(s)]$

【例 3-11】 控制系统结构图如图 3-28 所示。若 $r(t)$ 取 $A\cdot 1(t)$，$A\cdot t$，$\dfrac{A}{2}t^2$，试分别计算系统的稳态误差。

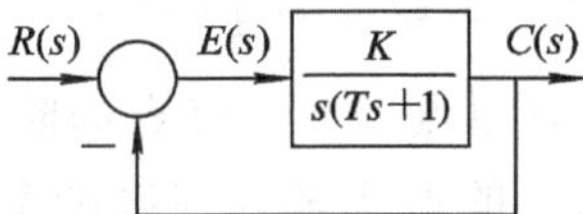

图 3-28　某控制系统结构图

解　控制输入 $r(t)$ 作用下的误差传递函数

$$\Phi_e(s)=\frac{E(s)}{R(s)}=\frac{1}{1+\dfrac{K}{s(Ts+1)}}=\frac{s(Ts+1)}{s(Ts+1)+K}$$

系统特征方程为

$$D(s)=Ts^2+s+K=0$$

根据劳斯稳定判据求得，$T>0$，$K>0$ 时系统稳定。

控制输入下的稳态误差为

$$e_{ssr}=\lim_{s\to 0}s\Phi_e(s)R(s)$$

$r(t)=A\cdot 1(t)$ 时，
$$e_{ss1}=\lim_{s\to 0}s\frac{s(Ts+1)}{s(Ts+1)+K}\frac{A}{s}=0$$

$r(t)=A\cdot t$ 时，
$$e_{ss2}=\lim_{s\to 0}s\frac{s(Ts+1)}{s(Ts+1)+K}\frac{A}{s^2}=\frac{A}{K}$$

$r(t)=\dfrac{A}{2}\cdot t^2$ 时，
$$e_{ss3}=\lim_{s\to 0}s\frac{s(Ts+1)}{s(Ts+1)+K}\frac{A}{s^3}=\infty$$

由此可以得出以下结论：系统的稳态误差与系统自身的结构参数、外作用的类型以及外作用的形式有关。

3.6.3 静态误差系数法计算稳态误差

下面我们研究影响稳态误差的因素。设系统结构图如图 3-27(a)所示，系统开环传递

函数一般可以表示为

$$G(s)H(s)=\frac{K(\tau_1 s+1)(\tau_2 s+1)\cdots(\tau_m s+1)}{s^\nu(T_1 s+1)(T_2 s+1)\cdots(T_{n-\nu}s+1)}=\frac{K\prod_{i=1}^{m}(\tau_i s+1)}{s^v\prod_{j=1}^{n-\nu}(T_j s+1)} \tag{3-63}$$

式中，K 是开环增益；τ_i，T_j 为时间常数；ν 是系统开环传递函数中纯积分环节的个数，称为系统型别，当 $\nu=0$，1，2 时，则相应闭环系统分别称为 0 型系统、Ⅰ型系统和Ⅱ型系统。当 $v>2$ 时，除复合控制系统外，使系统稳定是相当困难的。因此，除航空航天控制系统外，Ⅲ型和Ⅲ型以上的系统几乎不采用。这种以开环系统在 s 平面坐标原点处的极点个数来分类的方法的优点是，可以根据已知的输入信号形式，迅速判断系统是否存在原理性稳态误差及稳态误差的大小。

系统的稳态误差为

$$e_{ss}=\lim_{t\to\infty}e(t)=\lim_{s\to 0}sE(s)=\lim_{s\to 0}\frac{sR(s)}{1+G(s)H(s)}$$

$$=\lim_{s\to 0}\frac{s^\nu\prod_{j=1}^{n-v}(T_j s+1)\cdot sR(s)}{s^v\prod_{j=1}^{n-v}(T_j s+1)+K\prod_{j=1}^{m}(\tau_i s+1)}=\frac{\lim_{s\to 0}[s^{v+1}R(s)]}{K+\lim_{s\to 0}s^v} \tag{3-64}$$

显然，影响稳态误差的因素有原点处开环极点的阶次 v、开环增益 K 以及输入信号的形式和幅值。下面以不同输入信号的形式来分别讨论系统稳态误差的计算。由于系统实际输入多为阶跃函数、斜坡函数和加速度函数，或者是其组合，所以下面只讨论这几种输入信号作用下的稳态误差的计算。

1. 阶跃输入作用下稳态误差及静态位置误差系数

在图 3-27(a)所示的控制系统中，若输入信号 $r(t)=R\cdot 1(t)$，其中 R 为阶跃函数的幅值，则 $R(s)=R/s$，系统在阶跃输入作用下的稳态误差为

$$e_{ss}=\lim_{s\to 0}sE(s)=\lim_{s\to 0}\frac{sR(s)}{1+G(s)H(s)}$$

$$=\lim_{s\to 0}\frac{R}{1+G(s)H(s)}=\frac{R}{1+\lim_{s\to 0}G(s)H(s)}=\frac{R}{1+K_p} \tag{3-65}$$

其中

$$K_p=\lim_{s\to 0}G(s)H(s) \tag{3-66}$$

定义为静态位置误差系数。

根据式(3-66)和式(3-63)，有

$$\begin{cases}\nu=0,\ K_p=K,\ e_{ss}=\dfrac{R}{1+K}\\ \nu\geqslant 1,\ K_p=\infty,\ e_{ss}=0\end{cases}$$

通常将式(3-65)表达的稳态误差称为位置误差。显然，对于 0 型系统，开环增益越大，阶跃输入作用下系统的稳态误差越小。对实际系统来说，通常是允许存在稳态误差的，但不允许超过规定的指标，为了降低稳态误差，可在稳定条件允许的前提下，增大系统的开环放大系数。若要求系统在阶跃输入作用下无稳态误差，则必须选用Ⅰ型及Ⅰ型以上的

系统。

2. 斜坡输入作用下稳态误差及静态速度误差系数

在图 3-27(a)所示的控制系统中，若输入 $r(t)=R\cdot t$，其中 R 为斜坡(速度)函数的斜率，则 $R(s)=R/s^2$，系统在斜坡输入作用下的稳态误差为

$$
\begin{aligned}
e_{ss} &= \lim_{s\to 0} sE(s) = \lim_{s\to 0}\frac{sR(s)}{1+G(s)H(s)} \\
&= \lim_{s\to 0}\frac{R}{s+sG(s)H(s)} = \frac{R}{\lim\limits_{s\to 0} sG(s)H(s)} = \frac{R}{K_v}
\end{aligned}
\tag{3-67}
$$

其中

$$
K_v = \lim_{s\to 0} sG(s)H(s) \tag{3-68}
$$

定义为静态速度误差系数。

根据式(3-68)和式(3-63)，可求得，

$$
\begin{cases}
v=0,\ K_v=0,\ e_{ss}=\infty \\
v=1,\ K_v=K,\ e_{ss}=\dfrac{R}{K} \\
v\geqslant 2,\ K_v=\infty,\ e_{ss}=0
\end{cases}
$$

通常将式(3-67)表达的稳态误差称为速度误差。但速度误差的含义并不是指系统稳态输出与输入之间存在速度上的误差，而是指系统在速度(斜坡)输入作用下，系统稳态输出与输入之间存在位置上的误差。上面分析表明，0 型系统不能跟踪斜坡输入；Ⅰ型系统可以跟踪斜坡输入，但是存在一个稳态误差，其数值与输入信号的斜率成正比，而与开环增益成反比，可以加大开环增益来减小稳态误差，但不能消除它；对于Ⅱ型及Ⅱ型以上系统，稳态输出能准确地跟踪斜坡输入信号，稳态误差为零。

3. 加速度输入作用下稳态误差及静态加速度误差系数

在图 3-27(a)所示的控制系统中，若输入 $r(t)=Rt^2/2$，其中 R 为加速度函数的速度变化率，则 $R(s)=R/s^3$，系统在加速度输入作用下的稳态误差为

$$
\begin{aligned}
e_{ss} &= \lim_{s\to 0} sE(s) = \lim_{s\to 0}\frac{sR(s)}{1+G(s)H(s)} \\
&= \lim_{s\to 0}\frac{R}{s^2+s^2G(s)H(s)} = \frac{R}{\lim\limits_{s\to 0} s^2G(s)H(s)} = \frac{R}{K_a}
\end{aligned}
\tag{3-69}
$$

其中

$$
K_a = \lim_{s\to 0} s^2G(s)H(s) \tag{3-70}
$$

定义为静态加速度误差系数。

根据式(3-70)和式(3-63)，可求得，

$$
\begin{cases}
v=0,1 \quad K_a=0, \quad e_{ss}=\infty \\
v=2, \quad K_a=K, \quad e_{ss}=\dfrac{R}{K} \\
v\geqslant 3, \quad K_a=\infty, \quad e_{ss}=0
\end{cases}
$$

通常将式(3-69)表达的稳态误差称为加速度误差。上述分析表明，0 型和Ⅰ型系统不能跟踪加速度输入；Ⅱ型系统可以跟踪加速度输入，但是存在一个稳态误差，其数值与输

入信号的斜率成正比，而与开环增益成反比，可以加大开环增益来减小稳态误差，但不能消除它；对于Ⅲ型及Ⅲ型以上系统，稳态输出能准确地跟踪斜坡输入信号，稳态误差为零。

综合以上讨论可以列出稳态误差与系统型别、静态误差系数与输入信号形式之间的关系如表 3－4 所示。

表 3－4　典型输入信号作用下的稳态误差

系统型别	静态误差系数			阶跃信号 $r(t)=R\cdot 1(t)$	斜坡信号 $r(t)=Rt$	加速度信号 $r(t)=\frac{Rt^2}{2}$
	K_p	K_v	K_a	位置误差 $e_{ss}=\frac{R}{1+K_p}$	速度误差 $e_{ss}=\frac{R}{K_v}$	加速度误差 $e_{ss}=\frac{R}{K_a}$
0	K	0	0	$e_{ss}=\frac{R}{(1+K)}$	∞	∞
Ⅰ	∞	K	0	0	$e_{ss}=\frac{R}{K}$	∞
Ⅱ	∞	∞	K	0	0	$e_{ss}=\frac{R}{K}$
Ⅲ	∞	∞	∞	0	0	0

显然，提高开环增益 K 或增加开环传递函数中的积分环节数(即提高系统的型别)，都可以达到减小或消除系统稳态误差的目的。但是，这两种方法都会导致系统稳定性降低，甚至造成系统不稳定，从而恶化系统的动态性能。因此，对于系统的稳定性、稳态误差和动态性能之间的关系必须统筹兼顾、全面衡量。

如果系统承受的输入信号是上述典型信号的线性组合，则系统相应的稳态误差就由叠加原理求出。例如，若输入信号为

$$r(t)=A+Bt+\frac{1}{2}Ct^2$$

则系统的总稳态误差为

$$e_{ss}=\frac{A}{1+K_p}+\frac{B}{K_v}+\frac{C}{K_a}$$

应用静态误差系数法要注意其适用条件：系统必须稳定；误差是按输入端定义的；只能用于计算典型输入时的终值误差，并且输入信号不能有其他的前馈通道。

【例 3－12】　设如图 3－29 所示系统的输入信号 $r(t)=10+5t$，试分析系统的稳定性并求出其稳态误差。

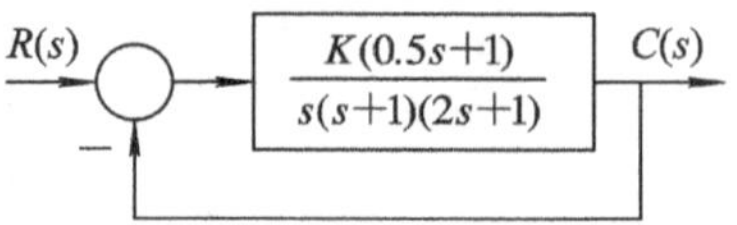

图 3－29　某系统结构图

解　由图求得系统的特征方程为

$$D(s)=2s^3+3s^2+(1+0.5K)s+K=0$$

列劳斯表判定系统稳定性

$$
\begin{array}{lcc}
s^3 & 2 & 1+0.5K \\
s^2 & 3 & K \\
s^1 & \dfrac{3(1+0.5K)-2K}{3} & 0 \\
s^0 & K &
\end{array}
$$

显然，要使系统稳定，必须

$$\frac{3(1+0.5K)-2K}{3}>0,\ K>0$$

即当 $0<K<6$ 时，系统稳定。

由图可知，系统的开环传递函数为

$$G(s)=\frac{K(0.5s+1)}{s(s+1)(2s+1)}$$

当输入信号为 $r_1(t)=10$ 时，系统位置误差系数为

$$K_p=\lim_{s\to0}G(s)=\lim_{s\to0}\frac{K(0.5s+1)}{s(s+1)(2s+1)}=\infty$$

所以

$$e_{ss1}=\frac{10}{1+K_p}=0$$

当输入信号为 $r_2(t)=5t$ 时，系统的速度误差系数为

$$K_v=\lim_{s\to0}sG(s)=\lim_{s\to0}s\cdot\frac{K(0.5s+1)}{s(s+1)(2s+1)}=K$$

$$\therefore\quad e_{ss2}=\frac{5}{K_v}=\frac{5}{K}$$

因此当输入信号为 $r(t)=10+5t$ 时，根据叠加定理，系统的稳态误差为

$$e_{ss}=e_{ss1}+e_{ss2}=\frac{5}{K}$$

3.6.4　扰动信号作用下的稳态误差分析

实际系统在工作中不可避免要受到各种干扰的影响，系统在扰动输入作用下的稳态误差反映了系统的抗干扰能力。讨论干扰引起的稳态误差与系统结构参数的关系，可以为我们合理设计系统结构，确定参数，提高系统抗干扰能力提供参考。扰动输入引起的稳态误差通常采用终值定理求取，注意其使用条件是 $sE(s)$ 的极点均位于 s 左半平面(包括坐标原点)。

扰动作用使系统输出量 $c(t)$ 偏离要求值出现误差，通常定义给定输入作用下产生的误差为系统给定误差，而扰动作用产生的误差为系统扰动误差。对于单位反馈或非单位反馈系统，我们都以输出量 $c(t)$ 的稳态值来讨论系统的扰动误差，即使用的是从输出端定义的误差。

设系统结构图如图 3-30 所示。

通常，给定输入作用产生的误差为系统的给定误差 $E(s)=R(s)-C(s)H(s)$，而认为扰动输入时系统的理想输出为零，故从输出端定义的误差信号为：

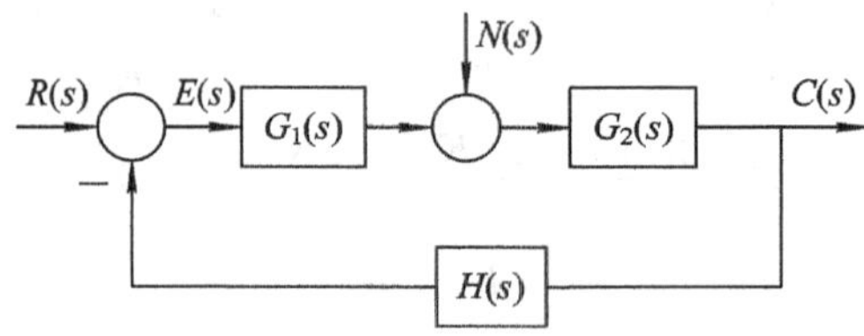

图 3-30　某系统结构图

$$E_n(s)=C(s)_{理想}-C(s)_{实际}=-C(s)_{实际}=-C_n(s)=-\frac{G_2(s)}{1+G_1(s)G_2(s)H(s)}N(s)$$

则扰动输入作用下系统的误差传递函数：

$$\Phi_{en}(s)=\frac{E_n(s)}{N(s)}=-\frac{G_2(s)}{1+G_1(s)G_2(s)H(s)}$$

则根据终值定理，系统的稳态误差为

$$\begin{aligned}e_{ssn}&=\lim_{s\to 0}s\Phi_{en}(s)N(s)\\&=\lim_{s\to 0}s\frac{-G_2(s)}{1+G_1(s)G_2(s)H(s)}N(s)\end{aligned}$$

【例 3-13】 设比例控制系统如图 3-31 所示，$R(s)=\frac{R_0}{s}$为阶跃输入信号，$N(s)=\frac{N_0}{s}$为阶跃扰动信号，试求系统的稳态误差。

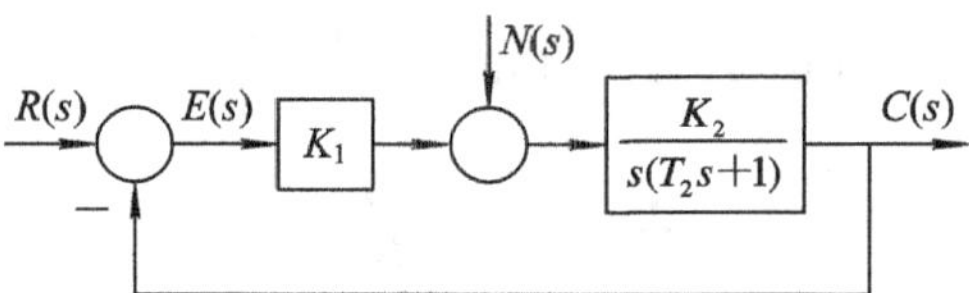

图 3-31　某比例控制系统结构图

解　系统的开环传递函数为

$$G(s)=\frac{K_1K_2}{s(T_2s+1)}$$

则当$R(s)=\frac{R_0}{s}$时，系统稳态位置误差系数为

$$K_p=\lim_{s\to 0}G(s)=\infty$$

稳态误差为

$$e_{ssr}=\frac{R_0}{\infty}=0$$

当$R(s)=0$，$N(s)=\frac{N_0}{s}$时，系统的误差传递函数为

$$\Phi_{en}(s)=-\frac{\dfrac{K_2}{s(T_2s+1)}}{1+\dfrac{K_1K_2}{s(T_2s+1)}}=-\frac{K_2}{s(T_2s+1)+K_1K_2}$$

因此扰动作用时，系统的误差为

$$e_{\mathrm{ssn}} = \lim_{s \to 0} s\Phi_{\mathrm{en}}(s)N(s) = -\frac{N_0}{K_1} \tag{3-71}$$

由于是单位反馈系统，由输入端与输出端定义的稳态误差是一样的，因此在输入信号和扰动信号共同作用下，系统的稳态误差为

$$e_{\mathrm{ss}} = e_{\mathrm{ssr}} + e_{\mathrm{ssn}} = \lim_{s \to 0} s\Phi_{\mathrm{en}}(s)N(s) = -\frac{N_0}{K_1}$$

3.6.5 减小或消除稳态误差的措施

在保证稳定的前提下减小或消除稳态误差的措施：

1. 增大系统开环增益或扰动之前系统的前向通道增益

(1) 增大系统的开环增益的优点：对于 0 型系统，可以减小系统在阶跃输入时的位置误差；对于Ⅰ型系统，可以减小系统在斜坡输入时的速度误差；对于Ⅱ型系统可以减小系统在加速度输入时的加速度误差。

(2) 增大系统扰动之前系统的前向通道增益的优点：可以减小系统对阶跃扰动转矩的稳态误差。由式(3－71)可见，系统在阶跃扰动作用下的稳态误差与扰动点之后系统的前向通道增益无关，因此即使增大扰动点之后系统的前向通道增益，也不会改变系统由扰动产生的稳态误差。

2. 在系统的前向通道或主反馈通道设置串联积分环节

1) 在系统的前向通道设置串联积分环节

在图 3－30 所示的非单位反馈控制系统中，若反馈通道传递函数 $H(s)$中不含 $s=0$ 的零极点，假设有

$$G_1(s) = \frac{M_1(s)}{s^{v_1}N_1(s)}$$

$$G_2(s) = \frac{M_2(s)}{s^{v_2}N_2(s)}$$

$$H(s) = \frac{H_1(s)}{H_2(s)}$$

其中 $M_1(s)$、$N_1(s)$、$M_2(s)$、$N_2(s)$、$H_1(s)$、$H_2(s)$均不含 $s=0$ 因子，v_1、v_2 为系统前向通道中各部分积分环节数目，则系统对输入信号的误差传递函数为

$$\Phi_{\mathrm{e}} = \frac{E(s)}{R(s)} = \frac{1}{1+G_1(s)G_2(s)H(s)} = \frac{s^v N_1(s)N_2(s)H_2(s)}{s^v N_1(s)N_2(s)H_2(s) + M_1(s)M_2(s)H_1(s)} \tag{3-72}$$

式中 $v=v_1+v_2$。

由式(3－72)可知，当系统反馈通道传递函数 $H(s)$不含 $s=0$ 的零极点时，有以下结论成立：

(1) 误差传递函数分子中 $s=0$ 的零点的个数 v 正好等于系统前向通道中积分环节的个数，也就是系统的型别。

(2) 只要在系统的前向通道设置 v 个串联积分环节，必可消除系统在输入信号 $r(t)=\sum_{i=0}^{v-1} R_i t^i$ 作用下的稳态误差。

2）在系统的主反馈通道设置串联积分环节

在图 3－30 所示的非单位反馈控制系统中，如果系统反馈通道传递函数含有 v_3 个积分环节

$$H(s)=\frac{H_1(s)}{s^{v_3}H_2(s)}$$

前向通道情况与上同，则

$$\Phi_{en}=\frac{-G_2(s)}{1+G_1(s)G_2(s)H(s)}=\frac{-s^{v_1+v_3}M_2(s)N_1(s)H_2(s)}{s^{v}N_1(s)N_2(s)H_2(s)+M_1(s)M_2(s)H_1(s)} \quad (3-73)$$

式中 $v=v_1+v_2+v_3$。

由于误差传递函数 Φ_{en}所含 $s=0$ 的零点数 v_1+v_3，等于系统扰动作用点前的前向通道串联积分环节数 v_1 与反馈通道串联积分环节数 v_3 之和，因此对扰动作用下的系统，有以下结论成立：

(1) 扰动作用点之前的前向通道积分环节与反馈通道积分环节数之和决定系统响应扰动作用时的型别；

(2) 如果在扰动作用点之前的前向通道或反馈通道设置 v 个积分环节，必可消除系统在扰动信号 $n(t)=\sum\limits_{i=0}^{v-1}N_it^i$ 作用下的稳态误差。

3. 采用复合控制

需要指出，提高系统的开环增益和增加系统的积分环节的数目都可以减小或消除系统稳态误差，但这两种方法在其他条件不变时，一般都会影响系统的动态性能，乃至系统的稳定性。若采用复合控制方式，即在负反馈控制的基础上增加前馈环节，作为补偿环节，形成由输入信号或扰动信号到被控量的前馈通路，则可以在不影响系统稳定性的前提下，减小或消除稳态误差。

1）对输入进行补偿的复合控制

图 3－32 为对输入进行补偿的系统框图。图中 $G_c(s)$为待求前馈装置(即补偿环节)的传递函数。由于 $G_c(s)$设置在系统闭环的外面，它对系统闭环传递函数的分母不会产生任何影响，因而不会影响系统的稳定性。在设计时，一般先设计系统的闭环部分，使其有良好的动态性能；然后再设计前馈装置 $G_c(s)$，以提高系统在参考输入作用下的稳态精度。

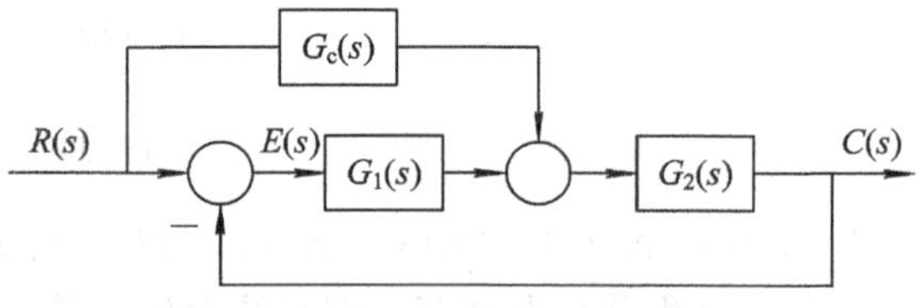

图 3－32 按输入补偿的复合控制系统

由图 3－32 得

$$\begin{aligned}E(s)&=R(s)-C(s)\\&=R(s)\left[1-\frac{G_1(s)G_2(s)+G_2(s)G_c(s)}{1+G_1(s)G_2(s)}\right]\\&=R(s)\frac{1-G_2(s)G_c(s)}{1+G_1(s)G_2(s)}\end{aligned}$$

显然，系统的闭环特征方程没有发生任何变化，因此不会影响系统的稳定性。如果选择前馈装置的传递函数

$$G_c(s)=\frac{1}{G_2(s)}$$

就可以实现所谓的误差全补偿，即系统的输出量在任何时刻都可以完全无误差地复现输入量。前馈补偿装置$G_c(s)$的存在，相当于在系统中增加了一个输入信号$G_c(s)R(s)$，其产生的误差信号与原输入信号$R(s)$产生的误差信号相比，大小相等而方向相反。

由于$G_2(s)$一般具有比较复杂的形式，故全补偿条件$G_c(s)=\frac{1}{G_2(s)}$的物理实现相当困难。在工程实践中，大多采用部分补偿法，以使$G_c(s)$的形式简单并易于实现。

2) 对扰动进行补偿的复合控制

图 3-33 为对扰动进行补偿的系统方块图。当扰动可测时，系统在原有的反馈通道上，增加了一个由扰动通过前馈装置产生的控制作用，以补偿由扰动对系统产生的影响。图中$G_n(s)$为待求的前馈控制补偿装置的传递函数。

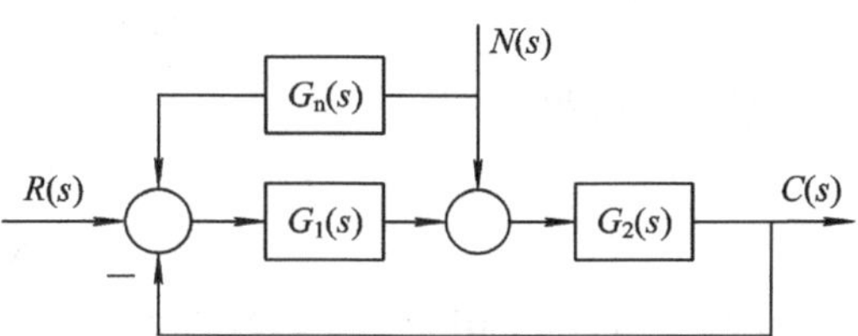

图 3-33　按扰动补偿的复合控制系统

令$R(s)=0$，得扰动引起的系统误差为

$$\begin{aligned}E(s)&=0-C(s)\\&=-\frac{G_2(s)[1+G_n(s)G_1(s)]}{1+G_1(s)G_2(s)}N(s)\end{aligned}$$

由于引入扰动的前馈控制后，系统的闭环特征方程没有发生任何变化，因此不会影响系统的稳定性。为了补偿扰动对系统输出的影响，令

$$G_2(s)[1+G_n(s)G_1(s)]=0$$

得

$$G_n(s)=-\frac{1}{G_1(s)}$$

这是对扰动进行全补偿的条件。在工程实践中，由于$G_n(s)$物理上难实现的原因，全补偿的条件在工程实践中只能近似地实现，虽然是近似实现，但它对改善系统稳态性能仍然十分有效。

【例 3-14】　控制系统结构图如图 3-34 所示。

(1) 试确定参数K_1，K_2，使系统极点配置在$\lambda_{1,2}=-5\pm j5$；

(2) 设计$G_1(s)$，使$r(t)$作用下的稳态误差恒为零；

(3) 设计$G_2(s)$，使$n(t)$作用下的稳态误差恒为零。

解　(1) 由结构图，可以得出系统特征方程

$$D(s)=s^2+(1+K_1K_2)s+K_1=0$$

要使系统极点配置在$\lambda_{1,2}=-5\pm j5$，则令

$$\begin{aligned}D(s)&=s^2+(1+K_1K_2)s+K_1=(s+5-j5)(s+5+j5)\\&=s^2+10s+50\end{aligned}$$

比较系数得

$$\begin{cases}K_1=50\\1+K_1K_2=10\end{cases}$$

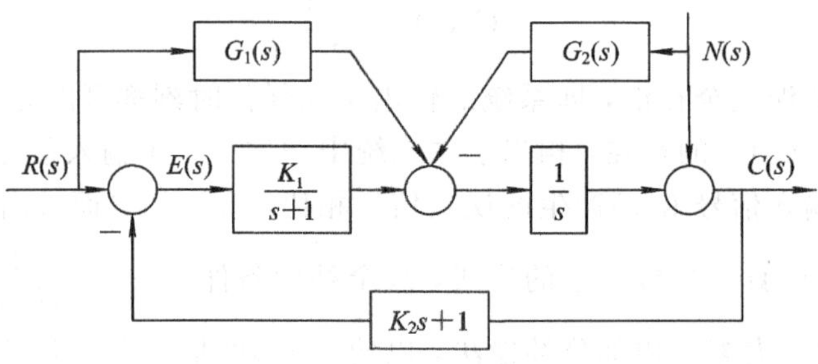

图 3-34　控制系统结构图

联立求解得

$$\begin{cases} K_1 = 50 \\ K_2 = 0.18 \end{cases}$$

(2) 当 $r(t)$ 作用时，令系统误差传递函数

$$\Phi_e(s) = \frac{E(s)}{R(s)} = \frac{1-\dfrac{K_2 s+1}{s}G_1(s)}{1+\dfrac{K_1(K_2 s+1)}{s(s+1)}} = \frac{(s+1)[s-(K_2 s+1)G_1(s)]}{s(s+1)+K_1(K_2 s+1)} = 0$$

得出

$$G_1(s) = \frac{s}{K_2 s+1}$$

可以使 $r(t)$ 作用下的稳态误差恒为零。

(3) 当 $n(t)$ 作用时，令 $n(t)$ 作用下的系统误差传递函数

$$\Phi_{en}(s) = \frac{-(K_2 s+1)+\dfrac{K_2 s+1}{s}G_2(s)}{1+\dfrac{K_1(K_2 s+1)}{s(s+1)}} = \frac{-(K_2 s+1)(s+1)[s-G_2(s)]}{s(s+1)+K_1(K_2 s+1)} = 0$$

得出

$$G_2(s) = s$$

可以使 $n(t)$ 作用下的稳态误差恒为零。

习　题　三

3-1　已知系统脉冲响应分别为

(1) $k(t)=0.0125e^{-1.25t}$

(2) $k(t)=5t+10\sin(4t+45°)$

试求系统闭环传递函数 $\Phi(s)$。

3-2　已知二阶系统的单位阶跃响应为 $c(t)=1-1.25e^{-1.2t}\sin(1.6t+0.93)$，试求系统的动态性能指标 $\sigma\%$ 和 t_s。

3-3　已知控制系统的单位阶跃响应为 $h(t)=1+0.2e^{-60t}-1.2e^{-10t}$，试确定系统的阻尼比 ζ 和自然频率 ω_n。

3-4　已知单位反馈系统的开环传递函数为 $G(s)=\dfrac{K}{s(Ts+1)}$，其中，$K=3.2$，$T=0.2$。

(1) 求系统的特征参量 ζ 和 ω_n；

(2) 求系统动态性能指标 $\sigma\%$ 和 t_s。

3-5　设图 3-35(a)所示系统的单位阶跃响应如图 3-35(b)所示。试确定系统参数 K_1，K_2 和 a。

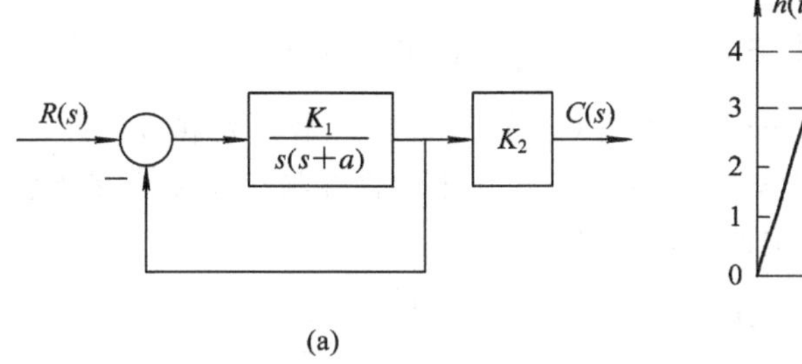

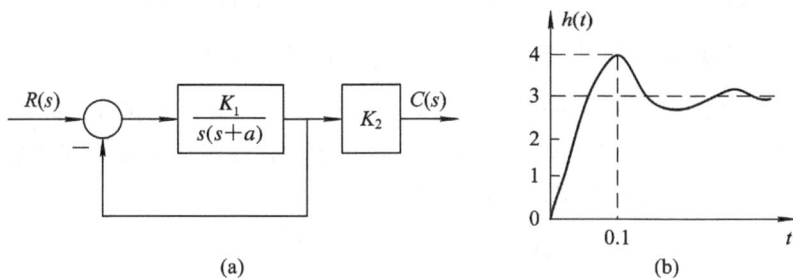

图 3-35　某系统结构图和阶跃响应图

3-6　设角速度指示随动系统结构图如图 3-36 所示。若要求系统单位阶跃响应无超调，且调节时间尽可能短，问开环增益 K 应取何值，调节时间 t_s 是多少？

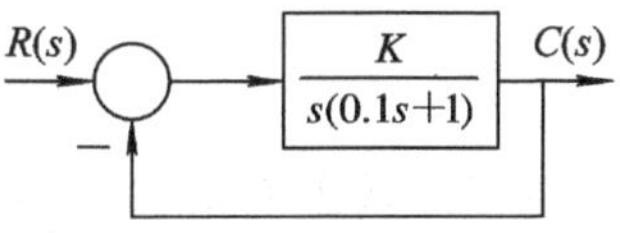

图 3-36　系统结构图

3-7　已知系统的特征方程，试判别系统的稳定性，并确定在右半 s 平面根的个数及纯虚根。

(1) $D(s)=s^5+2s^4-s-2=0$

(2) $D(s)=s^5+2s^4+24s^3+48s^2-25s-50=0$

(3) $D(s)=s^5+3s^4+12s^3+24s^2+32s+48=0$

(4) $D(s)=s^5+2s^4+2s^3+4s^2+11s+10=0$

3-8　图 3-37 是某垂直起降飞机的高度控制系统结构图，试确定使系统稳定的 K 值范围。

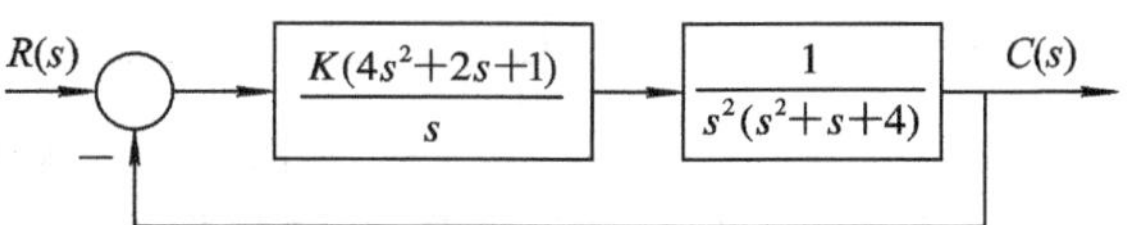

图 3-37　某飞机的高度控制系统结构图

3-9　图 3-38 是核反应堆石墨棒位置控制闭环系统，其目的在于获得希望的辐射水平，增益 4.4 是石墨棒位置和辐射水平的变换系数，辐射传感器的时间常数为 0.1，直流增益为 1，设控制器传递函数 $G_c(s)=1$。

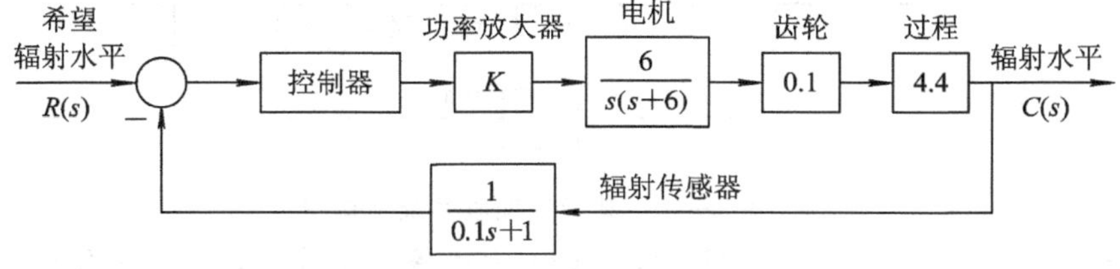

图 3-38　核反应堆石墨棒位置控制系统

(1) 求使系统稳定的功率放大器增益 K 的取值范围；

(2) 设 $K=20$，传感器的传递函数 $H(s)=\dfrac{1}{\tau s+1}$（τ 不一定是 0.1），求使系统稳定的 τ 的取值范围。

3-10 单位反馈系统的开环传递函数为

$$G(s)=\frac{K}{s(s+3)(s+5)}$$

要求系统特征根的实部不大于−1，试确定开环增益的取值范围。

3-11 水银温度计的传递函数为 $\dfrac{1}{Ts+1}$，若用其测量容器内的水温，当插入水中 4 min 才能显示出该水温度的 98%的数值(设温度计插入水前处在 0℃的刻度上)。若加热容器使水温按 2℃/min 的速度匀速上升，问温度计的稳态指示误差有多大？

3-12 已知单位反馈系统的开环传递函数为

$$G(s)=\frac{7(s+1)}{s(s+4)(s^2+2s+2)}$$

试分别求出当输入信号 $r(t)=1(t)$，t 和 t^2 时系统的稳态误差。

3-13 单位反馈系统的开环传递函数为

$$G(s)=\frac{25}{s(s+5)}$$

求各静态误差系数和 $r(t)=1+2t+0.5t^2$ 时的稳态误差 e_{ss}；

3-14 系统结构图如图 3-39 所示。已知 $r(t)=n_1(t)=n_2(t)=1(t)$，试分别计算 $r(t)$，$n_1(t)$和 $n_2(t)$作用时的稳态误差，并说明积分环节设置位置对减小输入和干扰作用下的稳态误差的影响。

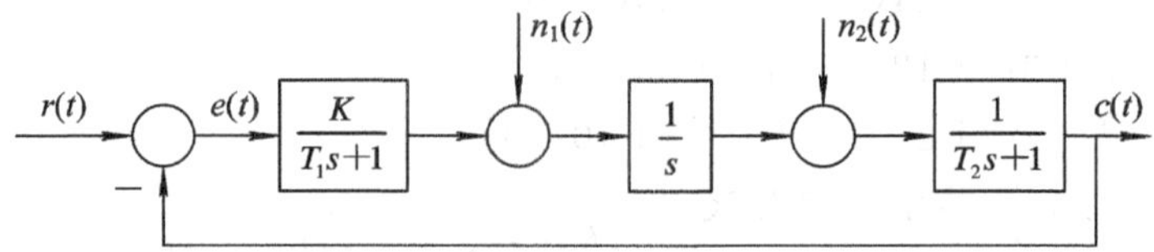

图 3-39 某系统结构图

3-15 大型天线伺服系统结构图如图 3-40 所示，其中 $\zeta=0.707$，$\omega_n=15$，$\tau=0.15$ s。当干扰 $n(t)=10\times1(t)$，输入 $r(t)=0$ 时，试确定能否调整 K_a 的值使系统的稳态误差小于 0.01？

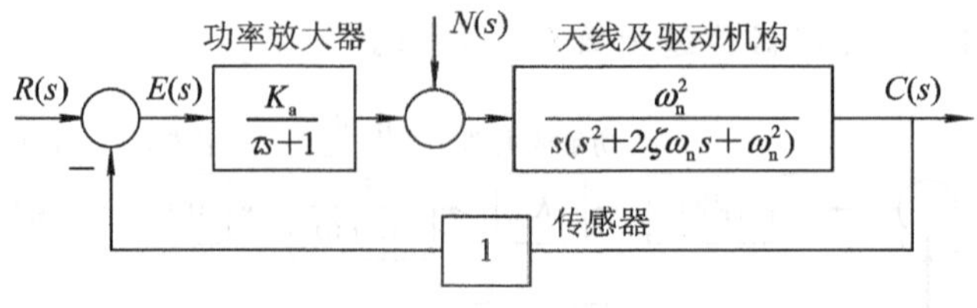

图 3-40 某天线伺服系统结构图

3-16 系统结构图如图 3-41 所示。(1) 为确保系统稳定，如何取 K 值？(2) 为使系统特征根全部位于 s 平面 $s=-1$ 的左侧，K 应取何值？(3) 若 $r(t)=2t+2$ 时，要求系统稳态误差 $e_{ss}\leqslant0.25$，K 应取何值？

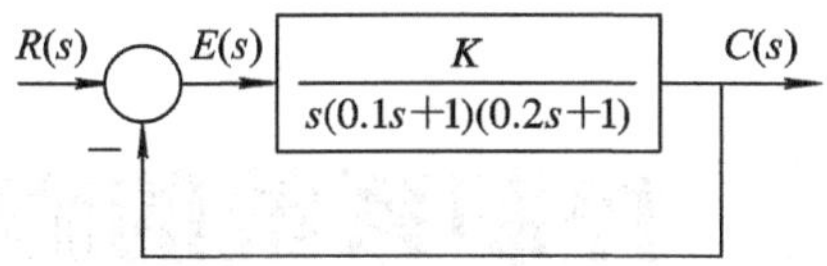

图 3-41　某系统结构图

3-17　复合控制系统结构图如图 3-42 所示，图中 K_1，K_2，T_1，T_2 均为大于零的常数。(1) 确定当闭环系统稳定时，参数 K_1，K_2，T_1，T_2 应满足的条件；(2) 当输入 $r(t)=V_0 t$ 时，选择校正装置 $G_c(s)$，使得系统无稳态误差。

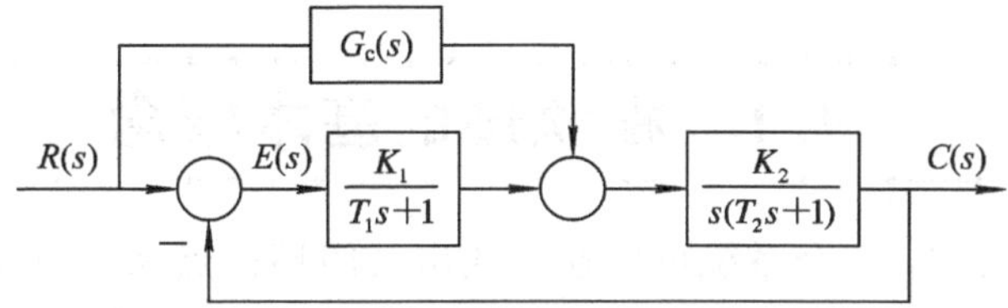

图 3-42　某复合控制系统结构图

3-18　设计题

飞机的自动控制，是一个需要多变量反馈方式的例子。在该系统中，飞机的飞行姿态由三组翼面决定，分别是升降舵、方向舵和副翼。飞行员通过操纵这三组翼面，可以使飞机按照既定的路线飞行。

这里所要讨论的自动驾驶仪是一个自动控制系统，如图 3-43 所示。它通过调节副翼表面来控制倾角 ϕ，只要使副翼表面产生一个 θ 的变形，气压在这些表面上会产生一个扭矩，使飞机产生侧滚。飞机副翼是由液压操纵杆来控制的，后者的传递函数为 $\frac{1}{s}$。

测量实际的倾角 ϕ，并与输入设定值进行比较，其差值被用来驱动液压操纵杆，而液压操纵杆则反过来又会引起副翼表面产生变形。

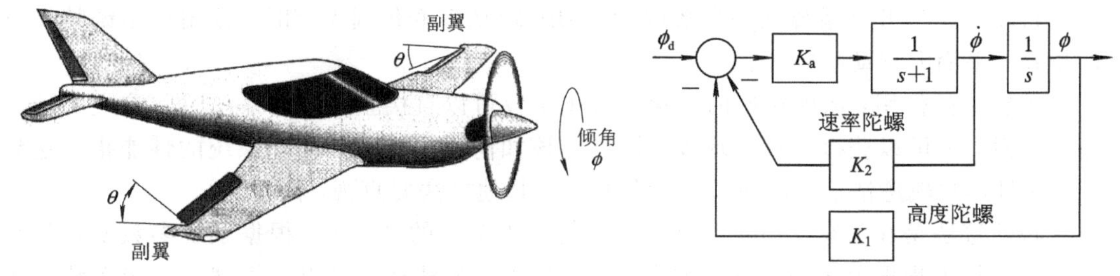

图 3-43　飞机副翼模型图　　　图 3-44　飞机控制倾角结构图

为简单化起见，这里假定飞机的侧滚运动与其他运动无关，其结构图如图 3-44 所示，又假定 $K_1=1$，且角速率 $\dot{\phi}$ 由速率陀螺将其值进行反馈，期望的阶跃响应的超调量 $\sigma\%\leqslant 10\%$，调节时间(以 $\pm 5\%$ 的标准)$t_s\leqslant 9$ s，试选择合适的 K_a 和 K_2 值。

第四章　控制系统的根轨迹法

本章主要讲述根轨迹的概念、绘制常规根轨迹的基本法则、广义根轨迹以及根轨迹系统性能分析等。

4.1　根轨迹的基本概念

从第三章分析可知，一个系统可以通过找出其闭环极点来分析系统的稳定性情况，而系统的稳态性能和动态性能又与闭环零、极点在 s 平面上的位置密切相关。但对于高阶系统，采用解析法求取系统的闭环特征方程根(闭环极点)通常很困难，特别是在系统参数(如开环增益)发生变化时求根，每变化一次都需要重新计算一次，因此解析法就显得很不方便。我们知道，一个闭环系统开环传递函数的分子加分母就是该系统闭环传递函数的特征方程，这样，由已知闭环系统的开环传递函数确定其闭环极点分布，实际上就是解决系统特征方程的求根问题。1948 年，伊文思(W. R. Evans)根据反馈系统中开、闭环传递函数间的内在联系，提出了求解闭环特征方程根的比较简易的图解方法，称之为根轨迹法。因为根轨迹法直观形象，使用简单，所以在控制工程中获得了广泛应用。

本节主要讲述根轨迹的涵义，根轨迹与系统性能分析，闭环零、极点与开环零、极点之间的关系，以及根轨迹的条件等。

4.1.1　根轨迹的涵义

根轨迹是当开环系统某一参数(如开环增益)从零变化到无穷时，该闭环系统特征方程的根在 s 平面上移动的轨迹。

根轨迹的作用：从根轨迹的变化趋势中不仅可以直接获得闭环系统时间响应的动态和稳态信息，还可以获得系统开环零、极点应该如何变化才能使闭环系统的性能指标达到最佳。而且用根轨迹法求高阶系统的近似根，比其他方法要直观、简单。

根轨迹法是在已知反馈系统开环极点与零点分布的基础上，根据系统参数变化研究闭环系统特征方程根分布的一种图解方法。应用根轨迹法通过简单计算就可确定系统的闭环极点分布，同时可以看出参数变化对闭环极点分布的影响。

在介绍根轨迹法之前，先用直接求根的方法来说明根轨迹的涵义。

控制系统如图 4-1 所示。

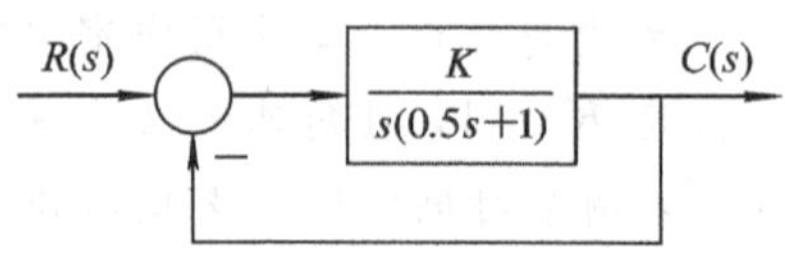

图 4-1　控制系统结构图

其开环传递函数为

$$G(s)=\frac{K}{s(0.5s+1)}$$

闭环传递函数为

$$\Phi(s)=\frac{C(s)}{R(s)}=\frac{2K}{s^2+2s+2K}$$

闭环特征方程为

$$s^2+2s+2K=0$$

特征根为

$$s_1=-1+\sqrt{1-2K}$$

$$s_2=-1-\sqrt{1-2K}$$

当系统参数 K 从零变化到无穷大时，闭环极点的变化情况见表 4-1。

表 4-1　$K=0\sim\infty$ 时图 4-1 系统的特征根

K	s_1	s_2
0	0	−2
0.25	−0.3	−1.7
0.5	−1	−1
1	−1+j	−1−j
2.5	−1+j2	−1−j2
5	−1+j3	−1−j3
⋮	⋮	⋮
∞	−1+j∞	−1−j∞

将闭环极点绘制在 s 平面上并用光滑曲线连接起来，便得到 K 从零到无穷大时闭环极点在 s 平面上移动的轨迹，如图 4-2 所示，这就是根轨迹。根轨迹图直观地表示了闭环极点随参数 K 变化时的情况，可清晰地观察参数 K 对闭环极点分布的影响。

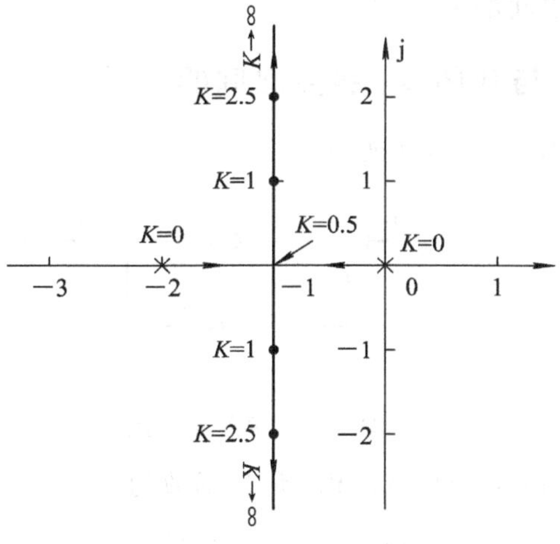

图 4-2　系统根轨迹图

4.1.2　根轨迹与系统性能分析

通过根轨迹图，可以分析系统性能随参数(如 K)的变化规律：

1. 稳定性

若系统轨迹越过虚轴进入 s 右半面，则在相应 K 值下系统不稳定，根轨迹与虚轴交点处为临界稳定，此时的 K 值，就是临界开环增益。图 4-1 所示系统对所有 $K>0$ 的值其根都在 s 左半平面，故系统是稳定的。

2. 稳态性能

可通过在坐标原点的极点个数来判断系统的型次。图 4-1 中系统属Ⅰ型系统，从图 4-2 中也可见坐标原点只有一个极点，因而根轨迹上的 K 值就等于静态误差系数 K_v。

3. 动态性能

当 K 值不同时，系统的闭环极点所处的位置不同，可以判断系统阶跃响应的形式。由图 4-2 可见：

当 $0<K<0.5$ 时，所有闭环极点位于实轴上，闭环特征根为实根，系统为过阻尼，阶跃响应为单调上升的非周期过程；

当 $K=0.5$ 时，两个闭环极点均为 -1，闭环特征根为二重实根，系统为临界阻尼，单位阶跃响应仍为单调上升的非周期过程，但比上述情况稍快；

当 $K>0.5$ 时，闭环极点为共轭复数，系统为欠阻尼振荡，阶跃响应为衰减振荡过程，且超调量正比于 K 值。

分析表明，根轨迹与系统性能之间有着密切的联系，利用根轨迹可以分析当系统参数增大时系统动态性能的变化趋势。然而，对于高阶系统，用解析方法绘制系统根轨迹图显然是不适用的，我们希望能有简便的图解方法。因为开环传递函数相对容易得到，因此要求能够根据已知的开环传递函数迅速绘出闭环系统的根轨迹。为此，需要研究开环零、极点与闭环系统的根轨迹之间的关系。

4.1.3　闭环零、极点与开环零、极点之间的关系

控制系统的一般结构如图 4-3 所示。

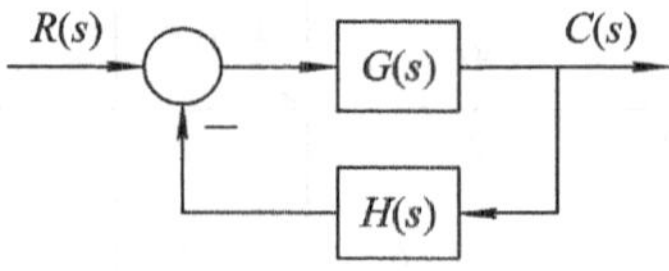

图 4-3　系统结构图

相应开环传递函数为 $G(s)H(s)$，闭环传递函数为

$$\Phi(s)=\frac{G(s)}{1+G(s)H(s)} \tag{4-1}$$

设

$$G(s)=\frac{K_{\mathrm{G}}(\tau_1 s+1)(\tau_2^2 s^2+2\xi_1\tau_2 s+1)\cdots}{s^v(T_1 s+1)(T_2^2 s^2+2\xi_2 T_2 s+1)\cdots}=\frac{K_{\mathrm{G}}^*\prod_{i=1}^{f}(s-z_i)}{\prod_{i=1}^{g}(s-p_i)} \tag{4-2}$$

其中，K_{G}为系统前向通路增益；K_{G}^*为系统前向通路根轨迹增益；f为系统前向通路传递函数零点数；g为系统前向通路传递函数极点数。

$$K_{\mathrm{G}}^*=K_{\mathrm{G}}\frac{\tau_1\tau_2^2\cdots}{T_1 T_2^2\cdots} \tag{4-3}$$

以及

$$H(s)=K_{\mathrm{H}}^*\frac{\prod_{i=1}^{l}(s-z_i)}{\prod_{j=1}^{h}(s-p_j)} \tag{4-4}$$

其中，K_{H}^*为系统反馈通路根轨迹增益；l为系统反馈通路传递函数零点数；h为系统反馈通路传递函数极点数。

因此

$$G(s)H(s)=K^*\frac{\prod_{i=1}^{f}(s-z_i)\prod_{j=1}^{l}(s-z_j)}{\prod_{i=1}^{g}(s-p_i)\prod_{j=1}^{h}(s-p_j)} \tag{4-5}$$

式中，$K^*=K_{\mathrm{G}}^* K_{\mathrm{H}}^*$，为系统开环根轨迹增益。对于$m$个开环零点和$n$个开环极点的系统，一定满足$f+l=m$和$g+h=n$，整理后闭环传递函数可表示为

$$\Phi(s)=\frac{G(s)}{1+G(s)H(s)}=\frac{K_{\mathrm{G}}^*\prod_{i=1}^{f}(s-z_i)\prod_{j=1}^{h}(s-p_j)}{\prod_{i=1}^{n}(s-p_i)+K^*\prod_{j=1}^{m}(s-z_j)} \tag{4-6}$$

比较上面几式，可知：

(1) 闭环零点由前向通路传递函数$G(s)$的零点和反馈通路传递函数$H(s)$的极点组成。对于单位反馈系统，$H(s)=1$，闭环零点就是开环零点，且不随K^*变化。

(2) 闭环极点与开环零点、开环极点以及根轨迹增益K^*均有关。

因此根轨迹法也可理解为：由开环零、极点来确定闭环极点随K^*变化在s平面上得到的轨迹。

根轨迹法的任务在于，由已知的开环零、极点的分布及根轨迹增益，通过图解法找出闭环极点。一旦闭环极点确定后，可通过式(4-6)得到闭环零点，系统闭环传递函数也可确定。在已知闭环传递函数的情况下，闭环系统的时间响应可利用拉氏反变换轻松得到。

4.1.4 根轨迹的条件

闭环控制系统一般可用图4-3所示的结构图来描述。当系统有m个开环零点和n个开环极点时，开环传递函数可表示为

$$G(s)H(s)=\frac{K^*\prod_{j=1}^{m}(s-z_j)}{\prod_{i=1}^{n}(s-p_i)}$$

系统的闭环传递函数为

$$\Phi(s)=\frac{G(s)}{1+G(s)H(s)} \tag{4-7}$$

系统的闭环特征方程为

$$1+G(s)H(s)=0 \tag{4-8}$$

即

$$G(s)H(s)=\frac{K^*\prod_{j=1}^{m}(s-z_j)}{\prod_{i=1}^{n}(s-p_i)}=-1 \tag{4-9}$$

显然，在 s 平面上凡是满足式(4－9)的点，都是根轨迹上的点。称式(4－9)为根轨迹方程，由根轨迹方程，可以画出当 K^* 由零变到无穷大时系统的根轨迹。

式(4－9)可以写成幅值和相角的复数形式，即：

幅值条件：

$$|G(s)H(s)|=K^*\frac{\prod_{j=1}^{m}|(s-z_j)|}{\prod_{i=1}^{n}|(s-p_i)|}=1 \tag{4-10}$$

相角条件：

$$\begin{aligned}\angle G(s)H(s)&=\sum_{j=1}^{m}\angle(s-z_j)-\sum_{i=1}^{n}\angle(s-p_i)\\&=\sum_{j=1}^{m}\varphi_j-\sum_{i=1}^{n}\theta_i=(2k+1)\pi\\k&=0,\pm1,\pm2,\cdots\end{aligned} \tag{4-11}$$

式中，$\sum\varphi_j$、$\sum\theta_i$ 分别代表所有开环零点、极点到根轨迹上某一点 s 的向量相角之和。

可见，幅值条件与根轨迹增益 K^* 有关，而相角条件却与 K^* 无关。因此，在 s 平面上只要能满足相角条件，则该点一定会在根轨迹上。而该点所对应的 K^* 值可由幅值条件得出。换句话说：在 s 平面上能满足相角条件的点，必定也同时满足幅值条件。因此，相角条件是确定根轨迹 s 平面上一点是否在根轨迹上的充分必要条件。实际中绘制根迹时，只需用相角条件，幅值条件可用来确定根轨迹上的 K^* 值。

【例 4－1】 设某系统开环传递函数为

$$G(s)H(s)=\frac{K^*(s-z_1)}{s(s-p_2)(s-p_3)}$$

画出其零、极点分布如图 4－4 所示，判断 s 平面上某点是否是根轨迹上的点。

解 在 s 平面上任取一点 s_1，找到所有开环零、极点到此点 s_1 的向量，如果该点处的相角条件能满足

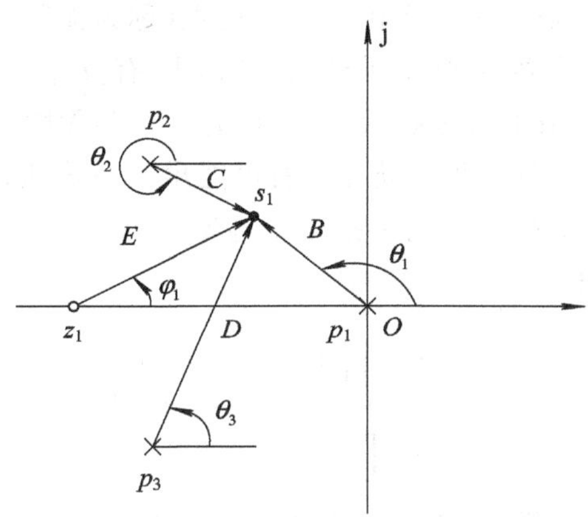

图 4-4　系统开环零级点分布图

$$\sum_{j=1}^{m}\varphi_j - \sum_{i=1}^{n}\theta_i = \varphi_1 - (\theta_1 + \theta_2 + \theta_3) = (2k+1)\pi$$

则 s_1 是根轨迹上的一个点。求该点对应的根轨迹增益 K^* 时，可根据幅值条件计算：

$$K^* = \frac{\prod_{i=1}^{n}|(s_1 - p_i)|}{\prod_{j=1}^{m}|(s_1 - z_j)|} = \frac{BCD}{E}$$

式中 B，C，D 分别表示各开环极点到 s_1 点向量的幅值，E 表示开环零点到 s_1 点向量的幅值。

应用相角条件，可以重复上述过程，找到 s 平面上所有的闭环极点。但这种方法繁杂并不实用，下面介绍根轨迹的简单绘制方法。

4.2　常规根轨迹的绘制法则

一般来说，绘制根轨迹时可以选择系统的任意参数作为可变参数，但实际系统中最常用的可变参数是系统的开环增益 K^*，因此以系统开环增益为可变参数绘制的根轨迹就称为常规根轨迹。

本节讨论绘制常规根轨迹的基本法则和闭环极点的确定方法。熟练地掌握这些法则，可以方便快速地绘制系统的根轨迹。当然，这些法则同样也适应于系统其他参数作为可变参数时的情况。

绘制根轨迹的步骤：

(1) 寻找满足相角条件的所有 s 点，由这些点构成根轨迹；

(2) 根据幅值条件确定对应点(即特征方程根)处的 K^* 值。

【法则 1】(根轨迹的起点和终点法则)　根轨迹起源于开环极点，终止于开环零点。m 和 n 分别为开环零点数和标点数。

可以分三种情况讨论。

(1) $m=n$，即开环零点数与极点数相同时，根轨迹的起点与终点均有对应的值。

(2) $m<n$，即开环零点数小于开环极点数时，除有 m 条根轨迹终止于开环零点(称为

有限零点)外，还有 $n-m$ 条根轨迹终止于无穷远点(称为无限零点)。

(3) $m>n$，即开环零点数大于开环极点数时，除有 n 条根轨迹起始于开环极点(称为有限极点)外，还有 $m-n$ 条根轨迹起始于无穷远点(称为无限极点)。这种情况在实际的物理系统中虽不会出现，但在参数根轨迹中，有可能出现在等效开环传递函数中。

证明 根轨迹的起点、终点分别是指根轨迹增益 $K^*=0$ 和 $K^*\to\infty$ 时的根轨迹点。由闭环特征方程式(4-9)知：

$$\frac{K^*\prod_{j=1}^{m}(s-z_j)}{\prod_{i=1}^{n}(s-p_i)}=-1$$

其中，m 是系统的开环零点数，n 是系统的开环极点数。上式可改写成：

$$K^*=-\frac{\prod_{i=1}^{n}(s-p_i)}{\prod_{j=1}^{m}(s-z_j)}$$

起点：当 $s=p_i$(开环极点)，$i=1, 2, \cdots, n$ 时，$K^*=0$，也就是根轨迹的起点，所以根轨迹必起于开环极点。

终点：当 $s=z_j$(开环零点)，$j=1, 2, \cdots, m$ 时，$K^*=\infty$，也就是根轨迹的终点，所以根轨迹必终于开环零点。

【法则 2】(根轨迹的分支数、对称性和连续性法则) 根轨迹的分支数与开环零点数 m、开环极点数 n 中的大者相等，连续并对称于实轴。

证明 常规根轨迹是系统开环增益 K^* 从零变到无穷时，闭环极点在 s 平面上的变化轨迹。因此，根轨迹分支数必定与闭环极点数一致，即根轨迹分支数等于系统的阶数。由式(4-6)闭环传递函数可得闭环系统特征方程：

$$\prod_{i=1}^{n}(s-p_i)+K^*\prod_{j=1}^{m}(s-z_j)=0$$

而闭环特征方程根的数目等于 m 和 n 中的大者，因此根轨迹的分支数必与开环零点数 m、开环极点数 n 中的大者相等。

特征方程中的参数 K^* 从零连续变到无穷时，特征根的变化也必然是连续的，故根轨迹具有连续性。

实际闭环系统的特征方程根只有实根和复根两种，而实根位于实轴上，复根必共轭，因此根轨迹对称于实轴。

由对称性，只须画出 s 平面上半部和实轴上的根轨迹，下半部的根轨迹即可对称画出。

【法则 3】(根轨迹的渐近线法则) 当 $n>m$ 时，有 $n-m$ 条根轨迹分支沿着与实轴交角为 φ_a，交点为 σ_a 的一组渐近线趋向无穷远处。根轨迹的渐近线可由下式而定：

$$\begin{cases} \text{交角：}\varphi_a=\dfrac{(2k+1)\pi}{n-m} \\ \text{交点：}\sigma_a=\dfrac{\sum\limits_{j=1}^{n}p_j-\sum\limits_{i=1}^{m}z_i}{n-m} \end{cases} \quad k=0, \pm1, \pm2, \cdots, \pm(n-m-1) \tag{4-12}$$

证明　渐近线就是 $s\to\infty$ 时的根轨迹，因此渐近线也一定对称于实轴。开环传递函数可写成

$$G(s)H(s)=\frac{K^{*}\prod_{i=1}^{m}(s-z_i)}{\prod_{j=1}^{n}(s-p_j)}$$

$$=K^{*}\frac{s^m+b_{m-1}s^{m-1}+\cdots+b_1s+b_0}{s^n+a_{n-1}s^{n-1}+\cdots+a_1s+a_0}=-1 \qquad (4-13)$$

式中，$b_{m-1}=\sum_{i=1}^{m}(-z_i)$，$a_{n-1}=\sum_{j=1}^{n}(-p_j)$ 分别为系统开环零点之和及开环极点之和。

当 $K^{*}\to\infty$ 时，由于 $n>m$，应有 $s\to\infty$。式(4－13)可近似表示为

$$G(s)H(s)=\frac{K^{*}}{s^{n-m}+(a_{n-1}-b_{m-1})s^{n-m-1}}=-1$$

即有

$$s^{n-m}\left(1+\frac{a_{n-1}-b_{m-1}}{s}\right)=-K^{*}$$

或

$$s\left(1+\frac{a_{n-1}-b_{m-1}}{s}\right)^{\frac{1}{n-m}}=(-K^{*})^{\frac{1}{n-m}}$$

将上式左端用牛顿二项式定理展开，并取线性项近似，有

$$s\left(1+\frac{a_{n-1}-b_{m-1}}{(n-m)s}\right)=(-K^{*})^{\frac{1}{n-m}}$$

令

$$\sigma=\frac{a_{n-1}-b_{m-1}}{n-m}$$

有

$$s=-\sigma+(-K^{*})^{\frac{1}{n-m}}$$

以 $-1=1\times e^{j(2k+1)\pi}$，$k=0$，$\pm1$，$\pm2$，…代入上式，有

$$s=-\sigma+(K^{*})^{\frac{1}{n-m}}e^{j\pi\frac{2k+1}{n-m}}$$

这就是当 $s\to\infty$ 时根轨迹的渐近线方程。它表明渐近线与实轴的交点坐标为

$$\sigma_a=-\sigma=\frac{\sum_{j=1}^{n}p_j-\sum_{i=1}^{m}z_i}{n-m}$$

渐近线与实轴夹角为

$$\varphi_a=\frac{(2k+1)\pi}{n-m}\qquad k=0,\pm1,\pm2,\cdots\pm(n-m-1)$$

【例 4－2】　已知系统开环传递函数为

$$G(s)H(s)=\frac{K_1}{s(s+1)(s+2)}$$

试画出根轨迹的渐近线图形。

解　按根轨迹绘制的法则：

由法则 1 可知，3 个极点也是起点：0，－1，－2；无零点，则终点为：∞，∞，∞。

由法则 2 可知，分支数：$n=3>m=0$，有 3 条根轨迹对称于实轴。

由法则 3 可知，渐近线：因为本系统中，$n=3$，$m=0$，所以共有 $n-m=3$ 条渐近线。渐近线的倾角为

$$\varphi_a = \frac{(2K+1)\pi}{n-m} = \frac{180^\circ \times (2k+1)}{3-0}$$

取 k=0，1，2，得到：

$$\varphi_1 = 60^\circ,\ \varphi_2 = 180^\circ,\ \varphi_3 = -60^\circ$$

渐近线与实轴的交点为

$$\sigma_a = \frac{\sum_{i=1}^{3} p_i - z_i}{n-m} = \frac{(0+1+2)+0}{3-0} = -1$$

根据以上分析画出系统的根轨迹渐近线如图 4-5 所示。

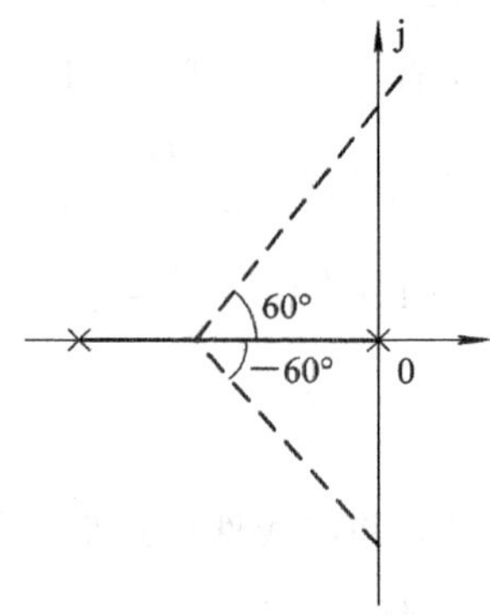

图 4-5　系统的根轨迹渐近线

【例 4-3】 设单位反馈系统开环传递函数为

$$G(s) = \frac{K^*(s+1)}{s(s+4)(s^2+2s+2)}$$

试根据已知的三个基本法则，绘制根轨迹的渐近线。

解　将开环零、极点标在 s 平面上，如图 4-6 所示。

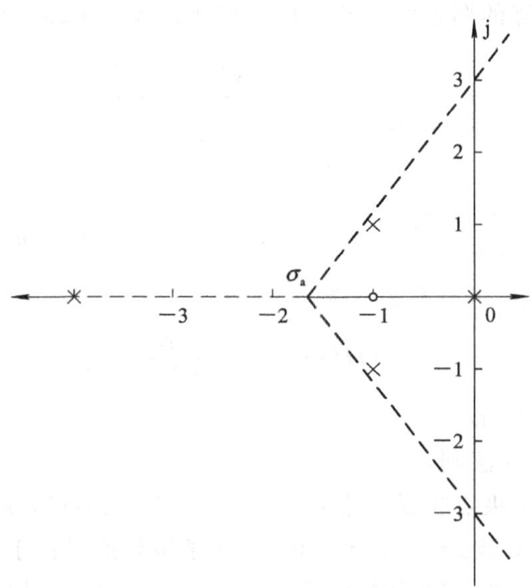

图 4-6　开环零、极点渐近线

根据法则 2，系统有 4 条根轨迹分支，且有 $n-m=3$ 条根轨迹趋于无穷远处，其渐近线与实轴的交点及夹角为

$$\begin{cases}\sigma_a=\dfrac{-4-1+\mathrm{j}1-1-\mathrm{j}1+1}{4-1}=-\dfrac{5}{3}\\ \varphi_a=\dfrac{(2k+1)\pi}{4-1}=\pm\dfrac{\pi}{3},\ \pi\end{cases}$$

三条渐近线如图 4-6 所示。

【法则 4】(实轴上的根轨迹分布法则) 根轨迹在实轴上的分布：实轴上的某一区段，若其右边开环实数零点个数和实数极点个数之和为奇数，该区段必是条完整的根轨迹分支或是某条根轨迹分支的一部分。

证明 设系统开环零、极点分布如图 4-7 所示。图中，s_0 是实轴上的点，$\varphi_i(i=1,2,3)$是各开环零点到 s_0 点的向量的相角，$\theta_j(j=1,2,3,4)$是各开环极点到 s_0 点的向量的相角。由图 4-7 可见，复数共轭极点到实轴上任意一点(包括 s_0 点)的向量之相角和为 2π。对复数共轭零点，情况同样如此。因此，在确定实轴上的根轨迹时，可以不考虑开环复数零、极点的影响。图 4-7 中，s_0 点左边的开环实数零、极点到 s_0 点的向量之相角均为零，而 s_0 点右边开环实数零、极点到 s_0 点的向量之相角均为 π，故只有落在 s_0 右方实轴上的开环实数零、极点，才有可能对 s_0 的相角条件造成影响，且这些开环零、极点提供的相角均为 π。如果令 $\sum\varphi_i$ 代表 s_0 点之右所有开环实数零点到 s_0 点的向量相角之和，$\sum\theta_j$ 代表 s_0 点之右所有开环实数极点到 s_0 点的向量相角之和，那么，s_0 点位于根轨迹上的充分必要条件是下列相角条件成立：

$$\sum_{i=1}^{m_0}\varphi_i-\sum_{j=1}^{n_0}\theta_j=(2k+1)\pi\qquad k=0,\pm1,\pm2,\cdots$$

由于 π 与 $-\pi$ 表示的方向相同，于是等效有

$$\sum_{i=1}^{m_0}\varphi_i+\sum_{j=1}^{n_0}\theta_j=(2k+1)\pi\qquad k=0,\pm1,\pm2,\cdots$$

式中，m_0、n_0 分别表示在 s_0 右侧实轴上的开环零点和极点个数，$2k+1$ 为奇数。

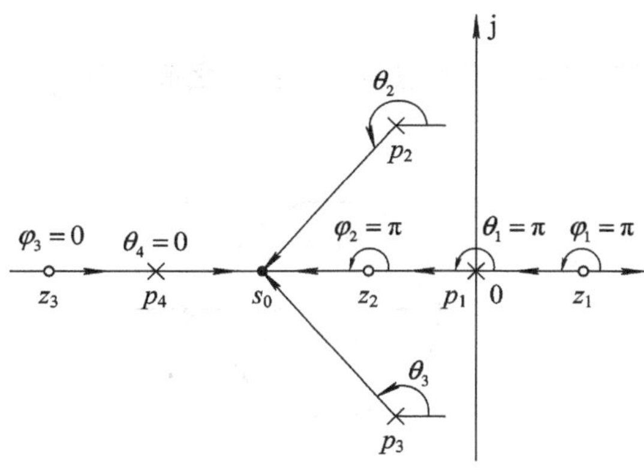

图 4-7　实轴上的根轨迹

不难判断，图 4-7 实轴上，区段$[p_1,z_1]$，$[p_4,z_2]$以及$(-\infty,z_3]$均为实轴上的根

轨迹。

【例 4-4】 设系统的开环传递函数为

$$G_k(s)=\frac{K_g(s+2)}{s^2(s+1)(s+5)(s+10)}$$

试求实轴上的根轨迹。

解 零极点分布如图 4-8 所示，粗线所示为实轴上根轨迹，为[−10，−5]和[−2，−1]。注意在原点有两个极点，双重极点用"××"表示。

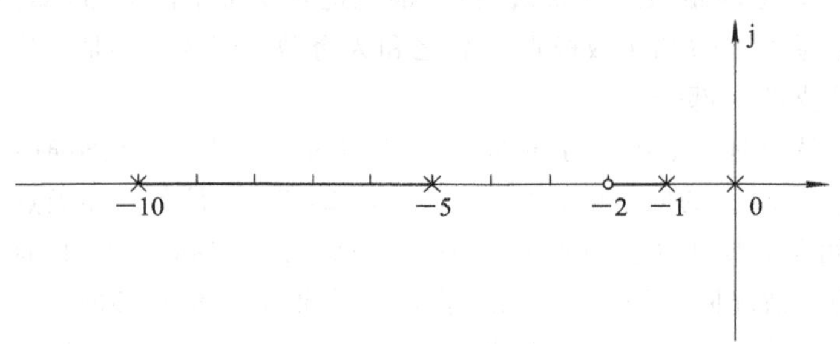

图 4-8　零、极点分布图

【法则 5】(根轨迹的分离点与分离角法则) 两条或两条以上根轨迹分支在 s 平面上相遇又立即分开的点，称为根轨迹的分离点，分离点的坐标 d 是式(4-14)的解。

$$\sum_{j=1}^{n}\frac{1}{d-p_j}=\sum_{i=1}^{m}\frac{1}{d-z_i} \tag{4-14}$$

式中，p_j 为开环极点，z_i 为开环零点。

分离角：在分离点上，根轨迹的切线和实轴的夹角称为分离角 θ_d，θ_d 与相分离的根轨迹分支数 l 有关，$\theta_d=\dfrac{(2k+1)\pi}{l}$。

实轴上的分离点有以下两个特点：

(1) 若实轴上两个相邻的极点或两个相邻的零点之间的区段有根轨迹，则这两相邻点之间必有一个分离点。这两个相邻的极点或两个相邻的零点中有一个可以是无限极点或零点。如图 4-9 所示。

(2) 如果实轴上根轨迹在开环零点与开环极点之间，则此区段上要么没有分离点，如有，则不止一个。

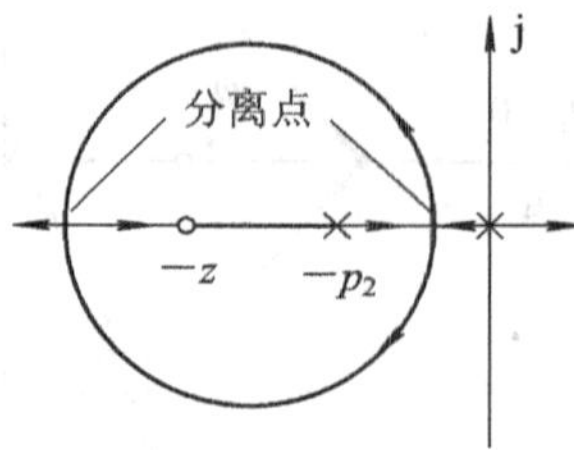

图 4-9　实轴上的分离点

证明　由根轨迹方程，有

$$1+\frac{K^*\prod_{i=1}^{m}(s-z_i)}{\prod_{j=1}^{n}(s-p_j)}=0$$

所以闭环特征方程为

$$D(s)=\prod_{j=1}^{n}(s-p_j)+K^*\prod_{i=1}^{m}(s-z_i)=0$$

或

$$\prod_{j=1}^{n}(s-p_j)=-K^*\prod_{i=1}^{m}(s-z_i) \tag{4-15}$$

根轨迹在 s 平面相遇，说明闭环特征方程有重根出现。设重根为 d，根据代数中重根条件，有

$$\dot{D}(s)=\frac{\mathrm{d}}{\mathrm{d}s}\left[\prod_{j=1}^{n}(s-p_j)+K^*\prod_{i=1}^{m}(s-z_i)\right]=0$$

或

$$\frac{\mathrm{d}}{\mathrm{d}s}\prod_{j=1}^{n}(s-p_j)=-K^*\frac{\mathrm{d}}{\mathrm{d}s}\prod_{i=1}^{m}(s-z_i) \tag{4-16}$$

将式(4-15)、式(4-16)等号两端对应相除，得

$$\frac{\frac{\mathrm{d}}{\mathrm{d}s}\prod_{j=1}^{n}(s-p_j)}{\prod_{j=1}^{n}(s-p_j)}=\frac{\frac{\mathrm{d}}{\mathrm{d}s}\prod_{i=1}^{m}(s-z_i)}{\prod_{i=1}^{m}(s-z_i)}$$

两边同取 ln 可得

$$\frac{\mathrm{d}\ln\prod_{j=1}^{n}(s-p_j)}{\mathrm{d}s}=\frac{\mathrm{d}\ln\prod_{i=1}^{m}(s-z_i)}{\mathrm{d}s} \tag{4-17}$$

有

$$\sum_{j=1}^{n}\frac{\mathrm{d}\ln(s-p_j)}{\mathrm{d}s}=\sum_{i=1}^{m}\frac{\mathrm{d}\ln(s-z_i)}{\mathrm{d}s}$$

于是有

$$\sum_{j=1}^{n}\frac{1}{s-p_j}=\sum_{i=1}^{m}\frac{1}{s-z_i}$$

从上式解出的 s 中可得分离点 d。

【例 4-5】 控制系统开环传递函数为

$$G(s)H(s)=\frac{K^*(s+2)}{s(s+1)(s+4)}$$

试绘制系统根轨迹。

解　将系统开环零、极点标于 s 平面。

(1) 分支：根据法则 1 和 2，系统有 3 条根轨迹分支，且有 $n-m=2$ 条根轨迹趋于无穷远处。根轨迹绘制如下：

(2) 渐近线：根据法则 3，根轨迹的渐近线与实轴交点和交角为

$$\begin{cases} \sigma_a = \dfrac{-1-4+2}{3-1} = -\dfrac{3}{2} \\ \varphi_a = \dfrac{(2k+1)\pi}{3-1} = \pm\dfrac{\pi}{2} \end{cases}$$

(3) 实轴上的根轨迹：根据法则 4，实轴上的根轨迹区段为

$$[-4, -2], [-1, 0]$$

(4) 分离点：根据法则 5，分离点坐标为

$$\frac{1}{d} + \frac{1}{d+1} + \frac{1}{d+4} = \frac{1}{d+2}$$

经整理得 $(d+4)(d^2+4d+2)=0$，故 $d_1=-4$，$d_2=-3.414$，$d_3=-0.586$，显然分离点位于实轴上 $[-1, 0]$ 间，故取 $d=-0.586$。

根据上述讨论，可绘制出系统根轨迹如图 4-10 所示。

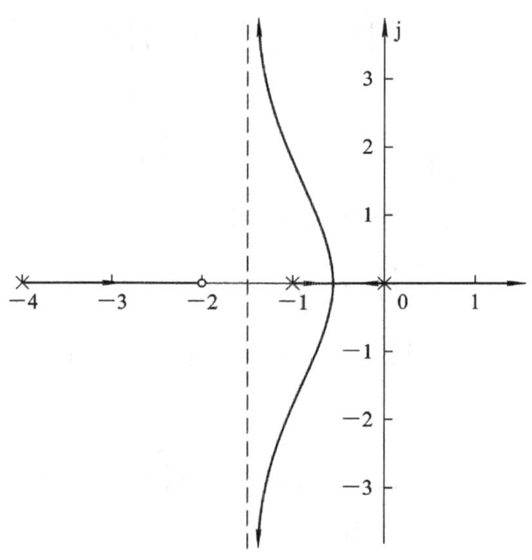

图 4-10　根轨迹图

例 4-5 的 MATLAB 程序如下：

```
num=[1 2];
den=conv([1 0], conv([1 1], [1 4]));
rlocus(num, den)
```

【例 4-6】 设单位反馈系统开环传递函数为

$$G(s) = \frac{K(0.5s+1)}{0.5s^2+s+1}$$

试绘制闭环系统根轨迹。

解　(1) s 平面两个开环极点：$-1\pm\mathrm{j}$，1 个开环零点：-2。

(2) 实轴 $(\infty, -2]$ 为根轨迹。

(3) 根轨迹有两条分支，始于 $-1+\mathrm{j}$ 和 $-1-\mathrm{j}$ 终于 -2 和 ∞。

(4) 在 $(\infty, -2]$ 上有一分离点：

$$\frac{1}{d+2} = \frac{1}{d+1-\mathrm{j}} + \frac{1}{d+1+\mathrm{j}}$$

即 $d+4d+2=0$，解得：$d_1=-3.414$，$d_2=-0.568$(舍去)，作出该系统的根轨迹如图 4-11 所示。

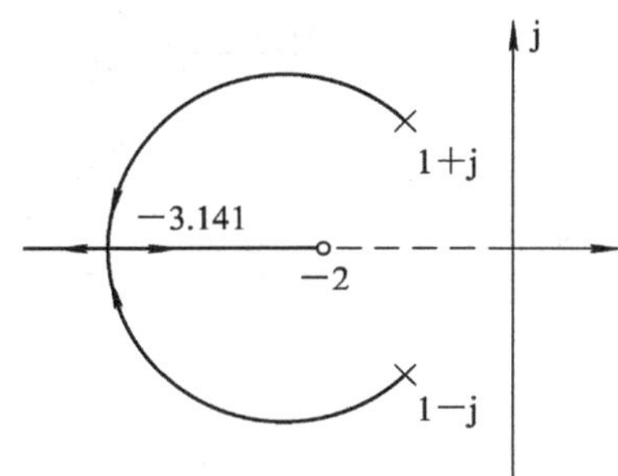

图 4-11　根轨迹图

【法则 6】(根轨迹的起始角和终止角法则)　根轨迹离开开环复数极点处的切线与正实轴的夹角，称为起始角；根轨迹进入复数零点处的切线与正实轴的夹角，称为终止角。

(1) 起始角：

$$\theta_{p_i}=(2k+1)\pi+\left(\sum_{j=1}^{m}\varphi_{z_jp_i}-\sum_{\substack{j=1\\j\neq i}}^{n}\theta_{p_jp_i}\right)\qquad k=0,\pm1,\cdots,\pm(n-m-1) \tag{4-18}$$

其中，$\varphi_{z_jp_i}$ 为零点到此极点连线与正实轴的夹角；$\theta_{p_jp_i}$ 为其他极点到此极点连线与正实轴的夹角。

(2) 终止角：

$$\varphi_{z_i}=(2k+1)\pi-\left(\sum_{\substack{j=1\\j\neq i}}^{m}\varphi_{z_jz_i}-\sum_{j=1}^{n}\theta_{p_jz_i}\right)\qquad k=0,\pm1,\cdots,\pm(n-m-1) \tag{4-19}$$

其中，$\varphi_{z_iz_j}$ 为其他零点到此零点连线与正实轴的夹角，$\theta_{p_jz_i}$ 为极点到此零点连线与正实轴的夹角。

证明　在根轨迹上十分接近待求起始角(或终止角)的复数极点 p_i(或复数零点 z_i)处取一点 s_1，此点处除 p_i(或 z_i)外，其他所有开环零、极点到 s_1 点的夹角 $\varphi_{z_js_1}$ 和 $\theta_{p_js_1}$ 都可以用它们到 p_i(或 z_i)的夹角 $\varphi_{z_jp_i}$(或 $\varphi_{z_iz_j}$)和 $\theta_{p_jp_i}$(或 $\theta_{p_jz_i}$)来替代，而 p_i(或 z_i)到 s_1 的夹角即为起始角 θ_{p_i}(或终止角 φ_{z_i})。所以有式(4-18)和式(4-19)成立。

【例 4-7】　系统零极点数据为：$-p_1=-1+\mathrm{j}1$，$-p_2=-1-\mathrm{j}1$，$-p_3=0$，$-p_4=-3$，$-z=-2$，试确定 p_1 处的根轨迹的起始角。

解　将零、极点画在图 4-12 中，计算起始角：

$$\tan\alpha=1,\ \alpha=45^\circ;\ \beta_2=90^\circ;\ \beta_3=135^\circ;\ \tan\beta_4=0.5,\ \beta_4=26.6^\circ$$

$$\theta_{1c}=(2k+1)\pi+45^\circ-90^\circ-135^\circ-26.6^\circ=\pi-26.6^\circ=-26.6^\circ$$

画图时注意：

(1) 相角要注意符号，逆时针为正，顺时针为负；

(2) 注意向量的方向。

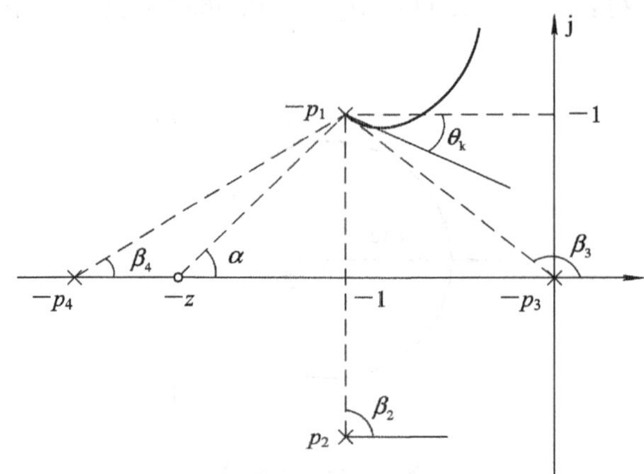

图 4-12 根轨迹的起始角

【例 4-8】 设系统开环传递函数为

$$G(s)=\frac{K^*(s+1.5)(s+2+\mathrm{j})(s+2-\mathrm{j})}{s(s+2.5)(s+0.5+\mathrm{j}1.5)(s+0.5-\mathrm{j}1.5)}$$

试绘制系统根轨迹。

解 将开环零、极点标于 s 平面上，如图 4-13 所示，开环零点为 -1.5，$-2+\mathrm{j}$，$-2-\mathrm{j}$，开环极点为 0，-2.5，$-0.5+\mathrm{j}1.5$，$-0.5-\mathrm{j}1.5$。

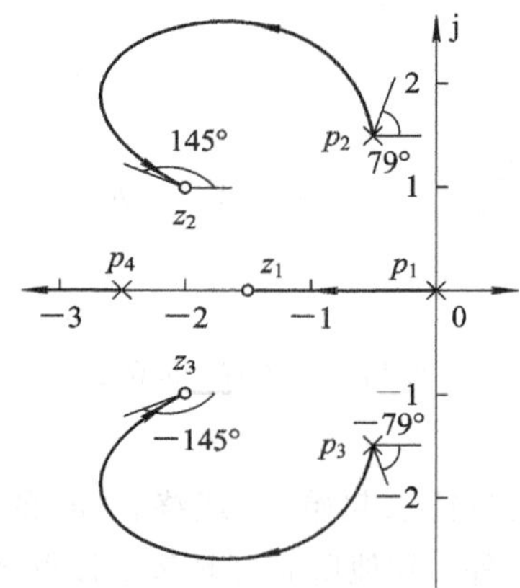

图 4-13 例 4-8 的根轨迹图

(1) 实轴上的根轨迹：$[-1.5, 0]$，$(-\infty, -2.5]$；

(2) 渐近线：$n=4$，$m=3$，根轨迹有 4 条分支，有一条 180°的渐近线与$(-\infty, -2.5]$重合；始于 0，-2.5，$-0.5+\mathrm{j}1.5$，$-0.5-\mathrm{j}1.5$；终于-1.5，$-\infty$，$-2+\mathrm{j}$，$-2-\mathrm{j}$；

(3) 分离点：根轨迹在零、极点之间，无分离点。

(4) 起始角和终止角：作各开环零、极点到复数极点$(-0.5+\mathrm{j}1.5)$的向量，由相角条件得起始角：

$$\theta_{p_2}=180°+(\varphi_1+\varphi_2+\varphi_3)-(\theta_1+\theta_3+\theta_4)=79°$$

同理得到复数零点$(-2+\mathrm{j})$处的终止角：

$$\varphi_{z_2}=180°-(\varphi_1+\varphi_3)+(\theta_1+\theta_2+\theta_3+\theta_4)=149.5°$$

起始角见图 4－14(a)，而终止角见图 4－14(b)。

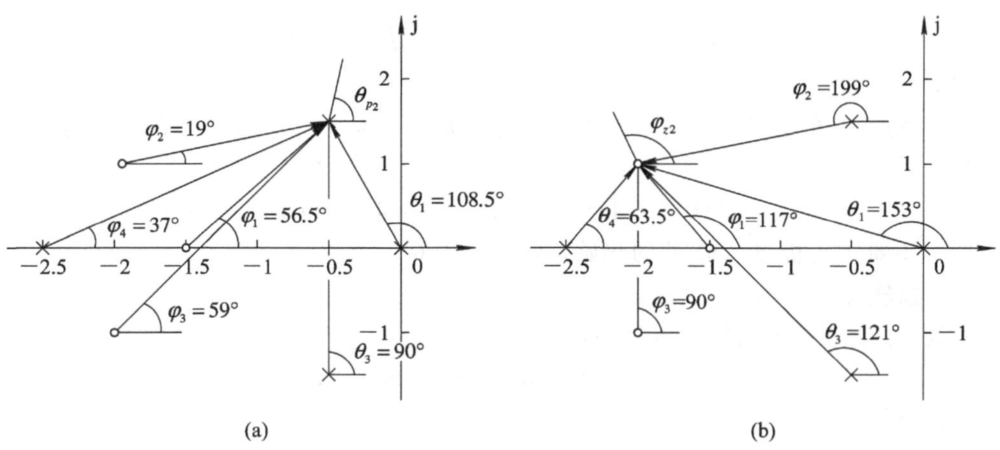

图 4－14　根轨迹的起始角和终止角

同样可作各开环零、极点到复数零点(－2－j)的向量，算出复数零点(－2－j)处的终止角 $\varphi_{z_3}=-149.5°$，见图 4－14 所示。本例的根轨迹图见图 4－13。

例 4－8 的 MATLAB 程序如下：

```
zero=[-1.5 -2-I -2+i];
pole=[0 -2.5 -0.5+j1.5 -0.5-j1.5];
g=zpk(zero, pole, 1);
rlocus(g);
grid;
```

【法则 7】(根轨迹与虚轴的交点法则)　若根轨迹与虚轴相交，则系统处于临界稳定状态，闭环特征方程至少有一对共轭虚根。这时系统的增益 K^* 称为临界根轨迹增益。

交点上的 K^* 值和 ω 可用劳斯判据确定，也可令闭环特征方程中的 $s=j\omega$，然后分别令其实部和虚部为零而求得。

证明　此法则的结论明显，免证。

【例 4－9】　系统的开环传递函数为

$$G(s)H(s)=\frac{K_1}{s(s+3)(s^2+2s+2)}$$

试求系统的根轨迹图。

解　开环极点：0，－3，－1+j、－1－j，开环零点：4 个无限零点。

(1) 渐近线：$n-m=4$，有 4 条渐近线。

渐近线与实轴之间的夹角：

$$\varphi=\frac{\pm 180°(2k+1)}{n-m}=\frac{\pm 180°(2k+1)}{4}=\pm 45°,\ \pm 135°$$

渐近线与实轴的交点：

$$\sigma_a=\frac{(p_1+p_2+p_3+p_4)-0}{n-m}=\frac{0-3+(-1+j)+(-1-j)}{4}=-1.25$$

(2) 实轴上的根轨迹：[－3，0]

(3) 分离点：

$$\frac{1}{d}+\frac{1}{d+3}+\frac{1}{d+1+\mathrm{j}}+\frac{1}{d+1-\mathrm{j}}=0$$

可求得 $d=-2.3$。

(4) 极点 p_3 的起始角 θ_3：不难求得极点 $-p_1$、$-p_2$、$-p_4$ 到 $-p_3$ 的夹角分别为 135°、18.4°、90°。所以

$$\theta_3=\pm 180°(2k+1)-(135°+18.4°+90°)=-71.6°$$

同理不难求得极点 $-p_4$ 处的起始角：$\theta_4=71.6°$。

(5) 根轨迹与虚轴的交点：

方法 1：闭环系统的特征方程为：

$$D(\mathrm{j}\omega)=s^4+5s^3+8s^2+6s+K_1=0$$

令 $s=\mathrm{j}\omega$，则

$$D(\mathrm{j}\omega)=(\omega^4-8\omega^2+K_1)+\mathrm{j}(-5\omega^3+6\omega)=0$$

令实部和虚部方程分别为零：$\omega^4-8\omega^2+K_1=0$，$-5\omega^3+6\omega=0$，解得

$$\omega_1=0(\text{舍去}),\ \omega_2=1.1,\ \omega_3=-1.1$$

得 $K_1=8.16$。

方法 2：用劳斯稳定判据求根轨迹与虚轴的交点。列劳斯表为

s^4	1	8	K_1
s^3	5	6	
s^2	34/5	K_1	
s^1	$(204-25K_1)/34$		
s^0	K_1		

令 s^1 行首项为零，即

$$\frac{204-25K_1}{34}=0$$

得 $K_1=8.16$，再根据行 s^2 系数得到辅助方程 $\frac{34}{5}s^2+K_1=0$，解得交点坐标：$\omega=\pm 1.1$。

两种结果完全一致。整个系统的根轨迹图如图 4-15 所示。

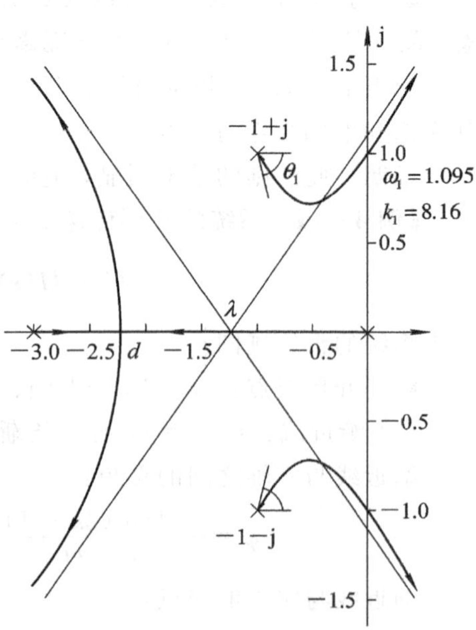

图 4-15　系统的根轨迹图

【例 4-10】 试绘制下面单位反馈系统开环传递函数的根轨迹图。

$$G(s)=\frac{K^*}{s(s+1)(s+5)}$$

解　根轨迹绘制如下：

三个极点：0，-1，-5；无零点。

(1) 渐近线：

$$\begin{cases}\sigma_a = \dfrac{-1-5}{3} = -2 \\ \varphi_a = \dfrac{(2k+1)\pi}{3} = \pm\dfrac{\pi}{3},\ \pi\end{cases}$$

(2) 实轴上的根轨迹：

$$(-\infty,\ -5],\ [-1,\ 0]$$

(3) 分离点：

$$\frac{1}{d} + \frac{1}{d+1} + \frac{1}{d+5} = 0$$

经整理得

$$3d^2 + 12d + 5 = 0$$

解出

$$d_1 = -3.5,\ d_2 = -0.47$$

显然，分离点位于实轴上[−1, 0]间，故取 $d = -0.47$。

(4) 与虚轴交点：

方法 1　系统闭环特征方程为

$$D(s) = s^3 + 6s^2 + 5s + K^* = 0$$

令 $s = \mathrm{j}\omega$，则

$$D(\mathrm{j}\omega) = (j\omega)^3 + 6(\mathrm{j}\omega)^2 + 5(\mathrm{j}\omega) + K^* = -\mathrm{j}\omega^3 - 6\omega^2 + \mathrm{j}5\omega + K^* = 0$$

令实部、虚部分别为零，有

$$\begin{cases}K^* - 6\omega^2 = 0 \\ 5\omega - \omega^3 = 0\end{cases}$$

解得

$$\begin{cases}\omega = 0 \\ K^* = 0\end{cases},\quad \begin{cases}\omega = \pm\sqrt{5} \\ K^* = 30\end{cases}$$

显然第一组解是根轨迹的起点，故舍去。根轨迹与虚轴的交点为 $s = \pm\mathrm{j}\sqrt{5}$，对应的根轨迹增益 $K^* = 30$。

方法 2　用劳斯稳定判据求根轨迹与虚轴的交点。列劳斯表为

$$\begin{array}{ccc} s^3 & 1 & 5 \\ s^2 & 6 & K^* \\ s^1 & \dfrac{(30-K^*)}{6} & 0 \\ s^0 & K^* & \end{array}$$

劳斯阵列中某一行全为零时，特征方程可出现共轭虚根。本劳斯阵列中有两行可能全为零。

当 $K^* = 30$ 时，s^1 行元素全为零，系统存在共轭虚根。共轭虚根可由 s^2 行的辅助方程求得：

$$F(s) = 6s^2 + K^* \big|_{K^*=30} = 0$$

得 $s = \pm\mathrm{j}\sqrt{5}$ 为根轨迹与虚轴的交点。

当 $K^* = 0$ 时，s^0 行元素为零，得 $s = 0$，根轨迹起点即开环极点。

根据上述讨论，可绘制出系统根轨迹如图 4-16 所示。

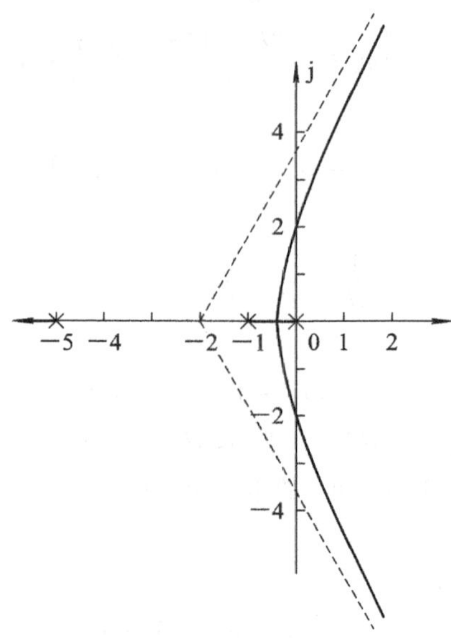

图 4-16 根轨迹图

例 4-10 的 MATLAB 程序如下：

```
num=[1];
den=conv([1, 0], conv([1 1], [1 5]));
rlocus(num, den)
```

【法则 8】(根之和法则) 当系统开环传递函数 $G(s)H(s)$ 的分子、分母阶次差 $n-m$ 大于等于 2 时，系统闭环极点之和等于系统开环极点之和，且为常数。

$$\sum_{i=1}^{n}\lambda_i = \sum_{i=1}^{n}p_i = a_{n-1} \qquad n-m \geqslant 2$$

式中，λ_1，λ_2，…，λ_n 为系统的闭环极点(特征根)；p_1，p_2，…，p_n 为系统的开环极点。

证明 设系统开环传递函数为

$$\begin{aligned} G(s)H(s) &= \frac{K^*(s-z_1)(s-z_2)\cdots(s-z_m)}{(s-p_1)(s-p_2)\cdots(s-p_n)} \\ &= \frac{K^* s^m + b_{m-1}K^* s^{m-1} + \cdots + K^* b_0}{s^n + a_{n-1}s^{n-1} + a_2 s^{n-2}\cdots + a_0} \end{aligned} \tag{4-20}$$

式中

$$a_{n-1} = \sum_{i=1}^{n}(-p_i)$$

设 $n-m=2$，即 $m=n-2$，系统闭环特征式为

$$\begin{aligned} D(s) &= (s^n + a_{n-1}s^{n-1} + a_{n-2}s^{n-2} + \cdots + a_0) + (K^* s^m + K^* b_{m-1}s^{m-1} + \cdots + K^* b_0) \\ &= s^n + a_{n-1}s^{n-1} + (a_{n-2} + K^*)s^{n-2} + \cdots + (a_0 + K^* b_0) \\ &= (s-\lambda_1)(s-\lambda_2)\cdots(s-\lambda_n) \end{aligned}$$

另外，根据闭环系统 n 个闭环特征根 λ_1，λ_2，…，λ_n，可得系统闭环特征式为

$$D(s) = s^n + \sum_{i=1}^{n}(-\lambda_i)s^{n-1} + \cdots + \prod_{i=1}^{n}(-\lambda_i) \tag{4-21}$$

可见，当 $n-m\geqslant 2$ 时，特征方程第二项系数与 K^* 无关。比较系数并考虑式(4-20)，有

$$\sum_{i=1}^{n}(-\lambda_i)=\sum_{i=1}^{n}(-p_i)=a_{n-1} \tag{4-22}$$

式(4-22)表明，当 $n-m\geqslant 2$ 时，随着 K^* 的变化，部分闭环极点在复平面上向右移动(变大)，则另一些极点必然向左移动(变小)，且左、右移动的距离增量之和为 0。

利用根之和法则可以确定闭环极点的位置，判定分离点所在范围。

【例 4-11】 某单位反馈系统开环传递函数为

$$G(s)=\frac{K^*}{s(s+1)(s+2)}$$

试绘制系统根轨迹，并求临界根轨迹增益及该增益对应的三个闭环极点。

解　系统有 $n-m=3$ 条根轨迹，且都趋于无穷远处。

(1) 渐近线：

$$\begin{cases}\sigma_a=\dfrac{-1-2}{3}=-1\\[2mm]\varphi_a=\dfrac{(2k+1)\pi}{3}=\pm\dfrac{\pi}{3},\ \pi\end{cases}$$

(2) 实轴上的根轨迹：$(-\infty,\ -2)$，$[-1,\ 0]$

(3) 分离点：

$$\frac{1}{d}+\frac{1}{d+1}+\frac{1}{d+2}=0$$

经整理得
$$3d^2+6d+2=0$$
故
$$d_1=-1.577,\ d_2=-0.423$$
显然实轴上 -1.577 处不是根轨迹，故取 $d=-0.423$。

(4) 与虚轴交点：闭环系统特征方程为

$$D(s)=s^3+3s^2+2s+K^*=0$$

将 $s=\mathrm{j}\omega$ 代入：

$$\begin{aligned}D(\mathrm{j}\omega)&=(\mathrm{j}\omega)^3+3(\mathrm{j}\omega)^2+2(\mathrm{j}\omega)+K^*\\&=-\mathrm{j}\omega^3-3\omega^2+\mathrm{j}2\omega+K^*=0\end{aligned}$$

令实部、虚部分别为零，有

$$\begin{cases}K^*-3\omega^2=0\\2\omega-\omega^3=0\end{cases}$$

解得

$$\begin{cases}\omega=0\\K^*=0\end{cases},\quad\begin{cases}\omega=\pm\sqrt{2}\\K^*=6\end{cases}$$

显然第一组解是根轨迹的起点，舍去。根轨迹与虚轴的交点为 $\lambda_{1,2}=\pm\mathrm{j}\sqrt{2}$，对应的根轨迹增益为 $K^*=6$，因为当 $0<K^*<6$ 时系统稳定，故 $K^*=6$ 为临界根轨迹增益，根轨迹与虚轴的交点为对应的两个闭环极点，第三个闭环极点可由根之和法则求得：

$$0-1-2=\lambda_1+\lambda_2+\lambda_3=\lambda_1+\mathrm{j}\sqrt{2}-\mathrm{j}\sqrt{2}\lambda_3=-3$$

系统根轨迹如图 4-17 所示。

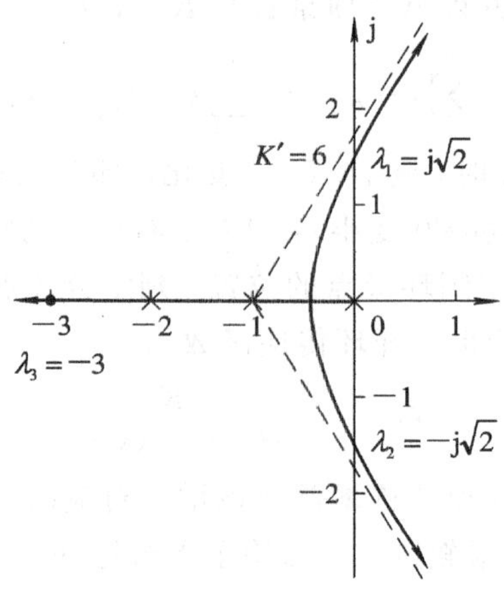

图 4-17　系统根轨迹图

例 4-11 的 MATLAB 程序如下：

```
num=[1];
den=conv([1, 0], conv([1 1], [1 2]));
rlocus(num, den)
```

据上述八个法则，可以大致画出根轨迹的形状。具体绘制某一根轨迹时，要根据具体情况确定所需要的法则，不一定八个法则都会用到。为了便于查阅，将这些法则统一归纳在表 4-2 之中。

表 4-2　常规根轨迹的基本绘制法则

法则序号	法则名称	法则内容
1	根轨迹的起点和终点	根轨迹起始于开环极点，终止于开环零点(包括无限零点)
2	根轨迹的分支数、对称性和连续性	根轨迹的分支数与开环零点数 m 和开环极点数 n 中的大者相等，是连续的，并且对称于实轴
3	根轨迹的渐近线	渐近线与实轴的交点 $\sigma_a = \dfrac{\sum_{j=1}^{n} p_j - \sum_{i=1}^{m} z_i}{n-m}$ 渐近线与实轴夹角 $\varphi_a = \dfrac{(2k+1)\pi}{n-m}$ 其中，$k=0, \pm1, \pm2, \cdots, \pm(n-m-1)$ 交点坐标的负号表示在负实轴上
4	实轴上的根轨迹分布	实轴上某一区间，若其右端开环实数零、极点个数之和为奇数，则该区间必是根轨迹

续表

法则序号	法则名称	法则内容
5	根轨迹的分离点和分离角	分离点 d 的坐标由方程 $\sum_{j=1}^{n}\frac{1}{d-p_j}=\sum_{i=1}^{m}\frac{1}{d-z_i}$ 决定 分离角 $\theta_d=\frac{(2k+1)\pi}{l}$，$l$ 为相分离的根轨迹分支数
6	根轨迹的起始角和终止角	起始角 $\theta_{p_j}=(2k+1)\pi+(\sum_{j=1}^{m}\varphi_{z_jp_i}-\sum_{\substack{j=1\\j\neq i}}^{n}\theta_{p_jp_i})\quad k=0,\pm1,\cdots,\pm(n-m-1)$ 终止角 $\varphi_{z_i}=(2k+1)\pi-(\sum_{\substack{j=1\\j\neq i}}^{m}\varphi_{z_jz_i}-\sum_{j=1}^{n}\theta_{p_jz_i})\quad k=0,\pm1,\cdots,\pm(n-m-1)$
7	根轨迹与虚轴的交点	根轨迹与虚轴交点坐标 ω 及其对应的 K^* 值可用劳斯稳定判据确定，也可令闭环特征方程中的 $s=j\omega$，然后分别令其实部和虚部为零求得
8	根之和	$\sum_{i=1}^{n}\lambda_i=\sum_{i=1}^{n}p_i\quad n-m\geqslant 2$

【例 4-12】 开环传递函数为

$$G_k(s)=\frac{K_g}{s[(s+4)^2+16]}$$

试绘制系统根轨迹。

解 (1) 求出开环零极点：$p_1=0$，$p_{2,3}=-4\pm\sqrt{4}j$，无零点。

(2) 实轴上的根轨迹：$(-\infty,0]$。

(3) 渐近线

$$\sigma=\frac{0-4+4j-4-4j}{3}=-\frac{8}{3}\approx-2.67$$

$$\varphi_a=\frac{(2k+1)180^\circ}{3}=\begin{cases}\pm60^\circ\\180^\circ\end{cases}$$

(4) 起始角：$\theta_{1c}=180^\circ-90^\circ-135^\circ=-45^\circ$，$\theta_{2c}=45^\circ$。

(5) 求与虚轴的交点：此时特征方程为

$$s^3+8s^2+32s+K_{gp}=0$$

将 $s=j\omega$ 代入得

$$j\omega^3-8\omega^2+j32\omega+K_{gp}=0$$

实部：$-8\omega^2+K_{gp}=0$，虚部：$-\omega^3+32\omega=0$。

解得

$$\omega=0,\ \omega=\pm4\sqrt{2}\approx\pm5.657 \text{ 和 } K_{gp}=0,256$$

(6) 求分离会合点：由特征方程 $s^3+8s^2+32s+K_g=0$，求出

$$K_g = -(s^3 + 8s^2 + 32s)$$

对上式进行求导

$$\frac{dK_g}{ds} = -(3s^2 + 16s + 32) = 0$$

求解得

$$s = \frac{-8 \pm 4\sqrt{2}j}{3} \approx -2.67 \pm 1.89j$$

由图知这两点并不在根轨迹上，所以并非分离会合点，这也可将 $s = \frac{-8 \pm 4\sqrt{2}j}{3}$ 代入得 $K_g = \frac{256}{27}(-5 \pm \sqrt{2}j)$ 为复数，不符合要求，也可验证此点非分离会合点。

系统根轨迹图如图 4-18 所示。

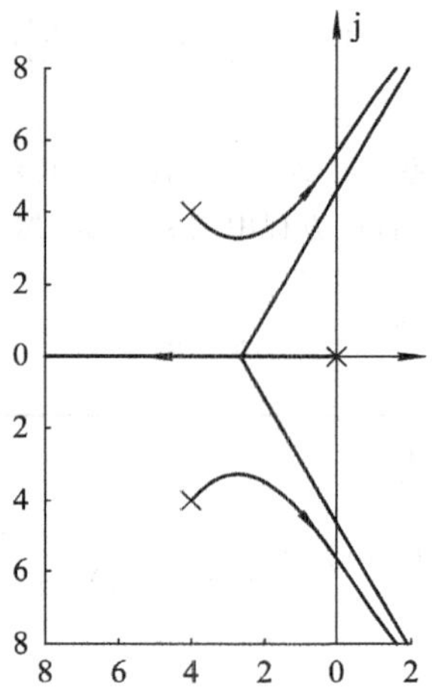

图 4-18 系统根轨迹图

【例 4-13】 试求具有如下开环传递函数的单位反馈系统的根轨迹图。

$$G_k(s) = \frac{K_g}{s[(s+4)^2 + 1]}$$

解 (1) 求出开环零极点，即：$p_1 = 0$，$p_{2,3} = -4 \pm j$，无零点。

(2) 实轴上的根轨迹：$(-\infty, 0]$。

(3) 渐近线：

$$\sigma_a = \frac{0 - 4 + 4j - 4 - 4j}{3} = -\frac{8}{3} \approx -2.67$$

$$\varphi_a = \frac{(2k+1)180°}{3} = \begin{cases} \pm 60° \\ 180° \end{cases}$$

(4) 起始角：$\theta_{1c} = 180° - 90° - (180° - \arctan\frac{1}{4}) = -76°$

(5) 求与虚轴的交点，此时特征方程为

$$s^3 + 8s^2 + 17s + K_{gp} = 0$$

将 $s = j\omega$ 代入得

$$-j\omega^3-8\omega^2+j17\omega+K_{gp}=0$$

由方程左右两边相等得

$$-8\omega^2+K_{gp}=0,\ -\omega^3+17\omega=0$$

解得

$$\omega_1=0,\ \omega_2=\pm\sqrt{17}\approx\pm 4.123;\ K_{gp}=0,\ 136$$

(6) 求分离会合点：由特征方程 $s^3+8s^2+17s+K_g=0$，得 $K_g=-(s^3+8s^2+17s)$，求导并令导数为零，即

$$\frac{dK_g}{ds}=-(3s^2+16s+17)=0$$

解得

$$s=\frac{-8\pm\sqrt{13}}{3}\approx\begin{cases}-1.465 & K_g\approx 10.88\\ -3.869 & K_g\approx 3.94\end{cases}$$

由图可知这两点都在根轨迹上，所以都是分离会合点。

系统根轨迹图如图 4-19 所示。

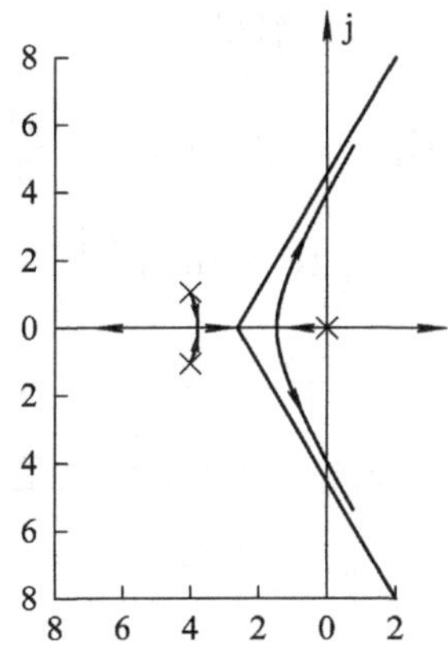

图 4-19 系统根轨迹图

【例 4-14】 试求具有如下开环传递函数的单位反馈系统的根轨迹图。

$$G_k(s)=\frac{K_g}{s\left[(s+4)^2+\frac{16}{3}\right]}$$

解 (1) 求出开环零极点，即：$p_1=0$，$p_{2,3}=-4\pm\frac{4\sqrt{3}}{3}j$，无零点。

(2) 实轴上的根轨迹：$(-\infty,\ 0]$。

(3) 渐近线：

$$\sigma_a=\frac{0-4+4j-4-4j}{3}=-\frac{8}{3}\approx-2.67$$

$$\varphi_a=\frac{(2k+1)180^\circ}{3}=\begin{cases}\pm 60^\circ\\ 180^\circ\end{cases}$$

(4) 起始角：

$$\theta_{1c}=180^\circ-90^\circ-(180^\circ-\arctan\frac{\sqrt{3}}{3})=-60^\circ$$

(5) 与虚轴的交点：

此时特征方程为

$$s^3+8s^2+\frac{64}{3}s+K_{gp}=0$$

将 $s=\mathrm{j}\omega$ 代入得

$$-8\omega^2+K_{gp}=0,\ -\omega^3+\frac{64}{3}\omega=0$$

得到

$$\begin{cases}\omega=0\\K_{gp}=0\end{cases},\quad \begin{matrix}\omega=\pm\sqrt{\dfrac{64}{3}}\approx\pm4.62\\K_{gp}=\dfrac{512}{3}\end{matrix}$$

(6) 求分离会合点：

由特征方程 $s^3+8s^2+\frac{64}{3}s+K_g=0$，解得

$$K_g=-\left(s^3+8s^2+\frac{64}{3}s\right)$$

求导并令导数为零，即 $\frac{\mathrm{d}K_g}{\mathrm{d}s}=-\left(3s^2+16s+\frac{64}{3}\right)=0$，得

$$s=\frac{-8}{3},\quad K_g\approx18.96$$

由图可知这点在根轨迹上，所以是分离会合点；而且是三重根点。此时分离角为

$$\theta_d=\frac{180^\circ}{3}=60^\circ$$

系统根轨迹如图 4-20 所示。

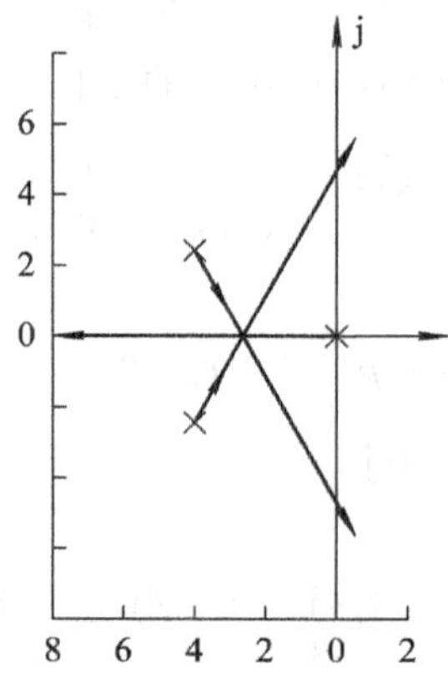

图 4-20　系统根轨迹图

本节小结：根轨迹可根据反馈控制系统的开、闭环传递函数之间的关系直接由开环传递函数零、极点求出闭环极点，而闭环控制系统的稳定性和性能指标主要由闭环系统极点在复平面的位置决定，因此根轨迹分析法对分析系统性能或设计系统时确定闭环极点位置

带来了极大的方便。

4.3 广义根轨迹

上节介绍的仅是系统在负反馈条件下根轨迹增益 K^* 变化时的根轨迹绘制方法。但在实际系统中，有时需要分析正反馈，或需要分析其他参数(例如时间常数、反馈系数等)变化对系统性能的影响，也可以在这些条件下绘制根轨迹。我们把以非开环根轨迹增益 K^* 作为可变参数绘制的根轨迹叫作广义根轨迹。

4.3.1 参数根轨迹

除根轨迹增益 K^* 以外，其他参量从零变化到无穷大时绘制的根轨迹称为参数根轨迹。

绘制参数根轨迹的法则与绘制常规根轨迹的法则完全相同。只需要在绘制参数根轨迹之前，引入等效开环传递函数，将绘制参数根轨迹的问题化为绘制 K^* 变化时根轨迹的形式来处理，则常规根轨迹的所有绘制法则，均适用于参数根轨迹的绘制。举例如下：

【例 4-15】 单位反馈系统开环传递函数为

$$G(s)=\frac{\frac{1}{4}(s+a)}{s^2(s+1)}$$

试绘制 $a=0\to\infty$ 时的根轨迹。

解　系统的闭环特征方程为

$$D(s)=s^3+s^2+\frac{1}{4}s+\frac{1}{4}a=s(s^2+s+\frac{1}{4})+\frac{1}{4}a=0$$

用不带有 a 的项 $s\left(s^2+s+\frac{1}{4}\right)$去除等式两边，得

$$1+\frac{\frac{1}{4}a}{s\left(s^2+s+\frac{1}{4}\right)}=1+\frac{\frac{1}{4}a}{s\left(s+\frac{1}{2}\right)^2}=0 \tag{4-23}$$

令

$$G^*(s)=\frac{\frac{1}{4}a}{s\left(s+\frac{1}{2}\right)^2} \tag{4-24}$$

称 $G^*(s)$为系统的等效开环传递函数，在等效开环传递函数中，除时间常数 a 取代了普通根轨迹中开环根轨迹增益 K^* 的位置外，其形式与绘制普通根轨迹的开环传递函数完全一致，而借助于 $G^*(s)$的形式，可以利用常规根轨迹的绘制方法绘制系统的根轨迹。但必须明确，等效开环传递函数 $G^*(s)$对应的闭环零点与原系统的闭环零点并不一致。在确定原系统闭环零点，估算系统动态性能时，必须回到原系统开环传递函数进行分析。

等效开环传递函数有 3 个开环极点：$p_1=0$，$p_2=p_3=-\frac{1}{2}$，则系统有 3 条根轨迹，均趋于无穷远处。

(1) 渐近线：

$$\begin{cases}\sigma_a = \dfrac{-\dfrac{1}{2}-\dfrac{1}{2}}{3} = -\dfrac{1}{3} \\ \varphi_a = \dfrac{(2k+1)\pi}{3} = \pm\dfrac{\pi}{3},\ \pi\end{cases}$$

(2) 实轴上的根轨迹：

$$\left[-\frac{1}{2},\ 0\right],\ \left(-\infty,\ -\frac{1}{2}\right]$$

(3) 分离点：

$$\frac{1}{d}+\frac{1}{d+\dfrac{1}{2}}+\frac{1}{d+\dfrac{1}{2}}=0$$

解得

$$d=-\frac{1}{6}$$

将分离点 d 代入，由模值条件得分离点处的 a 值：

$$\frac{a_d}{4}=|d|\left|d+\frac{1}{2}\right|^2=\frac{1}{54}$$

$$a_d=\frac{2}{27}$$

(4) 与虚轴的交点：将 $s=j\omega$ 带入系统闭环特征方程(原系统和等效系统的闭环特征方程相同)，得

$$\begin{aligned}D(j\omega) &= (j\omega)^3+(j\omega)^2+\frac{1}{4}(j\omega)+\frac{a}{4} \\ &= \left(-\omega^2+\frac{a}{4}\right)+j\left(-\omega^3+\frac{1}{4}\omega\right)=0\end{aligned}$$

则有

$$\begin{cases}R_e[D(j\omega)]=-\omega^2+\dfrac{a}{4}=0 \\ I_m[D(j\omega)]=-\omega^3+\dfrac{1}{4}\omega=0\end{cases}$$

解得

$$\begin{cases}\omega=\pm\dfrac{1}{2} \\ a=1\end{cases}$$

系统根轨迹如图 4-21 所示。

从根轨迹图中可以看出参数 a 变化对系统性能的影响：

(1) 当 $0<a\leqslant\dfrac{2}{27}$时，闭环极点落在实轴上，系统阶跃响应为单调过程。

(2) 当$\dfrac{2}{27}<a<1$ 时，离虚轴近的一对复数闭环极点逐渐向虚轴靠近，系统阶跃响应为振荡收敛过程。

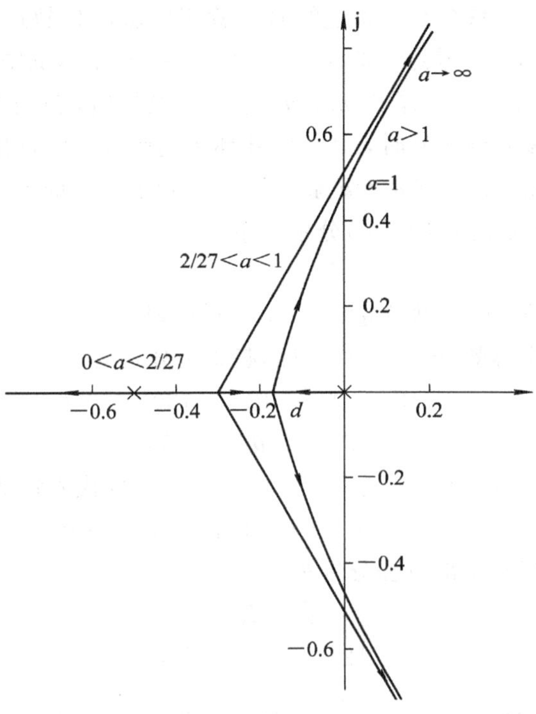

图 4-21　系统根轨迹图

(3) 当 $a>1$ 时，有闭环极点落在右半 s 平面，系统不稳定，阶跃响应振荡发散。

从原系统开环传递函数可见：$s=-a$ 是系统的一个闭环零点，其位置是变化的，计算系统性能必须考虑其影响。

例 4-15 的 MATLAB 程序如下：

```
Num=[1];
Den=conv([1 0], [1  1  1/4]);
Rlocus(num, dem)
```

【例 4-16】 反馈系统的开环传递函数为

$$G(s)H(s)=\frac{2}{s(Ts+1)(s+1)}$$

试绘出当时间常数 $T(0\to\infty)$变化时系统的根轨迹图。

解(1) 求系统的等效开环传递函数。系统的特征方程为

$$s(Ts+1)(s+1)+2=0$$

整理成

$$Ts^2(s+1)+s^2+s+2=0$$

用 s^2+s+2 去除方程两边得

$$1+\frac{Ts^2(s+1)}{s^2+s+2}=1+G^*(s)H^*(s)=0$$

则 $G^*(s)H^*(s)=\dfrac{Ts^2(s+1)}{s^2+s+2}$为系统等效开环传递函数。

(2) 根据等效开环传递函数绘制根轨迹图。系统等效开环传递函数的最高阶次是 3，

由法则 1 和法则 2 知，该系统有 3 条连续且对称于实轴的根轨迹，根轨迹的终点($T=\infty$)是等效开环传递函数的 3 个零点，即 $z_1=z_2=0$，$z_3=-1$；本例中，系统的等效开环传递函数的零点数 $m=3$，极点数 $n=2$，即 $m>n$。前面已经指出，这种情况在实际系统中一般不会出现，然而在绘制参数根轨迹时，其等效开环传递函数却常常出现这种情况。

与 $n>m$ 情况类似，认为有 $m-n$ 条根轨迹起始于 s 平面的无穷远处(无限极点)。因此，本例的 3 条根轨迹的起点($T=0$)分别为 $p_1=-0.5+j0.866$，$p_2=-0.5-j0.866$ 无穷远处(无限极点)。

由法则 4 知，实轴上的根轨迹是$(-\infty, -1]$线段。

由法则 6 求出两个等效开环复数极点的起始角分别为

$$\theta_{p_1}=180°+60°+120°+120°-90°=30°$$

$$\theta_{p_2}=-\theta_{p_1}=-30°$$

由法则 7 可求出根轨迹与虚轴的两个交点，用 $s=j\omega$ 代入特征方程，得

$$-jT\omega^3-(T+1)\omega^2+j\omega+2=0$$

由此得到虚部方程和实部方程分别为

$$\begin{cases} \omega-T\omega^3=0 \\ 2-(T+1)\omega^2=0 \end{cases}$$

解虚部方程得 ω 的合理值为 $\omega_c=\pm\sqrt{\dfrac{1}{T}}$，代入实部方程求得 $T_c=1$ s，所以 $\omega_c=\pm1$ 为根轨迹与虚轴的两个交点。

(3) 绘制出以时间常数 T 为可变参数的根轨迹图如图 4-22 所示。

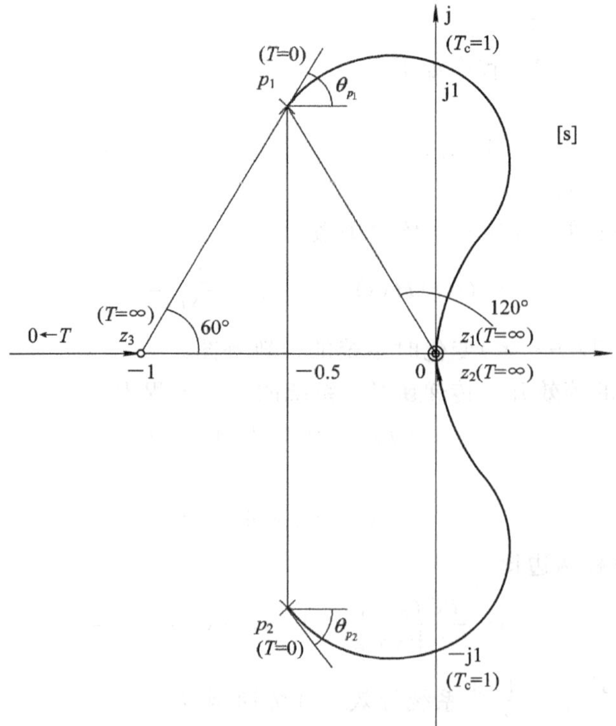

图 4-22　系统根轨迹图

由根轨迹图可知，时间常数 $T=T_c=1$ s 时，系统处于临界稳定状态，$T>1$ s 时，根轨迹在 s 平面右半部，系统不稳定。由此可知，参数根轨迹用于研究非开环根轨迹增益的其他开环系统参数对系统性能的影响是很方便的。

由上面两个例子，可将绘制参数根轨迹的方法归纳为下：

(1) 根据系统的特征方程 $1+G(s)H(s)=0$ 求出系统的等效开环传递函数 $G^*(s)H^*(s)$。

(2) 根据绘制普通根轨迹的八条基本法则和等效开环传递函数 $G^*(s)H^*(s)$绘制出系统的参数根轨迹。

4.3.2　零度根轨迹

前面介绍的系统都是在负反馈条件下绘制的根轨迹，根轨迹方程为 $G(s)H(s)=-1$，相角条件为$\angle G(s)H(s)=(2k+1)\pi$，$k=0$，$\pm1$，$\pm2$，…，因此称这种条件下的常规根轨迹为 180°根轨迹；但是当系统在正反馈条件下，系统特征方程为 $1-G(s)H(s)=0$，根轨迹方程为 $G(s)H(s)=1$，相角条件为$\angle G(s)H(s)=2k\pi$，$k=0$，±1，±2，…，则称这种条件下的根轨迹为零度根轨迹。

可见，零度根轨迹和 180°根轨迹的幅值条件相同而相角条件不同。因此，绘制 180°根轨迹法则中与相角条件无关的法则可直接用来绘制 0°根轨迹，而与相角条件有关的法则 3、法则 4、法则 6 需要相应修改。需作调整的法则如下：

【法则 3】 根轨迹的渐近线与实轴夹角：

$$\varphi_a=\frac{2k\pi}{n-m}\qquad k=0,\ \pm1,\ \pm2,\ \cdots \tag{4-25}$$

【法则 4】 实轴上的根轨迹：实轴上的某一区域，若其右边开环实数零、极点个数之和为偶数，则该区域必是根轨迹。

【法则 6】 根轨迹的起始角和终止角：

(1) 起始角：

$$\theta_{p_j}=\left(\sum_{j=1}^{m}\varphi_{z_jp_i}-\sum_{\substack{j=1\\ j\neq i}}^{n}\theta_{p_jp_i}\right) \tag{4-26}$$

其中，$\varphi_{z_jp_i}$ 为零点到此极点连线与正实轴的夹角，$\theta_{p_jp_i}$ 为极点到此极点连线与正实轴的夹角。

(2) 终止角：

$$\varphi_{z_i}=\left(\sum_{\substack{j=1\\ j\neq i}}^{m}\varphi_{z_jz_i}-\sum_{j=1}^{n}\theta_{p_jz_i}\right) \tag{4-27}$$

其中，$\varphi_{z_iz_j}$ 为零点到此零点连线与正实轴的夹角，$\theta_{p_jz_i}$ 为极点到此零点连线与正实轴的夹角。

下面通过示例进一步说明零度根轨迹的绘制方法。

【例 4-17】 设单位正反馈系统的开环传递函数为

$$G(s)=\frac{K^*(s+2)}{(s+3)(s^2+2s+2)}$$

试绘制根轨迹。

解　系统为正反馈，故绘制零度根轨迹。根轨迹绘制如下：

(1) 系统有一个零点：−2，三个极点：−3，(−1+j)，(−1−j)

(2) 渐近线：

$$\begin{cases}\sigma_a = \dfrac{-3-1+\text{j}1-1-\text{j}1+2}{3-1} = -1 \\ \varphi_a = \dfrac{2k\pi}{3-1} = 0°,\ 180°\end{cases}$$

(3) 实轴上的根轨迹：实轴上−3右边和−2右边区间的零极点数之和为偶数，故在实轴(−∞，−3]，[−2，∞)上为根轨迹，这也说明系统在 s 右半平面有根轨迹，故正反馈系统很容易不稳定。

(4) 分离点：

$$\frac{1}{d+3}+\frac{1}{d+1-\text{j}}+\frac{1}{d+1+\text{j}}=\frac{1}{d+2}$$

经整理得

$$(d+0.8)(d^2+4.7d+6.24)=0$$

显然，分离点位于实轴上，故取 $d=-0.8$。

(5) 起始角：根据绘制零度根轨迹的法则7，对应极点 $p_1=-1+\text{j}$，根轨迹的起始角为

$$\theta_{p_1}=0°+45°-(90°+26.6°)=-71.6°$$

系统根轨迹如图 4-23 所示。

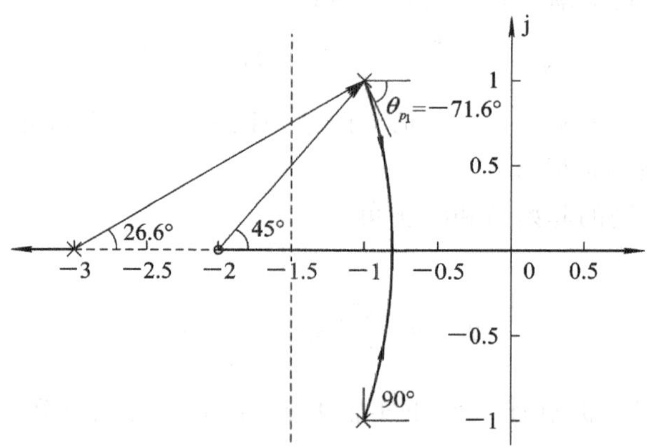

图 4-23　系统根轨迹图

(6) 临界开环增益：由图 4-23 可见，坐标原点对应的根轨迹增益为临界值(左边稳定，右边不稳定)，由模值条件求得

$$K_c^* = \frac{|0-(-1+\text{j})|\cdot|0-(-1-\text{j})|\cdot|0-(-3)|}{|0-(-2)|}=3$$

因为 $K=\dfrac{K^*}{3}$，因此临界开环增益 $K_c=1$，为了使该正反馈系统稳定，开环增益应小于1。

例 4-17 的 MATLAB 程序如下：

```
num=[-1 -2];
```

```
den=conv([1 3], [1 2 2]);
rlocus(num, den)
```

4.4 根轨迹系统性能分析

通过根轨迹分析可以看出：

(1) 利用根轨迹，可以对闭环系统的性能进行分析和校正；

(2) 由给定参数确定闭环系统的零极点的位置；

(3) 分析参数变化对系统稳定性的影响；

(4) 分析系统的瞬态和稳态性能；

(5) 根据性能要求确定系统的参数；

(6) 对系统进行校正。

4.4.1 条件稳定系统的分析

条件稳定系统：参数在一定的范围内取值才能使系统稳定，这样的系统叫做条件稳定系统。

【例 4-18】 设开环系统传递函数为

$$G_k(s)=\frac{K_g(s^2+2s+4)}{s(s+4)(s+6)(s^2+1.4s+1)}$$

试绘制根轨迹并讨论使闭环系统稳定时 K_g 的取值范围。

解 根据绘制根轨迹的步骤，可得：

(1) 开环极点：0，−4，−6，−0.7±j0.714，零点−1±j1.732。

(2) 渐近线：

与实轴的交点：$\sigma_a=\frac{\sum p_i-\sum z_i}{n-m}=\frac{4-6-1.4+2}{3}=-3.13$

倾角：$\varphi_a=\frac{\pi(2k+1)}{n-m}=\pm\frac{\pi}{3}，\pi$

(3) 实轴上根轨迹区间：$(-\infty,-6)$，$[-4,0]$

(4) 分离角(点)：$\theta_d=\frac{\pi}{2}$

$$N(s)=s^2+2s+4，N'(s)=2s+2$$
$$D(s)=s^5+11.4s^4+39s^3+43.6s^2+24s$$
$$D'(s)=5s^4+45.6s^3+117s^2+87.2s+24$$

可由

$$\begin{cases}N'(s)D(s)-N(s)D'(s)=0\\ K_{gd}=-\left.\dfrac{D'(s)}{N'(s)}\right|_{s=-\sigma_d}\end{cases}$$

求得分离点。

近似求法：分离点在[−3.5，0]之间。

s	0	−0.5	−1	−1.5	−2.0	−2.5	−3	−3.5
K_{gd}	0	1.628	3	5.971	8.8	9.375	7.457	3.949

K_{gd}的最大值为 9.375，这时 $s=-2.5$，是近似分离点。

(5) 入射角：$\theta_2=\pm 103°$

(6) 与虚轴的交点。这时的增益值：$K_{gp}=14$，64，195，如图 4-24 所示。

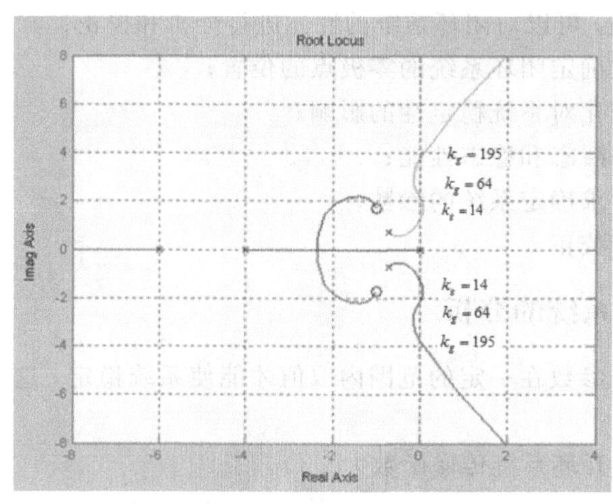

图 4-24　系统根轨迹图

当 $0<K_g<14$ 和 $64<K_g<195$ 时，系统是稳定的当 $14<K_g<64$ 和 $195<K_g$ 时，系统是不稳定的。

4.4.2　闭环零、极点和系统的瞬态性能分析

从上面的分析可知，利用根轨迹可以清楚看到开环根轨迹增益或其他开环系统参数变化时，闭环系统极点位置及其瞬态性能的改变情况。

以二阶系统为例：开环传递函数为

$$G_k(s)=\frac{\omega_n^2}{s(s+2\zeta\omega)}$$

闭环传递函数为

$$\Phi(s)=\frac{\omega_n^2}{s^2+2\zeta\omega_n s+\omega_n^2}$$

共轭极点为

$$s_{1,2}=-\zeta\omega_n\pm j\sqrt{1-\zeta^2}\,\omega_n$$

以及

$$\cos\beta=\frac{(\sqrt{1-\zeta^2}\,\omega_n)^2+(\zeta\omega_n)^2}{\zeta\omega_n}=\zeta$$

故

$$\beta=\arccos\zeta$$

我们知道闭环二阶系统的主要性能指标是超调量和调整时间。这些性能指标和闭环极点的关系如下：

$$\delta = e^{-\frac{\zeta\pi}{\sqrt{1-\zeta^2}}} \times 100\% = e^{-\pi\cot\beta} \times 100\%$$

$$t_s = \frac{3}{\zeta\omega_n} = \frac{3}{\sigma}$$

其中，$-\sigma$ 为极点的实部。

σ 和 β 的关系图如图 4－25 所示。

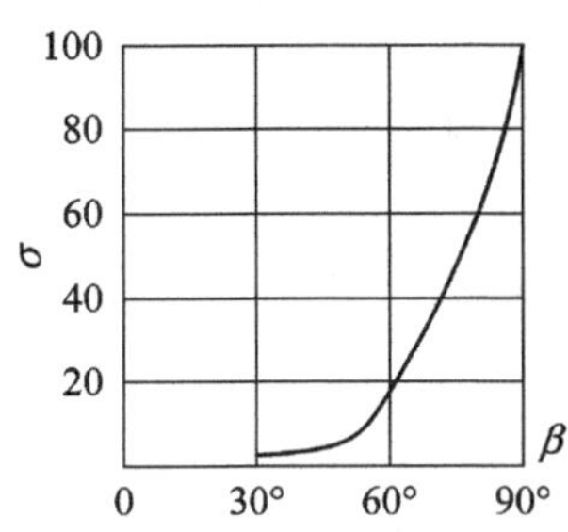

图 4－25　σ 和 β 的关系图

4.4.3　开环零、极点对根轨迹形状的影响

1．增加系统开环极点

下面三个系统零点相同，但极点在原来的基础上增加，分别得出根轨迹如图 4－26 所示。

(1) $G_{k1}(s)=\dfrac{K_g}{s(s+1)}$；

(2) $G_{k2}(s)=\dfrac{K_g}{s(s+1)(s+2)}$；

(3) $G_{k3}(s)=\dfrac{K_g}{s(s+1)(s+2)(s+3)}$。

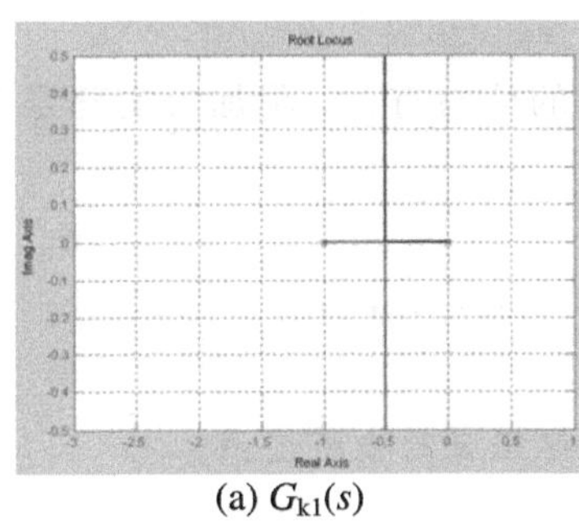

(a) $G_{k1}(s)$

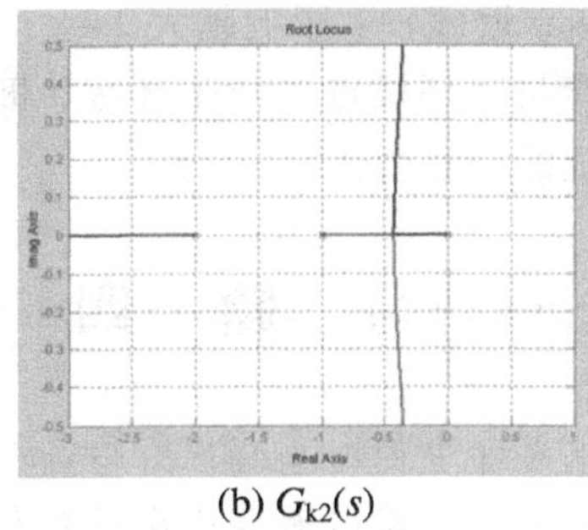

(b) $G_{k2}(s)$

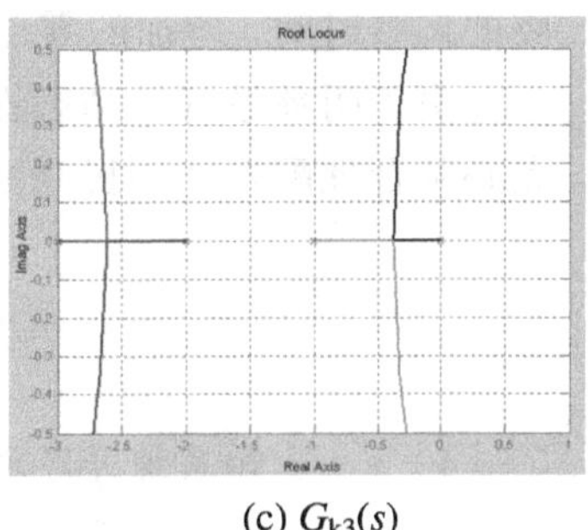

(c) $G_{k3}(s)$

图 4－26　上述系统的根轨迹图

从图中可见，增加开环极点对根轨迹影响如下：

(1) 改变了根轨迹在实轴上的分布；

(2) 改变了根轨迹渐近线；

(3) 改变了根轨迹的分支；

(4) 一般说来，在 s 左半平面增加开环极点，将使原根轨迹右移，从而降低系统的相对稳定性，且不利于改善系统的动态性能，比如增加了系统的调整时间。

2. 增加系统开环零点

下面两个系统极点相同，但零点在原来的基础上增加，分别得出根轨迹如图 4-27 所示。

(1) $G_{k1}(s)=\dfrac{s+2}{s(s+1)}$；

(2) $G_{k2}(s)=\dfrac{(s+2-\mathrm{j}1)(s+2+\mathrm{j}1)}{s(s+1)}$。

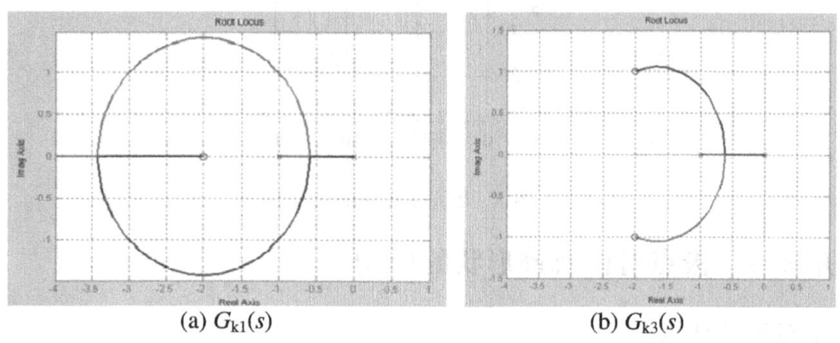

(a) $G_{k1}(s)$　　(b) $G_{k3}(s)$

图 4-27　上述系统的根轨迹图

从图中可见，增加开环零点对根轨迹影响如下：

(1) 改变了根轨迹在实轴上的分布；

(2) 改变了根轨迹渐近线；

(3) 若增加的开环零点和某个极点重合或者相距很近，构成偶极子，则两者相互抵消，因此可以加入一个零点来抵消有损于系统性能的极点；

(4) 增加一个开环零点，则原根轨迹向左移动，从而增加系统的稳定性，减小系统响应的调整时间，增加的零点越靠近虚轴，影响越大。

由于闭环系统的动态性能与闭环极点以及闭环零、极点的分布有关，附加负实部零极点必须合理配置才能提高系统的动态性能。

习　题　四

4-1　已知系统开环零极点分布如图 4-28 所示，试绘制相应的根轨迹图。

4-2　已知单位反馈控制系统的前向通道传递函数如下：

(1) $G(s)=\dfrac{K(s+1)}{s^2(s+2)(s+4)}$　　(2) $G(s)=\dfrac{K}{s(s+1)(s+2)(s+5)}$

(3) $G(s)=\dfrac{K}{s(s+4)(s^2+4s+20)}$　　(4) $G(s)=\dfrac{K(s+1)}{s(s-1)(s^2+4s+16)}$

$K\geqslant0$，画出各系统的根轨迹图。

4-3　给定系统如图 4-29 所示，$K\geqslant0$，试画出系统的根轨迹，并分析增益对系统阻尼特性的影响。

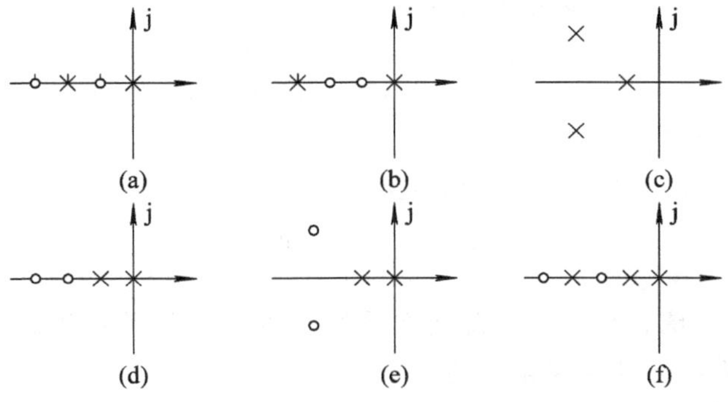

图 4-28　开环系统零极点分布图

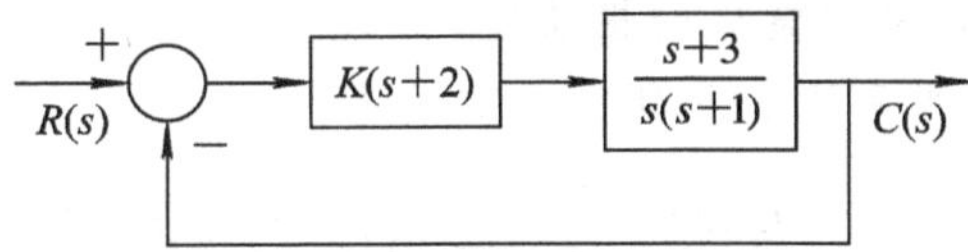

图 4-29　系统零极点分布图

4-4　已知系统的开环传递函数为

$$G(s)H(s)=\frac{K_r(s+2)}{s^2(s+1)(s+4)}$$

试画出该系统根轨迹的渐近线。

4-5　已知系统的开环传递函数为

$$G(s)H(s)=\frac{K_r}{(s+1)(s+2)(s+3)}$$

试求出系统根轨迹与虚轴的交点。

4-6　已知系统开环传递函数为

$$G(s)H(s)=\frac{K_r}{(s+1)(s+2)(s+3)}$$

求根轨迹与虚轴的交点及相应的开环根轨迹增益的临界值。

4-7　给定控制系统如图 4-30 所示，$K\geqslant 0$，试用系统的根轨迹图确定，速度反馈增益 K 为何值时能使闭环系统极点阻尼比等于 0.7。

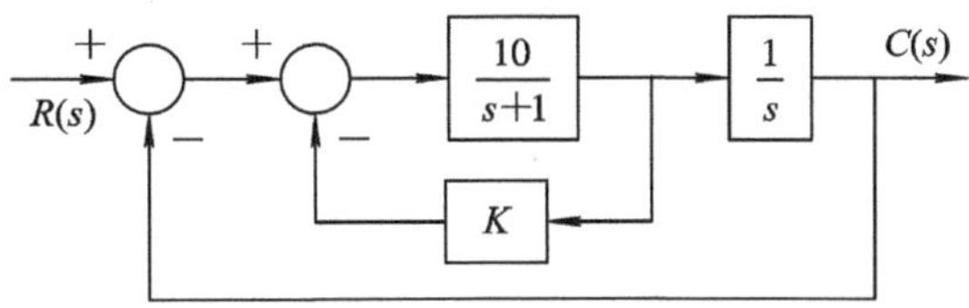

图 4-30　系统结构图

4-8　已知系统的开环传递函数为

$$G(s)H(s)=\frac{K_r}{s(s+1)(s+2)}$$

试绘制该系统完整的根轨迹图。

4-9　已知系统的开环传递函数为

$$G(s)H(s)=\frac{K_r}{s(s+2)(s^2+2s+2)}$$

试绘制该系统的根轨迹图。

4-10　已知单位反馈系统的开环传递函数为

$$G(s)=\frac{K}{s(s+1)(0.5s+1)}$$

试用根轨迹法确定系统在稳定欠阻尼状态下的开环增益 K 的范围。

4-11　已知系统开环传递函数为

$$G(s)=\frac{K}{s(0.05s+1)(0.05s^2+0.2s+1)}$$

画出 K 由 $0\to\infty$ 时闭环系统的概略的根轨迹。

4-12　已知单位反馈系统的开环传递函数为

$$G(s)=\frac{K}{s(s+1)(0.5s+1)}$$

要求系统的闭环极点有一对共轭复数极点，其阻尼比为 $\xi=0.5$。试确定开环增益 K，并近似分析系统的时域性能。

4-13　已知单位反馈系统的开环传递函数为

$$G(s)=\frac{K(s^2+2s+4)}{s(s+4)(s+6)(s^2+1.4s+1)}\qquad K\geqslant 0$$

试画出系统的根轨迹图，并分析系统稳定时 K 的取值范围。

4-14　已知单位反馈系统的开环传递函数为

$$G(s)=\frac{K}{s(s+1)(s+2)}$$

K 的变化范围是 $0\to\infty$，试画出系统的根轨迹图。

第五章 控制系统的频域分析

用时域分析法分析和研究系统的动态特性和稳态误差最为直观和准确，但是，求解高阶系统的微分方程往往十分困难。此外，由于高阶系统的结构和参数与系统动态性能之间没有明确的函数关系，因此不易看出系统参数变化对系统动态性能的影响。

频域分析法作为研究控制系统的另一种经典方法，是在频域内应用图解分析法评价系统性能的一种工程方法。频域分析法不必直接求解系统的微分方程，而是间接地揭示系统的时域性能，它能方便地显示出系统参数对系统性能的影响，并可以进一步指明如何设计校正系统。频率特性可以由微分方程或传递函数求得，还可以用实验方法测定。

与其他方法相比较，频率分析法还具有如下特点：

(1) 频率特性具有明确的物理意义，它可以用实验的方法来确定，这对于难以列写微分方程式的元部件或系统来说，具有重要的实际意义。

(2) 频率分析法主要通过开环频率特性图形对系统进行分析，形象直观。

(3) 频率分析法不仅适用于线性定常系统，而且还适用于传递函数不是有理分式的纯滞后系统和部分非线性系统的分析。

5.1 频率特性的定义及表示形式

以图 5－1 所示 RC 电路为例，说明频率特性的基本概念。

图 5－1 的网络传递函数为

$$G(s)=\frac{C(s)}{R(s)}=\frac{1}{Ts+1}$$

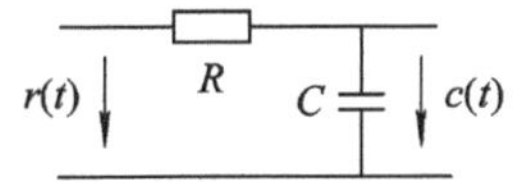

图 5－1 RC 电路

其中 $T=RC$。

若输入为正弦电压，即 $r(t)=B\sin\omega t$，代入上式，用拉普拉斯反变换求出输出可得：

$$c(t)=\frac{B\omega T}{1+\omega^2T^2}e^{-t/T}+\frac{B}{\sqrt{1+\omega^2T^2}}\sin(\omega t-\arctan\omega T) \tag{5-1}$$

这里，$\lim\limits_{t\to\infty}c(t)=\frac{B}{\sqrt{1+\omega^2T^2}}\sin(\omega t-\arctan\omega T)$，可见网络的稳态输出仍然是与输入同频率的正弦电压，幅值是输入的$\frac{1}{\sqrt{1+\omega^2T^2}}$倍，相角比输入滞后 $\arctan\omega T$，两者都是 ω 的函数，称 $A(\omega)=|G(j\omega)|=\frac{1}{\sqrt{1+\omega^2T^2}}$为 RC 网络的幅频特性，$\varphi(\omega)=\angle G(j\omega)=-\arctan\omega T$ 为 RC 网络的相频特性，则

$$G(\mathrm{j}\omega)=\frac{1}{\sqrt{1+\omega^2T^2}}\mathrm{e}^{-\mathrm{j}\arctan\omega T}=\left|\frac{1}{1+\mathrm{j}\omega T}\right|\mathrm{e}^{\mathrm{j}\angle\frac{1}{1+\mathrm{j}\omega T}}$$

$$=A(\omega)\mathrm{e}^{\mathrm{j}\varphi(\omega)}=A(\omega)\angle\varphi(\omega)=\frac{1}{1+\mathrm{j}\omega T}$$

称为网络的频率特性。

频率特性：系统输出信号的傅里叶变换与输入信号的傅里叶变换之比称为系统的频率特性，即 $G(\mathrm{j}\omega)=\dfrac{C(\mathrm{j}\omega)}{R(\mathrm{j}\omega)}=G(s)\big|_{s=\mathrm{j}\omega}$。其物理意义反映了系统对正弦信号的三大传递能力：同频、变幅、移相。

$G(\mathrm{j}\omega)$也可以用直角坐标的形式表示

$$G(\mathrm{j}\omega)=R(\omega)+\mathrm{j}I(\omega) \tag{5-2}$$

实部 $R(\omega)=\mathrm{Re}[G(\mathrm{j}\omega)]$称为实频特性，虚部 $I(\omega)=\mathrm{Im}[G(\mathrm{j}\omega)]$为虚频特性。

5.2 典型环节的幅相频率特性

5.2.1 基本概念

由于频率特性 $G(\mathrm{j}\omega)$是复数，故可把它看成是复平面中的矢量。当频率 ω 为某一定值 ω_1 时，频率特性 $G(\mathrm{j}\omega_1)$可以用极坐标形式表示为相角为$\angle G(\mathrm{j}\omega_1)$（定义为从正实轴开始，逆时针旋转为正，顺时针旋转为负），幅值为$|G(\mathrm{j}\omega_1)|$的矢量$\overrightarrow{OA}$，如图 5-2 所示。与矢量$\overrightarrow{OA}$对应的数学表达式为

$$G(\mathrm{j}\omega_1)=|G(\mathrm{j}\omega_1)|\mathrm{e}^{\mathrm{j}\angle G(\mathrm{j}\omega_1)} \tag{5-3}$$

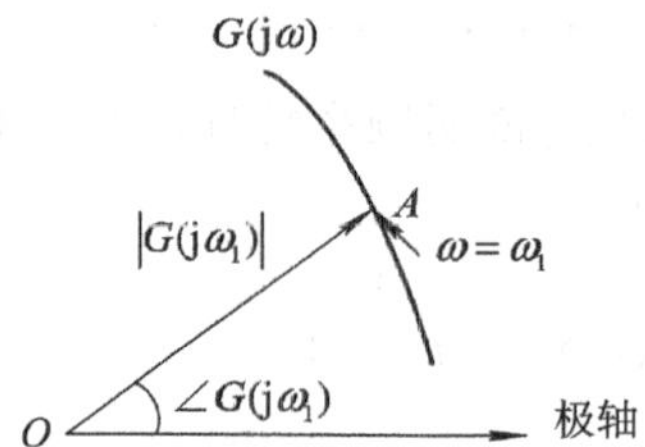

图 5-2 频率特性 $G(\mathrm{j}\omega)$的极坐标图示法

工程上用频率法研究控制系统时，主要采用图解法。每一种图解法都是基于某一形式的坐标图表示法。频率特性图示方法是描述频率 ω 从 $0\to\infty$变化时频率响应的幅值、相位与频率之间关系的一组曲线，由于采用的坐标系不同可分为两类图示法或常用的三种曲线，即极坐标图示法和对数坐标图示法；幅相频率特性曲线（奈奎斯特图 Nyquist）、对数频率特性曲线（伯德图 Bode）和对数幅相频率特性曲线（尼柯尔斯图 Nichols）。本章只介绍幅相频率特性曲线和对数频率特性曲线。

5.2.2 幅相频率特性曲线

若已知系统的传递函数 $G(s)$，令 $s=\mathrm{j}\omega$，立即可得频率特性为 $G(\mathrm{j}\omega)$。显然，$G(\mathrm{j}\omega)$是以频率 ω 为自变量的一个复变量，该复变量可用 s 复平面上的一个矢量来表示。矢量的长

度为 $G(\mathrm{j}\omega)$ 的幅值 $|G(\mathrm{j}\omega)|$；矢量与正实轴间夹角为 $G(\mathrm{j}\omega)$ 的相角 $\angle G(\mathrm{j}\omega)$。当频率 ω 从 0 变化到 ∞ 时，矢量 $G(\mathrm{j}\omega)$ 的矢端在 s 复平面上描绘出的曲线就称为系统的幅相频率特性曲线，或称作奈奎斯特(Nyquist)图。

一个控制系统由若干个典型环节所组成。要用频率特性的极坐标图示法分析控制系统的性能，首先要掌握典型环节的幅相频率特性。

1. 比例环节 K

比例环节的传递函数为

$$G(s) = K \tag{5-4}$$

频率特性为

$$G(\mathrm{j}\omega) = K + \mathrm{j}0 = K\mathrm{e}^{\mathrm{j}0} = K\angle 0^\circ \tag{5-5}$$

其幅相频率特性曲线如图 5-3 所示，幅值 $A(\omega)=K$，相位移 $\varphi(\omega)=0^\circ$，表示输出为输入的 K 倍，且相位相同。

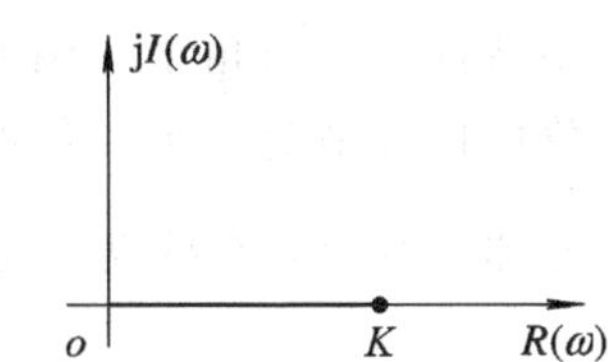

图 5-3　比例环节幅相频率特性曲线

2. 积分环节 $\frac{1}{s}$

积分环节的传递函数为

$$G(s) = \frac{1}{s} \tag{5-6}$$

频率特性为

$$G(\mathrm{j}\omega) = \frac{1}{\mathrm{j}\omega} = 0 - j\,\frac{1}{\omega} = \frac{1}{\omega}\mathrm{e}^{-\mathrm{j}\frac{\pi}{2}} \tag{5-7}$$

幅相频率特性曲线如图 5-4 所示，是整个负虚轴。幅值变化与 ω 成反比，$\varphi(\omega)=-90^\circ$。显然积分环节是一个相位滞后环节，每当信号通过一个积分环节，相位将滞后 90°。

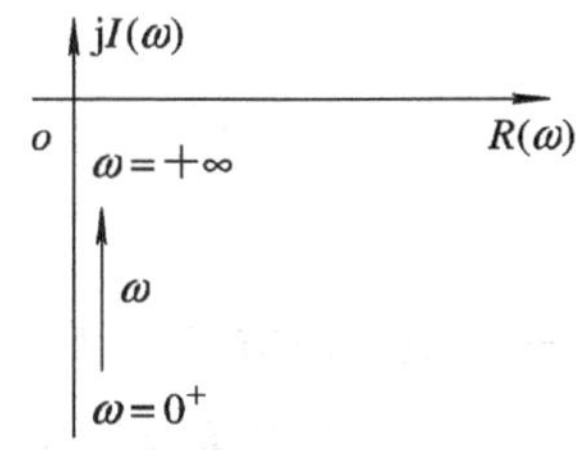

图 5-4　积分环节幅相频率特性曲线

3. 纯微分环节 s

微分环节的传递函数为

$$G(s) = s \tag{5-8}$$

频率特性为

$$G(\mathrm{j}\omega) = \mathrm{j}\omega = 0 + \mathrm{j}\omega = \omega\mathrm{e}^{\mathrm{j}\frac{\pi}{2}} \tag{5-9}$$

其幅相频率特性曲线如图 5-5 所示，是整个正虚轴，恰好与积分环节的特性相反。其幅值变化与 ω 成正比，$\varphi(\omega)=90^\circ$。可见微分环节是一个相位超前环节，系统中每增加一个微分环节将使相位超前 90°。

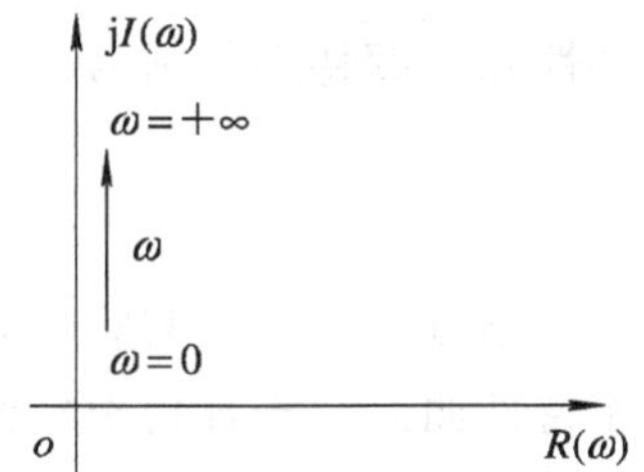

图 5-5　微分环节幅相频率特性曲线

4. 一阶惯性环节 $\frac{1}{Ts+1}$

一阶惯性环节的传递函数为

$$G(s) = \frac{1}{Ts+1} \tag{5-10}$$

频率特性为

$$G(\mathrm{j}\omega)=\frac{1}{1+\mathrm{j}\omega T}=\frac{1}{1+\omega^2T^2}-\mathrm{j}\frac{\omega T}{1+\omega^2T^2} \tag{5-11}$$

幅频特性和相频特性分别为

$$\begin{cases}A(\omega)=\dfrac{1}{\sqrt{1+\omega^2T^2}}\\ \varphi(\omega)=-\arctan\omega T\end{cases} \tag{5-12}$$

当 ω 从 $0\to\infty$ 时，幅值 $A(\omega)$ 从 $1\to0$；相角 $\varphi(\omega)$ 从 $0°\to-90°$。因此，一阶惯性环节的幅相频率特性位于直角坐标图的第四象限，且为一半圆，如图 5-6 所示。

一阶惯性环节是一个相位滞后环节，最大滞后相角为 90°。一阶惯性环节可视为一个低通滤波器，因为频率越高，幅值越小，当 $\omega>\dfrac{5}{T}$ 时，幅值 $A(\omega)$ 已趋近于零。

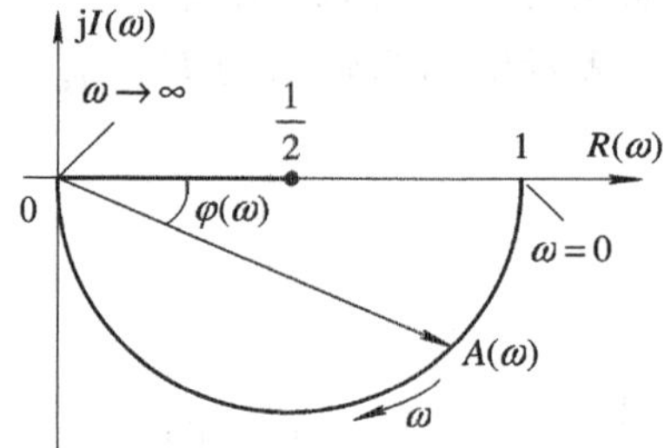

图 5-6 惯性环节幅相频率特性曲线

5. 一阶微分环节 $Ts+1$

一阶微分环节传递函数为

$$G(s)=1+Ts \tag{5-13}$$

频率特性为

$$G(\mathrm{j}\omega)=1+\mathrm{j}\omega T \tag{5-14}$$

幅频特性和相频特性分别为

$$\begin{cases}A(\omega)=\sqrt{1+(\omega T)^2}\\ \varphi(\omega)=\arctan\omega T\end{cases} \tag{5-15}$$

当 ω 从 $0\to\infty$ 时，幅值 $A(\omega)$ 从 $1\to\infty$；相角 $\varphi(\omega)$ 从 $0°\to90°$。因此，一阶微分环节的幅相频率特性曲线位于直角坐标图的第一象限，如图 5-7 所示。可见，一阶微分环节是一个相位超前环节，最大超前相角为 90°。

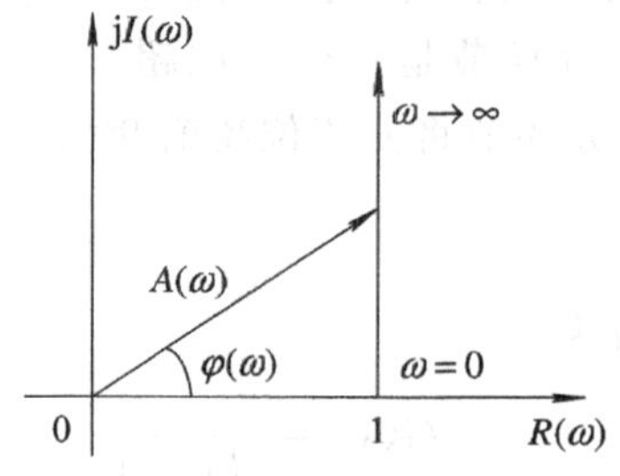

图 5-7 一阶微分环节幅相频率特性曲线

6. 二阶振荡环节 $\frac{1}{T^2s^2+2\xi Ts+1}$

二阶振荡环节的传递函数为

$$G(s)=\frac{1}{T^2s^2+2\zeta Ts+1},\ 0<\zeta<1 \tag{5-16}$$

频率特性为

$$\begin{aligned}G(\mathrm{j}\omega)&=\frac{1}{T^2(\mathrm{j}\omega)^2+2\zeta T(\mathrm{j}\omega)+1}\\&=\frac{1-T^2\omega^2}{(1-T^2\omega^2)^2+(2\zeta T\omega)^2}-\mathrm{j}\frac{2\zeta T\omega}{(1-T^2\omega^2)^2+(2\zeta T\omega)^2}\end{aligned} \tag{5-17}$$

对应的幅频特性和相频特性为

$$\begin{cases}A(\omega)=\dfrac{1}{\sqrt{(1-T^2\omega^2)^2+(2\zeta T\omega)^2}}\\\varphi(\omega)=-\arctan\dfrac{2\zeta T\omega}{1-T^2\omega^2}\end{cases} \tag{5-18}$$

由式(5-18)可知，当 $\omega=0$ 时，$A(\omega)=1$，$\varphi(\omega)=0°$；在欠阻尼($0<\zeta<1$)情况下，当 $\omega=\frac{1}{T}$时，$A(\omega)=\frac{1}{2\zeta}$，$\varphi(\omega)=-90°$，频率特性曲线与负虚轴相交，相交处的频率为无阻尼自然振荡频率 $\omega=\frac{1}{T}=\omega_n$。当 $\omega\to\infty$时，$A(\omega)\to0$，$\varphi(\omega)=180°$，频率特性曲线与实轴相切。

图 5-8 为 $0<\zeta<1$ 情况下的幅相频率特性曲线，可见，二阶振荡环节的频率特性与阻尼比 ζ 有关，ζ 大时，幅值 $A(\omega)$变化小；ζ 小时，$A(\omega)$变化大。此外，对于不同 ζ 值的特性曲线都有一个最大幅值 M_r 存在，这个 M_r 被称为谐振峰值，对应的频率 ω_r 称为谐振频率。

当 $\zeta>1$ 时，幅相频率特性将近似为一个半圆。这是因为在过阻尼系统中，特征根全部为负实数，且其中一个根比另一个根小得多，这种现象随着 ζ 值的增大而更加明显。所以当 ζ 值足够大时，数值大的特征根对动态响应的影响很小，此时二阶振荡环节可以近似为一阶惯性环节。

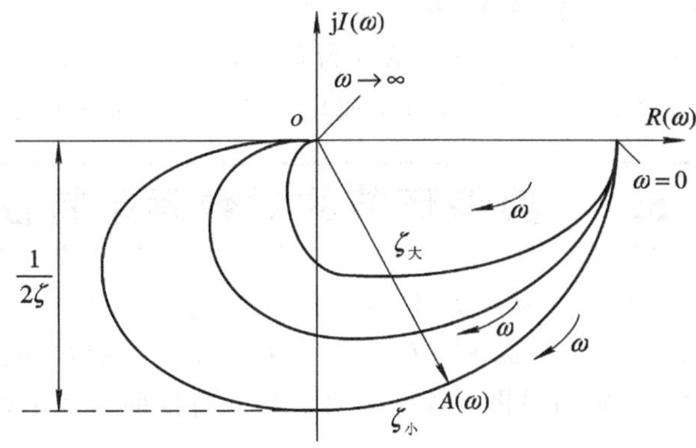

图 5-8　二阶振荡环节幅相频率特性曲线($0<\zeta<1$)

7. 二阶微分环节 $T^2s^2+2\zeta Ts+1$

二阶微分环节的传递函数为

$$G(s)=T^2s^2+2\zeta T^2s+1 \tag{5-19}$$

频率特性为

$$G(j\omega) = T^2(j\omega)^2 + 2\zeta T(j\omega) + 1 \\ = (1 - T^2\omega^2) + j(2\zeta T\omega) \quad (5-20)$$

对应的幅频特性和相频特性为

$$\begin{cases} A(\omega) = \sqrt{(1 - T^2\omega^2)^2 + (2\zeta T\omega)^2} \\ \varphi(\omega) = \arctan \dfrac{2\zeta T\omega}{1 - (T\omega)^2} \end{cases} \quad (5-21)$$

当 ω 从 $0 \to \infty$ 时，$A(\omega)$ 从 $1 \to \infty$；$\varphi(\omega)$ 从 $0° \to 180°$。因此，二阶微分环节的幅相频率特性曲线位于直角坐标图的第Ⅰ、Ⅱ象限，如图 5-9 所示。

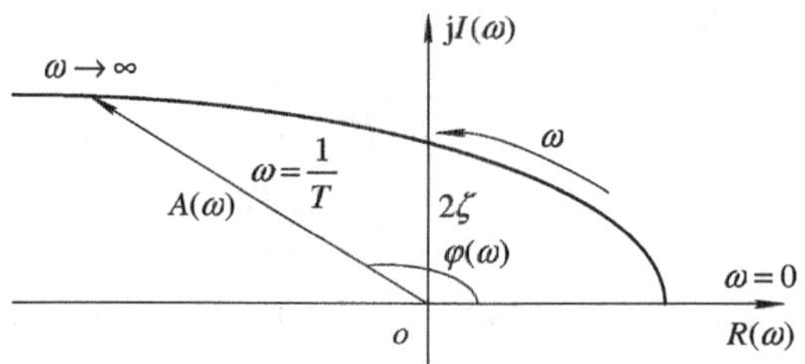

图 5-9　二阶微分环节幅相频率特性曲线

8. 延迟环节 $e^{-\tau s}$

延迟环节的传递函数为

$$G(s) = e^{-\tau s} \quad (5-22)$$

频率特性为

$$G(j\omega) = e^{-j\tau\omega} \quad (5-23)$$

相应的幅频特性和相频特性为

$$\begin{cases} A(\omega) = 1 \\ \varphi(\omega) = -\tau\omega \end{cases} \quad (5-24)$$

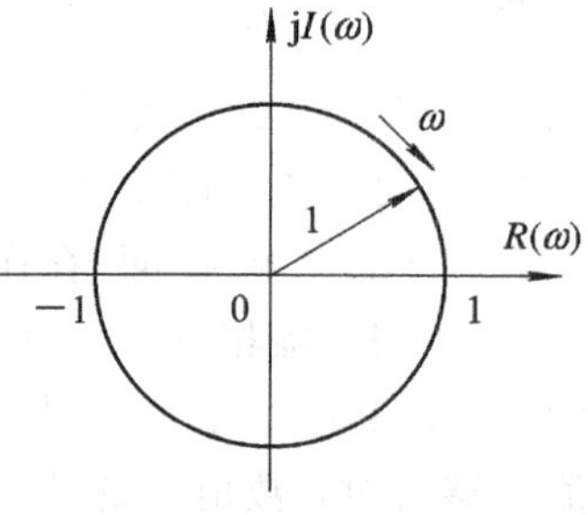

图 5-10　延迟环节幅相频率特性曲线

当频率 ω 从 $0 \to \infty$ 变化时，延迟环节幅相频率特性曲线如图 5-10 所示，它是一个以原点为圆心，半径为 1 的圆。也即 ω 从 $0 \to \infty$ 变化时，幅值 $A(\omega)$ 总是等于 1，相角 $\varphi(\omega)$ 与 ω 成比例变化，当 $\omega \to \infty$ 时，$\varphi(\omega) \to -\infty$。

5.3 典型环节的对数频率特性

幅相频率特性是一个以 ω 为参变量的图形，在定量分析时有一定的不便之处。因此，在工程上，常常将 $|G(j\omega)| = A(\omega)$ 和 $\angle G(j\omega) = \varphi(\omega)$ 分别表示在两张对数坐标图上，称作对数幅频特性图和对数相频特性图，统称为对数频率特性曲线或伯德图(Bode)。

5.3.1 半对数坐标

为了方便地绘制对数频率特性图，我们使用十倍频程(decade，简写 dec)，以及对数幅频特性的“斜率”概念。

所谓“十倍频程”，是指在 ω 轴上对应于频率 ω 每增大十倍的频带宽度，如图 5-11 所示。由于图中的横坐标按对数分度，于是 ω 每变化 10 倍，横坐标就增加一个单位长度，例如 ω 从 0.1 到 1 或 ω 从 1 到 10 等频带宽度，都是十倍频程，可见，横坐标对 ω 而言是不均匀的，但对 $\lg\omega$ 来讲却是均匀的。每个十倍频程中，ω 与 $\lg\omega$ 的对应关系如表 5－1 所列。所有十倍频程在 ω 轴上对应的长度都相等。

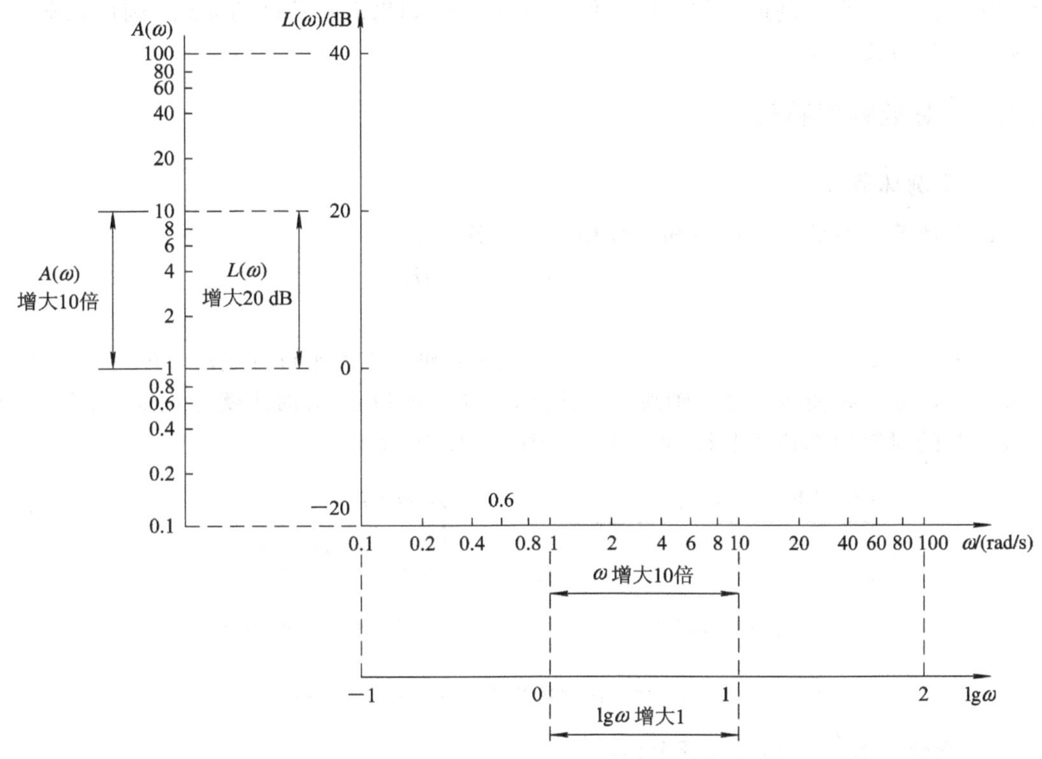

图 5－11　对数坐标

表 5－1　ω 从 1 到 10 的对数分度

ω	1	2	3	4	5	6	7	8	9	10
$\lg\omega$	0	0.301	0.477	0.602	0.699	0.778	0.845	0.903	0.954	1

对数幅频特性的“斜率”是指频率 ω 改变十倍频时 $L(\omega)$ 分贝数的改变量，单位是 dB/dec(分贝/十倍频)。图 5－11 中纵坐标 $L(\omega)=20\lg A(\omega)$，称为增益。$A(\omega)$ 每变化 10 倍，$L(\omega)$ 就变化 20 分贝(dB)。“斜率”的概念在具体绘制伯德图时很有用。

使用对数频率特性的第一个优点是在研究频率范围很宽的频率特性时，缩小了比例尺，即在一张图上，不仅画出了频率特性的中、高频段，还清楚地画出其低频段，而在设计和分析系统时，低频段特性相当重要。

使用对数频率特性的第二个优点是可以大大简化绘制系统频率特性的工作。由于系统往往是许多环节串联构成，设各个环节的频率特性为

$$G_1(\mathrm{j}\omega)=A_1(\omega)\mathrm{e}^{\mathrm{j}\varphi_1(\omega)}$$
$$G_2(\mathrm{j}\omega)=A_2(\omega)\mathrm{e}^{\mathrm{j}\varphi_2(\omega)}$$
$$\vdots$$
$$G_n(\mathrm{j}\omega)=A_n(\omega)\mathrm{e}^{\mathrm{j}\varphi_n(\omega)}$$

则串联后的开环系统频率特性为

$$G(\mathrm{j}\omega)=A_1(\omega)\mathrm{e}^{\mathrm{j}\varphi_1(\omega)}A_2(\omega)\mathrm{e}^{\mathrm{j}\varphi_2(\omega)}\cdots A_n(\omega)\mathrm{e}^{\mathrm{j}\varphi_n(\omega)}=A(\omega)\mathrm{e}^{\mathrm{j}\varphi(\omega)}$$

由于 $L(\omega)=20\lg A(\omega)=20\lg A_1(\omega)+20\lg A_2(\omega)+\cdots+20\lg A_n(\omega)$，可见利用半对数坐标图绘制开环幅相频率特性十分方便，它可以将幅值的相乘转化为幅值的相加，并且可以用渐近直线来绘制近似的对数幅值 $L(\omega)$ 曲线。如果需要精确的曲线，则可在渐近直线的基础上加以修正。

5.3.2　对数频率特性

1. 比例环节(K)

比例环节的对数幅频特性和对数相频特性分别是

$$\begin{cases}L(\omega)=20\lg K\\ \varphi(\omega)=0°\end{cases}\tag{5-25}$$

当 $K>1$ 时，$L(\omega)>0$，$L(\omega)$曲线是一条位于 ω 轴上方的平行直线；当 $K=1$ 时，$L(\omega)=20\lg 1=0$，故 $L(\omega)$曲线就是 ω 轴线。由于 $\varphi(\omega)=0°$，所以 $\varphi(\omega)$曲线就是 ω 轴线。综上所述，比例环节的对数频率特性曲线(伯德图)如图 5-12 所示。

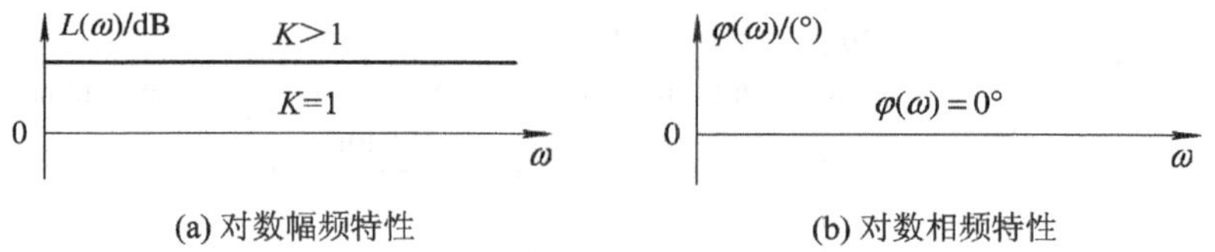

L(ω)/dB　K>1　K=1　0　ω

(a) 对数幅频特性

φ(ω)/(°)　φ(ω)=0°　0　ω

(b) 对数相频特性

图 5-12　比例环节的对数频率特性曲线

2. 积分环节$\left(\frac{1}{s}\right)$和微分环节(s)

积分环节的对数幅频特性和对数相频特性分别为

$$\begin{cases}L(\omega)=20\lg\left|\dfrac{1}{\mathrm{j}\omega}\right|=20\lg\dfrac{1}{\omega}=-20\lg\omega\\ \varphi(\omega)=\angle\left(\dfrac{1}{\mathrm{j}\omega}\right)=\angle\left(-\mathrm{j}\dfrac{1}{\omega}\right)=\arctan\left(-\dfrac{1/\omega}{0}\right)=-90°\end{cases}\tag{5-26}$$

由于对数频率特性曲线的横坐标按 $\lg\omega$ 刻度划分，故式(5-26)可视为自变量为 $\lg\omega$，因变量为 $L(\omega)$的关系式，该式在半对数坐标图上是一个斜率为 -20 dB/dec 的直线方程式。由式(5-26)可知，$\omega=1$ 时，$-20\lg\omega=0$，故有 $L(1)=0$，即该直线与 ω 轴相交于 $\omega=1$ 的点，如图 5-13(a)上斜率为 -20 dB/dec 的直线即为积分环节的对数幅频特性图。积分环节$\left(\frac{1}{s}\right)$的相频特性是 $\varphi(\omega)=-90°$。相应的对数相频特性是一条平行于 ω 轴，并处于其下方的直线，如图 5-13(b)所示。

微分环节 s 是积分环节 $1/s$ 的倒数，所以很容易求出它的对数幅频特性和相频特性。它们分别是

$$\begin{cases}L(\omega)=20\lg|\mathrm{j}\omega|=20\lg\omega\\ \varphi(\omega)=\angle\mathrm{j}\omega=\arctan\dfrac{\omega}{0}=90°\end{cases}\tag{5-27}$$

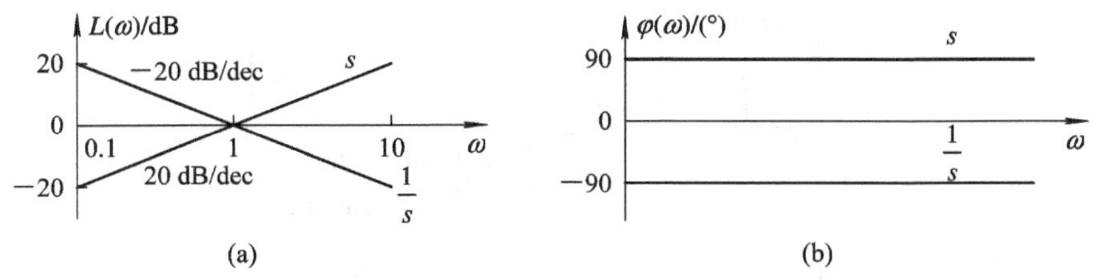

图 5-13　积分环节（1/s）和微分环节(s)的对数频率特性曲线

从式(5-27)可以看出，微分环节的对数幅频特性图和对数相频特性图都只与积分环节相差一个“负”号。因而微分环节和积分环节的伯德图对称于 ω 轴，如图 5-13 中斜率为 20 dB/dec 的斜线(幅频特性曲线)和 90°的平行于 ω 轴的直线(相频特性曲线)。

3. 一阶惯性环节$\left(\dfrac{1}{1+Ts}\right)$和比例微分环节$(1+Ts)$

一阶惯性环节的对数幅频特性和对数相频特性为

$$\begin{cases} L(\omega) = 20\ \lg\left|\dfrac{1}{1+\mathrm{j}\omega T}\right| = -20\ \lg\sqrt{1+\omega^2T^2} \\ \varphi(\omega) = \angle\dfrac{1}{1+\mathrm{j}\omega T} = -\arctan\omega T \end{cases} \tag{5-28}$$

绘制一阶惯性环节的对数幅频特性图，不需要将不同的 ω 值代入式(5-28)逐点计算 $L(\omega)$，可用渐近线的方法先画出曲线的大致图形，再加以精确化。

(1) 当 $\omega T \ll 1$ 时(低频时)，由式(5-28)可得

$$L(\omega) \approx 0\quad \mathrm{dB} \tag{5-29}$$

上式表明，一阶惯性环节的低频段是一条零分贝的直线，它与 ω 轴重合，如图 5-14(a)所示。

(2) 当 $\omega T \gg 1$ 时(高频时)，则由式(5-28)可得

$$L(\omega) \approx -20\ \lg T\omega = -20\ \lg\omega + 20\ \lg\frac{1}{T} \approx -20\ \lg\omega \tag{5-30}$$

当 $\omega T=1$ 时

$$L(\omega) \approx -20\ \lg T\omega = 0\ \mathrm{dB}$$

式(5-30)为一条斜率是 −20 dB/dec 的直线。这表明，一阶惯性环节在高频段$\left(\dfrac{1}{T}<\omega<\infty\right)$范围内是一条斜率为 −20 dB/dec，且与 ω 轴相交于 $\omega=\dfrac{1}{T}$的渐近线(见图 5-14)，它与低频段渐近线的交点为 $\omega=\dfrac{1}{T}$，这时的 ω 称为转角频率，其中，T 是惯性环节$\dfrac{1}{1+Ts}$的时间常数。求出转折频率后，就可方便地做出低频段和高频段的渐近线。

作一阶惯性环节的对数相频特性图没有近似的办法，但也可定出 $\omega=\dfrac{1}{T}$、$\dfrac{1}{2T}$、$\dfrac{2}{T}$、$\dfrac{0.1}{T}$、$\dfrac{10}{T}$等点，用曲线把各点连接起来，如图 5-14(b)所示。它是对点 $\varphi\left(\dfrac{1}{T}\right)=-45°$斜对称的一条曲线。

由于渐近线接近于精确曲线，因此，在一些不需要十分精确的场合，可以用渐近线代

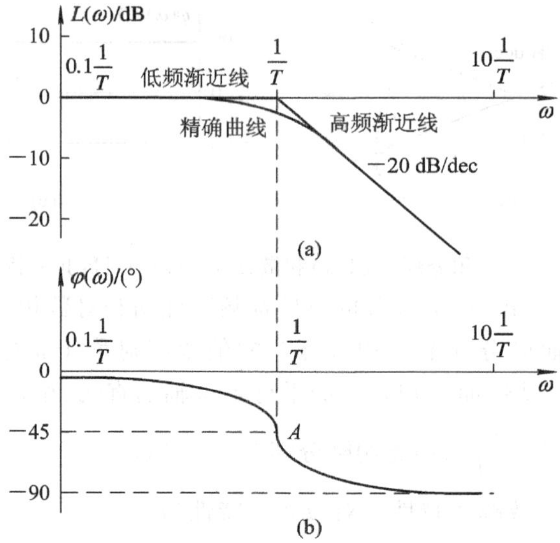

图 5 - 14　惯性环节$\left(\frac{1}{1+Ts}\right)$的对数频率特性曲线

替精确曲线加以分析。在要求精确曲线的场合，需要对渐近线进行修正。用渐近线代替精确曲线的最大误差发生在转角频率处，因此可将 $\omega=1/T$ 代入式(5 - 28)，可得转角频率处的精确值为

$$L(\omega)=-20\lg\sqrt{1+1}=-3.01\ \text{dB}\approx-3\ \text{dB}$$

近似值为 $L(\omega)=0$，所以误差为 -3 dB，如图 5 - 15 所示。由图 5 - 15 可以看出，误差值相对于转角频率是对称的。

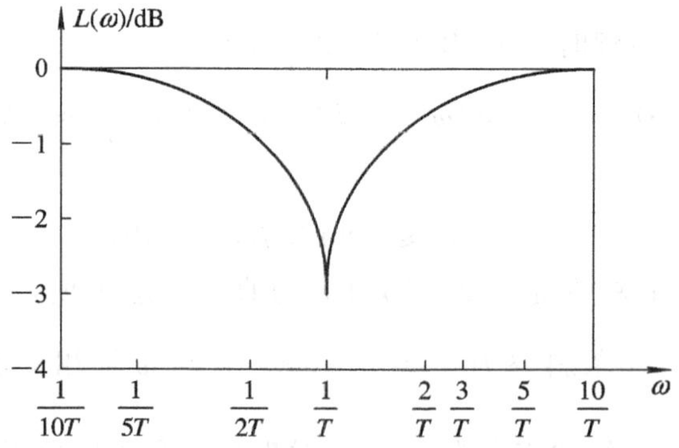

图 5 - 15　一阶惯性环节的对数幅频特性曲线采用渐近线时的误差值

比例微分环节$(1+Ts)$的对数幅频特性和对数相频特性为

$$\begin{cases}L(\omega)=20\lg\sqrt{1+T^2\omega^2}\\ \varphi(\omega)=\arctan\omega T\end{cases}\tag{5-31}$$

将式(5 - 31)与式(5 - 28)对比可知，比例微分环节与一阶惯性环节的对数幅频特性和对数相频特性只相差一个“负”号，因而比例微分环节和一阶惯性环节的对数频率特性曲线对称于 ω 轴，如图 5 - 16 所示。

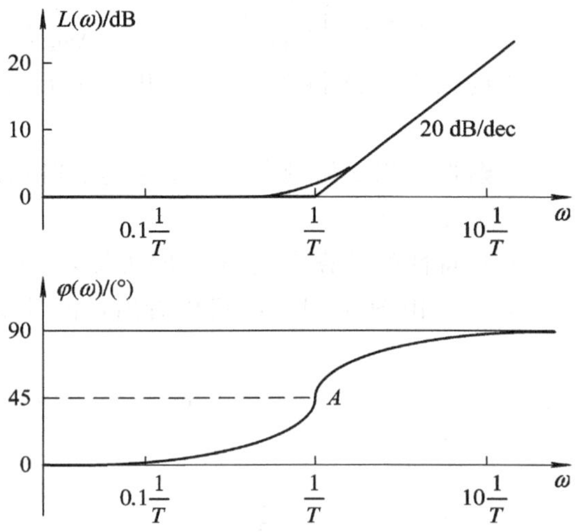

图 5-16 比例微分环节(1+Ts)的对数频率特性曲线

4. 二阶振荡环节$\left(\dfrac{\omega_n^2}{s^2+2\zeta\omega_n s+\omega_n^2}\right)$和二阶微分环节$(s^2+2\zeta\omega_n s+\omega_n^2)$

二阶环节中参数 ζ(阻尼比)如果大于 1，则可分别用两个一阶惯性环节$\dfrac{1}{T_1s+1}$、$\dfrac{1}{T_2s+1}$或两个一阶微分环节 T_1s+1、T_2s+1 的乘积来表示。如果 $0<\zeta<1$，则成为二阶振荡环节或二阶微分环节。由于二阶振荡环节和二阶微分环节互为倒数(只相差常数 ω_n^2)，所以只要讨论其中的一个，就可以方便地得到另一个的对数幅频特性和相频特性。现着重讨论常见的二阶振荡环节$\left(\dfrac{\omega_n^2}{s^2+2\zeta\omega_n s+\omega_n^2}\right)$的对数频率特性曲线的绘制方法。

二阶振荡环节的幅相频率特性为

$$G(j\omega)=\frac{1}{\left(\dfrac{j\omega}{\omega_n}\right)^2+2\zeta\left(\dfrac{j\omega}{\omega_n}\right)+1}=\frac{1}{\sqrt{\left(1-\dfrac{\omega^2}{\omega_n^2}\right)^2+\left(2\zeta\dfrac{\omega}{\omega_n}\right)^2}}\angle-\arctan\left[\frac{2\zeta\dfrac{\omega}{\omega_n}}{1-\left(\dfrac{\omega}{\omega_n}\right)^2}\right]$$

所以，二阶振荡环节的对数幅频特性和对数相频特性为

$$\begin{cases}L(\omega)=-20\lg\sqrt{\left(1-\dfrac{\omega^2}{\omega_n^2}\right)^2+\left(2\zeta\dfrac{\omega}{\omega_n}\right)^2}\\ \varphi(\omega)=-\arctan\left[\dfrac{2\zeta\dfrac{\omega}{\omega_n}}{1-\left(\dfrac{\omega}{\omega_n}\right)^2}\right]\end{cases}\qquad(5-32)$$

依照一阶惯性环节的分析方法，先求出二阶振荡环节的对数幅频特性的渐近线。

(1) 当 $\omega\ll\omega_n$ 时(低频段)，由式(5-32)可得

$$L(\omega)\approx-20\lg1=0\ \text{dB}$$

上式表明，低频段的渐近线为一条零分贝的直线，它与 ω 轴重合。

(2) 当 $\omega\gg\omega_n$ 时(高频段)，由式(5-32)可得

$$L(\omega) \approx -20\lg\left(\frac{\omega}{\omega_n}\right)^2 = -40\lg\left(\frac{\omega}{\omega_n}\right)$$

上式表明，高频段的渐近线为一条斜率为 -40 dB/dec 且与 ω 轴相交于 $\omega=\omega_n$ 点的直线。

低频段渐近线和高频段渐近线相交处频率为 ω_n，称为二阶振荡环节的转角频率，两条渐近线与转角频率如图 5-17(a)所示。

二阶振荡环节的对数相频特性的计算由式(5-32)可知，它也和阻尼比 ζ 有关，这些相频特性曲线如图 5-17(b)所示。由图 5-17(b)可以看出，它们都是以转角频率 ω_n 处相角为 $-90°$ 的点为斜对称。

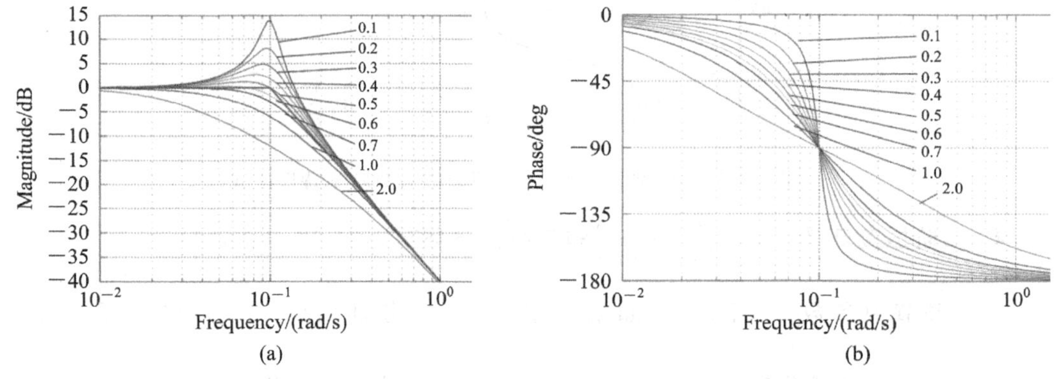

图 5-17　二阶振荡环节 $\dfrac{\omega_n^2}{s^2+2\zeta\omega_n s+\omega_n^2}$ 的对数频率特性曲线

二阶振荡环节对数幅频特性的精确曲线可以按式(5-32)计算并绘制。显然，精确曲线随阻尼比 ζ 的不同而不同。因此，渐近线的误差也随 ζ 的不同而不同。不同 ζ 值时的精确曲线如图 5-17 所示。从图中可以看出，当 ζ 值在一定范围内时，其相应的精确曲线都有峰值，该值可按求函数极值的方法由式(5-32)求得。渐近线误差随 ζ 不同而不同，误差曲线如图 5-18 所示。从图 5-18 可以看出，渐近线的误差在 $\omega=\omega_n$ 附近为最大，并且 ζ 值越

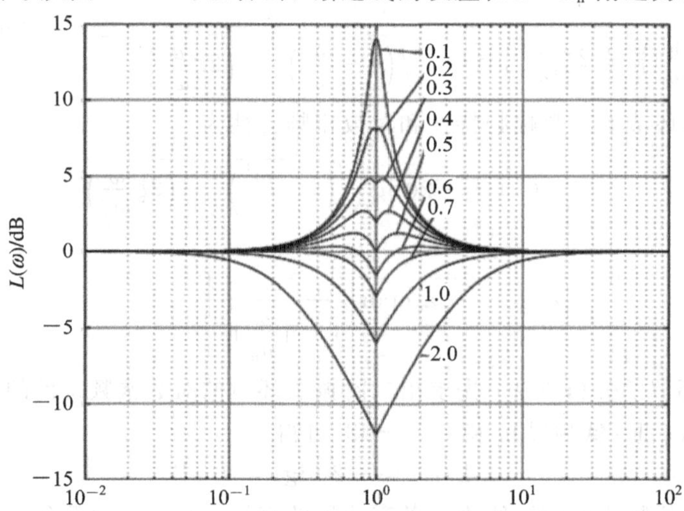

图 5-18　二阶振荡环节对数幅频特性的误差曲线

小，误差越大。当 $\zeta \to 0$ 时，误差将趋近于无穷大。

二阶微分环节 $s^2+2\zeta\omega_n s+\omega_n^2(0<\zeta<1)$ 的对数幅频特性和对数相频特性都与二阶振荡环节的特性对称（以 ω 轴为对称轴），这里不再赘述。

5. 延迟环节（$e^{-\tau s}$）

延迟环节的幅频特性和相频特性为

$$\begin{cases} A(\omega)=1 \\ \varphi(\omega)=-\tau\omega \end{cases} \tag{5-33}$$

对数幅相频率特性为

$$\begin{cases} L(\omega)=20\lg 1=0 \\ \varphi(\omega)=-\tau\omega(\text{rad})=-57.3\tau\omega(^\circ) \end{cases} \tag{5-34}$$

其对应的对数频率特性曲线如图 5-19 所示。从图 5-19 可以看出，延迟环节的对数幅频特性曲线为 $L(\omega)=0$ 的直线，与 ω 轴重合。对数相频特性曲线 $\varphi(\omega)$ 当 $\omega\to\infty$ 时，$\varphi(\omega)\to-\infty$。

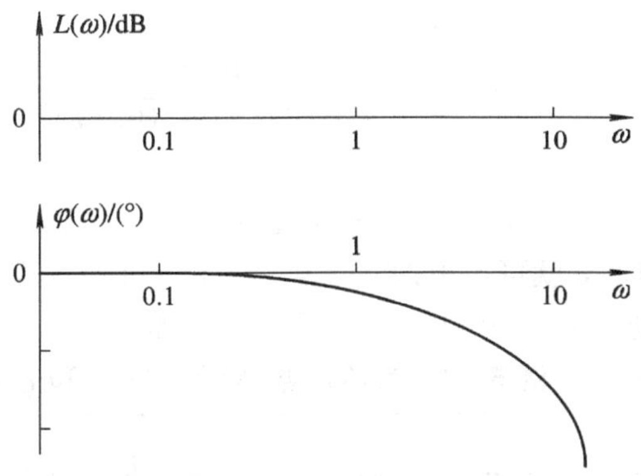

图 5-19　延迟环节 $e^{-\tau s}$ 的对数频率特性曲线

5.4　开环系统的幅相频率特性曲线绘制

采用频域分析法分析自动控制系统时，一般有两种方法，一种是直接用系统的开环频率特性曲线分析闭环系统的性能。另一种是根据开环频率特性曲线和已有的标准线图求得闭环频率特性曲线，再用闭环频率特性曲线来分析闭环系统的性能。两种方法都必须首先绘制开环频率特性曲线，而在采用极坐标图进行图解分析时，首先要求绘制极坐标图形式的开环幅相频率特性曲线图。

已知反馈控制系统的开环传递函数为 $G(s)H(s)$，将 $G(s)H(s)$ 中的 s 用 $j\omega$ 来代替，便可求得开环频率特性 $G(j\omega)H(j\omega)$，在绘制开环幅相频率特性曲线时，可将 $G(j\omega)H(j\omega)$ 写成直角坐标（即实部与虚部）形式

$$G(j\omega)H(j\omega)=R(\omega)+jI(\omega)$$

或写成极坐标形式

$$G(j\omega)H(j\omega)=|G(j\omega)H(j\omega)|e^{j\angle G(j\omega)H(j\omega)}=A(\omega)e^{j\varphi(\omega)}$$

给出不同的 ω，计算出相应的 $R(\omega)$、$I(\omega)$或者 $A(\omega)$和 $\varphi(\omega)$，即可得出极坐标图中相应的点，当 ω 从 $0\to\infty$变化时，即可求得系统的开环幅相频率特性图(奈奎斯特图，简称奈氏图)，图中的特性曲线简称为奈氏曲线。步骤如下：

(1) 根据系统的开环传递函数求出系统的开环频率特性；

(2) 根据系统的极坐标特性确定开环幅相特性曲线的起点($\omega\to 0$)和终点($\omega\to\infty$)；

(3) 根据系统的实频、虚频特性确定开环幅相特性曲线和实轴以及虚轴的交点(穿越频率 ω_c)；

(4) 确定开环幅相特性曲线的变化范围和趋势。

【例 5-1】 试绘制下列开环传递函数的奈奎斯特图(极坐标图)。

$$G(s)H(s)=\frac{10}{(1+s)(1+0.1s)}$$

解 系统的开环频率特性为

$$G(\mathrm{j}\omega)H(\mathrm{j}\omega)=\frac{10}{(1+\mathrm{j}\omega)(1+\mathrm{j}0.1\omega)}$$

开环幅频特性为

$$A(\omega)=\frac{10}{\sqrt{1+\omega^2}\times\sqrt{1+(0.1\omega)^2}}$$

开环相频特性为

$$\varphi(\omega)=-\arctan\omega-\arctan 0.1\omega$$

当取 ω 为若干具体数值时，就可由上两式计算出 $A(\omega)$和 $\varphi(\omega)$的值，见表 5-2 所示。

根据表 5-2 的数据就可绘出例 5-1 的奈氏图，如图 5-20 所示。

表 5-2 例 5-1ω 为不同数值时，$A(\omega)$和 $\varphi(\omega)$的值

ω	0	0.5	1	2	3	4	5	6	7	8	9	10
$A(\omega)$	10	8.9	7.03	4.4	3.04	2.26	1.76	1.4	1.15	0.97	0.83	0.71
$\varphi(\omega)$	0°	29.4°	50.7°	74.7°	88.2°	97.7°	105.2°	111.5°	116.8°	121.5°	125.5°	129.3°

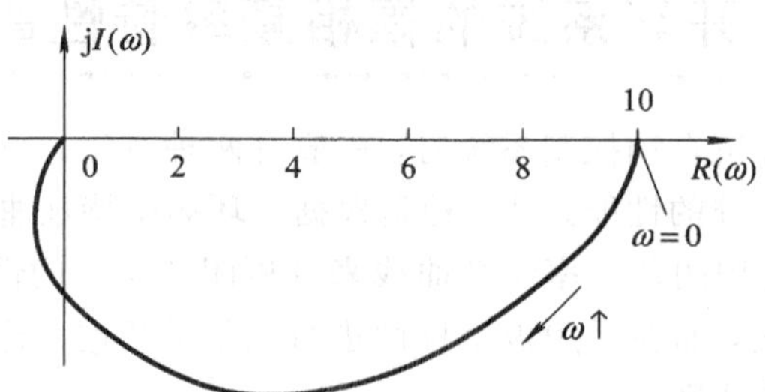

图 5-20 例 5-1 的奈奎斯特曲线图

例 5-1 的 MATLAB 程序如下：

```
num=10;
den=conv([1, 1], [0.1, 1]);
sys=tf(num, den);
nyquist(sys)
```

【例 5-2】 设开环系统的频率特性为

$$G(j\omega) = \frac{1}{(1+j\omega)(1+j5\omega)}$$

试列出实频和虚频特性表达式，并绘制奈氏图(极坐标图)。

解 $G(j\omega)=\dfrac{1}{(1+j\omega)(1+j5\omega)}=\dfrac{1-5\omega^2}{(1+\omega^2)(1+25\omega^2)}+j\dfrac{-6\omega}{(1+\omega^2)(1+25\omega^2)}$

$$=\frac{1}{\sqrt{1+\omega^2}\sqrt{1+25\omega^2}}\angle -\arctan\omega-\arctan5\omega$$

系统的实频、虚频特性分别为：

$$R(\omega)=\frac{1-5\omega^2}{(1+\omega^2)(1+25\omega^2)},\ I(\omega)=\frac{-6\omega}{(1+\omega^2)(1+25\omega^2)}$$

幅频和相频特性分别为：

$$A(\omega)=\frac{1}{\sqrt{1+\omega^2}\sqrt{1+25\omega^2}},\ \varphi(\omega)=\angle -\arctan\omega-\arctan5\omega$$

奈氏图的起点：$\omega=0$，$A(\omega)=1$，$\varphi(\omega)=0°$；

奈氏图的终点：$\omega=\infty$，$A(\omega)=0$，$\varphi(\omega)=-180°$；

奈氏图与实轴的交点：

令 $I(\omega)=\dfrac{-6\omega}{(1+\omega^2)(1+25\omega^2)}=0$，得 $\omega=0$。这时

$$R(\omega)=\frac{1-5\omega^2}{(1+\omega^2)(1+25\omega^2)}=1$$

奈氏图与虚轴的交点：

令 $R(\omega)=\dfrac{1-5\omega^2}{(1+\omega^2)(1+25\omega^2)}=0$，得 $\omega=\dfrac{1}{\sqrt{5}}$。这时

$$I(\omega)=\frac{-6\omega}{(1+\omega^2)(1+25\omega^2)}=-\frac{\sqrt{5}}{6}$$

幅相特性曲线的变化范围和趋势：

令 $\omega=\dfrac{1}{\sqrt{5}}$，则 $\varphi(\omega)=-90°$。可见，系统的幅频特性曲线处于第三、四象限，随着 ω 的增大，$\varphi(\omega)$从 0°减小到$-180°$。其奈氏图如图 5-21 所示。

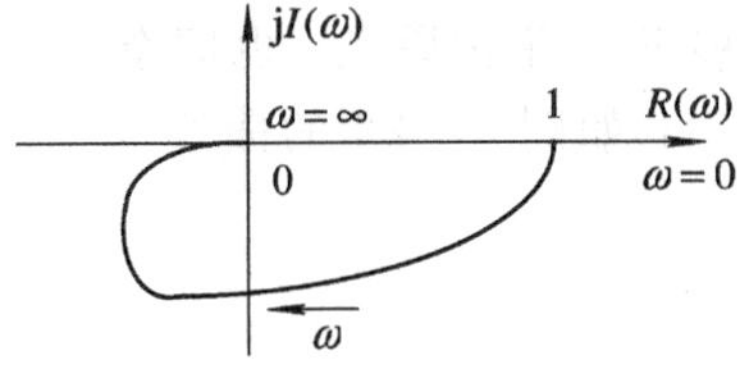

图 5-21 例 5-2 的奈氏图

例 5-2 的 MATLAB 程序如下：

```
num=1;
den=conv([1, 1], [5, 1]);
sys=tf(num, den);
nyquist(sys)
```

根据开环系统传递函数中积分环节的数目 v 的不同($v=0, 1, 2\cdots$)，控制系统可以分为0型系统、Ⅰ型系统、Ⅱ型系统、Ⅲ型系统……。下面将分别给出0型系统、Ⅰ型系统和Ⅱ型系统的开环频率特性极坐标图。这些典型系统的奈氏曲线图特性将有助于以后用奈氏曲线图方法分析和设计控制系统。

1. 0型系统的开环奈氏曲线

0型系统的开环传递函数为

$$G(s)H(s)=\frac{K\prod_{i=1}^{m}(\tau_i s+1)}{\prod_{k=1}^{n}(T_k s+1)}(m<n) \tag{5-35}$$

其幅频频率特性为

$$G(j\omega)H(j\omega)=\frac{K\prod_{i=1}^{m}(j\omega\tau_i+1)}{\prod_{k=1}^{n}(j\omega T_k+1)}=A(\omega)e^{j\varphi(\omega)} \tag{5-36}$$

式中

$$\begin{cases}A(\omega)=\dfrac{K\prod_{i=1}^{m}\sqrt{1+(\tau_i\omega)^2}}{\prod_{k=1}^{n}\sqrt{1+(T_k\omega)^2}}\\ \varphi(\omega)=\sum_{i=1}^{m}\arctan\tau_i\omega-\sum_{k=1}^{n}\arctan T_k\omega\end{cases} \tag{5-37}$$

由式(5-37)可知，当 $\omega=0$ 时，$A(0)=K$，$\varphi(0)=0°$。当 $\omega\to\infty$ 时，由于 $m<n$，所以 $A(\infty)=0$，为坐标原点，$\varphi(\infty)=m\cdot 90°-n\cdot 90°=(m-n)90°=(n-m)(-90°)$，可知，奈氏曲线是从 $(n-m)(-90°)$ 的角度进入坐标原点的。

例如，设0型系统的开环频率特性为

$$G(j\omega)H(j\omega)=\frac{K}{(j\omega T_1+1)(j\omega T_2+1)}$$

式中，$n=2$，$m=0$，所以，$\varphi(\infty)=(2-0)(-90°)=-180°$，即奈氏曲线将从 $-180°$ 进入坐标原点，也即奈氏曲线在原点处与负实轴相切，如图5-22的曲线 a 所示。

设0型系统的开环频率特性为

$$G(j\omega)H(j\omega)=\frac{K}{(j\omega T_1+1)(j\omega T_2+1)(j\omega T_3+1)}$$

式中，$n=3$，$m=0$，所以，$\varphi(\infty)=(3-0)(-90°)=-270°$，即奈氏曲线将从 $-270°$ 进入坐标原点，也即奈氏曲线在原点处与正虚轴相切。如图5-22的曲线 b 所示。

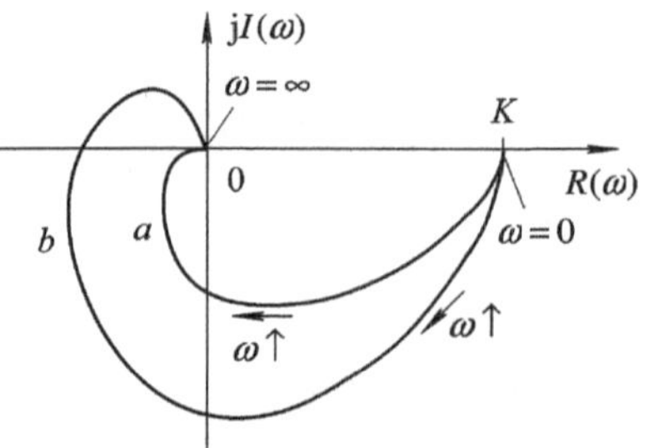

图5-22　0型系统的奈氏图

2. Ⅰ型系统的开环奈氏曲线

Ⅰ型系统的开环传递函数为

$$G(s)H(s)=\frac{K\prod_{i=1}^{m}(\tau_i s+1)}{s\prod_{k=1}^{n-1}(T_k s+1)}\qquad(m<n)\tag{5-38}$$

其频率特性为

$$G(\mathrm{j}\omega)H(\mathrm{j}\omega)=\frac{K\prod_{i=1}^{m}(\mathrm{j}\omega\tau_i+1)}{\mathrm{j}\omega\prod_{k=1}^{n-1}(\mathrm{j}\omega T_k+1)}=M(\omega)\mathrm{e}^{\mathrm{j}\varphi(\omega)}\tag{5-39}$$

式中

$$\begin{cases}A(\omega)=\dfrac{K\prod_{i=1}^{m}\sqrt{1+(\tau_i\omega)^2}}{\omega\prod_{k=1}^{n-1}\sqrt{1+(T_k\omega)^2}}\\ \varphi(\omega)=-90°+\sum_{i=1}^{m}\arctan\tau_i\omega-\sum_{k=1}^{n-1}\arctan T_k\omega\end{cases}\tag{5-40}$$

由式(5-40)可知，当 $\omega=0$ 时，$A(\omega)=\infty$，$\varphi(0)=-90°$，故Ⅰ型系统的奈氏曲线的起点是在相角为 $-90°$ 的无限远处。当 $\omega\to\infty$ 时，因 $m<n$，所以 $A(\infty)=0$，也为坐标原点，$\varphi(\omega)=(n-m)(-90°)$。与0型系统类似，奈氏曲线是从 $(n-m)(-90°)$ 的角度进入坐标原点的，如图5-23所示，当 $n-m=2$ 时，为曲线 a，当 $n-m=3$ 时，为曲线 b。

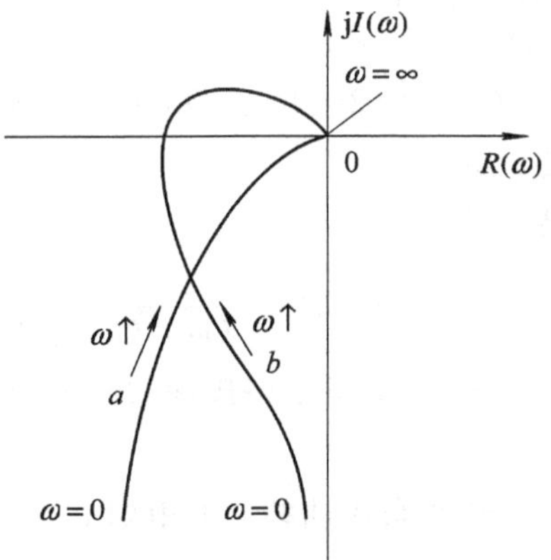

图5-23　Ⅰ型系统的奈氏图

3. Ⅱ型系统的开环奈氏曲线

Ⅱ型系统的开环传递函数为

$$G(s)H(s)=\frac{K\prod_{i=1}^{m}(\tau_i s+1)}{s^2\prod_{k=1}^{n-2}(T_k s+1)}\qquad(m<n)\tag{5-41}$$

其频率特性为

$$G(j\omega)H(j\omega)=\frac{K\prod_{i=1}^{m}(j\omega\tau_i+1)}{(j\omega)^2\prod_{k=1}^{n-2}(j\omega T_k+1)}=A(\omega)e^{j\varphi(\omega)} \tag{5-42}$$

式中

$$\begin{cases}A(\omega)=\dfrac{K\prod_{i=1}^{m}\sqrt{1+(\tau_i\omega)^2}}{\omega^2\prod_{k=1}^{n-2}\sqrt{1+(T_k\omega)^2}}\\ \varphi(\omega)=-180^\circ+\sum_{i=1}^{m}\arctan\tau_i\omega-\sum_{k=1}^{n-2}\arctan T_k\omega\end{cases} \tag{5-43}$$

由式(5-43)可知，当 $\omega=0$ 时，$A(\omega)=\infty$，$\varphi(\omega)=-180^\circ$，故Ⅱ型系统的奈氏曲线的起点在相角为 -180° 的无限远处，如图 5-24 所示。当 $\omega\to\infty$ 时，因 $m<n$，所以 $A(\infty)=0$，即坐标原点，$\varphi(\infty)=(n-m)(-90^\circ)$，与 0 型、Ⅰ型系统相类似，奈氏曲线是从 $(n-m)(-90^\circ)$ 的角度进入坐标原点的。

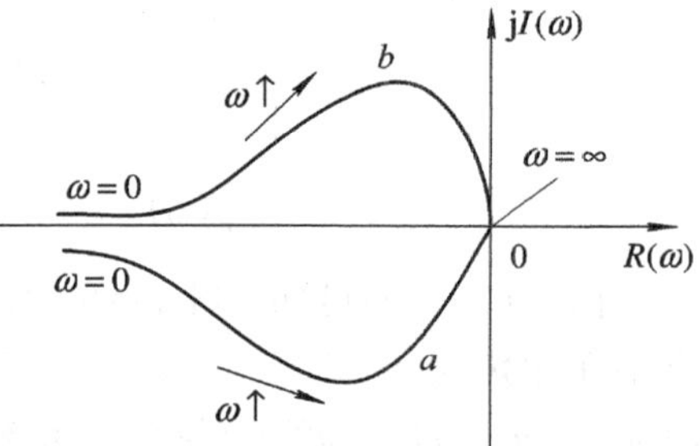

图 5-24 Ⅱ型系统的奈氏图

例如，设Ⅱ型系统的开环频率特性为

$$G(j\omega)H(j\omega)=\frac{K(j\omega\tau_1+1)}{(j\omega)^2(j\omega T_1+1)}$$

上式中，$m=1$，$n=3$，所以 $\varphi(\infty)=(3-1)(-90^\circ)=-180^\circ$，即奈氏曲线在原点处与负实轴相切，如图 5-24 的曲线 a 所示。

若Ⅱ型系统开环频率特性为

$$G(j\omega)H(j\omega)=\frac{K}{(j\omega)^2(j\omega T_1+1)}$$

这时 $n-m=3$，所以 $\varphi(\infty)=-270^\circ$，所以奈氏曲线在原点处与正虚轴相切，如图 5-24 的曲线 b 所示。

综上所述，为了绘制系统开环奈氏曲线，可用如下方法确定特性的几个关键部分。

1) 奈氏曲线的低频段

开环系统频率特性的一般形式为

$$G(j\omega)H(j\omega)=\frac{K\prod_{i=1}^{m}(j\omega\tau_i+1)}{(j\omega)^v\prod_{k=1}^{n-v}(j\omega T_k+1)}=A(\omega)e^{j\varphi(\omega)} \tag{5-44}$$

式中

$$\begin{cases} A(\omega) = \dfrac{K\prod\limits_{i=1}^{m}\sqrt{1+(\tau_i\omega)^2}}{\omega^v\prod\limits_{k=1}^{n-v}\sqrt{1+(T_k\omega)^2}} \\ \varphi(\omega) = v(-90^\circ) + \sum\limits_{i=1}^{m}\arctan\tau_i\omega - \sum\limits_{k=1}^{n-v}\arctan T_k\omega \end{cases} \tag{5-45}$$

当 $\omega\to 0$ 时，可以确定特性的低频部分，$\omega=0^+$ 时，式(5-45)为

$$\begin{cases} A(0^+) = \lim\limits_{\omega\to 0^+}\dfrac{K}{\omega^v} \\ \varphi(0^+) = v(-90^\circ) \end{cases}$$

其特点由系统的型别 v 近似确定，如图 5-25(a)所示。

对于 0 型系统，当 $\omega=0$ 时，特性起点为$(K,\mathrm{j}0)$。对于Ⅰ型系统，当 $\omega=0$ 时，特性趋于一条与负虚轴平行的渐近线。对于Ⅱ型系统，当 $\omega=0$ 时，特性趋于一条与负实轴平行的渐近线。

2) 奈氏曲线的高频段

将开环系统频率特性的一般形式(5-44)中的分子、分母各因子展开表示，则有

$$G(\mathrm{j}\omega)H(\mathrm{j}\omega) = \frac{b_0(\mathrm{j}\omega)^m + b_1(\mathrm{j}\omega)^{m-1} + \cdots + K}{a_0(\mathrm{j}\omega)^n + a_1(\mathrm{j}\omega)^{n-1} + \cdots + a_{n-v-1}(\mathrm{j}\omega)^{v+1} + (\mathrm{j}\omega)^v} \tag{5-46}$$

一般，有 $m<n$，故当 $\omega\to\infty$时，式(5-46)可近似表示为

$$G(\mathrm{j}\omega)H(\mathrm{j}\omega)\big|_{\omega\to\infty} \approx \frac{b_0}{a_0}\frac{1}{\mathrm{j}^{n-m}}\frac{1}{\omega^{n-m}}\Big|_{\omega\to\infty} = A(\omega)\mathrm{e}^{\mathrm{j}\varphi(\omega)} \tag{5-47}$$

式中

$$\begin{cases} A(\omega)\big|_{\omega\to\infty} = \dfrac{b_0}{a_0\omega^{n-m}}\Big|_{\omega\to\infty} = 0 \\ \varphi(\omega)\big|_{\omega\to\infty} = (n-m)(-90^\circ) \end{cases} \tag{5-48}$$

即特性总是按式(5-48)的角度终止于原点，如图 5-25(b)所示。

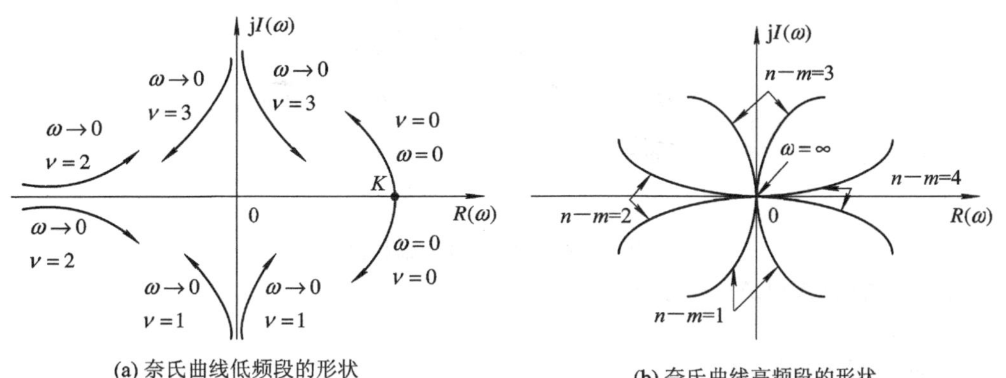

(a) 奈氏曲线低频段的形状　(b) 奈氏曲线高频段的形状

图 5-25　奈氏曲线高、低频段形状图

对于 $n-m=1$ 系统，当 $\omega\to\infty$时，特性从负虚轴角度终止于原点。对于 $n-m=2$ 系统，当 $\omega\to\infty$时，特性从负实轴角度终止于原点。对于 $n-m=3$ 系统，当 $\omega\to\infty$时，特性从

正虚轴角度终止于原点。

3）奈氏曲线与实轴和虚轴的交点

奈氏曲线与实轴的交点频率由下式求出，令开环系统频率特性的虚部等于0，即

$$I_m[G(j\omega)H(j\omega)] = 0 \tag{5-49}$$

奈氏曲线与虚轴的交点的频率由下式求出，令开环系统频率特性的实部等于0，即

$$R_e[G(j\omega)H(j\omega)] = 0 \tag{5-50}$$

【例 5-3】 设系统的开环传递函数为

$$G_K(s) = \frac{k(2s+1)}{s^2(0.5s+1)(s+1)}$$

试粗略绘制其幅相曲线。

解 系统的开环频率特性：

$$G_K(j\omega) = \frac{k(j2\omega+1)}{(j\omega)^2(j0.5\omega+1)(j\omega+1)}$$

$$= \frac{k\sqrt{1+4\omega^2}}{\omega^2\sqrt{1+0.25\omega^2}\sqrt{1+\omega^2}} e^{j(\arctan 2\omega - \arctan 0.5\omega - \arctan\omega - 180°)}$$

由开环频率特性可知，系统为2型，即 $v=2$。

故幅相曲线的起点为：$G_K(j0)=\infty\angle-180°$

幅相曲线的终点为：$G_K(j\infty)=0\angle-270°$

幅相曲线与实轴的交点：

$$G_K(j\omega) = \frac{k(j2\omega+1)}{(j\omega)^2(j0.5\omega+1)(j\omega+1)}$$

$$= \frac{k}{\omega^2(1+0.25\omega^2)(1+\omega^2)}[-(1+2.5\omega^2)-j(0.5-\omega^2)]$$

令 $\mathrm{Im}[G_K(j\omega)]=0.5-\omega^2=0$，求得 $\omega_x^2=0.5$，代入求得幅相曲线与实轴的交点为 $\mathrm{Re}[G_K(j\omega_x)]=-2.67k$，粗略画出幅相曲线如图 5-26 所示。

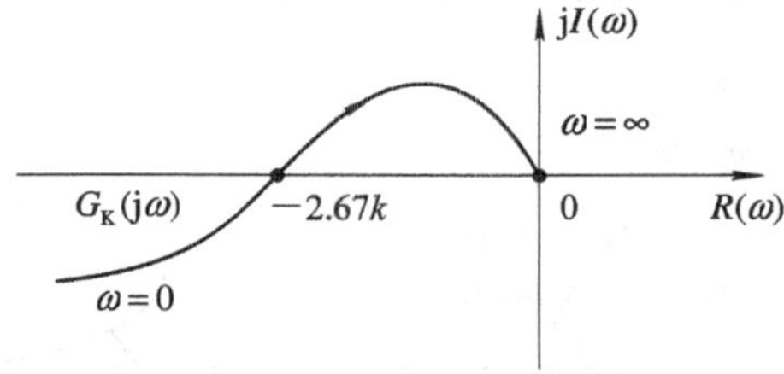

图 5-26 例 5-3 的幅相曲线

例 5-3 的 MATLAB 程序如下：

```
k=2;
num=[k*2, k];
den=conv([1, 0, 0], conv([1, 1], [0.5, 1]));
sys=tf(num, den);
nyquist(sys)
```

5.5　开环系统对数频率特性曲线绘制

5.5.1　对数频率特性曲线绘制方法

根据系统的开环频率特性绘制系统的对数频率特性曲线具体步骤如下：

(1) 将系统的开环传递函数表示为时间常数表达形式：

$$G(s)=\frac{b_0 s^m+b_1 s^{m-1}+\cdots+b_{m-1}s+b_m}{a_0 s^n+a_1 s^{n-1}+\cdots+a_{n-1}s+a_n}$$

$$=K\frac{\prod_{k=1}^{m_1}(\tau_k s+1)\prod_{l=1}^{m_2}(\tau_l^2 s^2+2\tau_l\zeta_l s+1)}{s^\nu\prod_{i=1}^{n_1}(T_i s+1)\prod_{j=1}^{n_2}(T_j^2 s^2+2T_j\zeta_j s+1)}=\frac{K}{s^\nu}G_0(s)$$

式中：$m_1+2m_2=m$，$\nu+n_1+2n_2=n$。

(2) 求 20 lg$K$ 的值，并明确积分环节的个数 ν。

(3) 确定各典型环节的转折频率 $\omega_1=\frac{1}{T_1}$、$\omega_2=\frac{1}{T_2}$、$\omega_3=\frac{1}{T_3}$、……，并按从小到大的顺序在横坐标轴上标出。

(4) 确定低频段渐近线。

低频段是指第一个转折频率之前的频段范围。

低频段频率特性为

$$G_K(\mathrm{j}\omega)=\frac{K}{(\mathrm{j}\omega)^\nu}G_0(\mathrm{j}\omega)\bigg|_{\omega\to 0}=\frac{K}{(\mathrm{j}\omega)^\nu}$$

对数幅频特性为：

$$L(\omega)=20\ \lg\left|\frac{K}{(\mathrm{j}\omega)^\nu}\right|=20\ \lg K-20\nu\ \lg\omega$$

对数相频特性为：

$$\varphi(\omega)=\nu\times(-90°)$$

上述表明：

① 低频段的对数幅频特性直线的斜率为 -20ν dB/dec，相角为 $\nu\times(-90°)$；

② 由于 $L(\omega)=20\ \lg K-20\nu\ \lg\omega|_{\omega=1}=20\ \lg K$，故当 $\omega=1$ 时，低频段直线或其延长线(在 $\omega<1$ 的范围内有转折频率)的分贝值为 20 lg$K$，如图 5-27 所示。

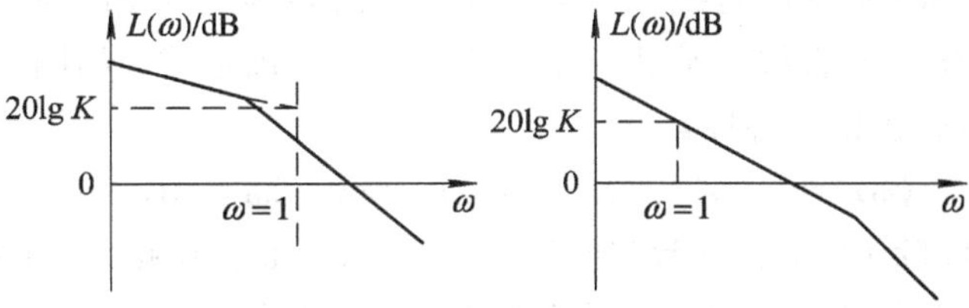

图 5-27　低频渐近线特性

③ 当低频段与横轴相交时，由于 $L(\omega)=20\ \lg K-20\nu\lg\omega=0$ dB，$20\ \lg K=$

$20\nu \lg\omega = 20\ \lg\omega^{\nu}$，则 $\omega^{\nu} = K \Rightarrow \omega = K^{\frac{1}{\nu}}$。

故低频段直线(或其延长线)与零分贝线(横轴)的交点频率为 $\omega = K^{\frac{1}{\nu}}$。对于Ⅰ型系统交点频率为 $\omega = K$，Ⅱ型系统交点频率为 $\omega = \sqrt{K}$。

(5) 绘制中频段。

以低频段作为分段直线的起始段，沿着频率增大的方向，每遇到一个典型环节对应的转折频率，就改变一次分段直线的斜率。如遇到$\frac{1}{1+j\omega T_1}$因子的转折频率$\frac{1}{T_1}$，当 $\omega \geqslant \frac{1}{T_1}$时，分段直线斜率的变化量为－20 dB/dec；如遇到 $1+j\omega T_2$ 因子的转折频率$\frac{1}{T_2}$，当 $\omega \geqslant \frac{1}{T_2}$时，分段直线斜率的变化量为 20 dB/dec；如遇到$\frac{1}{T_3^2 s+2\zeta T_3 s+1}$因子的转折频率$\frac{1}{T_3}$，当 $\omega \geqslant \frac{1}{T_3}$时，分段直线斜率的变化量为－40 dB/dec；如遇到 $T_4^2 s+2\zeta T_4 s+1$ 因子的转折频率$\frac{1}{T_4}$，当 $\omega \geqslant \frac{1}{T_4}$时，分段直线斜率的变化量为 40 dB/dec。

(6) 绘制高频段。

分段直线的最后一段是开环对数幅频曲线的高频渐近线，其斜率为$-20(n-m)$ dB/dec，n 为极点数，m 为零点数。

(7) 如果需要，可对渐近线进行修正，以获得较精确的对数幅频特性曲线。

(8) 相频特性的绘制：根据系统相频特性表达式计算描点，通常计算特征点(0、∞、转折频率)的值，然后用光滑曲线连接。

【例 5-4】 系统的开环传递函数为

$$G(s) = \frac{5(s+2)}{s(s+1)(0.05s+1)}$$

试绘出该系统的开环对数频率特性。

解 将 $G(s)$中的各因式换成典型环节的标准形式，即

$$G(s) = \frac{10(0.5s+1)}{s(s+1)(0.05s+1)}$$

(1) 转折频率 $\omega_1 = 1$，$\omega_2 = 2$，$\omega_3 = 20$。

(2) $v = 1$，低频段的斜率为$-20\times\nu = -20$ dB/dec。

(3) 在 $\omega = l$ 处，$L(\omega)\big|_{\omega=1} = 20\ \lg K = 20\ \lg 10 = 20$ dB。

(4) 因第一个转折频率 $\omega_1 = 1$，所以过(1，20 dB)点向左做－20 dB/dec 斜率的直线，再向右做－40 dB/dec 斜率的直线交至频率 $\omega_2 = 2$ 时转为－20 dB/dec，当交至 $\omega_3 = 20$ 时再转斜率为－40 dB/dec 的直线，即得开环对数幅频特性渐近线，如图 5-28 所示。

(5) 系统开环对数相频特性：

$$\varphi(\omega) = -90° - \arctan\omega + \arctan 0.5\omega - \arctan 0.05\omega$$

对于相频特性，除了解它的大致趋向外，最感兴趣的是剪切频率 ω_c(当 $L(\omega)=0$ 时，$\omega=\omega_c$，称 ω_c 为剪切频率)时的相角，而不是整个相频曲线，本例中 $\omega_c = 5$，这时的相角为

$$\varphi(\omega_c) = -90° - \arctan 5 + \arctan 0.5\times 5 - \arctan 0.05\times 5 = -114.5°$$

例 5-4 的 MATLAB 程序如下：

```
num=[5, 10];
den=conv([1, 0], conv([1, 1], [0.05, 1]));
sys=tf(num, den);
bode(sys)
```

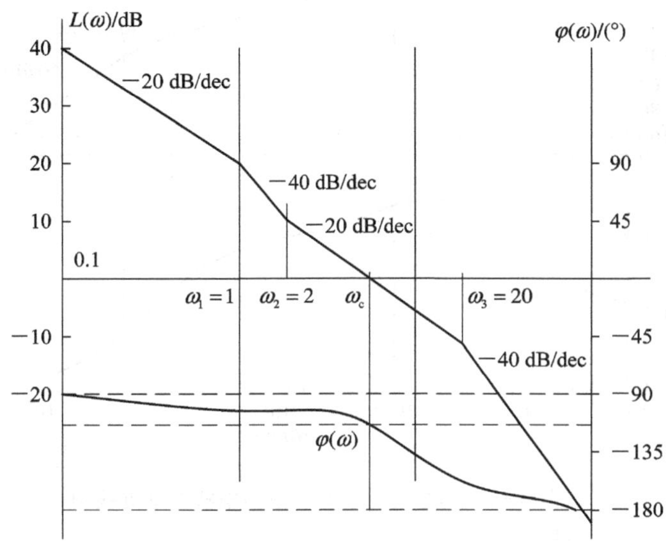

图 5-28　例 5-4 系统开环对数频率渐近线图

【例 5-5】 已知系统的开环传递函数为

$$G(s)=\frac{10^{-3}(1+100s)^2}{s^2(1+10s)(1+0.125s)(1+0.05s)}$$

试画该系统的 Bode 图。

解 (1) 系统的转折频率为

$$\omega_1=\frac{1}{100}=0.01,\ \omega_2=\frac{1}{10}=0.1,\ \omega_3=\frac{1}{0.125}=8,\ \omega_4=\frac{1}{0.05}=20$$

(2) $v=2$，低频段的斜率为 $-20\times\nu=-40$ dB/dec。

(3) $K=10^{-3}$，$20\lg K=-60$，低频渐近线的延长线过点(1，−60 dB)。

(4) 在第一个转折频率 $\omega_1=0.01$ 处，渐近线的斜率转为 0 dB/dec，直线交至频率 $\omega_2=0.1$ 时转为 −20 dB/dec，交至 $\omega_3=8$ 时转为 −40 dB/dec 斜率的直线，交至 $\omega_4=20$ 时转为 −60 dB/dec，即得开环对数幅频特性渐近线，如图 5-29 所示。

(5) 系统开环对数相频特性：

$$\varphi(\omega)=-180^\circ+2\times\arctan100\omega-\arctan10\omega-\arctan0.125\omega-\arctan0.05\omega$$

$\omega=0$ 时，$\varphi(0)=-180^\circ$；$\omega\to\infty$，$\varphi(\infty)=-270^\circ$；由 $|G(j\omega)|=1$，得 $\omega_c=0.986$，故 $\varphi(\omega_c)=-95.3^\circ$。系统相频特性曲线如图 5-29 所示。

例 5-5 的 MATLAB 程序如下：

```
num=0.001 * conv([100, 1], [100, 1]);
den=conv([10, 1], conv([0.125, 1], conv([0.05, 1], [1, 0, 0])));
sys=tf(num, den); bode(sys)
```

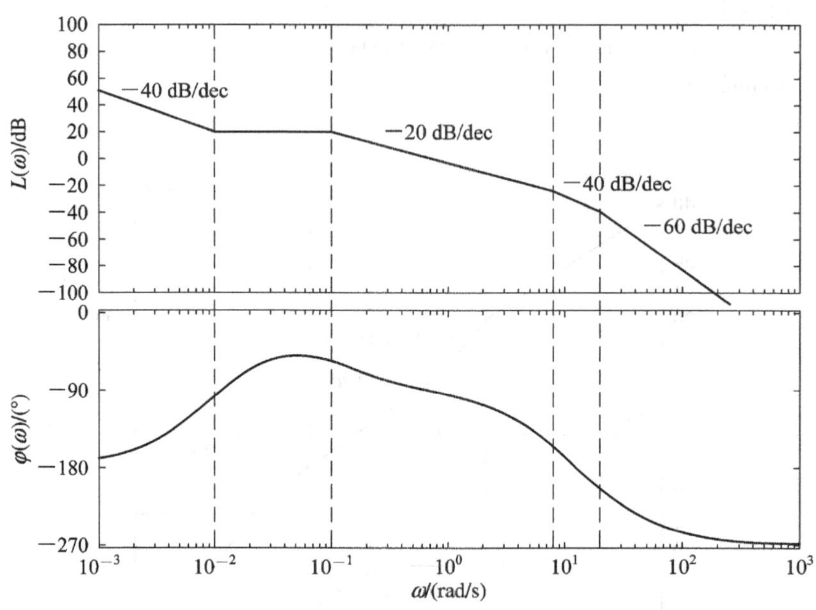

图 5-29　例 5-5 系统对数频率特性渐近线图

5.5.2　最小相位系统与非最小相位系统

如果系统的开环传递函数在 s 平面的右半平面上没有极点和零点，而且没有延迟环节，则称为最小相位传递函数。具有最小相位传递函数的系统，称为最小相位系统。例如，具有下列开环传递函数的系统是最小相位系统

$$G_1(s)=\frac{K(T_3s+1)}{(T_1s+1)(T_2s+1)}\qquad (K,\ T_1,\ T_2,\ T_3\ \text{均为正数})$$

若系统的开环传递函数在 s 平面的右半平面上有一个(或多个) 极点和零点，称为非最小相位传递函数(若开环传递函数有一个或多个极点位于右半 s 平面，这意味着开环不稳定)。具有非最小相位传递函数的系统称为非最小相位系统。例如，具有下列开环传递函数的系统为非最小相位系统

$$G_2(s)=\frac{K(T_3s-1)}{(T_1s+1)(T_2s+1)}\qquad (K,\ T_1,\ T_2,\ T_3\ \text{均为正数})$$

$$G_3(s)=\frac{K}{(T_1s+1)(T_2s+1)}\mathrm{e}^{-\tau s}\qquad (K,\ T_1,\ T_2,\ \tau\ \text{均为正数})$$

$G_1(s)$和 $G_2(s)$都具有相同的幅频特性，即幅频特性都是

$$A(\omega)=\frac{K\sqrt{1+T_3^2\omega^2}}{\sqrt{(1+T_1^2\omega^2)(1+T_2^2\omega^2)}}$$

但它们的相频特性却大大不同。设 $G_1(s)$和 $G_2(s)$的相频特性分别为 $\varphi_1(\omega)$和 $\varphi_2(\omega)$，则

$$\varphi_1(\omega)=\arctan(T_3\omega)-\arctan(T_1\omega)-\arctan(T_2\omega)$$

$$\varphi_2(\omega)=\arctan\left(\frac{T_3\omega}{-1}\right)-\arctan(T_1\omega)-\arctan(T_2\omega)$$

当 $\omega=0$ 时，$\varphi_1(\omega)=0°$，$\varphi_2(\omega)=180°$

当 $\omega \to \infty$ 时，$\varphi_1(\infty)=90°-90°-90°=-90°$，$\varphi_2(\infty)=90°-90°-90°=-90°$

对于最小相位系统 $G_1(s)$ 来说，ω 从 $0\to\infty$ 时的相角变化为

$$|\varphi_1(\infty)-\varphi_1(0)|=|-90°-0°|=90°$$

对于非最小相位系统 $G_2(s)$ 来说，ω 从 $0\to\infty$ 时的相角变化为

$$|\varphi_2(\infty)-\varphi_2(0)|=|-90°-180°|=270°$$

显然，最小相位系统的相角变化为最小。在具有相同幅值特性的系统中，最小相位传递函数(系统)的相角范围是最小的。任何非最小相位传递函数(系统)的相角范围，都大于最小相位传递函数(系统)的相角范围。

对于最小相位系统，传递函数由单一的幅值曲线唯一确定。而对于非最小相位系统则不是这种情况。对于最小相位系统，幅值特性和相角特性之间具有唯一的对应关系。这意味着，如果系统的幅值曲线在从零到无穷大的全部频率范围上给定，则相角曲线被唯一确定，反之亦然。这个结论对于非最小相位系统不成立。

对于最小相位系统，相角在 $\omega=\infty$ 时变为 $-90°(n-m)$ dB/dec，n 为极点数，m 为零点数。两个系统的对数幅值曲线在 $\omega=\infty$ 时的斜率都等于 $-20(n-m)$ dB/dec。因此，为了确定系统是不是最小相位系统，既需要检查对数幅值曲线高频渐近线的斜率，又需要检查在 $\omega=\infty$ 时的相角。如果 $\omega=\infty$ 时对数幅值曲线的斜率为 $-20(n-m)$ dB/dec，且相角等于 $-90°(n-m)$dB/dec，那么该系统就是最小相位系统。

自动控制系统中延迟环节是最常见的非最小相位传递函数。例如上述的 $G_3(s)$ 包含了延迟环节 $e^{-\tau s}$。当延迟时间 τ 比较小的时候，$e^{-\tau s}$ 可近似为

$$e^{-\tau s}\approx 1-\tau s(\text{泰勒级数展开取前两项}) \tag{5-51}$$

因此，对 $G_3(s)$ 而言，延迟环节若按式(5-51)近似，则

$$G_3(s)=\frac{K(1-\tau s)}{(T_1s+1)(T_2s+1)},\ \varphi_3(\omega)=\arctan(-\tau\omega)-\arctan(T_1\omega)-\arctan(T_2\omega)$$

当 $\omega=0$ 时，$\varphi_3(\omega)=0°$

当 $\omega\to\infty$ 时，$\varphi_3(\infty)=-90°-90°-90°=-270°$

当 ω 从 $0\to\infty$ 时，相角变化为

$$|\varphi_3(\infty)-\varphi_3(0)|=|-270°-0°|=270°$$

所以它具有非最小相位系统的特性。如果要对 $G_3(s)$ 求取精确的相角变化，则可对 $G_3(s)$ 求取相频特性 $\varphi_3(\omega)$

$$\varphi_3(\omega)=-\arctan T_1\omega-\arctan T_2\omega-57.3\cdot\tau\omega$$

当 $\omega=0$ 时，$\varphi_3(0)=0°$；当 $\omega\to\infty$ 时，$\varphi_3(\infty)=-90°-90°-57.3\cdot\infty=-\infty$。

由此得相角变化为

$$|\varphi_3(\infty)-\varphi_3(0)|=\infty$$

对控制系统来说，相位纯滞后越大，对系统的稳定性越不利，因此要尽量减小延迟环节的影响，尽可能避免有非最小相位特性的元件。

5.6　奈奎斯特稳定判据

奈奎斯特稳定性判据是利用系统的开环奈氏曲线，判断闭环系统稳定性的一个判别准

则，简称奈氏判据。

奈氏判据不仅能判断闭环系统的绝对稳定性，而且还能够指出闭环系统的相对稳定性，并可进一步提出改善闭环系统动态响应的方法。对于不稳定系统，奈氏判据还能像劳斯判据一样，确切地回答出系统有多少个不稳定的根(即闭环极点)。因此，奈氏稳定性判据在经典控制理论中占有十分重要的地位，在控制工程中得到了广泛的应用。奈氏判据的理论基础是复变函数理论中的幅角原理，下面介绍基于幅角原理建立起来的奈奎斯特稳定性判据的基本原理。

5.6.1 理论基础

1. 特征函数 $F(s)=1+G(s)H(s)$ 和 F 平面

设负反馈控制系统的闭环传递函数为

$$\frac{Y(s)}{U(s)}=\frac{G(s)}{1+G(s)H(s)} \tag{5-52}$$

将 $1+G(s)H(s)$ 定义为特征函数 $F(s)$，即 $F(s)=1+G(s)H(s)$。并令

$$F(s)=1+G(s)H(s)=0 \tag{5-53}$$

上式即为闭环系统的特征方程。$G(s)H(s)$ 是反馈控制系统的开环传递函数。设

$$G(s)H(s)=\frac{B(s)}{A(s)} \tag{5-54}$$

式中，$A(s)$ 为 s 的 n 阶多项式，$B(s)$ 为 s 的 m 阶多项式。则特征函数 $F(s)$ 可以写成

$$F(s)=1+G(s)H(s)=1+\frac{B(s)}{A(s)}=\frac{A(s)+B(s)}{A(s)}=\frac{K\prod_{i=1}^{n}(s+z_i)}{\prod_{j=1}^{n}(s+p_j)} \tag{5-55}$$

式中，$-p_j$ 为 $F(s)$ 的极点($j=1, 2, \cdots, n$)，$-z_i$ 为 $F(s)$ 的零点($i=1, 2, \cdots, n$)。

由式(5-55)可知，$F(s)$ 的分母和分子均为 s 的 n 阶多项式，也就是说，特征函数 $F(s)$ 的零点和极点的个数是相等的。

从式(5-52)、式(5-54)和式(5-55)可以看出，特征函数 $F(s)$ 的极点就是系统开环传递函数的极点，特征函数 $F(s)$ 的零点则是系统闭环传递函数的极点。因此根据前述闭环系统稳定的条件，要使闭环控制系统稳定，特征函数 $F(s)$ 的全部零点都必须位于 s 平面的左半部分。

不同的 s 值对应不同的特征函数 $F(s)$ 的值。特征函数 $F(s)$ 的值是一个复数，可以用复平面上的点来表示。用来表示特征函数 $F(s)$ 的复平面称为 F 平面，如图 5-30(b)所示。从图 5-30 可以看出，在 s 平面上的点或曲线，只要不是或不通过 $F(s)$ 的极点(如是，则 $F(s)$ 为∞)，就可以根据式(5-55)求出对应的 $F(s)$，并映射到 F 平面上去，所得的图形也是点或曲线。

2. 幅角原理和公式 $R=P-Z$

在图 5-30(a)的 s 平面上任取一条封闭曲线 C，并规定封闭曲线 C 不通过 $F(s)$ 的任何零点和极点，但包围了 $F(s)$ 的 Z 个零点和 P 个极点，如图 5-30(a)的 $-z_i^I$($i=1, 2, \cdots, Z$，I 表示被曲线 C 包围的零、极点) 和 $-p_j{}^I$($j=1, 2, \cdots, P$)。图 5-30(a)中的 $-z_i^{II}$ 和

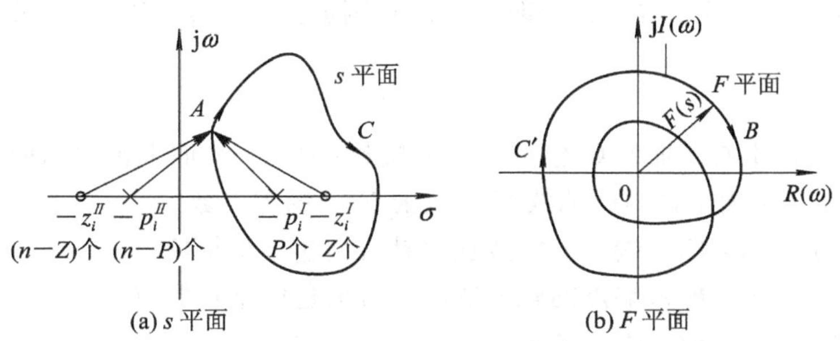

图 5－30　从 s 平面到 F 平面的映射关系(保角变换)

$-p_j^{II}$ 是不被封闭曲线 C 包围的 $F(s)$ 的 $n-Z$ 个零点和 $n-P$ 个极点(II 表示不被曲线包围的零、极点)，则曲线 C 在 F 平面上的映射是一条不通过坐标原点的封闭曲线，我们用 C' 来表示，如图 5－30(b)所示。

当 s 平面上的变点 s(见图 5－30(a))从封闭曲线 C 上的任一点(设为 A 点)出发，沿曲线按顺时针方向移动一圈时，矢量 $\overrightarrow{s+z_i}$ 和 $\overrightarrow{s+p_j}$ 的幅值和相角都要发生变化。F 平面上对应的映射点 $F(s)$ 也将从某一 B 点出发(见图 5－30(b))按某种方向沿封闭曲线 C' 移动并最终又回到 B 点。下面分析 F 平面上的映射曲线——封闭曲线 C' 按什么方向(顺时针还是逆时针)包围坐标原点，以及包围原点的次数。

在 F 平面上，从原点到曲线 C' 上的点 B 作矢量 $F(s)$，如图 5－30(b)所示，则上述问题可根据幅角原理对下列 $F(s)$ 的表达式进行计算而得到解答

$$F(s)=\frac{K\prod_{i=1}^{Z}(s+z_i{}^{I})\prod_{i=Z+1}^{n}(s+z_i{}^{II})}{\prod_{j=1}^{P}(s+p_j{}^{I})\prod_{j=P+1}^{n}(s+p_j{}^{II})} \tag{5-56}$$

由式(5－56)可求得矢量 $F(s)$ 的幅角是

$$\angle F(s)=\sum_{i=1}^{Z}\angle(s+z_i^{I})+\sum_{i=Z+1}^{n}\angle(s+z_i^{II})-\sum_{j=1}^{P}\angle(s+p_j^{I})-\sum_{j=P+1}^{n}\angle(s+p_j^{II}) \tag{5-57}$$

当变点 s 在 s 平面上沿封闭曲线 C 顺时针方向移动一圈时，被曲线 C 包围的每个零点 $-z_i^{I}$ 和每个极点 $-p_j^{I}$ 到变点 s 的矢量 $\overrightarrow{s+z_i^{I}}$ 和 $\overrightarrow{s+p_j^{I}}$ 的幅角改变量均为 360°(顺时针改变的角度为正)，而所有其他不被曲线 C 包围的零点 $-z_i^{II}$ 和极点 $-p_j^{II}$ 的矢量 $\overrightarrow{s+z_i^{II}}$ 和 $\overrightarrow{s+p_j^{II}}$ 的幅角改变量均为 0°，所以矢量 $\vec{F}(s)$ 的幅角改变量为

$$\angle F(s)=\sum_{i=1}^{Z}\angle(s+z_i^{I})-\sum_{j=1}^{P}\angle(s+p_j^{I})=Z(360^\circ)-P(360^\circ)=(Z-P)\times 360^\circ \tag{5-58}$$

式中，P 为被封闭曲线 C 包围的特征函数 $F(s)$ 的极点数；Z 为被封闭曲线 C 包围的特征函数 $F(s)$ 的零点数。

矢量 $F(s)$ 的幅角每改变 360°(或－360°)，表示矢量 $F(s)$ 的端点沿封闭曲线 C' 按顺时针方向(或逆时针方向)环绕坐标原点一圈。而式(5－58)表明，当 s 平面上的变点 s 沿符合前述条件的封闭曲线 C 按顺时针方向绕行一圈时，F 平面上对应的封闭曲线 C' 将按顺时针

方向包围原点$(Z-P)$次，也即按逆时针方向包围原点$(P-Z)$次。这一重要性质可概括为如下的公式

$$R=P-Z \tag{5-59}$$

式中，R为F平面上封闭曲线C'包围原点的次数；P为s平面上被封闭曲线C包围的$F(s)$的极点数；Z为s平面上被封闭曲线C包围的$F(s)$的零点数。

当$R>0$时，表示$F(s)$端点的轨迹逆时针方向包围坐标原点；

当$R<0$时，表示$F(s)$端点的轨迹顺时针方向包围坐标原点；

当$R=0$时，表示$F(s)$端点的轨迹不包围坐标原点。

图 5－31 表示了F平面上的一些封闭曲线。其中图 5－31(a)中$R=2$，即$F(s)$的端点轨迹逆时针包围了原点两次。图 5－31(b)和图 5－31(c)的R都是零，表示$F(s)$的端点轨迹没有包围坐标原点。

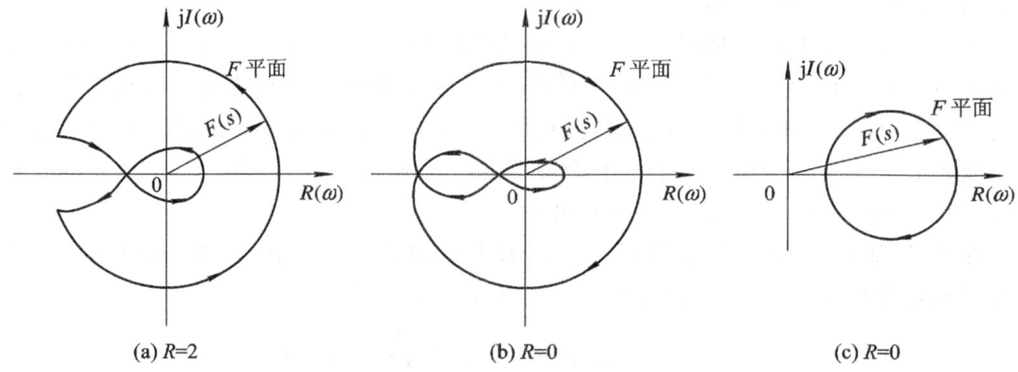

图 5－31 F平面上$F(s)$端点形成的封闭曲线

式(5－59)也可改写成

$$Z=P-R \tag{5-60}$$

式(5－60)表明，当已知特征函数$F(s)$的极点(也即已知开环传递函数$G(s)H(s)$的极点)在s平面上被封闭曲线C包围的个数P及已知矢量$F(s)$在F平面上包围坐标原点的次数R，即可求得特征函数$F(s)$的零点(也即闭环传递函数的极点)在s平面被封闭曲线C包围的个数。式(5－78)是奈氏判据的重要理论基础。

3. 奈氏轨迹及其映射

为了使特征函数$F(s)$在s平面上的零、极点分布及在F平面上的映射情况与控制系统的稳定性分析联系起来，必须适当选择s平面上的封闭曲线C。为此，我们选择这样的封闭曲线C：使封闭曲线C包围整个右半s平面。因此式(5－60)中的P值就是位于右半s平面上的开环传递函数的极点个数，而由式(5－60)计算得到的Z值就是位于右半s平面上的闭环传递函数的极点个数，对于稳定的控制系统来说，显然Z值应等于零。

包围整个右半s平面的封闭曲线如图 5－32 所示，它是由整个虚轴和半径为∞的右半圆组成。变点s按顺时针方向移动一圈，这样的封闭曲线称为奈奎斯特轨迹。

奈奎斯特轨迹在F平面上的映射也是一条封闭曲线，如图 5－33 所示。对应于图 5－32 的整个虚轴，因为$s=j\omega$，所以变点在整个虚轴上的移动相当于频率ω从$-\infty$变化到$+\infty$，它在F平面上的映射就是曲线$F(j\omega)$(ω从$-\infty\to+\infty$)。对于不同的开环传递函数

$G(s)H(s)$及其开环频率特性 $G(j\omega)H(j\omega)$，对应不同的 $F(j\omega)$曲线($F(j\omega)=1+G(j\omega)H(j\omega)$)。在图 5-33 中，对应 $\omega(0\to+\infty)$的曲线用实线表示，对应于 $\omega(-\infty\to0)$的曲线以虚线表示，它们关于实轴对称。对于图 5-32 平面上半径为∞的右半圆，映射到 F 平面上的特征函数 $F(s)$为

$$F(\infty) = 1 + G(\infty)H(\infty) \tag{5-61}$$

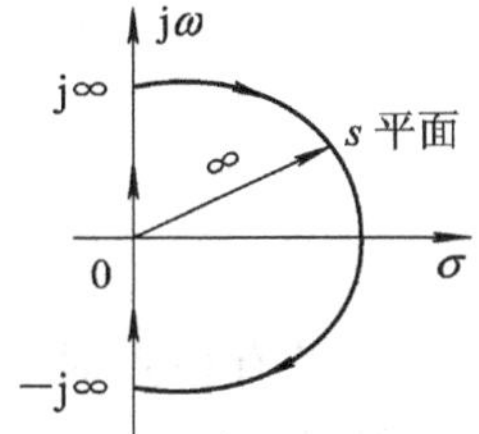

图 5-32　s 平面的奈奎斯特轨迹

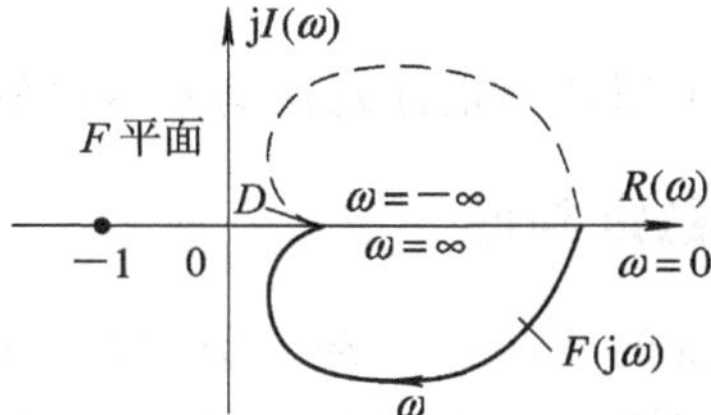

图 5-33　F 平面的奈奎斯特曲线

一般开环传递函数 $G(s)H(s)$的分子阶数 m 小于等于分母阶数 n(即 $m\leqslant n$)，所以 $G(\infty)H(\infty)$常为零或常数，$F(\infty)=1$ 或常数。这表明，s 平面上半径为∞的右半圆，包括虚轴上坐标为 j∞和-j∞的点，它们在 F 平面上的映射都是同一个点，如图 5-33 上的点 D。

综上所述，判别闭环系统是否稳定的方法可以这样来描述：s 平面上的奈氏轨迹在 F 平面上的映射 $F(j\omega)$，当 ω 从$-\infty$变到$+\infty$时，若逆时针包围坐标原点的次数 $R(R>0)$等于位于右半 s 平面上的开环极点个数 P，即 $Z=P-R=0$(见式(5-60))，则闭环系统是稳定的，因为 $Z=0$ 意味着闭环系统的极点没有被封闭曲线(奈氏轨迹)包围，也即在右半 s 平面没有闭环极点，所以闭环系统是稳定的。

上述判别闭环系统稳定性的方法可以进一步简化。由于特征函数 $F(s)$定义为

$$F(s) = 1 + G(s)H(s)$$

将 $s=j\omega$ 代入上式得

$$F(j\omega) = 1 + G(j\omega)H(j\omega)$$

将上式改写成

$$G(j\omega)H(j\omega) = F(j\omega) - 1$$

上式表明，F 平面上的曲线 $F(j\omega)$如果整个地向左平移 1 个单位，便可得到 GH 平面上的 $G(j\omega)H(j\omega)$曲线，这就是系统的奈氏曲线图，如图 5-34 所示。

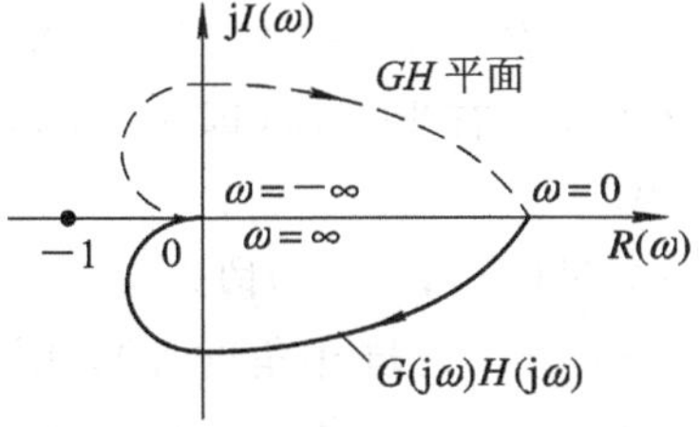

图 5-34　GH 平面的奈氏曲线

由于$F(j\omega)$的F平面坐标中的原点在GH平面的坐标中平移到了$(-1, j0)$点，所以判别稳定性方法中的矢量$F(j\omega)$包围坐标原点次数R，应改为矢量$G(j\omega)H(j\omega)$包围$(-1, j0)$点的次数R，因此式(5-60)中的R就是GH平面中矢量$G(j\omega)H(j\omega)$对$(-1, j0)$点的包围次数。

已知为了使闭环系统稳定，特征函数$F(s)=1+G(s)H(s)$的零点都应位于s平面的左半部分，也就是说，式(5-60)中的Z应等于零，因此式(5-60)应变为

$$P = R \tag{5-62}$$

这就是奈奎斯特稳定性判据的基本出发点。

5.6.2 稳定判据

当系统的开环传递函数$G(s)H(s)$在s平面的原点及虚轴上没有极点时(例如0型系统)，奈奎斯特稳定性判据(简称奈氏判据，或奈氏判据一)可表述为：闭环系统稳定的充分必要条件是，$G(j\omega)H(j\omega)$平面上的开环频率特性按逆时针方向包围$(-1, j0)$点的周数R $(R>0)$等于P。其中，P为开环传递函数在s右半平面的极点数。此时$Z=P-R$。

可解释如下：

(1) 开环系统稳定时，表示开环系统传递函数$G(s)H(s)$没有极点位于右半s平面，所以式(5-60)中的$P=0$，如果相应于ω从$-\infty\rightarrow+\infty$变化时的奈氏曲线$G(j\omega)H(j\omega)$不包围$(-1, j0)$点，即式(5-60)中的$R$也等于零，则由式(5-60)可得$Z=0$，因此闭环系统是稳定的，否则就是不稳定的。

(2) 开环系统不稳定时，说明系统的开环传递函数$G(s)H(s)$有一个或一个以上的极点位于s平面的右半部分，所以式(5-60)中的$P\neq0$，如果相应于ω从$-\infty\rightarrow+\infty$变化时的奈氏曲线$G(j\omega)H(j\omega)$逆时针包围$(-1, j0)$点的次数$R$，等于开环传递函数$G(s)H(s)$位于右半$s$平面上的极点数$P$(即$P=R$)，则由式(5-60)或式(5-62)可知，闭环系统也是稳定的，否则(即$R\neq P$)，闭环系统就是不稳定的。

如果奈奎斯特曲线正好通过$(-1, j0)$点，这表明特征函数$F(j\omega)=1+G(j\omega)H(j\omega)$在$s$平面的虚轴上有零点，也即闭环系统有极点在$s$平面的虚轴上，则闭环系统处于稳定的边界，这种情况一般也认为是不稳定的。

为简单起见，奈氏曲线$G(j\omega)H(j\omega)$通常只画ω从$0\rightarrow+\infty$变化的曲线的正半部分，另外一半曲线以实轴为对称轴。这时，奈奎斯特稳定判据又可表述如下：

闭环系统稳定的充要条件是，当ω由0变化到$+\infty$时，$G(j\omega)H(j\omega)$曲线在$(-1, j0)$点以左的负实轴上的正、负穿越次数之和N为$P/2$次，此时

$$Z = P - R = P - 2N,\ N = N^{+} - N^{-}$$

若开环传递函数无极点分布在s右半平面(即$P=0$)，则闭环系统稳定的充要条件应该是正、副穿越次数之和$N=0$。

所谓“穿越”是指奈氏轨迹穿过$(-1, -\infty)$段。

正穿越：从上而下穿过$(-1, -\infty)$段(相角增加)，用N^{+}表示。

负穿越：由下而上穿过$(-1, -\infty)$段(相角减少)，用N^{-}表示。

若$G(j\omega)H(j\omega)$轨迹起始或终止于$(-1, j0)$以左的负轴上，则穿越次数为半次，且同样有$+1/2$次穿越和$-1/2$次穿越。如图5-35所示。

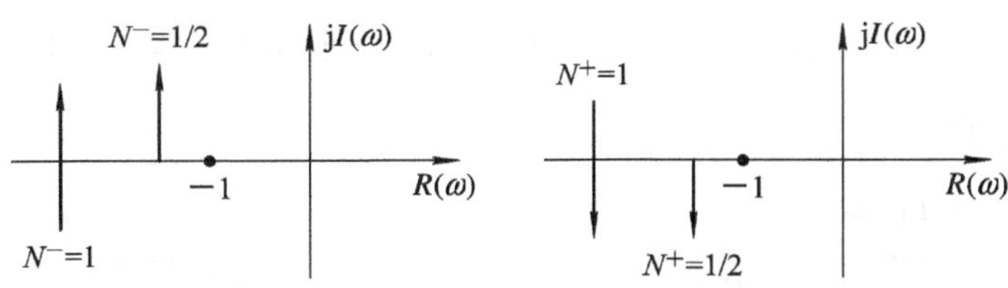

图 5-35　奈氏轨迹穿越次数

应用奈奎斯特稳定性判据判别闭环系统稳定性的一般步骤如下：

(1) 绘制开环频率特性 $G(j\omega)H(j\omega)$ 的奈氏图，作图时可先绘出对应于 ω 从 $0\to+\infty$ 的一段曲线，然后以实轴为对称轴，画出对应于 $-\infty\to0$ 的另外一半。

(2) 计算奈氏曲线 $G(j\omega)H(j\omega)$ 对点 $(-1, j0)$ 的包围次数 R。为此可从 $(-1, j0)$ 点向奈氏曲线 $G(j\omega)H(j\omega)$ 上的点作一矢量，并计算 ω 从 $-\infty\to0\to+\infty$ 时该矢量转过的净角度，并按每转过 360°为一次的方法计算 R 值。

(3) 由给定的开环传递函数 $G(s)H(s)$ 确定位于 s 平面右半部分的开环极点数 P。

(4) 应用奈奎斯特判据判别闭环系统的稳定性。

【例 5-6】 设控制系统的开环传递函数为

$$G(s)H(s)=\frac{5}{(s+0.5)(s+1)(s+2)}$$

试用奈氏判据判别闭环系统的稳定性。

解　$G(j\omega)H(j\omega)$ 的奈氏曲线图如图 5-36 所示，由图可以看出，当 ω 从 $-\infty\to0\to+\infty$ 变化时，$G(j\omega)H(j\omega)$ 曲线不包围 $(-1, j0)$ 点，即 $R=0$。所谓不包围 $(-1, j0)$ 点，指行进方向(即图 5-36 中箭头方向)的右侧不包围它(行进方向为顺时针方向)。如行进方向是逆时针方向，则看箭头方向的左侧是否包围 $(-1, j0)$ 点。开环传递函数 $G(s)H(s)$ 的极点为 -0.5，-1，-2，都位于 s 平面的左半部分，所以 $P=0$。故 $Z=P-R=0$，所以闭环系统是稳定的。

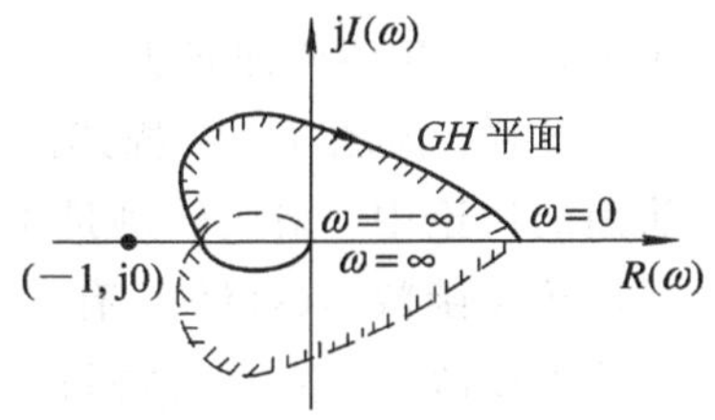

图 5-36　例 5-6 的奈氏图

【例 5-7】 设控制系统的开环传递函数为

$$G(s)H(s)=\frac{1000}{(s+1)(s+2)(s+3)}$$

试用奈氏判据判别闭环系统的稳定性。

解　$G(j\omega)H(j\omega)$ 的奈氏图如图 5-37 所示。由图可以看出，当 ω 从 $-\infty\to0\to+\infty$ 变化时，$G(j\omega)H(j\omega)$ 曲线(即奈氏曲线)顺时针方向包围 $(-1, j0)$ 点两次，即 $R=-2$。而开环传递函数的极点为 -1，-2，-3，没有位于右半 s 平面的极点，所以 $P=0$，$Z=P-R=2$。因此，闭环系统是不稳定的，且有两个位于右半平面的极点。

【例 5-8】 设控制系统的开环传递函数为：$G(s)H(s)=\dfrac{100(s+5)^2}{(s+1)(s^2-s+9)}$，试用奈氏判据判别闭环系统的稳定性。

解　$G(j\omega)H(j\omega)$ 的奈氏图如图 5-38 所示，由图可以看出，当 ω 从 $-\infty\to0\to+\infty$ 变化时，$G(j\omega)H(j\omega)$ 曲线逆时针方向包围 $(-1, j0)$ 点两次，即 $R=2$，但系统的开环传递函

数 $G(s)H(s)$ 有两个极点 $\left(s_{1,2}=\frac{1\pm\sqrt{35}}{2}\right)$ 位于右半 s 平面上，即 $P=2$，所以 $Z=P-R=0$，闭环系统是稳定的。

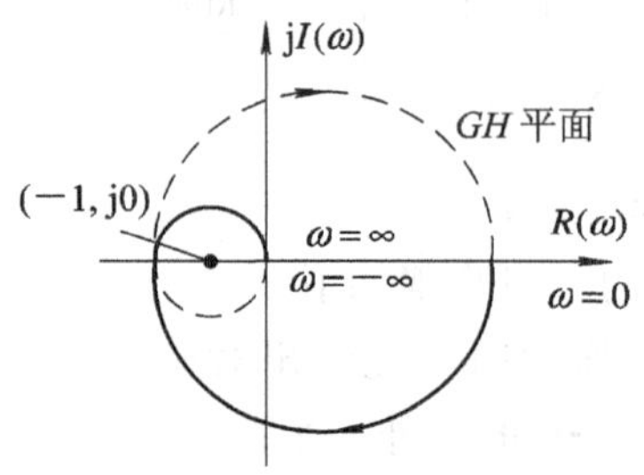

图 5-37　例 5-7 的奈氏曲线

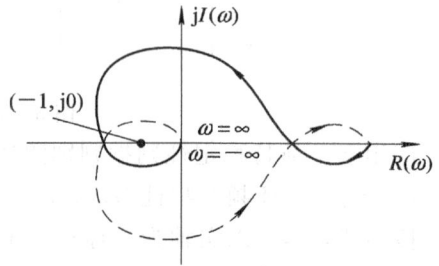

图 5-38　例 5-8 的奈氏曲线

5.6.3　开环传递函数中含有积分环节和等幅振荡环节时的奈氏稳定判据应用

实际控制系统的开环传递函数往往有极点位于 s 平面的虚轴上，尤其是位于原点上的极点（例如Ⅰ型系统、Ⅱ型系统…），这时，系统的开环传递函数将表述为

$$G(s)H(s)=\frac{K\prod_{i=1}^{m}(T_i s+1)}{s^{v}\prod_{j=1}^{n-v}(T_j s+1)} \tag{5-63}$$

式中，v 是开环传递函数中位于原点的极点个数。

这样，由图 5-32 描述的奈氏轨迹将通过开环传递函数的极点，即 s 平面中的原点。在前面的讨论中，奈氏轨迹是不能通过开环传递函数 $G(s)H(s)$ 的极点和零点的，所以如果开环传递函数 $G(s)H(s)$ 有极点或零点位于原点或者虚轴上，则 s 平面上的封闭曲线形状必须加以改变，方法是将封闭曲线绕过原点上的极点，把这些点排除在封闭曲线之外，但封闭曲线仍包围右半 s 平面内的所有零点和极点。为此，以原点为圆心，做一半径为无限小 ε 的右半圆，使奈氏轨迹沿着这个无限小的半圆绕过原点，如图 5-39 所示，由图可以看出，修改后的奈氏轨迹，将由负虚轴、原点附近的无限小半径的右半圆，正虚轴和无限大半圆组成，位于无限小半圆上的变点 s 可表示为

$$s=\varepsilon e^{j\varphi} \tag{5-64}$$

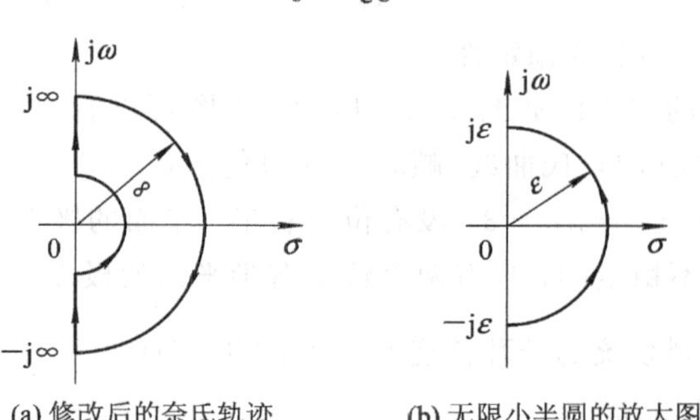

(a) 修改后的奈氏轨迹　　(b) 无限小半圆的放大图

图 5-39　绕过位于原点上的极点的奈氏轨迹

φ 从 $-90°$ 经 0 变至 $90°$，将式(5-64)代入式(5-63)，并考虑到 s 是无限小的矢量，可得

$$G(s)H(s)=\frac{K}{\varepsilon^{v}\mathrm{e}^{\mathrm{j}v\varphi}}=\infty\mathrm{e}^{\mathrm{j}(-v\varphi)}，\varphi \text{ 从 } -90° \rightarrow 0° \rightarrow 90° \tag{5-65}$$

从式(5-65)可知：s 平面上原点附近的无限小右半圆在 $G(s)H(s)$ 平面上的映射为无限大半径的圆弧，该圆弧从角度为 $v\times90°$ 的点(即 $\mathrm{j}0^-$ 的映射点)开始，按顺时针方向，经 $0°$ 到 $-v\times90°$ 的点(即 $\mathrm{j}0^+$ 的映射点)终止。

现对不同类型的系统(Ⅰ型系统、Ⅱ型系统…)分别讨论如下：

1. Ⅰ型系统

Ⅰ型系统的 $v=1$，当 ω 从 $-\infty\rightarrow0^-$ 及 $0^+\rightarrow+\infty$ 变化时，开环奈氏曲线 $G(\mathrm{j}\omega)H(\mathrm{j}\omega)$ 如图 5-40 所示的虚线段和实线段所示。而由式(5-65)描述的半径为 ∞ 的圆弧，它是从 $G(\mathrm{j}\omega)H(\mathrm{j}\omega)$ 曲线上 $\omega=0^-(-\varepsilon)$ 的点开始，按顺时针方向到 $\omega=0^+(\varepsilon)$ 的点为止。相应的幅角变化为从 $-v\varphi=90°$ 到 $-v\varphi=-90°$(见式(5-65)，φ：$-90°\rightarrow90°$)。这段半径为 ∞ 的圆弧，就是图 5-39(b)所示的原点附近无限小半径的右半圆在 s 平面上的映射。这段半径为 ∞ 的圆弧又称为奈氏曲线的"增补段"，附加增补段后的整个曲线称为增补开环奈氏曲线。

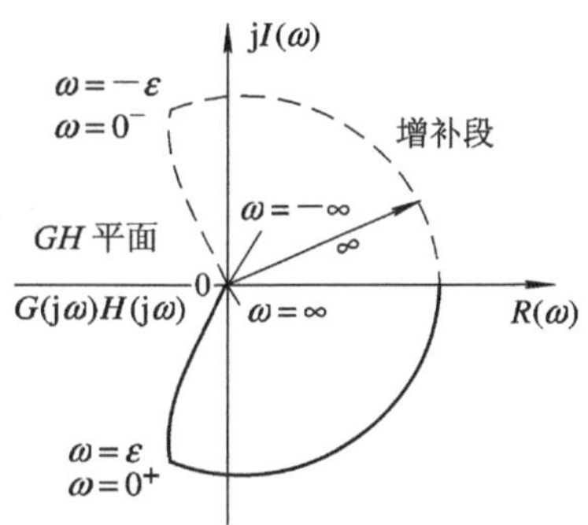

图 5-40 Ⅰ型系统的奈氏曲线

2. Ⅱ型系统

Ⅱ型系统的 $v=2$，与上述分析类似，不同的是这时的奈氏曲线的增补段，是从 $\omega=0^-(-v\varphi=180°)$ 按顺时针方向到 $\omega=0^+(-v\varphi=-180°)$ 的无限大半径的圆弧，如图 5-41 所示。

如果系统开环传递函数中含有无阻尼振荡环节 $\frac{1}{T^2s^2+1}$，则 s 平面(根平面)的虚轴上有开环共轭极点 $\pm\mathrm{j}\frac{1}{T}$，可以仿照有开环极点位于原点的情况来处理。

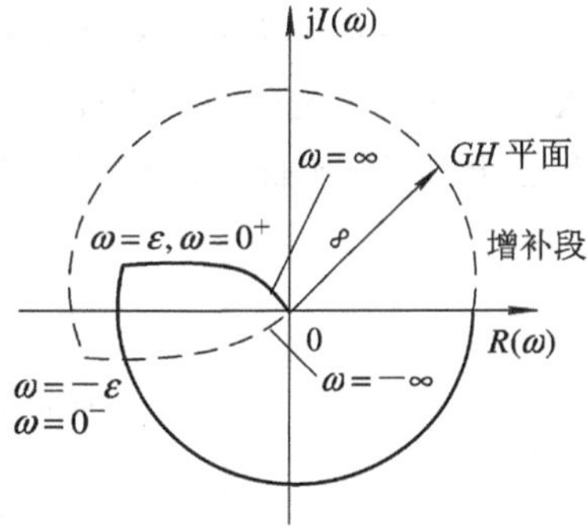

图 5-41 Ⅱ型系统的奈氏曲线

考虑到 s 平面虚轴上有开环极点的更为一般的情况，奈奎斯特稳定性判据的另一种描述是：如果增补开环奈氏曲线 $G(\mathrm{j}\omega)H(\mathrm{j}\omega)$，在 ω 从 $-\infty\rightarrow+\infty$ 变化时，逆时针包围$(-1,\mathrm{j}0)$点的次数 R 等于位于右半 s 平面的开环极点数 P，则闭环系统是稳定的，否则是不稳定的。这个描述，我们定义为奈奎斯特稳定性判据二(简称奈氏判据二)。它与奈氏判据一比较，只多了"增补"二字。因此，对于Ⅰ型系统、Ⅱ型系统等，只要作出系统的增补开环奈氏曲线，它的判别稳定性的方法与奈氏判据一相同。

【例 5-9】 设控制系统的开环传递函数为

$$G(s)H(s)=\frac{10}{s(s+1)(s+2)}$$

试用奈氏判据二判别其闭环系统的稳定性。

解 该系统为Ⅰ型系统，其增补开环奈氏曲线如图 5-42 所示，由图可以看出，当 ω 从 $-\infty\rightarrow+\infty$ 变化时，$G(\mathrm{j}\omega)H(\mathrm{j}\omega)$ 增补奈氏曲线顺时针包围$(-1, \mathrm{j}0)$点两次，即 $R=-2$。而开环传递函数没有位于右半 s 平面上的极点，即 $P=0$，所以 $Z=P-R=2\neq0$，因此，闭环系统是不稳定的。

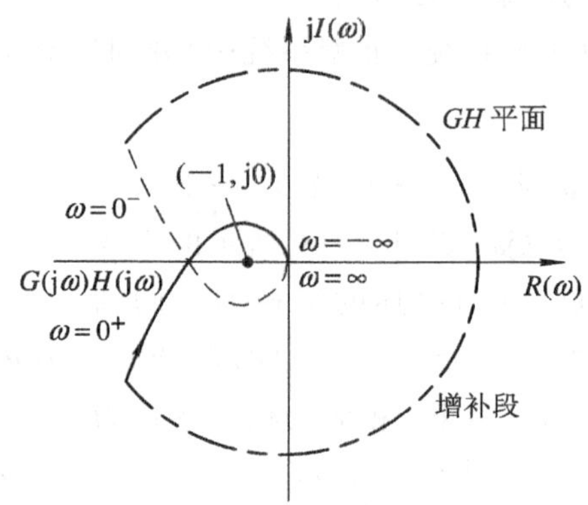

图 5-42 例 5-9 的增补奈氏曲线

【例 5-10】 设控制系统的开环传递函数为

$$G(s)H(s)=\frac{(s+0.2)(s+0.3)}{s^2(s+0.1)(s+1)(s+2)}$$

试用奈氏判据二判别其闭环系统的稳定性。

解 该系统为Ⅱ型系统，其增补奈氏曲线如图 5-43 所示。由图 5-43 可以看出，当 ω 从 $-\infty\rightarrow+\infty$ 变化时，$G(\mathrm{j}\omega)H(\mathrm{j}\omega)$ 曲线不包围$(-1, \mathrm{j}0)$点，即 $R=0$，开环传递函数也没有位于右半 s 平面上的极点，即 $P=0$，所以 $Z=P-R=0$，因此，闭环系统是稳定的。

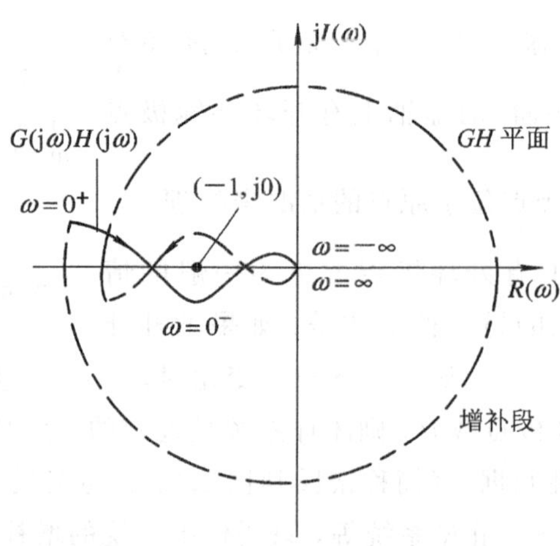

图 5-43 例 5-10 的增补奈氏曲线

【例 5-11】 设有如图 5-44 所示的闭环控制系统，为使闭环系统稳定，试用奈氏判据求出比例控制器的 K_p 的取值范围$(K_p>0)$，设受控对象的传递函数为

$$G_0(s)=\frac{1}{s(T_1s+1)(T_2s+1)}$$

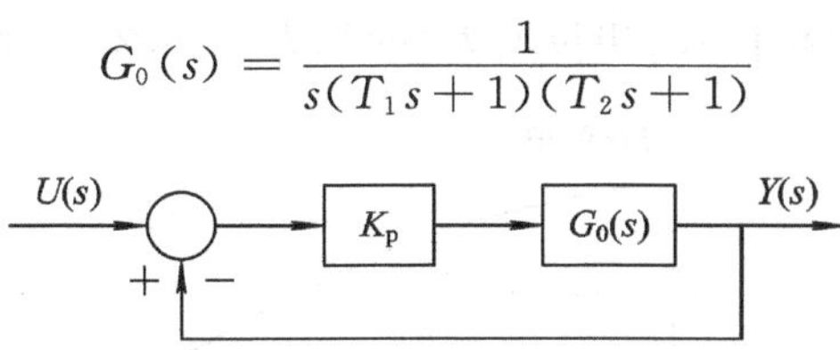

图 5-44　例 5-11 闭环控制系统结构图

解　系统的开环传递函数为

$$G(s)H(s)=\frac{K_p}{s(T_1s+1)(T_2s+1)}$$

开环频率特性为

$$G(j\omega)H(j\omega)=\frac{K_p}{j\omega(T_1j\omega+1)(T_2j\omega+1)}$$

实频特性和虚频特性为

$$R(\omega)=\frac{-K_p(T_1+T_2)}{({T_1}^2\omega^2+1)({T_2}^2\omega^2+1)}$$

$$I(\omega)=\frac{-K_p(1-T_1T_2\omega^2)}{\omega(T_1^2\omega^2+1)(T_2^2\omega^2+1)}$$

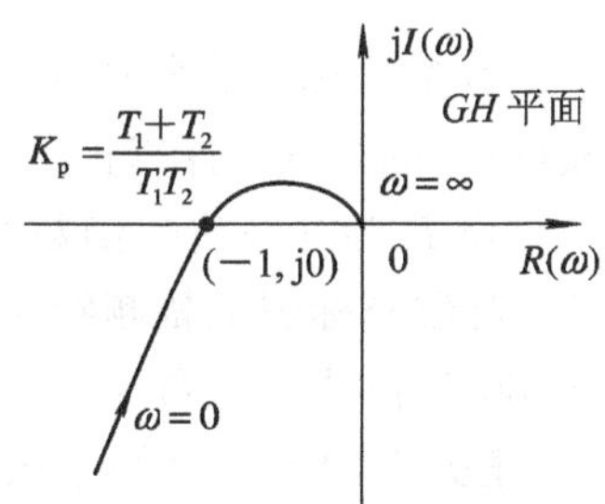

图 5-45　例 5-11 的奈氏曲线

假设奈氏曲线($G(j\omega)H(j\omega)$曲线)通过$(-1, j0)$点，则得到临界稳定的情况，如图 5-45 所示，这时

$$R(\omega)=\frac{-K_p(T_1+T_2)}{({T_1}^2\omega^2+1)({T_2}^2\omega^2+1)}=-1$$

$$I(\omega)=\frac{-K_p(1-T_1T_2\omega^2)}{\omega({T_1}^2\omega^2+1)({T_2}^2\omega^2+1)}=0$$

解上面两式，可得 $K_p=\dfrac{T_1+T_2}{T_1T_2}$

根据奈氏判据可知，当 $K_p<\dfrac{T_1+T_2}{T_1T_2}$时，$R=0$，又因 $P=0$，所以闭环系统是稳定的，因此 K_p 的取值范围应为 $0<K_p<\dfrac{T_1+T_2}{T_1T_2}$。

5.7　对数频率稳定判据

5.7.1　开环幅相特性与对数频率特性之间的关系

由极坐标与对数坐标的对应关系可知：极坐标图上的单位圆对应于对数坐标图上的零分贝线；极坐标图上的负实轴对应于对数坐标图上的$-180°$相位线。

由正负穿越的定义和开环系统的极坐标图与相应的对数坐标图的对应关系可见，对数频率特性图上的正负穿越为：在对数坐标图上 $L(\omega)>0$($A(\omega)>1$)的范围内，当 ω 增加时，相频特性曲线 $\varphi(\omega)$从上到下穿过$-180°$相位线(相位减小)的称为负穿越；而相频特性曲线

$\varphi(\omega)$从下到上穿过$-180°$相位线(相位增大)的称为正穿越。如图 5-46 所示。

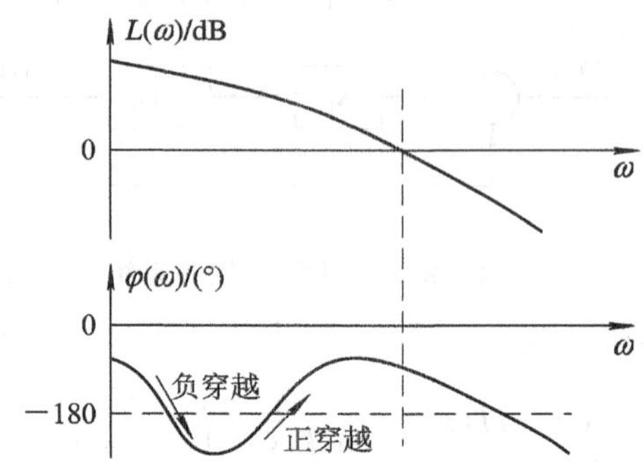

图 5-46　对数幅频特性图的正、负穿越定义图

5.7.2　稳定判据

若系统包含积分环节，在对数相频曲线ω为0^+的地方补画一条从$\varphi_K(j0^+)+\nu\times 90°$到$\varphi_K(j0^-)$的虚线，计算正负穿越次数时应将补画的虚线看成对数相频特性曲线的一部分。

设P为开环传递函数$G_K(s)$在s右半平面的极点数，闭环系统稳定的充分必要条件是，对数坐标图上幅频特性$L(\omega)>0$的所有频段内，当频率ω增加时，对数相频特性对$-180°$相位线的正负穿越次数差N为$P/2$。

【例 5-12】 已知某负反馈控制系统的开环传递函数为$G_K(s)=K/s^2(Ts+1)$，试判别闭环系统的稳定性。

解　(1) 画出开环对数频率特性曲线如图 5-47 所示。

(2) $P=0$，$\nu=2$，$m=0$，$n=3$。

(3) 画出增补线(图中虚线)。

(4) $N_+=0$，$N_-=1$，则$R=N_+-N_-=-1$。

(5) $Z=P-2N=2\neq 0$，闭环系统不稳定。

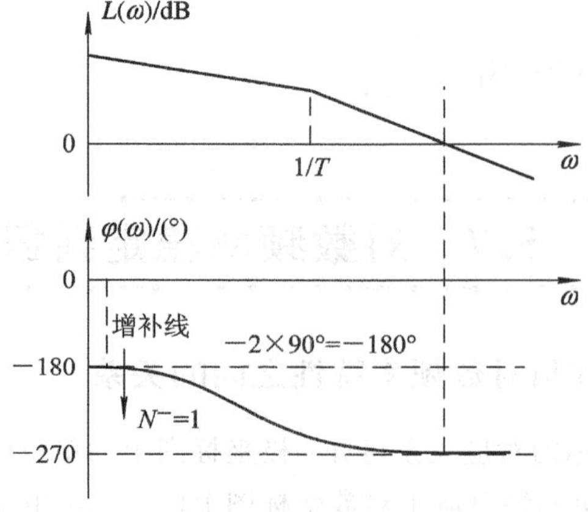

图 5-47　例 5-12 的伯德图

5.8　频域稳定裕度

前面介绍了可用奈奎斯特稳定判据判别系统是否稳定，即判别系统的绝对稳定性问题，不能判断系统稳定的程度，即不能判断系统的相对稳定性问题。在分析或设计一个实际生产过程的控制系统时，只知道系统是否稳定是不够的，还需要知道系统的动态性能，即需要知道系统的相对稳定性是否符合生产过程的要求。因为一个虽然稳定，但一经扰动就会不稳定的系统是不能投入实际使用的，我们总是希望所设计的控制系统不仅是稳定的，并具有一定的稳定裕量。在讨论稳定裕度问题之前，首先要假定开环系统是稳定的，或者说系统是最小相位系统。

根据奈氏判据已知，如果系统的开环传递函数没有极点在右半 s 平面上，则闭环系统稳定的充分必要条件是系统的开环幅相频率特性 $G(\mathrm{j}\omega)H(\mathrm{j}\omega)$ 不包围 $(-1,\mathrm{j}0)$ 点。

例如，图 5-48 所示为系统开环频率特性 $G(\mathrm{j}\omega)H(\mathrm{j}\omega)=\dfrac{K}{\mathrm{j}\omega(1+T_1\mathrm{j}\omega)(1+T_2\mathrm{j}\omega)}$ 的极坐标图。当 $K<\dfrac{T_1+T_2}{T_1T_2}$ 时，奈氏曲线不包围 $(-1,\mathrm{j}0)$ 点，如图 5-48 的曲线 a，这时，闭环系统是稳定的。当 $K=\dfrac{T_1+T_2}{T_1T_2}$ 时，奈氏曲线经过 $(-1,\mathrm{j}0)$ 点，如图 5-48 的曲线 b，这时，闭环系统处于临界稳定。当 $K>\dfrac{T_1+T_2}{T_1T_2}$ 时，奈氏曲线包围 $(-1,\mathrm{j}0)$ 点，如图 5-48 的曲线 c，这时，闭环系统不稳定。因此，可以直观地看出，开环幅相频率特性 $G(\mathrm{j}\omega)H(\mathrm{j}\omega)$ 曲线从右边愈接近 $(-1,\mathrm{j}0)$ 点，闭环系统的振荡性越大。那么要求闭环系统具有一定的相对稳定性，就必须使奈氏曲线不但不包围 $(-1,\mathrm{j}0)$ 点，而且还对 $(-1,\mathrm{j}0)$ 点有一定的远离程度，即要求有一定的稳定裕量，这个稳定裕量通常用下面定义的相位裕量和增益裕量来度量。

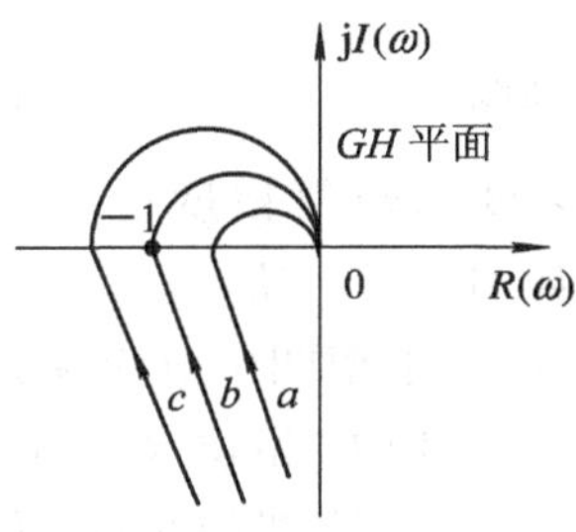

图 5-48　$G(\mathrm{j}\omega)H(\mathrm{j}\omega)$ 的极坐标图

1. 相角裕度(PhaseMagin——常简写为 PM)

设一稳定系统的奈氏曲线($G(\mathrm{j}\omega)H(\mathrm{j}\omega)$ 曲线)与负实轴相交于 G 点，与单位圆相交于 C 点，如图 5-49 所示。C 点处的频率 ω_c 称为增益穿越频率(剪切频率或截止频率)。ω_c 处的相角 $\varphi(\omega_c)$ 与 $-180°$(负实轴)的相角差 γ 称为相角裕度 PM，即

$$\mathrm{PM}=\gamma=\varphi(\omega_c)-(-180°)=180°+\varphi(\omega_c) \tag{5-66}$$

注意，式中 $\varphi(\omega_c)$ 本身是负的。这时有 $A(\mathrm{j}\omega_c)=|G(\mathrm{j}\omega_c)H(\mathrm{j}\omega_c)|=1$。

当 $\gamma>0$ 时，表示相角裕度是正的；$\gamma<0$ 时，表示相角裕度是负的。为了使闭环系统稳

定，要求相角裕度是正的，如图 5-49 所示。图 5-50 描述了不稳定系统的奈氏曲线图。从图中可以看出，$|\varphi(\omega_c)|$大于 180°而 $\varphi(\omega_c)$本身又为负，相位裕量 PM(γ)为负数，即 $\gamma<0$，所以闭环系统是不稳定的。

2. 幅值裕度(GainMargin——常简写为 GM)

当奈氏曲线与负实轴相交于 G 点时，如图 5-49 所示，G 点的频率 ω_g 称为相位穿越频率(相位交界频率)。这时 ω_g 处的相角 $\varphi(\omega_g)=-180°$，幅值为 $|G(j\omega_g)H(j\omega_g)|$。定义 $|G(j\omega_g)H(j\omega_g)|$ 的倒数为幅值裕度 GM(也称为增益裕量)，并用 A_g 表示，即

$$A_g=\frac{1}{|G(j\omega_g)H(j\omega_g)|} \tag{5-67}$$

上式中，ω_g 满足下式

$$\angle G(j\omega_g)H(j\omega_g)=-180° \tag{5-68}$$

当 $|G(j\omega_g)H(j\omega_g)|<1$，也即 $A_g>1$ 时，闭环系统是稳定的，用 $A_g(+)$表示，如图 5-49 所示。当 $|G(j\omega_g)H(j\omega_g)|>1$，也即 $A_g<1$，如图 5-50 所示，闭环系统是不稳定的，用 $A_g(-)$表示。

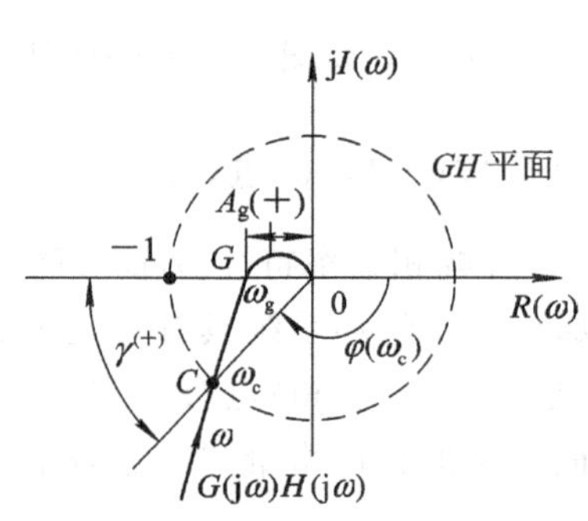

图 5-49　稳定系统的奈氏曲线

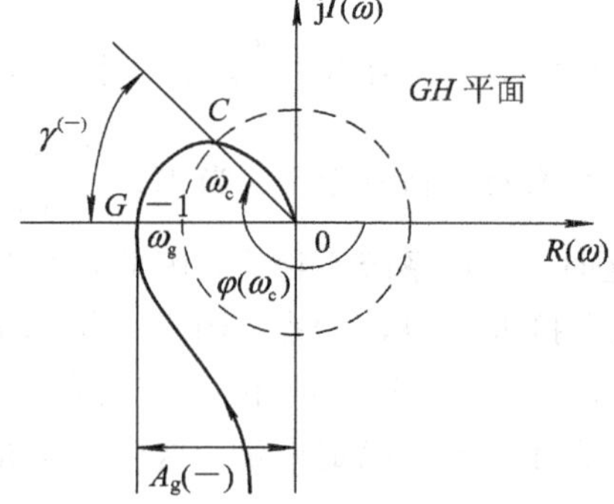

图 5-50　不稳定系统的奈氏曲线

用奈奎斯特图定义的相角裕度和幅值裕度也可以在伯德图上确定，与奈奎斯特图 5-49 对应的稳定系统的伯德图如图 5-51 所示。

图 5-49 中的增益穿越频率 ω_c 在伯德图中对应零分贝点，即开环对数幅频特性曲线与 ω 轴的交点如图 5-51 所示。图 5-49 中相位穿越频率 ω_g 的点在伯德图中对应相角为 −180°的点，即相频特性曲线与 −180°水平线的交点，如图 5-51 所示。从图 5-51 还可以看出，相频特性曲线上对应于增益穿越频率 ω_c 的点位于 −180°水平线的上方，即 $|\varphi(\omega_c)|<180°$，所以相角裕度是正的，用 $\gamma(+)$来表示。

在伯德图中，幅值裕度通常用分贝数来表示，即

$$\begin{aligned}GM=h(\mathrm{dB})&=20\lg A_g=20\lg\frac{1}{|G(j\omega_g)H(j\omega_g)|}\\&=-20\lg|G(j\omega_g)H(j\omega_g)|\end{aligned} \tag{5-69}$$

式中的 A_g 是指奈氏图中幅值裕度，h 是指伯德图上的幅值裕度。

对于稳定系统，$|G(j\omega_g)H(j\omega_g)|<1$(见图 5-49)，所以 $20\lg|G(j\omega_g)H(j\omega_g)|$为负，由式(5-69)可知，幅值裕度 GM$=h$ 是正的，用 $h(+)$来表示。这时对数幅频特性曲线上

对应 ω_g 的点$(20\lg|G(j\omega_g)H(j\omega_g)|)$在 ω 轴的下方，如图 5-51 所示。

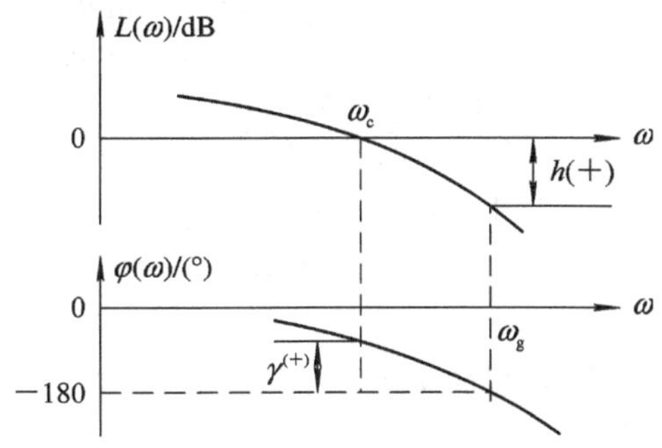

图 5-51　稳定系统的伯德图

对于不稳定系统，在伯德图上表示相角裕度 γ 和幅值裕度 h，可用上述同样的方法参照图 5-50 的奈氏图来对应确定，如图 5-52 所示。由图 5-52 可以看出，这时相角裕度 γ 和幅值裕度 h 都是负的，因为这时 $|\varphi(\omega_c)|>180°$，$|G(j\omega_g)H(j\omega_g)|>1$，图 5-52 中分别用 $\gamma(-)$和 $h(-)$来表示。

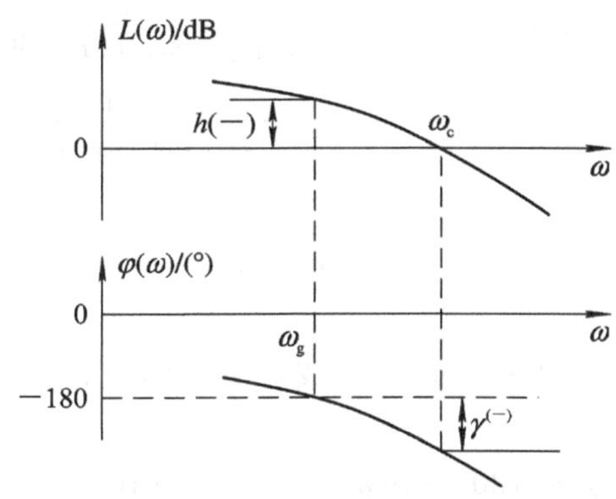

图 5-52　不稳定系统的伯德图

幅值裕度和相角裕度通常作为设计控制系统的频域性能指标。大的幅值裕度和大的相角裕度表明，控制系统可以非常稳定，但通常这种系统响应速度较慢，增益裕量 GM 接近于 1，或相角裕度 PM 接近于零，则对应是一个高度振荡的系统。实践表明，当 GM 和 PM 在下列范围内取值时，控制系统一般可以得到较为满意的动态性能。

$$\mathrm{PM}=\gamma=30°\sim60°$$

$$\mathrm{GM}=h>6\ \mathrm{dB}$$

【例 5-13】 已知一单位反馈系统的开环传递函数为

$$G(s)=\frac{K}{s(1+0.2s)(1+0.05s)}$$

试求：(1) $K=1$ 时系统的相角裕度和幅值裕度；(2) 要求通过增益 K 的调整，使系统的幅值裕度为 20 dB，相角裕度 $\gamma\geqslant40°$。

解　(1) 由 $\varphi(\omega_g)=\angle G(j\omega_g)H(j\omega_g)=-180°$ 求得相角穿越频率 ω_g，由 $|G(j\omega_c)H(j\omega_c)|=1$ 求得截止频率 ω_c。

$$\varphi(\omega_g)=-90°-\arctan0.2\omega_g-\arctan0.05\omega_g=-180°$$

即
$$\arctan 0.2\omega_g + \arctan 0.05\omega_g = 90^\circ$$
因为
$$\tan(\theta_1 \pm \theta_2) = \frac{\tan\theta_1 \pm \tan\theta_2}{1 \mp \tan\theta_1 \tan\theta_2}$$
那么
$$\frac{0.2\omega_g + 0.05\omega_g}{1 - 0.2\omega_g \times 0.05\omega_g} = \infty$$
$$1 - 0.2\omega_g \times 0.05\omega_g = 0$$
故
$$\omega_g = 10 \text{ rad/s}$$
在 ω_g 处的开环对数幅值为
$$\begin{aligned} h(\text{dB}) &= -20 \lg |G(j\omega_g)H(j\omega_g)| \\ &= -20 \lg \left| \frac{1}{j\omega_g(1+j0.2\omega_g)(1+j0.05\omega_g)} \right| \\ &= 20 \lg 10 + 20 \lg \sqrt{1+(0.2\times 10)^2} + 20 \lg \sqrt{1+(0.05\times 10)^2} \\ &= 20 + 7 + 1 = 28 \text{ dB} \end{aligned}$$
根据 $K=1$ 时的开环传递函数，可以求出截止频率 ω_c。

由
$$|G(j\omega_c)H(j\omega_c)| = \left| \frac{1}{j\omega_c(1+j0.2\omega_c)(1+j0.05\omega_c)} \right| = \frac{1}{\omega_c\sqrt{(1+0.04\omega_c^2)(1+0.0025\omega_c^2)}} = 1$$
得
$$\omega_c = 1$$
那么
$$\varphi(\omega_c) = -90^\circ - \arctan 0.2\omega_c - \arctan 0.05\omega_c = -104^\circ$$
故有
$$\gamma = 180^\circ + \varphi(\omega_c) = 180^\circ - 104^\circ = 76^\circ$$
（2）由题意知 $\omega_g = 10$ rad/s，得 $|G(j\omega_g)H(j\omega_g)| = 0.1$，所以由
$$\frac{K}{\omega_g\sqrt{(1+0.04\omega_g^2)(1+0.0025\omega_g^2)}} = 0.1$$
可求得
$$K = 0.1 \times 10\sqrt{1+4}\sqrt{1+0.25} = 2.5$$
验证是否满足相位裕度的要求。

根据 $K=2.5$ 时的开环传递函数，可以求出截止频率 ω_c。由
$$|G(j\omega_c)H(j\omega_c)| = \left| \frac{2.5}{j\omega_c(1+j0.2\omega_c)(1+j0.05\omega_c)} \right| = \frac{2.5}{\omega_c\sqrt{(1+0.04\omega_c^2)(1+0.0025\omega_c^2)}} = 1$$
可得：
$$\omega_c = 2.26$$
$$\varphi(\omega_c) = -90^\circ - \arctan 0.2\omega_c - \arctan 0.05\omega_c = -120.72^\circ$$
故有

$$\gamma = 180° + \varphi(\omega_c) = 180° - 120.72° = 59.28° > 40°$$

$K=2.5$ 能同时满足相角裕度和幅值裕度的要求。

5.9 用频率特性分析系统品质

从前面的分析可知，应用系统的开环频率特性可以分析系统的稳定性和稳定程度，为了研究自动控制系统的其他性能指标，有必要进一步研究系统的闭环频率特性。

5.9.1 闭环频率特性及其特征量

系统的闭环频率特性为

$$\Phi(\mathrm{j}\omega) = \frac{G(\mathrm{j}\omega)}{1+G(\mathrm{j}\omega)} \tag{5-70}$$

当 $\omega=\omega_1$ 时，系统的闭环频率特性与开环频率特性之间的关系如图 5-53 所示。

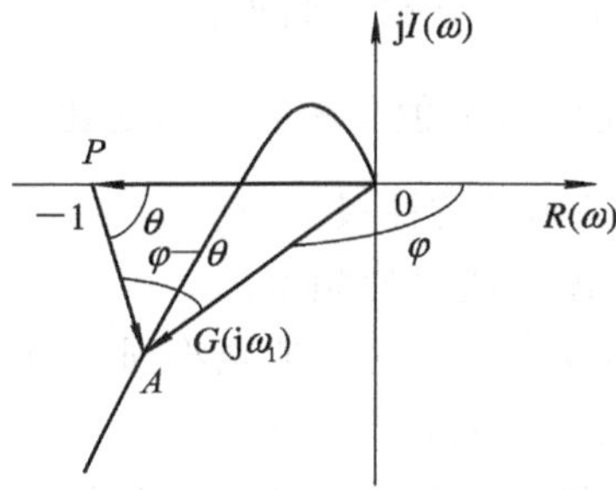

图 5-53　系统开环频率特性与闭环频率特性关系示意图

由图 5-53 可知

$$G(\mathrm{j}\omega_1) = \vec{OA} = |\vec{OA}|\,\mathrm{e}^{\mathrm{j}\varphi},\ 1+G(\mathrm{j}\omega_1) = \vec{PA} = |\vec{PA}|\,\mathrm{e}^{\mathrm{j}\theta}$$

该频率值时的闭环频率特性值为

$$\Phi(\mathrm{j}\omega_1) = \frac{G(\mathrm{j}\omega_1)}{1+G(\mathrm{j}\omega_1)} = \frac{|\vec{OA}|\,\mathrm{e}^{\mathrm{j}\varphi}}{|\vec{PA}|\,\mathrm{e}^{\mathrm{j}\theta}} = \frac{|\vec{OA}|}{|\vec{PA}|}\mathrm{e}^{\mathrm{j}(\varphi-\theta)}$$

故有

$$\Phi(\mathrm{j}\omega_1) = M(\omega_1)\angle\alpha(\omega_1)$$

其中

$$M(\omega_1) = \frac{|\vec{OA}|}{|\vec{PA}|},\ \alpha(\omega_1) = \varphi-\theta = \angle \vec{PAO}$$

由上式可知，当 $\omega=\omega_1$ 时，系统的闭环频率特性的幅值等于向量 $\vec{OA}$ 与向量 $\vec{PA}$ 的幅值之比，闭环频率特性的相角等于向量 $\vec{OA}$ 与向量 $\vec{PA}$ 的相角差。如此，逐点测出不同频率处对应向量的幅值与相角，便可绘制出如图 5-54 所示的闭环幅频特性 $M(\omega)$ 和闭环相频特性 $\alpha(\omega)$。但这种方法繁琐、费时，现在采用 MATLAB 来绘图。

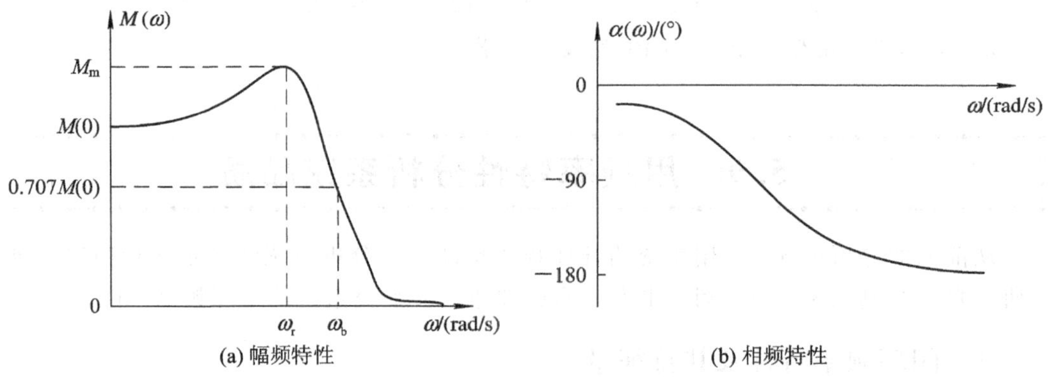

图 5－54　系统闭环频率特性图

由图 5－54 可见，闭环幅频特性的低频部分变化缓慢，较为平滑，随着 ω 增大，幅频特性出现最大值，继而以较大的陡度衰减至零，这种典型的闭环幅频特性可用下面几个特征量来描述。

(1) 零频幅值 M_0：$\omega=0$ 时的闭环幅频特性值。

(2) 谐振峰值 M_r：幅频特性极大值与零频幅值之比，即 $M_r=\dfrac{M_m}{M_0}$。在Ⅰ型和Ⅰ型以上系统中，$M_r=1$，则谐振峰值是幅频特性极大值。

(3) 谐振频率 ω_r：出现谐振峰值时的频率。

(4) 系统频带宽 ω_b：闭环频率特性的幅值减小到 $0.707M_0$ 时的频率称为频带宽，用 ω_b 表示。频带越宽，表明系统能通过越高频率的输入信号。因此 ω_b 高的系统，一方面重现输入信号的能力强，另一方面，抑制输入端高频噪声的能力弱。

5.9.2　频域性能指标与时域性能指标的关系

1. 闭环频域指标与时域指标的关系

用闭环频率特性分析系统的动态性能，一般用谐振峰值 M_r 和频带宽 ω_b(或谐振频率 ω_r)作为闭环频域指标。

1) 二阶系统

典型二阶系统闭环传递函数为

$$\Phi(s)=\frac{\omega_n^2}{s^2+2\zeta\omega_n s+\omega_n^2}\qquad(0<\xi<1)\tag{5-71}$$

那么，二阶典型系统的闭环频率特性为

$$\Phi(j\omega)=\frac{\omega_n^2}{(j\omega)^2+2\zeta\omega_n(j\omega)+\omega_n^2}=\frac{\omega_n^2}{(\omega_n^2-\omega^2)+j2\zeta\omega_n\omega}\tag{5-72}$$

(1) M_r 与 $\sigma\%$ 的关系

典型二阶系统的闭环幅频特性为

$$M(\omega)=\frac{\omega_n^2}{\sqrt{(\omega_n^2-\omega^2)^2+(2\zeta\omega_n\omega)^2}}\tag{5-73}$$

在 ζ 较小时，幅频特性 $M(\omega)$ 出现峰值。其谐振峰值 M_r 和谐振频率 ω_r 可用极值条件求得，

即令

$$\frac{\mathrm{d}M(\omega)}{\mathrm{d}\omega}=0$$

则谐振频率为

$$\omega_r=\omega_n\sqrt{1-2\zeta^2}\qquad(0<\zeta\leqslant 0.707)\tag{5-74}$$

将式(5-74)代入式(5-73)中，可求得闭环幅频特性峰值。因 $\omega=0$ 时的幅频值 $M_0=1$，则求得闭环幅频特性峰值即是谐振峰值，即

$$M_r=\frac{1}{2\zeta\sqrt{1-\zeta^2}}\qquad(0<\zeta\leqslant 0.707)\tag{5-75}$$

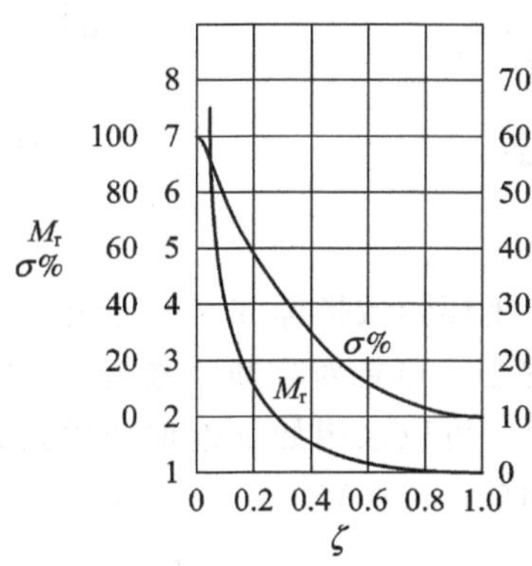

图 5-55　二阶系统 $\sigma\%$、M_r 与 ζ 的关系曲线

当 $\zeta>0.707$ 时，ω_r 为虚数，说明不存在谐振峰值，幅频特性单调衰减。$\zeta=0.707$ 时，$\omega_r=0$，$M_r=1$。$\zeta<0.707$ 时，$\omega_r>0$，$M_r>1$。$\zeta\to 0$ 时，$\omega_r\to\omega_n$，$M_r\to\infty$。

将式(5-75)所表示的 M_r 与 ζ 的关系也绘于图 5-55 中。由图明显看出，M_r 越小，系统阻尼性能越好。如果谐振峰值较高，系统动态过程超调大，收敛慢，平稳性及快速性都差。从图 5-55 知，$M_r=1.2\sim1.5$ 对应 $\sigma\%=20\%\sim30\%$，这时可获得适度的振荡性能。若出现 $M_r>2$，则与此对应的超调量可高达 40%以上。

(2) M_r、ω_b 与 t_s 的关系。

在频率 ω_b 处，典型二阶系统闭环频率特性的幅值为

$$M(\omega_b)=\frac{\omega_n^2}{\sqrt{(\omega_n^2-\omega_b^2)^2+(2\zeta\omega_n\omega_b)^2}}$$

解出 ω_b 与 ω_n、ζ 的关系为

$$\omega_b=\omega_n\sqrt{1-2\zeta^2+\sqrt{2-4\zeta^2+4\zeta^4}}\tag{5-76}$$

由 $t_s\approx\dfrac{3}{\zeta\omega_n}$ 求得 ω_n，代入式(5-76)中，得

$$\omega_b t_s=\frac{3}{\zeta}\sqrt{1-2\zeta^2+\sqrt{2-4\zeta^2+4\zeta^4}}\tag{5-77}$$

将式(5-77)与式(5-75)联系起来，可求得 $\omega_b t_s$ 与 M_r 的关系，绘成曲线如图 5-56 所示。由图 5-56 可看出 M_r、ω_b 与 t_s 的关系，对于给定的谐振峰值 M_r，调节时间与频带宽成反比。如果系统有较宽的频带，则说明系统自身的惯性很小，动作过程迅速，系统的快

速性好。

谐振频率 ω_r 也反映系统的快速性，可以找出 M_r，ω_r 与 t_s 的关系，为简明起见，用曲线表示于图 5－57。

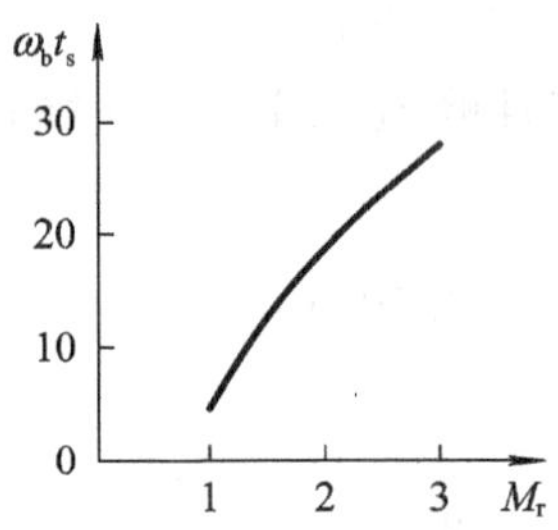

图 5－56　$\omega_b t_s$ 与 M_r 的关系

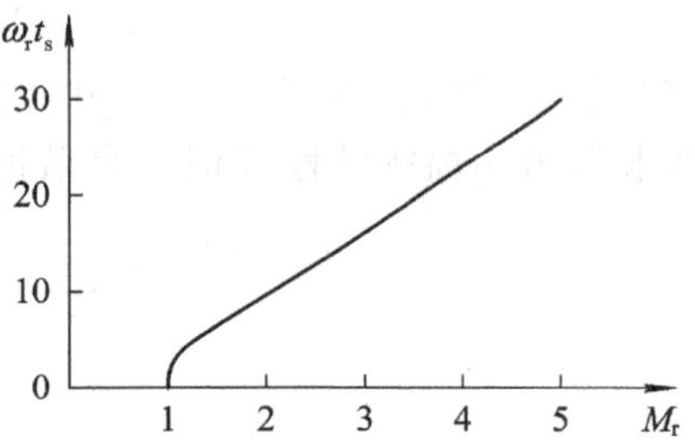

图 5－57　$\omega_r t_s$ 与 M_r 的关系

2）高阶系统

对于高阶系统，难以找出闭环频域指标和时域指标之间的确切关系。但如果高阶系统存在一对共扼复数闭环主导极点，可针对二阶系统建立的关系近似采用。为了估计高阶系统时域指标和频域指标的关系，可以采用如下近似经验公式：

$$\sigma = 0.16 + 0.4(M_r - 1) \qquad (1 \leqslant M_r \leqslant 1.8) \tag{5-78}$$

$$t_s = \frac{K\pi}{\omega_c} \tag{5-79}$$

式中

$$K = 2 + 1.5(M_r - 1) + 2.5(M_r - 1)^2 \qquad (1 \leqslant M_r \leqslant 1.8)$$

式(5－78)表明，高阶系统的 $\sigma\%$ 随 M_r 增大而增大。式(5－79)则表明，调节时间 t_s 随 M_r 增大而增大，且随 ω_c 增大而减小。式(5－78)和式(5－79)的图示关系如图 5－58 所示。

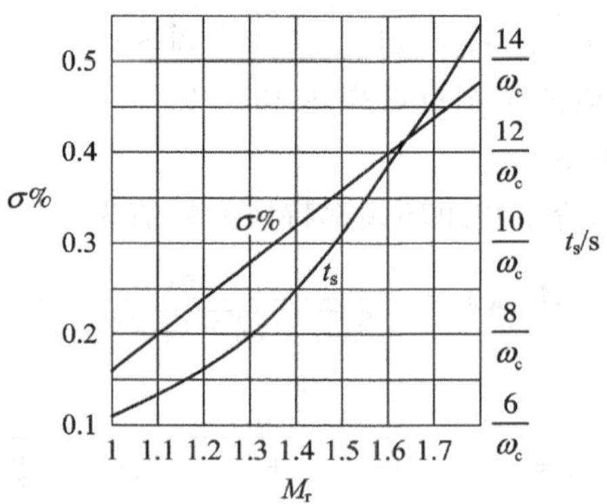

图 5－58　$\sigma\%$、t_s 与 M_r 的关系曲线

2. 开环频域指标与时域指标的关系

对于一般的生产过程控制系统来说，最主要的时域性能指标是超调量 σ 和调整时间 t_s，现分别讨论二者与相角裕度 $\gamma(\omega_c)$ 的定量关系。

1）二阶系统

二阶系统开环传递函数的标准形式为

$$G(s)=\frac{\omega_n^2}{s^2+2\zeta\omega_n s}=\frac{\omega_n^2}{s(s+2\zeta\omega_n)}$$

开环频率特性为

$$G(j\omega)=\frac{\omega_n^2}{(j\omega)^2+2\zeta\omega_n(j\omega)} \tag{5-80}$$

当 $\omega=\omega_c$ 时，

$$|G(j\omega_c)|=\frac{\omega_n^2}{\omega_c\sqrt{\omega_c^2+(2\zeta\omega_n)^2}}=1$$

解之得

$$\omega_c=\omega_n\sqrt{\sqrt{1+4\zeta^4}-2\zeta^2} \tag{5-81}$$

相角裕度为

$$\gamma(\omega_c)=180°+\varphi(\omega_c)=90°-\arctan\frac{\omega_c}{2\zeta\omega_n}=\arctan\frac{2\zeta\omega_n}{\omega_c} \tag{5-82}$$

将式(5－81)代人式(5－82)得

$$\gamma(\omega_c)=\arctan\frac{2\zeta}{\sqrt{\sqrt{1+4\zeta^4}-2\zeta^2}} \tag{5-83}$$

式(5－83)即为相角裕度 $\gamma(\omega_c)$与阻尼比 ζ 之间的定量关系。按式(5－83)的定量关系可绘成曲线，如图 5－59 所示。

在时域分析中已知，超调量 σ 和阻尼比 ζ 之间的定量关系为

$$\sigma=e^{-\frac{\zeta\pi}{\sqrt{1-\zeta^2}}}\times100\% \tag{5-84}$$

将式(5－84)和式(5－83)的函数关系，以 ζ 为横坐标，σ 和 $\gamma(\omega_c)$为纵坐标，绘制于同一张图上，如图 5－60 所示。这样，根据给定的相角裕度 $\gamma(\omega_c)$就可由图 5－60 直接得到时域特性的最大超调量 σ。反之，当要求超调量不超过某一允许的 σ 值时，也可以从图 5－60 中求得应有的相角裕度 $\gamma(\omega_c)$。

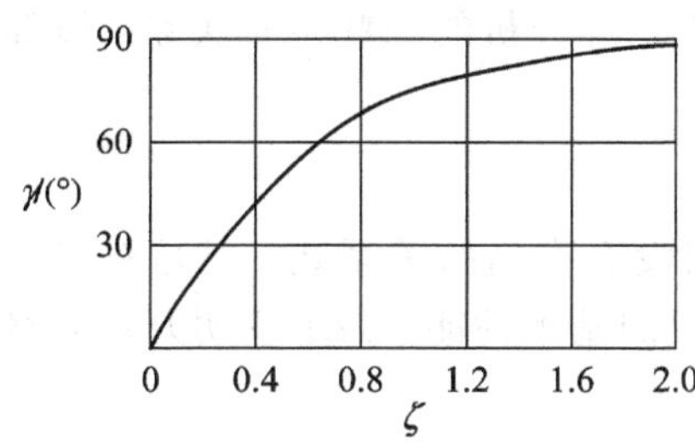

图 5－59　二阶系统相角裕度 γ 和阻尼比 ζ 的关系

图 5－60　$\gamma(\omega_c)$、σ 与 ζ 的关系曲线

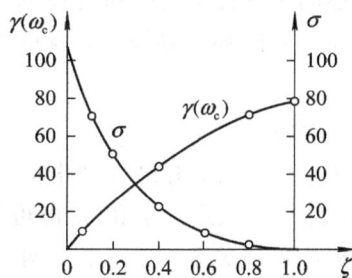

下面分析相角裕度 $\gamma(\omega_c)$与调整时间 t_s 之间的定量关系。

仍以二阶系统为例，在时域分析中已求得调整时间 t_s 的近似表达式为

$$\begin{cases} t_s \big|_{\Delta=\pm 5\%} \approx \dfrac{3}{\zeta\omega_n} & (0<\zeta<1) \\ t_s \big|_{\Delta=\pm 2\%} \approx \dfrac{4}{\zeta\omega_n} & (0<\zeta<1) \end{cases} \tag{5-85}$$

将式(5-81)代入式(5-85)可得

$$\begin{cases} t_s\omega_c \big|_{\Delta=\pm 5\%} \approx \dfrac{3}{\zeta}\sqrt{\sqrt{1+4\zeta^4}-2\zeta^2} \\ t_s\omega_c \big|_{\Delta=\pm 2\%} \approx \dfrac{4}{\zeta}\sqrt{\sqrt{1+4\zeta^4}-2\zeta^2} \end{cases} \tag{5-86}$$

再由式(5-82)和式(5-86)可得

$$\begin{cases} t_s\omega_c \big|_{\Delta=\pm 5\%} \approx \dfrac{6}{\tan\gamma(\omega_c)} \\ t_s\omega_c \big|_{\Delta=\pm 2\%} \approx \dfrac{8}{\tan\gamma(\omega_c)} \end{cases} \tag{5-87}$$

将式(5-87)的函数关系绘成曲线，如图5-61所示。(图中画的是 $t_s\omega_c \big|_{\Delta=\pm 5\%} \approx \dfrac{6}{\tan\gamma(\omega_c)}$ 的关系式)。如果有两个系统，其相角裕度 $\gamma(\omega_c)$ 相同，那么它们的最大超调量 σ(时域)是大致相同的，但它们的调整时间 t_s 并不一定相同。由式(5-87)可知，t_s 与剪切频率 ω_c 成反比，即 ω_c 越大，时域的调整时间 t_s 越短。所以剪切频率 ω_c 在频率特性中是一个很重要的参数，它不仅影响系统的相位裕量，还影响动态过程的调整时间。

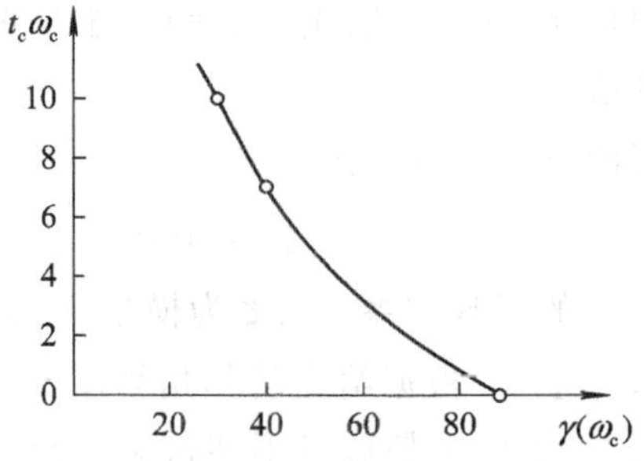

图5-61　$t_s\omega_c$ 与 $\gamma(\omega_c)$ 的关系曲线

上述的频域性能与时域性能的定量关系都是基于二阶系统得出来的。对于高阶系统，只要存在一对闭环主导极点，就可以利用上述二阶系统分析的一些定量关系，以简化系统的设计。

2) 高阶系统

对于高阶系统，开环频域指标与时域指标之间没有准确的关系式。但是对于大多数实际系统，开环频域指标 γ 和 ω_c 即可能反映暂态过程的基本性能。为了说明开环频域指标与时域指标的近似关系，介绍如下两个关系式

$$\sigma = 0.16 + 0.4\left(\frac{1}{\sin\gamma} - 1\right), \qquad (35° \leqslant \gamma \leqslant 90°) \tag{5-88}$$

$$t_s = \frac{K\pi}{\omega_c} \tag{5-89}$$

式中：

$$K = 2 + 1.5\left(\frac{1}{\sin\gamma} - 1\right) + 2.5\left(\frac{1}{\sin\gamma} - 1\right)^2 \qquad (35^\circ \leqslant \gamma \leqslant 90^\circ)$$

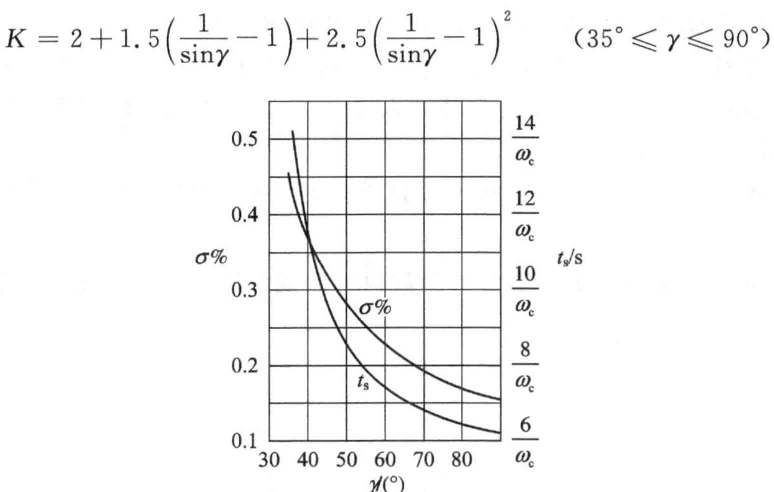

图 5-62　高阶系统 $\sigma\%$、t_s 与 γ 的关系曲线

将式(5-88)和(5-89)表示的关系绘成曲线，如图 5-62 所示。可以看出，超调量 $\sigma\%$ 随相角裕度 γ 的减小而增大；调节时间 t_s 随 γ 的减小而增大，随 ω_c 的增大而减小。

由上面对二阶系统和高阶系统的分析可知，系统的开环频率特性反映了系统的闭环响应性能。对于最小相位系统，由于开环幅频特性与相频特性有确定的关系。因此，相角裕度 γ 取决于系统开环对数幅频特性的形式，但开环对数幅频特性中频段(ω_c 附近的区段)的形状，对相角裕度影响最大，所以闭环系统的动态性能主要取决于开环对数幅频特性的中频段。

5.10　系统传递函数的实验法

当系统已经建立，但不知道其内部结构或传递函数，这时可在系统的输入端输入一个正弦信号 $R(t)=A\sin(\omega t)$，由频率特性测试仪测出不同频率时系统稳态输出的振幅和相移，绘制出最小相位系统的对数频率特性曲线，然后根据频率特性曲线确定系统的开环传递函数。这种通过实验确定系统频率特性的方法是求取频率特性的实验法。具体步骤如下：

(1) 确定渐近线形式。对由实验测得的系统伯德图进行分析，用斜率为±20 dB/dec 的倍数的直线段近似，即辨识出系统的对数幅频特性的渐近线形式。

(2) 确定转折频率，即确定典型环节。当某 ω 处系统对数幅频特性渐近线的斜率发生变化时，此 ω 即为某个环节的转折频率。当频率变化+20 dB/dec 时，则此处加入了一个一阶微分环节 $Ts+1$；若斜率变化了-20 dB/dec，则此处加入了一个惯性环节 $1/(Ts+1)$；若斜率变化了-40 dB/dec，则此处加入了一个振荡环节 $1/(T^2s^2+2\zeta Ts+1)$ 或两个惯性环节 $(1/(Ts+1))^2$。

(3) 积分环节的确定。伯德图低频段的斜率是由系统开环传递函数的积分环节的数目 v 决定，当低频段斜率为 $-20v$ dB/dec 时，系统即有 v 个积分环节。

(4) 开环增益 K 的确定。开环增益 K 与伯德图低频段的幅值有关：

① 低频段为水平线时，幅值为 20 lg$K$，由此可求得 K 值。

② 低频段斜率为－20 dB/dec 时，此线(或其延长线)与 0 分贝线交点处的 ω 值等于开环增益 K。或由 $\omega=1$ rad/s 作 0 分贝线的垂线，与－20 dB/dec 斜率线(或其延长线)交点处的分贝数即可求得 K 值。

③ 当低频段斜率为－40 dB/dec 时，此线(或其延长线)与 0 分贝线交点处的 ω 值等于$\sqrt{K}$。

【例 5-14】 已知最小相位系统的对数幅频曲线如图 5-63 所示，求系统的开环传递函数 $G(s)$。

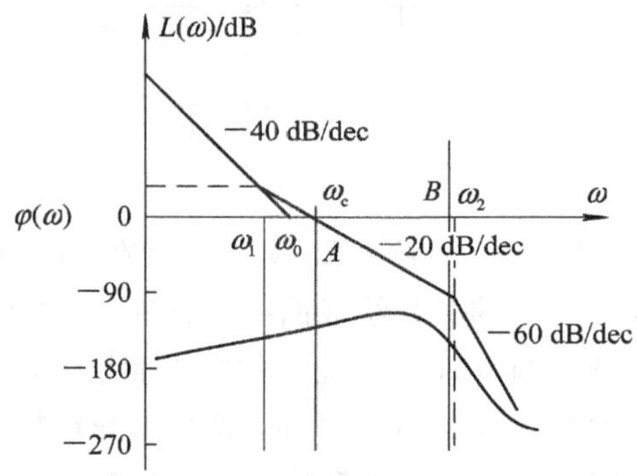

图 5-63　例 5-14 系统的对数幅频曲线图

解　由图可知低频段的斜率为－40 dB/dec，故系统为Ⅱ型系统，即 $v=2$。在 ω_1 处，渐近线的斜率变化了 20 dB/dec，可知此处加入一微分环节；在 ω_2 处，斜率变化了－40 dB/dec，可知此处加入双惯性环节。系统的开环传递函数为

$$G(s)=\frac{K\left(\frac{1}{\omega_1}s+1\right)}{s^2\left(\frac{1}{\omega_2}s+1\right)^2}$$

确定 K：依图有

$$40(\lg\omega_0-\lg\omega_1)=20(\lg\omega_c-\lg\omega_1)$$

解得

$$\omega_0^2=\omega_c\omega_1=K$$

所以

$$G(s)=\frac{K\left(\frac{1}{\omega_1}s+1\right)}{s^2\left(\frac{1}{\omega_2}s+1\right)^2}\qquad K=\omega_c\omega_1$$

【例 5-15】 最小相位系统的开环对数幅频特性如图 5-64 所示，试确定系统的开环传递函数。

解　由图 5-64 可知，系统为Ⅰ型系统。低频渐近线与 0 分贝线的交点为(10，0)，所以有 $K=10$。系统在 $\omega=30$ rad/s 处斜率的变化为 20 dB/dec，为一阶微分环节。$\omega=65$ rad/s 处斜率的变化为－40 dB/dec，为二阶振荡环节，且 $A(65)=\frac{1}{2\zeta}$，则有

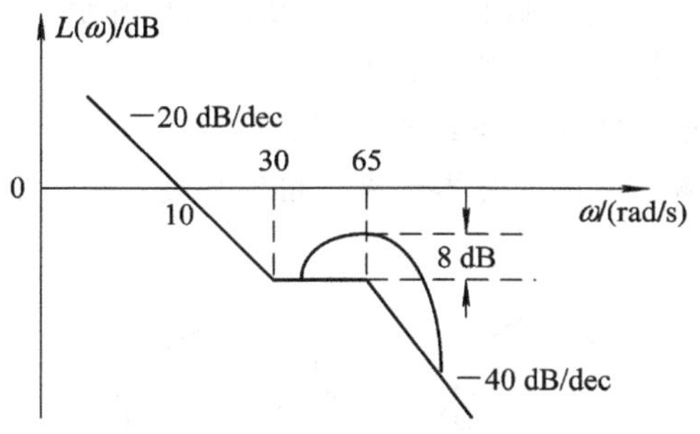

图 5-64　例 5-15 系统伯德图

$$20\lg A(65) = -20\lg 2\zeta = 8\text{ dB}$$

解得 $\zeta=0.2$。系统的开环传递函数为

$$G(s)=\frac{10\times 65^2\left(\frac{s}{30}+1\right)}{s(s^2+2\times 0.2\times 65s+65^2)}=\frac{42250(0.033s+1)}{s(s^2+26s+4225)}$$

习　题　五

5-1　试求图 5-65(a)、(b)网络的频率特性。

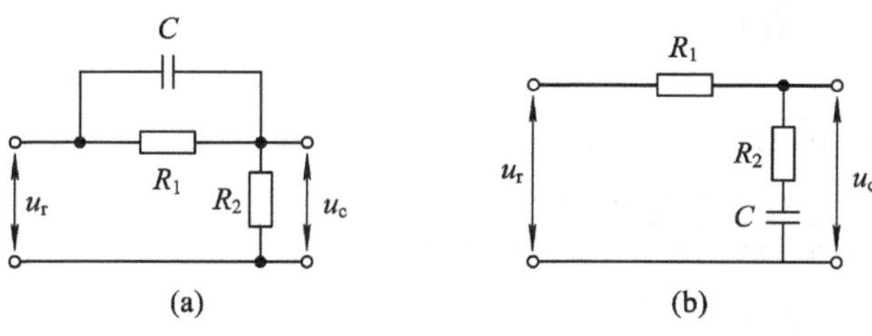

图 5-65　*RC* 网络

5-2　单位负反馈系统的开环传递函数为 $G(s)=\frac{1}{s+1}$，试根据频率特性的物理意义，求在输入信号为 $r(t)=\sin 4t$ 作用下系统的稳态输出 c_{ss} 和 e_{ss}。

5-3　已知单位负反馈系统的开环传递函数为 $G(s)=\frac{K}{s(Ts+1)}$，当系统的输入 $r(t)=\sin 10t$ 时，闭环系统的稳态输出为 $c(t)=\sin(10t-90°)$，试计算参数 K 和 T 的数值。(提示：可根据频率特性的物理意义求解。)

5-4　试绘制下列开环传递函数的幅相特性，并判断其负反馈闭环时的稳定性。

(1) $G(s)H(s)=\frac{250}{s(s+5)(s+15)}$

(2) $G(s)H(s)=\frac{250(s+1)}{s^2(s+5)(s+15)}$

5-5　已知系统开环传递函数 $G(s)H(s)=\frac{K(s+2)}{s(s-1)}$，试用奈奎斯特稳定判据判断闭环系统的稳定性，并确定使系统稳定的 K 的取值范围。

5-6　已知最小相位系统的幅相特性，如图 5-66 所示。

(1) 试写出该幅相特性相应的传递函数。

(2) 用奈奎斯特判据判断闭环系统稳定性。

(3) 标出增益交界频率、相位交界频率、相位裕量，并写出幅值裕量表达式。

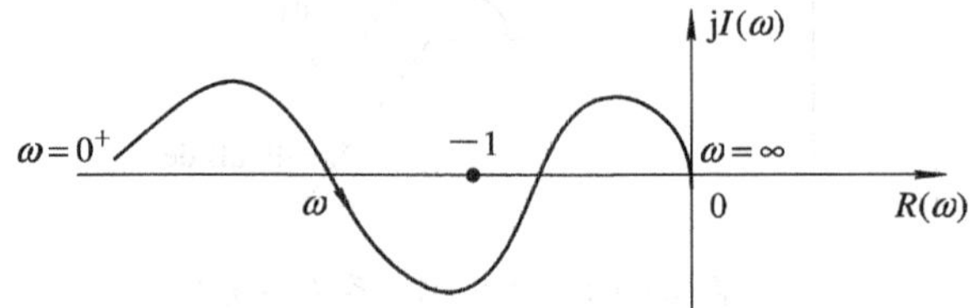

图 5-66　最小相位系统幅相特性图

5-7　若单位负反馈系统的开环传递函数

$$G(s)=\frac{K\mathrm{e}^{-0.8s}}{s+1},\qquad K>0$$

试确定使系统稳定的 K 值范围。

5-8　试绘制下列传递函数的对数幅频特性渐近曲线。

(1) $G(s)=\dfrac{2}{(2s+1)(8s+1)}$；

(2) $G(s)=\dfrac{200}{s^2(s+1)(10s+1)}$；

(3) $G(s)=\dfrac{40(s+0.5)}{s(s+0.2)(s^2+s+1)}$

(4) $G(s)=\dfrac{20(3s+1)}{s^2(6s+1)(s^2+4s+25)(10s+1)}$

(5) $G(s)=\dfrac{8(s+0.1)}{s(s^2+s+1)(s^2+4s+25)}$

5-9　若传递函数

$$G(s)=\frac{K}{s^v}G_0(s)$$

式中，$G_0(s)$为 $G(s)$中除比例和积分两种环节外的部分。试证：

$$\omega_1=K^{\frac{1}{v}}$$

式中，ω_1 为近似对数幅频特性曲线最左端直线(或其延长线)与 0 dB 线交点的频率，如图 5-67 所示。

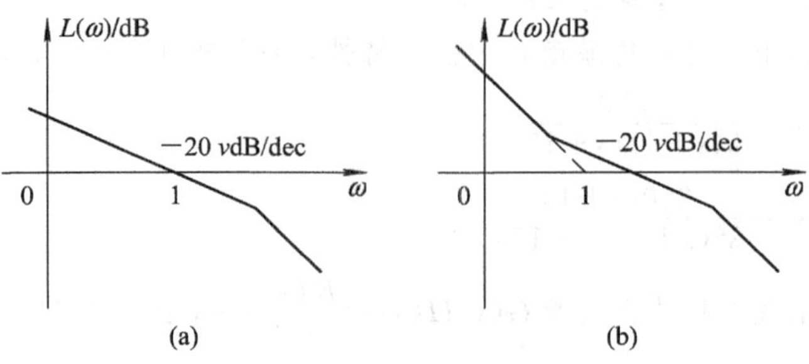

图 5-67　近似对数幅频特性曲线图

5-10　已知最小相位系统的对数幅频特性渐近曲线如图 5-68 所示，试确定系统的开环传递函数。

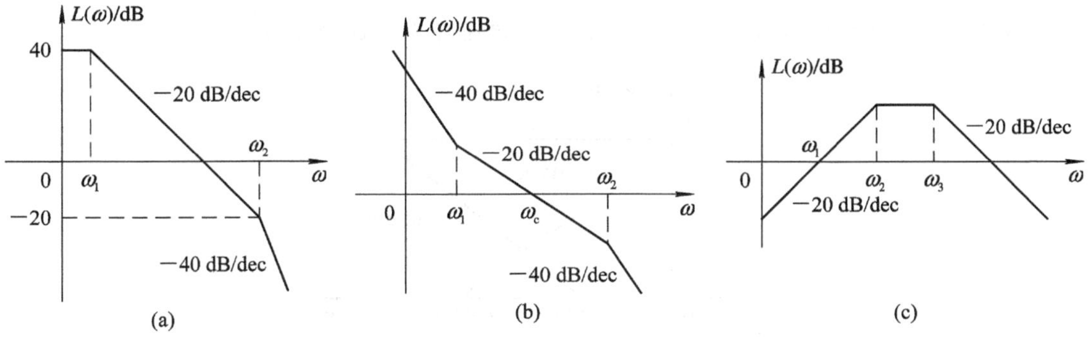

图 5-68　系统开环对数幅频特性渐近曲线图

5-11　已知某最小相位系统的开环对数幅频特性如图 5-69 所示。

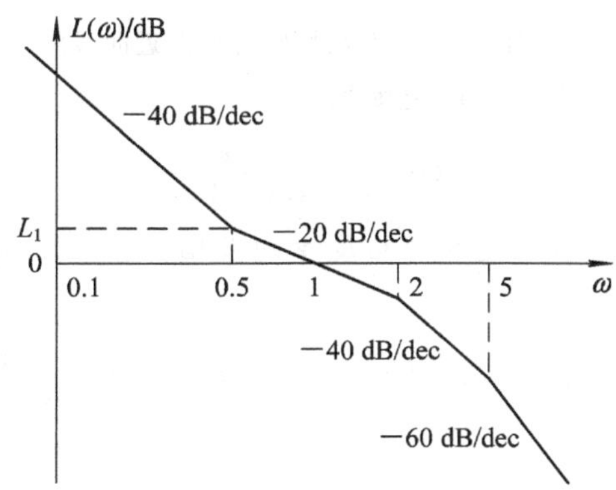

图 5-69　最小相位系统开环对数幅频特图

(1) 写出其开环传递函数；

(2) 画出其相频特性草图，并从图上求出和标明相角裕度和幅值裕度；

(3) 求出该系统达到临界稳定时的开环比例系数值 K；

(4) 在复数平面上画出其奈奎斯特曲线，并标明点 $-1+\mathrm{j}0$ 的位置。

5-12　已知 $G_1(s)$、$G_2(s)$和 $G_3(s)$均为最小相位系统的传递函数，其对数幅频特性渐近曲线如图 5-70 所示。试概略绘制传递函数

$$G_4(s)=\frac{G_1(s)G_2(s)}{1+G_2(s)G_3(s)}$$

的对数幅频、对数相频和幅相特性曲线。

5-13　已知系统开环传递函数，试根据奈氏判据，确定其闭环稳定的条件：

$$G(s)=\frac{K}{s(Ts+1)(s+1)},\qquad (K,\ T>0)$$

(1) $T=2$ 时，K 值的范围；

(2) $K=10$ 时，T 值的范围；

(3) K，T 值的范围。

5－14　已知系统开环传递函数

$$G(s)=\frac{10(s^2-2s+5)}{(s+2)(s-0.5)}$$

试概略绘制幅相特性曲线，并根据奈氏判据判定闭环系统的稳定性。

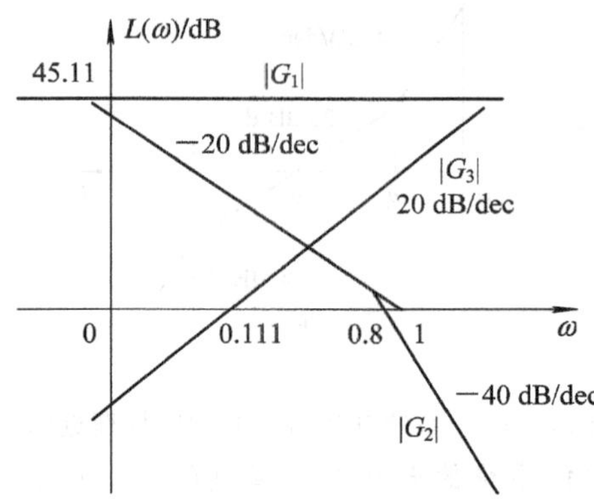

图 5－70　对数幅频特性渐近曲线图

5－15　典型二阶系统的开环传递函数

$$G(s)=\frac{\omega_n^2}{s(s+2\xi\omega_n)}$$

若已知 $10\%\leqslant\sigma\%\leqslant30\%$，试确定相角裕度 γ 的范围；若给定 $\omega_n=10$，试确定系统带宽 ω_b 的范围。

5－16　设单位反馈控制系统的开环传递函数 $G(s)=\dfrac{as+1}{s^2}$，试确定相角裕度为 45°时的参数值。

5－17　已知系统中

$$G(s)=\frac{10}{s(s-1)},\quad H(s)=1+K_h s$$

试确定闭环系统临界稳定时的 K_h。

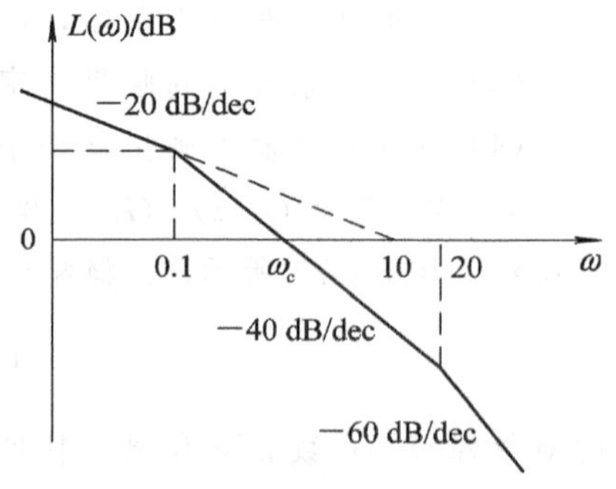

图 5－71　开环对数幅频特性图

5－18　某最小相位系统的开环对数幅频特性如图 5－71 所示。要求

(1) 写出系统开环传递函数；

(2) 利用相角裕度判断系统的稳定性；

(3) 将其对数幅频特性向右平移十倍频程，试讨论对系统性能的影响。

5－19　对于典型二阶系统，已知参数 $\omega_n=3$，$\xi=0.7$，试确定截止频率 ω_c 和相角裕度 γ。

5－20　对于典型二阶系统，已知 $\sigma\%=15\%$，$t_s=3$ s，试计算相角裕度 γ。

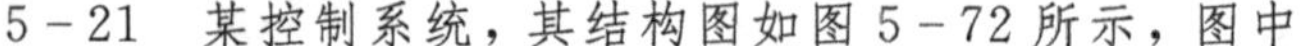

5－21　某控制系统，其结构图如图 5－72 所示，图中

$$G_1(s)=\frac{10(1+s)}{1+8s},\ G_2(s)=\frac{4.8}{s\left(1+\frac{s}{20}\right)}$$

试按以下数据估算系统时域指标 $\sigma\%$ 和 t_s。

(1) γ 和 ω_c；

(2) M_r 和 ω_c。

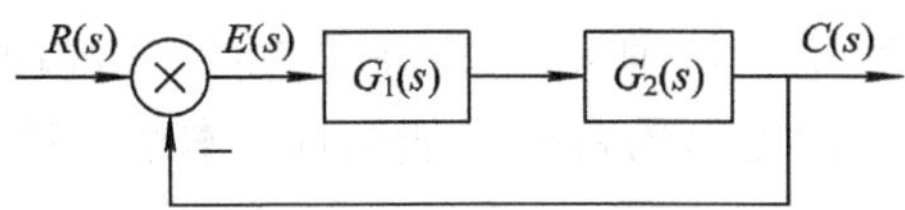

图 5-72　系统结构图

5-22　单位负反馈系统的闭环对数幅频特性如图 5-73 所示。若要求系统具有 30°的相角裕度，试计算开环增益应增大的倍数。

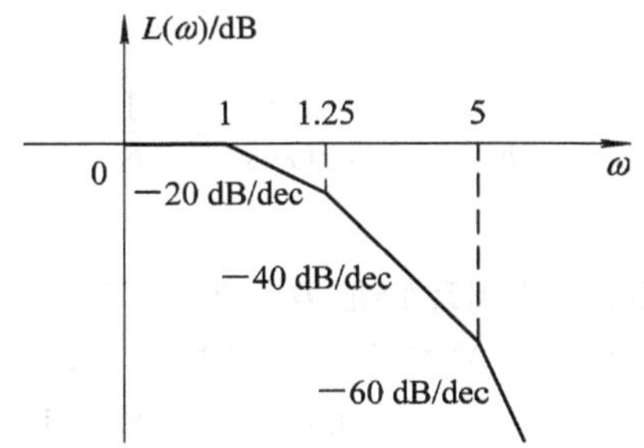

图 5-73　闭环对数幅频特性渐进曲线图

第六章 控制系统的校正

第三、第四和第五章讨论了控制系统的分析方法，也就是给定系统的元部件及其参数，分析系统是否满足设计者提出的各项性能指标。本章讨论控制系统的设计方法。

设单位反馈系统的开环传递函数为

$$G(s)=\frac{K}{s(1+s)(1+0.0125s)}$$

要求控制该系统在单位斜坡输入时，系统的稳态误差不超过1%，求K的取值范围。

解 由稳态误差要求

$$e_{ss}=\frac{1}{K_v}=\frac{1}{\lim\limits_{s\to 0}sG(s)}=\frac{1}{K}\leqslant 0.01$$

可得K必须大于100 。

另一方面，利用劳斯判据，其闭环特征方程为：

$$D(s)=0.0125s^3+1.0125s^2+s+K=0$$

$$\begin{array}{lcc} s^3 & 0.0125 & 1 \\ s^2 & 1.0125 & K \\ s^1 & \dfrac{1.1025-0.0125K}{1.0125} & 0 \\ s^0 & K & 0 \end{array}$$

可知系统稳定的条件是$0<K<81$。

可见，稳定性与稳态误差成为了一对矛盾，但如果在系统中适当的位置加入一些参数及特性可按需要改变的装置(校正装置)，使其稳定且稳态误差小于0.01，则可以解决这对矛盾。这就是本章所要讨论的控制系统的另一个问题——系统的校正。

所谓系统的校正，即根据提出的性能指标在原有系统中适当的位置加入一些参数及特性可按需要改变的校正装置，引入新的零、极点，改变系统原有的根轨迹或对数频率特性图的形状，从而满足系统的性能指标要求。常用的校正方法有根轨迹校正法和频率特性校正法。本章主要介绍频率特性校正法。

6.1 系统设计与校正问题

6.1.1 系统的性能指标

控制系统常用的性能指标有时域性能指标和频域性能指标。

1. 时域性能指标

稳态指标：系统的型别，静态误差系数和稳态误差。

动态指标：最大超调量和调整时间。

2. 频域性能指标

开环频域指标：截止频率、相角裕度和幅值裕度。

闭环频域指标：谐振频率、谐振峰值和带宽频率。

3. 时域指标和频域指标之间的关系

时域指标和频域指标从不同的角度衡量系统的性能，二者之间存在着必然的内在联系。对于二阶系统来说，两种指标之间的关系可以用准确的数学表达式表示，对于高阶系统来说，两种指标之间只有近似关系存在。

1）二阶系统频域指标与时域指标的关系

谐振峰值：

$$M_r = \frac{1}{2\zeta\sqrt{1-\zeta^2}} \qquad \left(0 \leqslant \zeta \leqslant \frac{\sqrt{2}}{2} \approx 0.707\right)$$

谐振频率：

$$\omega_r = \omega_n \sqrt{1-2\zeta^2}$$

带宽频率：

$$\omega_b = \omega_n \sqrt{1-2\zeta^2+\sqrt{(1-2\zeta^2)^2+1}}$$

截止频率：

$$\omega_c = \omega_n \sqrt{\sqrt{4\zeta^4+1}-2\zeta^2}$$

相位裕度：

$$\gamma = \arctan\frac{2\zeta}{\sqrt{\sqrt{4\zeta^4+1}-2\zeta^2}}$$

超调量：

$$\sigma\% = e^{-\frac{\pi\zeta}{\sqrt{1-\zeta^2}}} \times 100\%$$

调节时间：

$$t_s = \frac{3.5}{\zeta\omega_n},\ \omega_c t_S = \frac{7}{\tan\gamma}$$

2）高阶系统频域指标与时域指标的关系

谐振峰值：

$$M_r = \frac{1}{\sin\gamma}$$

超调量：

$$\sigma = 0.16 + 0.4(M_r - 1) \qquad (1 \leqslant M_r \leqslant 1.8)$$

调节时间：

$$t_s = \frac{K\pi}{\omega_c} \qquad (K = 2 + 1.5(M_r - 1) + 2.5(M_r - 1)^2 \qquad 1 \leqslant M_r \leqslant 1.8)$$

4. 系统带宽的选择

自动控制系统对带宽的要求包括以下几个方面：

(1) 既能以所需精度跟踪输入信号，又能抑制噪声扰动信号。在控制系统实际运行中，输入信号一般是低频信号，而噪声信号是高频信号。

(2) 为使系统能准确复现输入信号，希望带宽大点，但为了抑制噪声又希望带宽小点。此外，为使系统有较高的稳定裕度，希望开环对数幅频特性在中频区(在 0 dB 线上 30 dB、下 15 dB 的频段，也即截止频率附近)斜率为－20 dB/dec，高频区应迅速衰减。

(3) 开环对数相频特性方面，相角裕度为 30°～70°，一般取 45°。太低则动态性能以及系统对参数变化的适应能力差；太高则对系统部件要求较高，且动态过程缓慢。

(4) 开环传递函数在 $\omega\to 0$ 时，幅值愈大，系统的稳态性能愈好。如果输入信号的带宽为 $0\sim\omega_M$，噪声信号的频带为 $\omega_1\sim\omega_N$，则 $\omega_b=(5\sim10)\omega_M$，且使 $\omega_1\sim\omega_N$ 处于 $0\sim\omega_b$ 范围外。

图 6－1 所示为系统带宽的选择示意图。

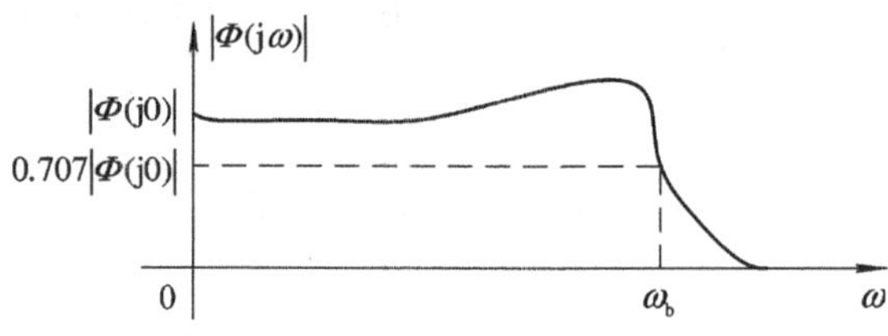

图 6－1　系统带宽选择示意图

6.1.2　系统的校正方式

根据校正装置在系统中的不同连接方式，可将系统的常用校正方式分为串联校正、并联(反馈)校正、前馈校正和复合校正四种类型。

1. 串联校正

串联校正比较简单，易于对信号进行各种形式的变换，一般安置在前向通道中能量较低的部位，即比较环节后面，如图 6－2 中的 $G_c(s)$。

2. 并联校正

并联校正信号从高功率点向低功率点传递，一般不需附加放大器，可以抑制参数波动、非线性因素对系统性能的影响，常置于系统局部反馈通道中，如图 6－3 中的 $G_c(s)$。

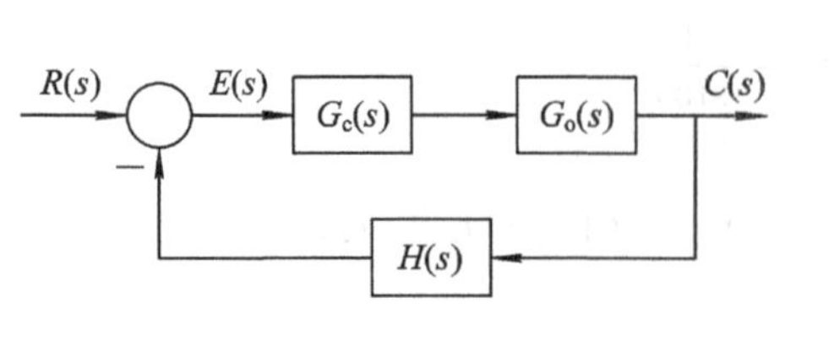

图 6－2　串联校正

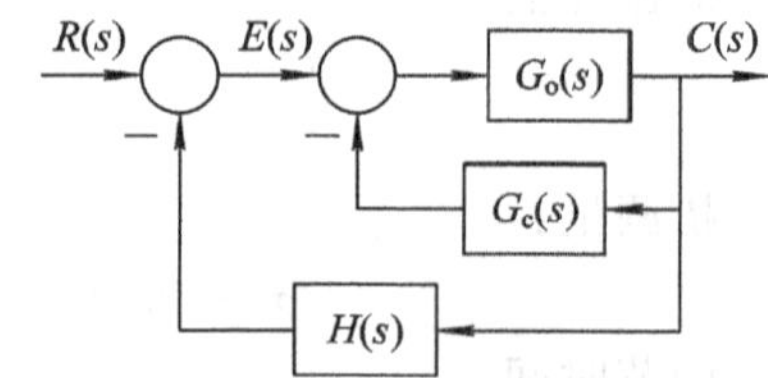

图 6－3　并联校正

3. 前馈校正

前馈校正又称顺馈校正，是系统主反馈回路之外的校正方法。其接线方式为直接接在系统输入信号之后和主反馈作用点之前的前向通道上，相当于对给定信号进行整形或滤波后再送入反馈系统。根据信号的不同有对输入信号的前馈校正和对扰动信号的前馈校正。

(1) 输入信号的前馈校正：将输入信号作变换，改善系统性能，如图 6-4 中的 $G_c(s)$。

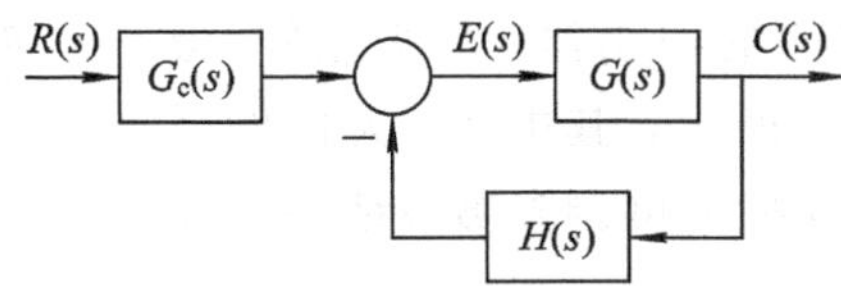

图 6-4　作用于输入信号的前馈校正

(2) 扰动信号的前馈校正：对扰动信号进行测量，变换后送入系统，抵消扰动的影响，如图 6-5 中的 $G_c(s)$。

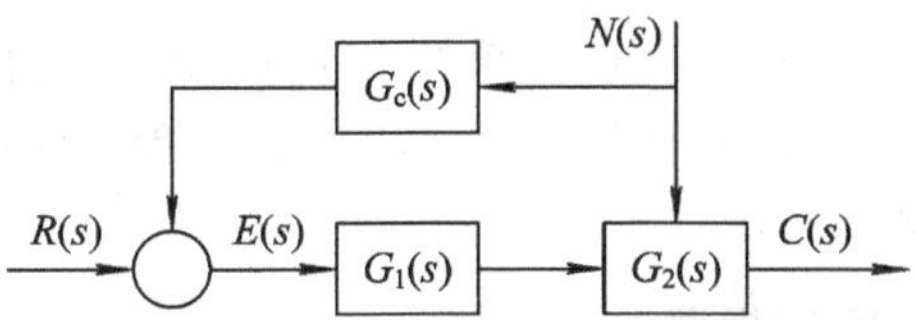

图 6-5　作用于扰动信号的前馈校正

4. 复合校正

复合校正是反馈校正和前馈校正组合的校正方法，是在反馈控制回路中，加入前馈校正通道，如图 6-6 所示。

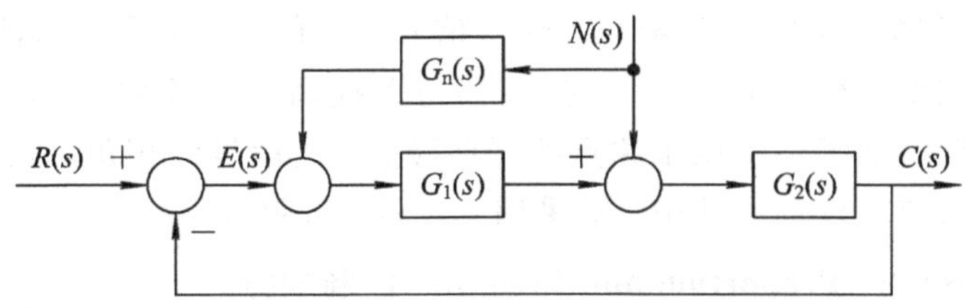

图 6-6　按扰动补偿的复合校正系统

6.1.3　基本控制规律

基本的控制规律有比例、微分、积分，以及这些基本控制规律的组合，即比例-微分、比例-积分、比例-微分-积分。利用这些控制规律的相位超前或滞后以及幅值增加或减少等作用可实现对控制对象的有效修正。

1. 比例(P, Proportion)控制规律

具有比例控制规律的控制器称为比例(P)控制器，如式(6-1)所示，其中 K_p 为比例系数，具有可调性。结构图如图6-7 所示。

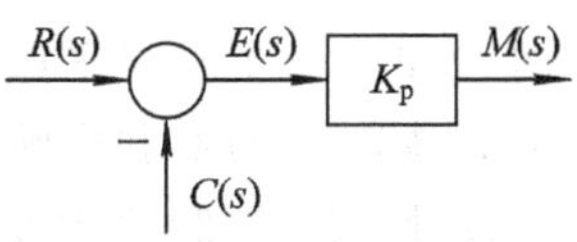

$$m(t) = K_p e(t) \tag{6-1}$$

图 6-7　比例控制器

比例控制器实质上是具有可调增益的放大器，系统中加入比例控制器后只改变信号的幅值增益而不影响相位。在串联校正中，增加比例环节可以提高系统开环增益，减小系统稳态误差，提高系统精度，但会降低系统的相对稳定性，甚至造成系统不稳定。因此，在系统校正设计中，一般不单独使用。

2. 比例-微分(PD，Proportion and Differential)控制规律

具有比例-微分控制规律的控制器，称为比例-微分(PD)控制器，如式(6－2)所示，其中 K_p 为比例系数，τ 为微分时间常数，二者都是可调参数。结构图如图 6－8 所示。

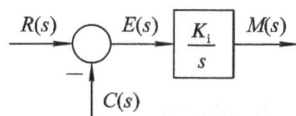

$$m(t) = K_p e(t) + K_p \tau \frac{de(t)}{dt} \qquad (6-2)$$

图 6－8 比例-微分控制器结构图

PD 控制规律能反映输入信号的变化趋势。系统中加入比例-微分控制器后可产生早期的修正信号，增加阻尼程度，改善系统的稳定性。在串联校正中，PD 校正相当于在开环系统中增加一个$-1/\tau$ 的开环零点，提高了系统相角裕度，有利于改善系统的暂态性能。但微分(D)控制部分仅对动态过程有作用，不影响稳态过程，且对噪声敏感(噪声一般幅值较小，变化很大)，故不宜单独使用。

3. 积分(I，Integral)控制规律

具有积分控制规律的控制器，称为积分(I)控制器，如式(6－3)所示，K_i 为可调比例系数。结构图如图 6－9 所示。

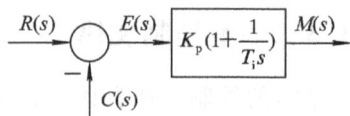

$$m(t) = K_i \int_0^t e(t) dt \qquad (6-3)$$

图 6－9 积分控制器结构图

从式(6－3)可知，输出信号 $m(t)$为输入信号 $e(t)$的积分，当 $e(t)$消失后，$m(t)$是一个不为零的常量。在串联校正中，采用 I 控制器可以提高系统的型别(无差度)，有利于提高系统稳态性能，但增加了一个位于原点的开环极点，使信号的相角滞后 90°，削弱了系统的稳定性。所以在系统的校正设计中，不采用单一的 I 控制器。

4. 比例-积分(PI，Proportion and Integral)控制规律

具有比例-积分控制规律的控制器，称为比例-积分(PI)控制器，如式(6－4)所示，K_p 为可调比例系数，T_i 为积分时间常数。结构图如图 6－10 所示。

$$m(t) = K_p e(t) + \frac{K_p}{T_i} \int_0^t e(t) dt \qquad (6-4)$$

图 6－10 比例-积分控制器结构图

在串联校正中，PI 控制器相当于增加了位于原点的开环极点，从而提高了型别，减小了稳态误差；同时增加了位于左半平面的开环零点，减小了系统的阻尼程度，削弱了 PI 控制器增加的极点对系统产生的不利影响。只要积分时间常数 T_i 足够大，PI 控制器对系统的不利影响可大为减小。PI 控制器主要用来改善控制系统的稳态性能。

5. 比例-积分-微分(PID，Proportion Integral and Differential)控制规律

具有比例-积分-微分控制规律的控制器，称为比例－积分－微分(PID)控制器，如式(6－5)所示。结构图如图 6－11 所示。

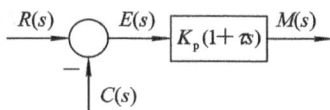

$$m(t)=K_{p}e(t)+\frac{K_{p}}{T_{i}}\int_{0}^{t}e(t)dt+K_{p}\tau\frac{de(t)}{dt} \tag{6-5}$$

$$R(s)\rightarrow\bigcirc\xrightarrow{E(s)}\boxed{K_{p}\left(1+\frac{1}{T_{i}s}+\tau s\right)}\xrightarrow{M(s)},\qquad C(s)\rightarrow\bigcirc\ (-)$$

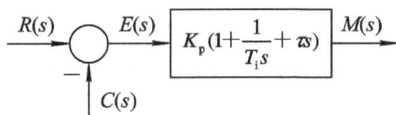

图 6-11　比例-积分-微分控制器结构图

在串联校正中，PID 控制器相当于给系统增加一个极点，提高了型别，增加了稳态性能，增加了两个负实零点，使系统动态性能比 PI 校正更具优越性。在工业控制系统中，常采用 PID 控制器，各参数的选择通常在现场调试中最后决定。常使 I 积分发生在低频段，以提高系统的稳态性能；D 微分发生在高频段，以改善系统的动态性能。

PID 控制器用于控制精度，比例环节是必需的，它直接影响系统精度和控制的结果；积分相当于力学的惯性，能使振荡趋于平缓；微分控制提前量，相当于力学的加速度，影响控制的反应速度，太大会导致大的超调量，使系统极不稳定，太小会使反应缓慢。

调试 PID 参数的一般步骤如下：

(1) 确定比例增益 K_p。

确定比例增益 K_p 时，首先去掉 PID 的积分项和微分项，一般是令 $T_i=0$、$\tau=0$，使 PID 为纯比例调节。输入设定为系统允许的最大值的 60%～70%，由 0 逐渐加大比例增益 K_p，直至系统出现振荡；再反过来，从此时的比例增益 K_p 逐渐减小，直至系统振荡消失，记录此时的比例增益 K_p，设定 PID 的比例增益 K_p 为当前值的 60%～70%。比例增益 K_p 调试完成。

(2) 确定积分时间常数 T_i。

比例增益 K_p 确定后，设定一个较大的积分时间常数 T_i 为初值，然后逐渐减小 T_i，直至系统出现振荡，之后再反过来，逐渐加大 T_i，直至系统振荡消失。记录此时的 T_i，设定 PID 的积分时间常数 T_i 为当前值的 150%～180%。积分时间常数 T_i 调试完成。

(3) 确定微分时间常数 τ。

微分时间常数 τ 一般不用设定，为 0 即可。若要设定，与确定 K_p 和 T_i 的方法相同，取不振荡时的 30%。

(4) 系统空载、带载联调，再对 PID 参数进行微调，直至满足要求。

6.2　常用校正装置及其特性

校正装置的物理器件可以有电气的、机械的、液压的和气动的等形式，选择的一般原则是根据系统本身结构特点、信号性质和设计者的经验，并综合经济指标和技术指标进行选择。本书我们以电气校正装置作为控制器，电气校正装置既可由电容、电阻组成无源校正网络，也可由运算放大器加入适当电路构成有源校正网络。校正网络根据相角的变化分为超前校正网络、滞后校正网络和滞后-超前校正网络。

6.2.1　超前校正装置

超前校正即微分校正，分为无源超前校正网络和有源超前校正网络。

1. 无源超前网络

无源超前网络如图 6-12 所示，网络的输入、输出电压分别为 $u_i(t)$、$u_o(t)$。

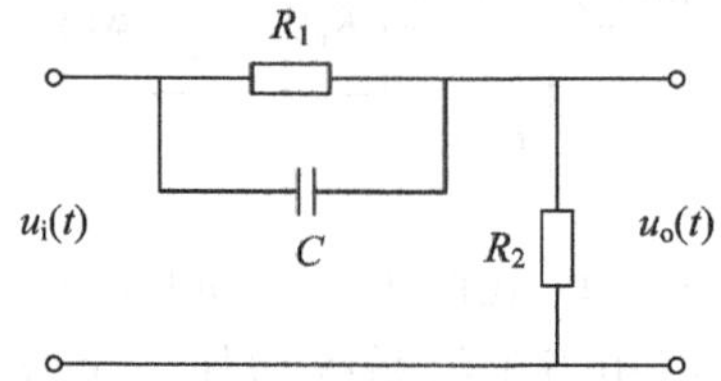

图 6-12　无源超前校正网络

网络的传递函数如式(6-6)所示：

$$G_c(s)=\frac{R_2}{R_2+R_1}\cdot\frac{R_1Cs+1}{\frac{R_2}{R_2+R_1}\cdot R_1Cs+1} \tag{6-6}$$

式(6-6)中令 $T=R_1C$，$\alpha=\dfrac{R_2}{R_1+R_2}<1$，则

$$G_c(s)=\alpha\frac{Ts+1}{\alpha Ts+1} \tag{6-7}$$

式(6-7)中，T 称为时间常数，α 称为分度系数。

图 6-12 所示超前网络的频率特性为

$$G_c(j\omega)=\alpha\frac{j\omega T+1}{j\omega\alpha T+1}=\alpha\frac{\sqrt{1+\omega^2T^2}}{\sqrt{1+\omega^2\alpha^2T^2}}\angle(\arctan\omega T-\arctan\omega\alpha T) \tag{6-8}$$

式(6-8)的对数频率特性图如图 6-13 所示。由式(6-8)或图(6-13)可见，采用超前网络对系统做串联校正后，系统的开环传递系数下降为原来的 $1/\alpha$，这样增加了系统的稳态误差，导致系统的稳态性能下降。如此，为了使系统的传递系数在校正前后保持不变，可将放大器的放大系数增大 $1/\alpha$ 倍，则补偿后，超前网络的传递函数变为

$$\frac{1}{\alpha}G_c(s)=G_c'(s)=\frac{Ts+1}{\alpha Ts+1} \tag{6-9}$$

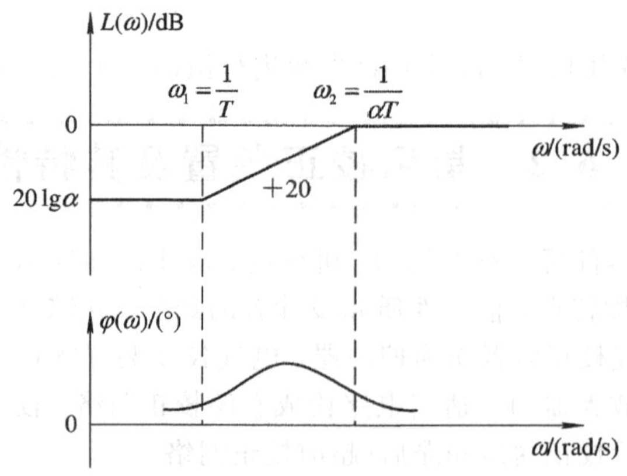

图 6-13　无源超前网络对数频率特性图

对应的频率特性为

$$G_c'(j\omega)=\frac{j\omega T+1}{j\omega\alpha T+1} \tag{6-10}$$

式(6－10)的对数频率特性图如图 6－14 所示。从图 6－14 可见，频率 ω 在 $1/T$ 至 $1/(\alpha T)$之间，幅频特性曲线 $L(\omega)$的斜率为 20 dB/dec，与纯微分环节的对数幅频特性的斜率完全相同，这意味着超前校正网络在该频率范围内对输入信号有微分作用，所以称这种网络为微分校正网络。相频特性曲线 $\varphi(\omega)$当 ω 从 0 变到∞时均为正值，即网络的输出信号在相位上总是超前于输入信号，故命名为超前校正网络。

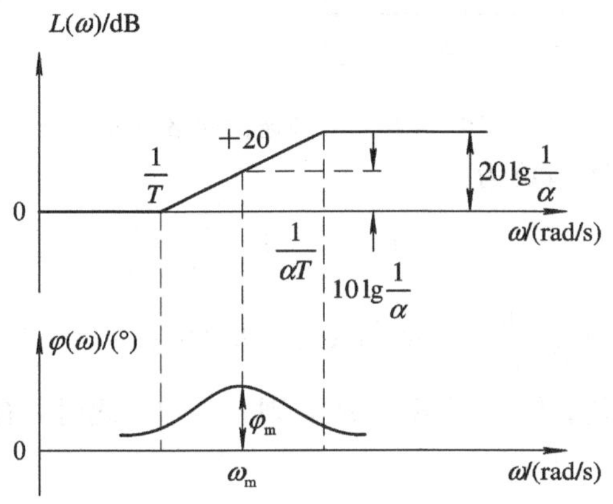

图 6－14　补偿后无源超前网络对数频率特性图

从对数相频特性图可见，频率 ω 在 $1/T$ 至 $1/(\alpha T)$之间，$\varphi(\omega)$存在最大值 φ_m。

已知

$$\varphi(\omega)=\arctan\omega T-\arctan\omega\alpha T \tag{6-11}$$

令$\frac{d\varphi(\omega)}{d\omega}=0$，则最大超前角频率为

$$\omega_m=\frac{1}{T\sqrt{\alpha}} \tag{6-12}$$

因 $\omega_1=\frac{1}{T}$，$\omega_2=\frac{1}{(\alpha T)}$，故

$$\omega_m=\sqrt{\omega_1\omega_2} \tag{6-13}$$

或

$$\lg\omega_m=\frac{1}{2}(\lg\omega_1+\lg\omega_2) \tag{6-14}$$

由式(6－13)和式(6－14)可知，网络的最大超前角正好出现在两个转折频率 ω_1 和 ω_2 的几何中心点。最大超前角为

$$\varphi_m=\arctan\frac{1-\alpha}{2\sqrt{\alpha}} \tag{6-15}$$

2. 有源超前网络

有源超前校正网络是由运算放大器和适当的电路构成的。图 6－15 所示为一个反相输入的超前校正网络原理图。

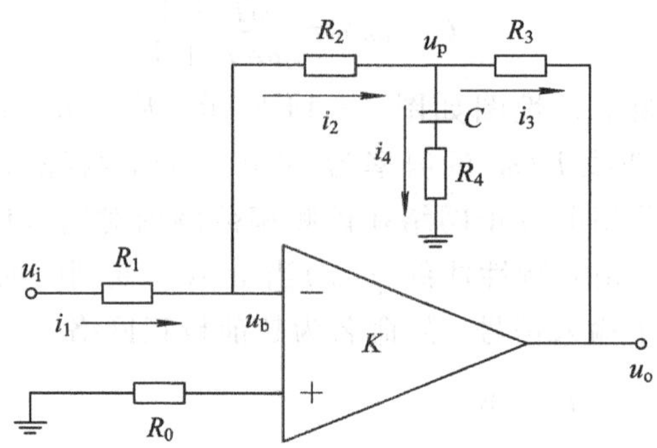

图 6-15 有源超前网络原理图

有源超前网络的传递函数为

$$G_c(s)=-K_c\frac{\tau s+1}{Ts+1} \tag{6-16}$$

式中，$K_c=\dfrac{R_2+R_3}{R_1}$；$\tau=\left(\dfrac{R_2R_3}{R_2+R_3}+R_4\right)C$；$T=R_4C$；$\tau>T$。

若选择合适的电阻值，使 $R_2+R_3=R_1$，则 $K_c=1$。此时，有源超前校正网络的传递函数为

$$G_c(s)=-\frac{\tau s+1}{Ts+1}\qquad(\tau>T) \tag{6-17}$$

从式(6-9)和式(6-17)可知，两种超前网络的传递函数形式相同，只是符号相反。可见，只需在有源网络上加一级倒相器，那么有源网络与无源超前校正网络的传递函数形式完全相同。故前面关于无源超前校正网络的讨论结果可以完全适用于有源超前校正网络。

6.2.2 滞后校正装置

滞后校正又称为积分校正。滞后校正装置同样既可用阻容电路组成无源网络来实现，也可由运算放大器构成有源网络来实现。前者称无源滞后网络，后者称有源滞后网络。

1. 无源滞后网络

由电阻、电容组成的无源滞后网络如图 6-16 所示，图中 u_i、u_o 分别为网络的输入、输出信号。

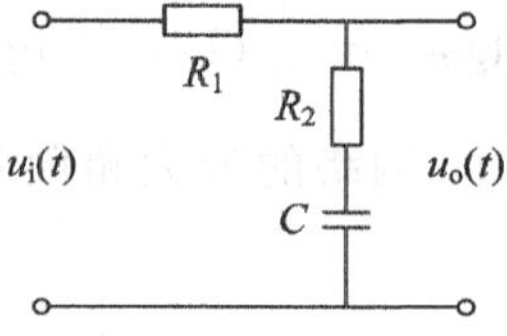

图 6-16 无源滞后校正网络

网络的传递函数为

$$G_c(s)=\frac{U_o(s)}{U_i(s)}=\frac{R_2+\dfrac{1}{sC}}{R_2+R_1+\dfrac{1}{sC}}=\frac{\beta Ts+1}{Ts+1} \tag{6-18}$$

式中，$\beta=\dfrac{R_2}{R_1+R_2}<1$；$T=(R_1+R_2)C$。$\beta$ 称为分度系数，表示滞后网络的滞后深度。

网络相应的频率特性为

$$G_c(j\omega)=\frac{j\omega\beta T+1}{j\omega T+1}=\sqrt{\frac{1+\omega^2\beta^2T^2}{1+\omega^2T^2}}\angle(\arctan\omega\beta T-\arctan\omega T) \tag{6-19}$$

式(6－19)对数频率特性如图 6－17 所示。

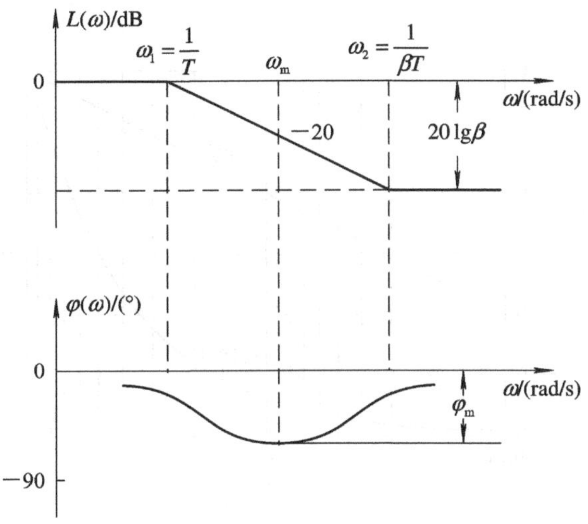

图 6－17　无源滞后网络对数频率特性图

从图 6－17 可见，滞后网络对低频信号没有衰减作用，对高频信号有明显的衰减、削弱作用，且 β 越小，衰减作用越明显，通过网络的高频噪声越低。$L(\omega)$表明当频率 ω 由 $1/T$ 变化到 $1/(\beta T)$，曲线的斜率为－20 dB/dec，与积分环节的对数频率特性的斜率完全一样，意味着网络在 $1/T\sim1/(\beta T)$频率范围内对输入信号有积分作用，故称这种网络为积分校正网络。相频特性表明在 ω 由 0 变化到∞的所有频率下，$\varphi(\omega)$均为负值，即网络的输出信号在相位上滞后于输入信号，故又称这种网络为滞后网络。

相频特性 $\varphi(\omega)$在转折频率 $\omega_1=1/T$ 和 $\omega_2=1/(\beta T)$之间存在最大值 φ_m。同样可以证明，网络出现最大滞后角 φ_m 时的频率为

$$\omega_m=\frac{1}{T\sqrt{\beta}} \tag{6-20}$$

即最大滞后角出现在两个转折频率 ω_1 和 ω_2 的几何中心，也就是对数坐标的中点处，该处的相角值为

$$\varphi_m=\arctan\frac{\beta-1}{2\sqrt{\beta}} \tag{6-21}$$

由于网络存在相角滞后，采用这种校正后可能对系统的相角裕度带来不利影响。因此，在采用滞后网络对系统进行串联校正时，应避免使其最大滞后角出现在校正后系统的开环截止频率 ω_c'' 的附近。采用串联滞后校正时，应使校正网络的第二个转折频率 $\omega_2=1/(\beta T)$远小于 ω_c''，一般取

$$\omega_2 = \frac{1}{\beta T} = \frac{\omega_c''}{10} \tag{6-22}$$

这样，滞后网络在校正后系统新的截止频率 ω_c'' 处产生的相角滞后为

$$\varphi(\omega_c'') = \arctan\beta T\omega_c'' - \arctan T\omega_c'' \tag{6-23}$$

则 $\tan\varphi(\omega_c'') = \dfrac{\beta T\omega_c'' - T\omega_c''}{1+\beta T^2(\omega_c'')^2}$，若选 $\omega_2 = \omega_c''/10$，则 $\omega_c'' = 10\omega_2 = 10/(\beta T)$，那么

$$\varphi(\omega_c'') \approx \arctan[0.1(\beta - 1)] \tag{6-24}$$

据式(6-24)可得 β 与 $\varphi(\omega_c'')$ 和 20 lgβ 的关系曲线如图 6-18 所示，该图可供设计滞后网络时查阅使用。

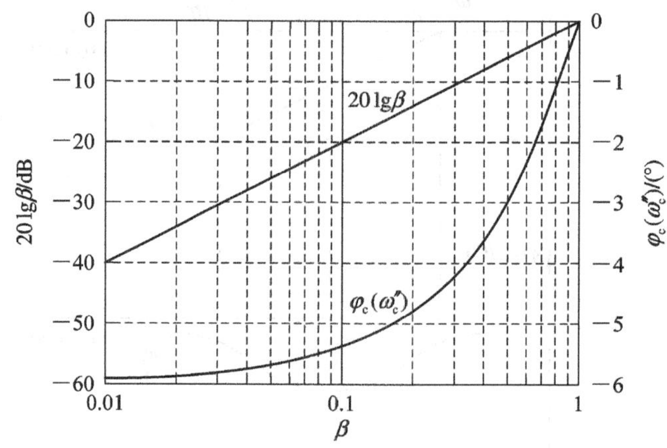

图 6-18 无源滞后网络 $\varphi(\omega_c'')$、20 lgβ 与 β 的关系曲线

滞后校正网络的传递函数写成零、极点的形式为

$$G_c(s) = \frac{\beta Ts+1}{Ts+1} = \beta\frac{s+\dfrac{1}{\beta T}}{s+\dfrac{1}{T}} \tag{6-25}$$

网络的零、极点分布图如图 6-19 所示。

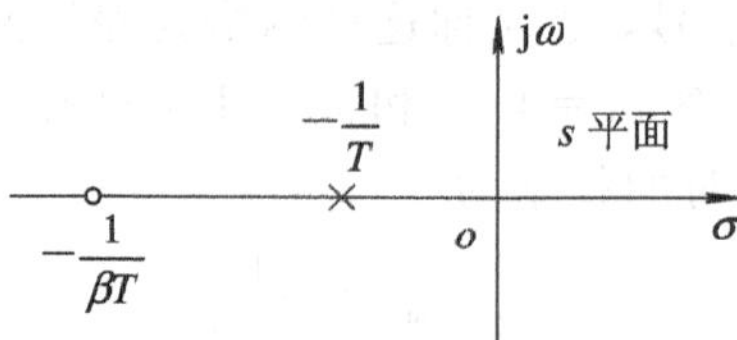

图 6-19 滞后网络零、极点分布图

由于 $\beta<1$，故其负实数极点 $-1/T$ 位于负实数零点 $-1/(\beta T)$ 的右侧，也就是极点比零点更靠近坐标原点。从根轨迹的角度来看，如果 T 值足够大，那么滞后网络将提供一对靠近坐标原点的开环偶极子，从而在不影响远离偶极子处的根轨迹这个前提下，无源滞后网络大大提高了系统的稳定性。

2. 有源滞后网络

一种由运算放大器构成的有源滞后网络如图 6-20 所示。该网络的传递函数为

$$G_c(s) = -K_c\frac{\tau s+1}{Ts+1} \tag{6-26}$$

式中：$K_c=\dfrac{R_2+R_3}{R_1}$；$T=R_3C$；$\tau=\dfrac{R_2R_3C}{R_2+R_3}<T$。

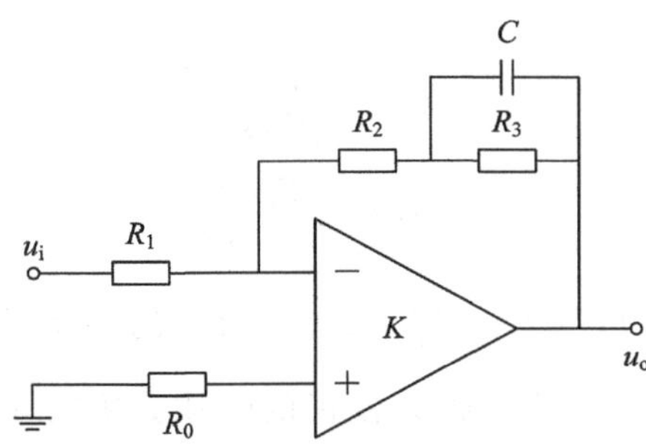

图 6-20　由运算放大器构成的有源滞后校正网络

若选择适当的电阻值，使 $R_2+R_3=R_1$，则 $K_c=1$。此时传递函数为

$$G_c(s) = -\frac{\tau s+1}{Ts+1} \quad (\tau<T) \tag{6-27}$$

可知，两种滞后网络的传递函数形式完全相同，只是符号相反。若采用有源网络并加一级倒相器，则两种滞后校正网络具有完全相同的传递函数形式，故前面讨论的有关无源滞后校正网络的结论均可适用于有源滞后校正网络。

6.2.3　滞后-超前校正装置

滞后-超前校正又称为积分-微分校正。这种校正网络同样分为有源校正网络和无源校正网络。该校正方法兼有串联积分校正和串联微分校正的优点，适用于稳态和动态性能要求较高的系统。

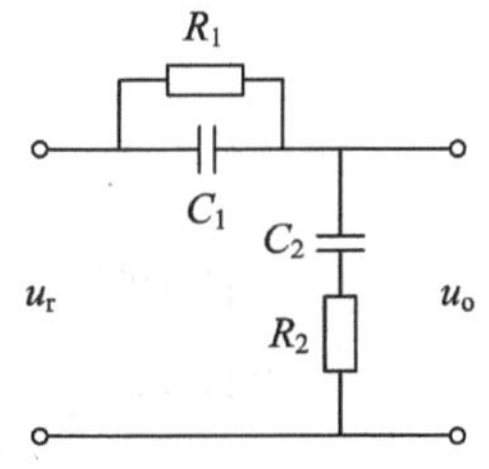

图 6-21　无源滞后-超前校正网络

1. 无源滞后-超前校正网络

图 6-21 所示为一种无源滞后-超前校正网络电路图，其传递函数为

$$G_c(s)=\frac{U_o(s)}{U_r(s)}=\frac{R_2+\dfrac{1}{sC_2}}{\dfrac{1}{\dfrac{1}{R_1}+sC_1}+R_2+\dfrac{1}{sC_2}}$$

$$=\frac{(R_1C_1s+1)(R_2C_2s+1)}{R_1C_1R_2C_2s^2+(R_1C_1+R_2C_2+R_1C_2)s+1} \tag{6-28}$$

式中令 $T_a=R_1C_1$，$T_b=R_2C_2$，$T_{ab}=R_1C_2$，则

$$G_c(s) = \frac{(T_as+1)(T_bs+1)}{T_aT_bs^2+(T_a+T_b+T_{ab})s+1} \tag{6-29}$$

再令

$$T_a+T_b+T_{ab}=\frac{T_a}{\beta}+\beta T_b \quad (\beta>1)$$

则有

$$G_c(s)=\frac{(T_a s+1)(T_b s+1)}{\left(\frac{T_a}{\beta}s+1\right)(\beta T_b s+1)}=G_1(s)G_2(s) \tag{6-30}$$

式中

$$G_1=\frac{T_b s+1}{\beta T_b s+1} \tag{6-31}$$

$$G_2=\frac{T_a s+1}{T_a s/\beta+1} \tag{6-32}$$

设 $T_b>T_a$，则 $\beta T_b>T_b>T_a>\frac{T_a}{\beta}$。式(6-29)的频率特性如图 6-22 所示。可见，G_1 具有积分校正的性质；G_2 具有微分校正的性质。从图 6-22 中还可见，当 $\omega=\omega_1=1/\sqrt{T_a T_b}$时，相角为 0。在 $0<\omega<\omega_1$ 范围内，相角为负，具有相角滞后的特性；在 $\omega_1<\omega<\infty$范围内，相角为正，具有相角超前的特性。如此可见，在这样一个网络中，既具有积分(相角滞后)作用，又具有微分(相角超前)作用，并且随着频率的增加，网络先出现积分(滞后)作用，然后出现微分(超前)作用，故称为积分(滞后)-微分(超前)校正网络。

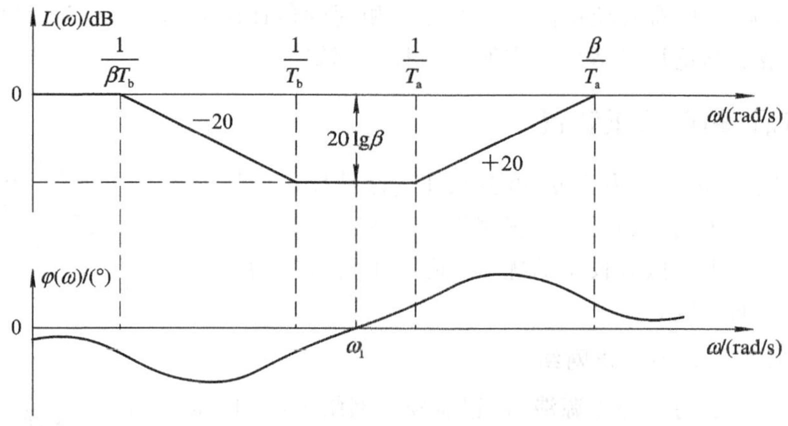

图 6-22　无源滞后超前网络频率特性图

若将网络的传递函数改写成零、极点形式，则式(6-30)变为

$$G_c(s)=\frac{\left(s+\frac{1}{T_a}\right)\left(s+\frac{1}{T_b}\right)}{\left(s+\frac{\beta}{T_a}\right)\left(s+\frac{1}{\beta T_b}\right)}\quad(\beta>1) \tag{6-33}$$

滞后-超前网络的零、极点分布图如图6-23 所示。可见，当 T_a、T_b 为常数时，随着 β 值的增大，极点 $-1/(\beta T_b)$将沿着负实轴逐渐趋向坐标原点，而另一极点 $-\beta/T_a$ 则沿负实轴逐渐远离坐标原点。从根轨迹的角度看，滞后-超前校正是综合利用零极点 $-1/T_b$、$-1/(\beta T_b)$的滞后校正作用以及 $-1/T_a$、$-\beta/T_a$ 的超前校正作用。前者有利于提高系统的稳态性能；后者有利于提高系统的动态品质。

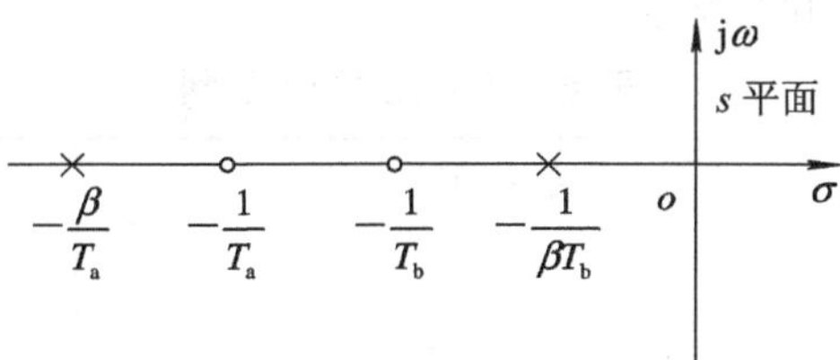

图 6-23　滞后-超前网络的零、极点分布图

2. 有源滞后-超前校正网络

图 6-24 是一种由反相输入运算放大器构成的有源滞后-超前校正网络图。网络的传

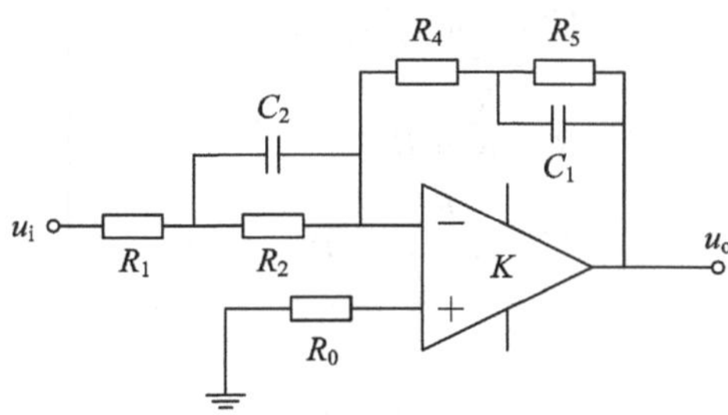

图 6-24　有源滞后-超前校正网络

递函数为

$$G_c(s) = K_c \frac{(\tau_1 s + 1)(\tau_2 s + 1)}{(T_1 s + 1)(T_2 s + 1)} \tag{6-34}$$

其中

$$K_c = \frac{R_4 + R_5}{R_1 + R_2},\ \tau_1 = \frac{R_4 R_5}{R_4 + R_5} C_1,\ \tau_2 = R_2 C_2,\ T_2 = \frac{R_1 R_2}{R_1 + R_2} C_2,\ T_1 = R_5 C_1$$

其对数频率特性如图 6-25 所示，可见相角曲线也是先滞后，后超前，故该网络为有源滞后-超前校正网络。

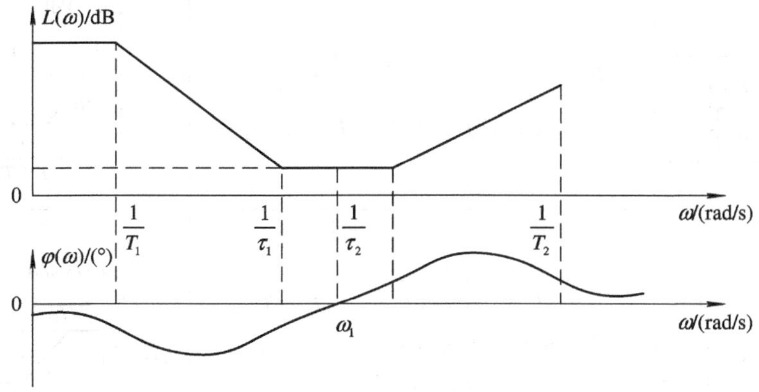

图 6-25　有源滞后-超前校正网络伯德图

校正网络的形式多种多样，为了给设计者提供参考，表 6-1 给出了常用无源校正装置的多种线路、对数幅频特性和参数。表 6-2 给出了由运算放大器所组成的多种有源校正装

置的线路、对数幅频特性和参数。

表 6-1 无源校正网络

电路图	传递函数	对数幅频特性
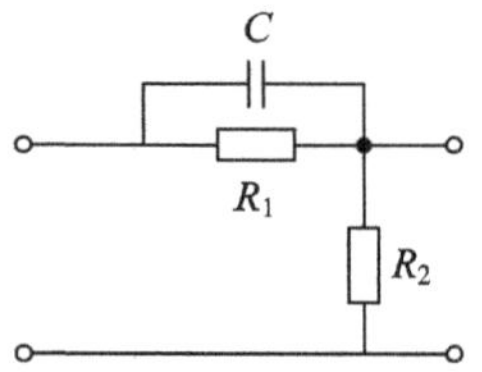 C R_1 R_2	$G(s)=\alpha\dfrac{Ts+1}{\alpha Ts+1}$ $T=R_1C$，$\alpha=\dfrac{R_2}{R_1+R_2}$	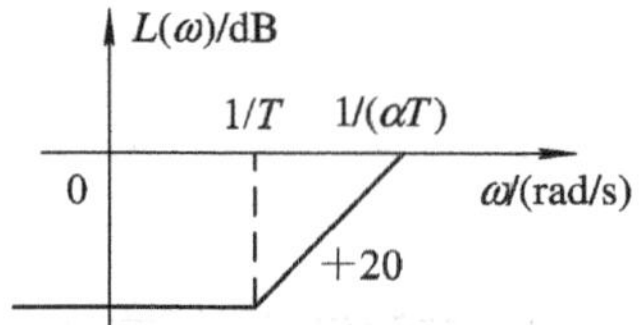 $L(\omega)$/dB；$1/T$；$1/(\alpha T)$；0；ω/(rad/s)；+20
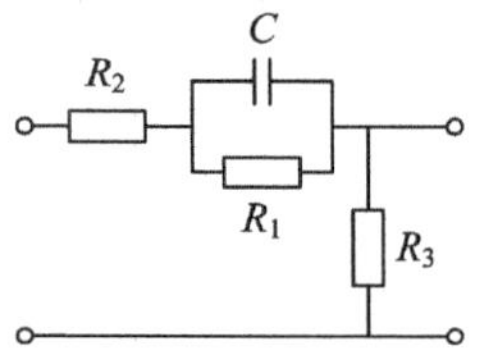 R_2 C R_1 R_3	$G(s)=\alpha_1\dfrac{Ts+1}{\alpha_2 Ts+1}$ $\alpha_1=\dfrac{R_2}{R_1+R_2+R_3}$，$T=R_1C$ $\alpha_2=\dfrac{R_2+R_3}{R_1+R_2+R_3}$	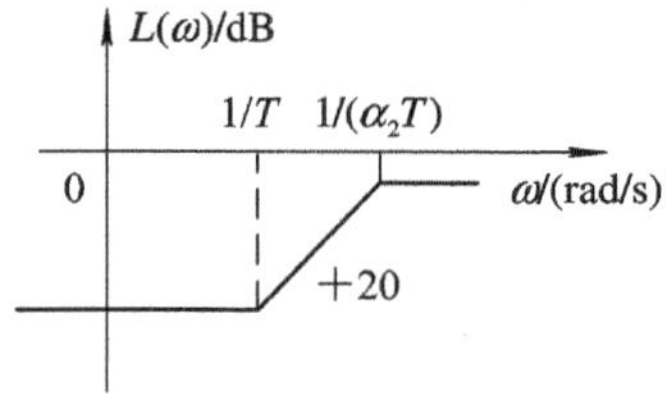 $L(\omega)$/dB；$1/T$；$1/(\alpha_2 T)$；0；ω/(rad/s)；+20
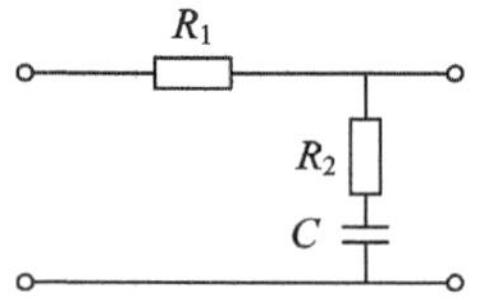 R_1 R_2 C	$G(s)=\dfrac{\alpha Ts+1}{Ts+1}$ $T=(R_1+R_2)C$，$\alpha=\dfrac{R_2}{R_1+R_2}$	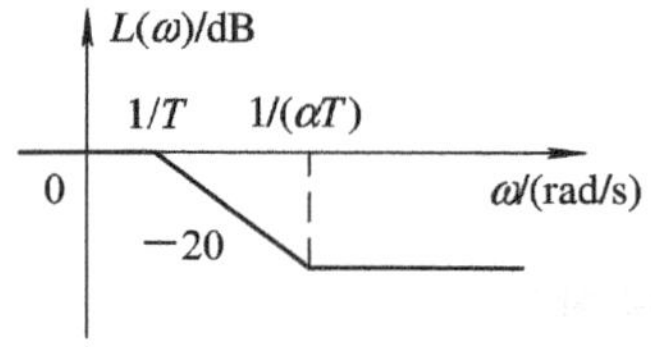 $L(\omega)$/dB；$1/T$；$1/(\alpha T)$；0；ω/(rad/s)；−20
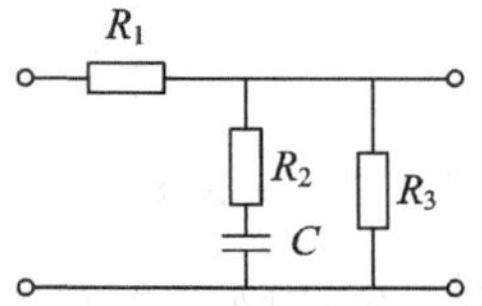 R_1 R_2 C R_3	$G(s)=\alpha\dfrac{\tau s+1}{Ts+1}$ $T=\left(R_2+\dfrac{R_1R_3}{R_1+R_3}\right)C$ $\tau=R_2C$，$\alpha=\dfrac{R_3}{R_1+R_3}$	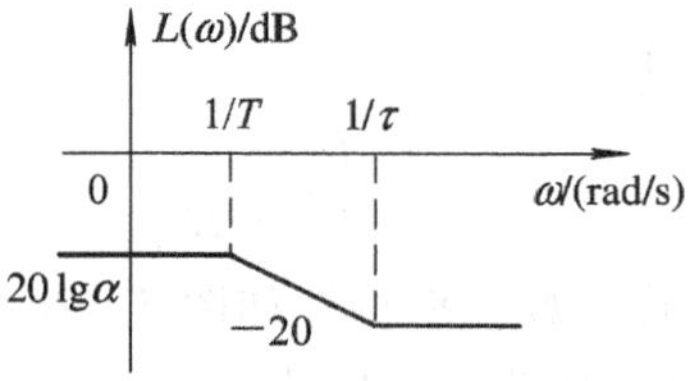 $L(\omega)$/dB；$1/T$；$1/\tau$；0；ω/(rad/s)；$20\lg\alpha$；−20
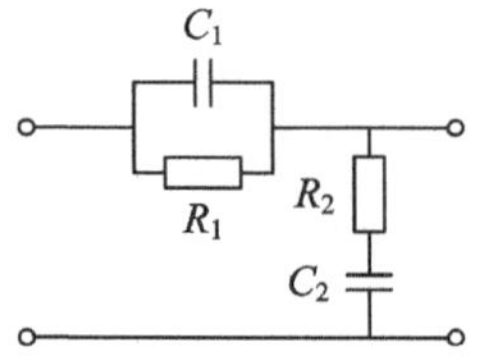 C_1 R_1 R_2 C_2	$G(s)=\dfrac{T_1T_2s^2+(T_1+T_2)s+1}{T_1T_2s^2+(T_1+T_2+T_{12})s+1}$ $T_1=R_1C_1$，$T_2=R_2C_2$，$T_{12}=R_1C_2$	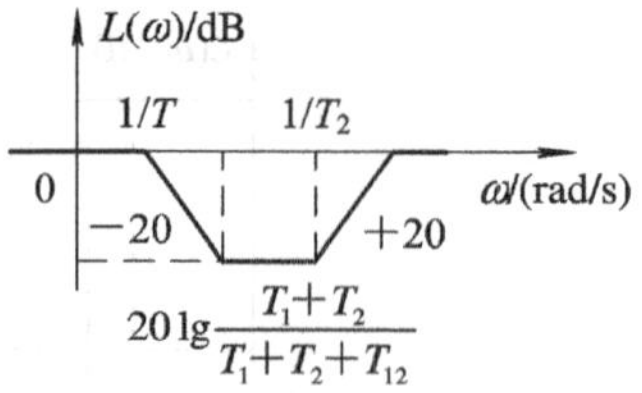 $L(\omega)$/dB；$1/T$；$1/T_2$；0；ω/(rad/s)；−20；+20；$20\lg\dfrac{T_1+T_2}{T_1+T_2+T_{12}}$
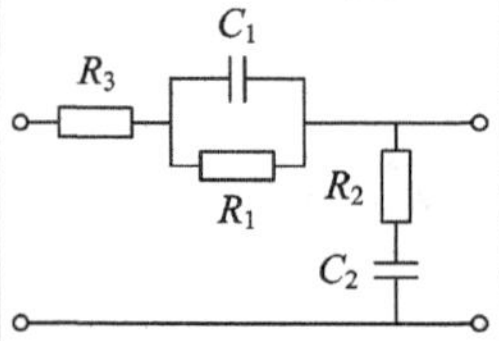 C_1 R_3 R_1 R_2 C_2	$G(s)=\dfrac{(T_1s+1)(T_2s+1)}{T_1(T_2+T_{32})s^2+(T_1+T_2+T_{12}+T_{32})s+1}$ $T_1=R_1C_1$，$T_2=R_2C_2$，$T_{12}=R_1C_2$， $T_{32}=R_3C_2$	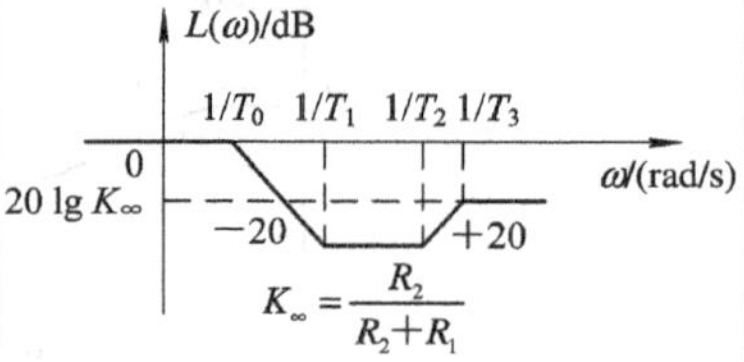 $L(\omega)$/dB；$1/T_0$ $1/T_1$ $1/T_2$ $1/T_3$；0；ω/(rad/s)；$20\lg K_\infty$；−20；+20；$K_\infty=\dfrac{R_2}{R_2+R_1}$

表 6－2　有源校正网络

电路图	传递函数	对数幅频特性
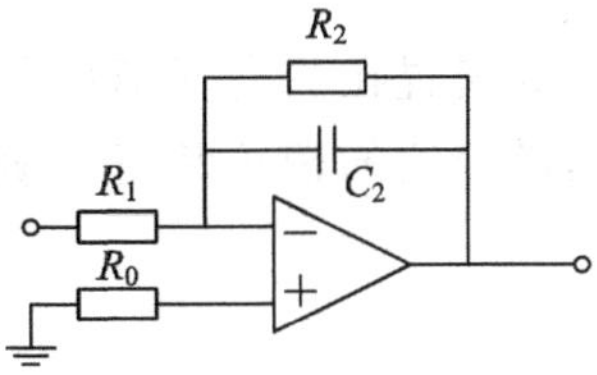 R_2　C_2　R_1　R_0	$G(s)=\frac{K}{Ts+1}$ $K=\frac{R_2}{R_1}$，$T=R_2C_2$	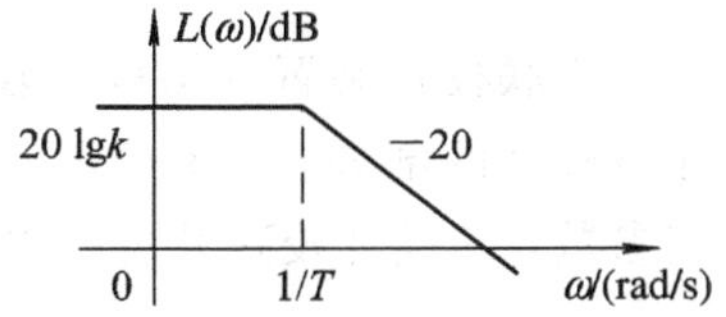 $L(\omega)$/dB　20 lg$k$　-20　0　$1/T$　ω/(rad/s)
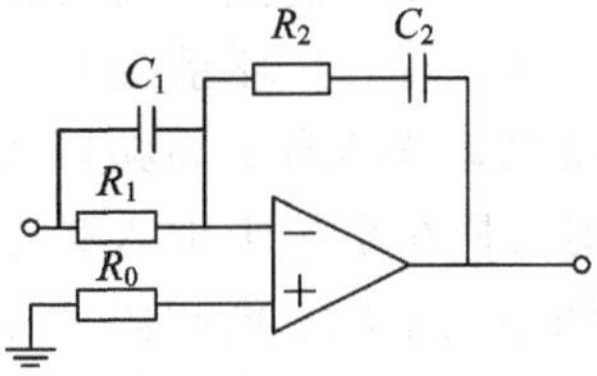 R_2　C_2　C_1　R_1　R_0	$G(s)=\frac{(\tau_1 s+1)(\tau_2 s+1)}{Ts}$ $\tau_1=R_1C_1$，$\tau_2=R_2C_2$，$T=R_1C_2$	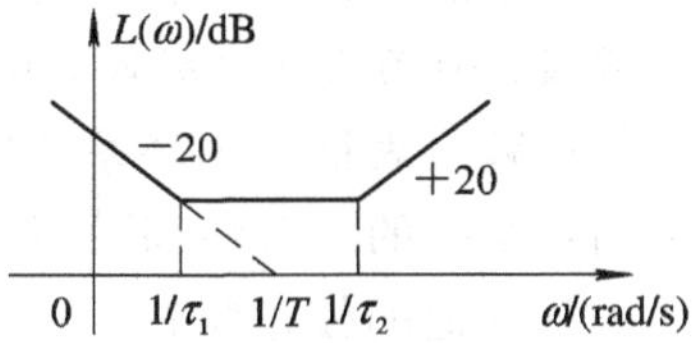 $L(\omega)$/dB　-20　$+20$　0　$1/\tau_1$　$1/T$　$1/\tau_2$　ω/(rad/s)
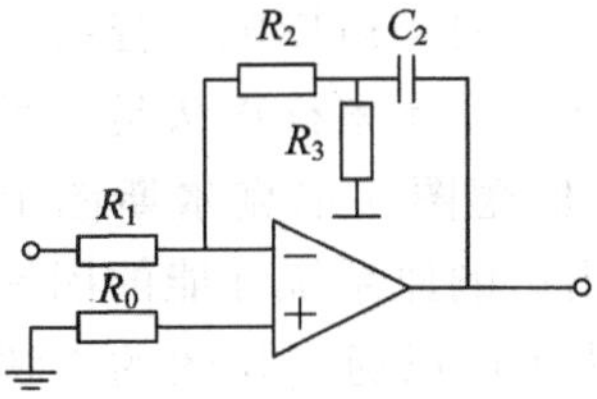 R_2　C_2　R_3　R_1　R_0	$G(s)=\frac{\tau s+1}{Ts}$ $\tau=\frac{R_2R_3}{R_2+R_3}C_2$，$T=\frac{R_1R_3}{R_2+R_3}C_2$	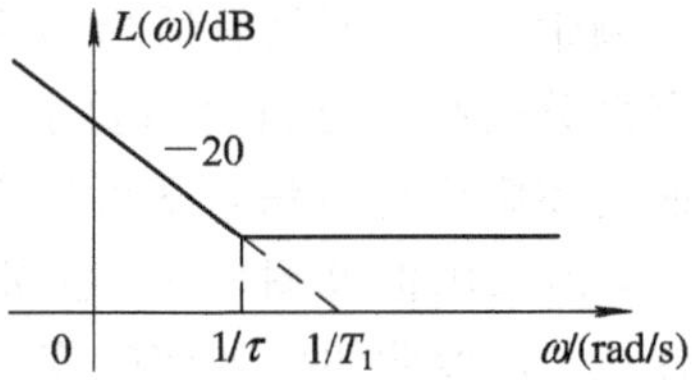 $L(\omega)$/dB　-20　0　$1/\tau$　$1/T_1$　ω/(rad/s)
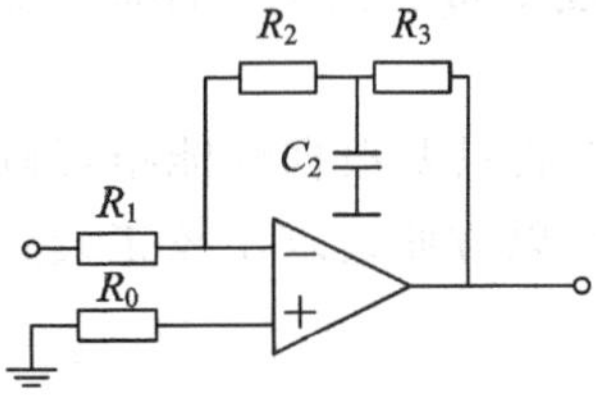 R_2　R_3　C_2　R_1　R_0	$G(s)=K(\tau s+1)$ $\tau=\frac{R_2R_3}{R_2+R_3}C_2$，$K=\frac{R_2+R_3}{R_1}$	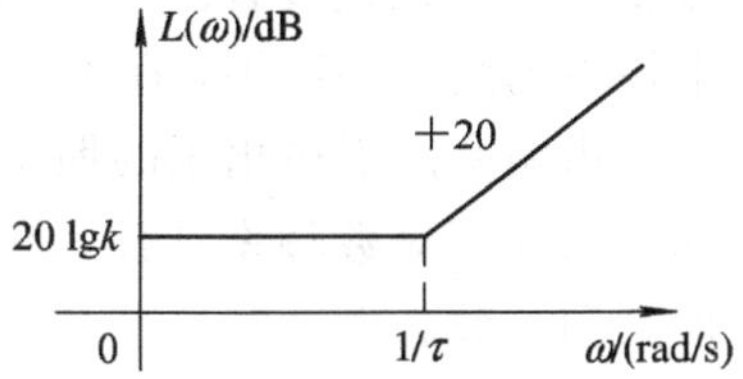 $L(\omega)$/dB　$+20$　20 lg$k$　0　$1/\tau$　ω/(rad/s)
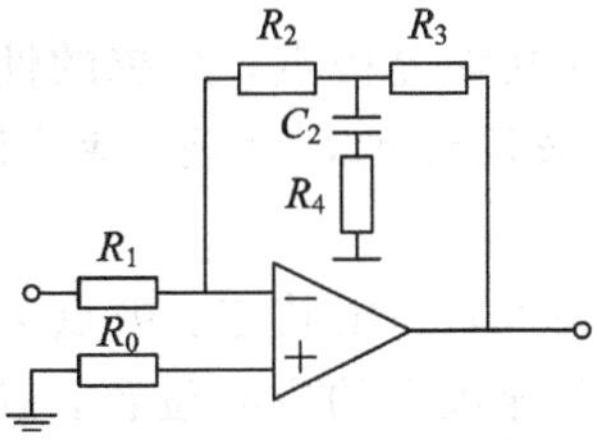 R_2　R_3　C_2　R_4　R_1　R_0	$G(s)=\frac{K(\tau s+1)}{Ts+1}$ $K=\frac{R_2+R_3}{R_1}$，$T=R_4C_2$， $\tau=\left(\frac{R_2R_3}{R_2+R_3}+R_4\right)C_2$	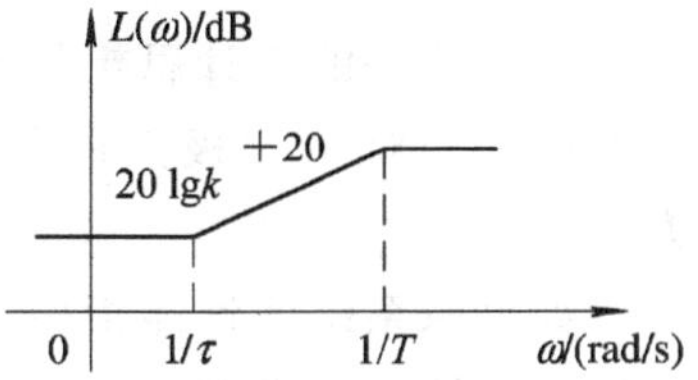 $L(\omega)$/dB　$+20$　20 lg$k$　0　$1/\tau$　$1/T$　ω/(rad/s)
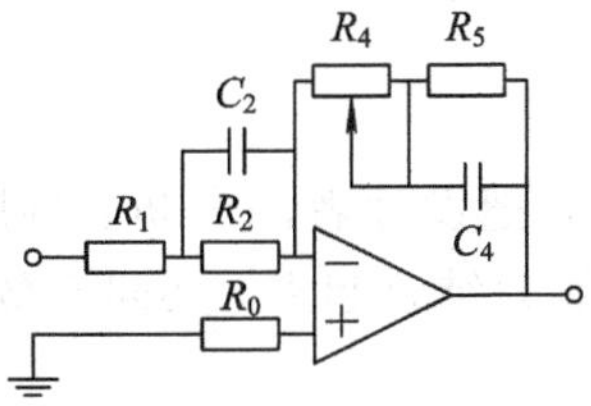 R_4　R_5　C_2　R_1　R_2　C_4　R_0	$G(s)=\frac{K(\tau_1 s+1)(\tau_2 s+1)}{(T_1 s+1)(T_2 s+1)}$ $K=\frac{R_4+R_5}{R_1+R_2}$，$\tau_1=\frac{R_4R_5}{R_4+R_5}C_1$， $\tau_2=R_2C_2$，$T_1=R_5C_1$， $T_2=\frac{R_1R_2}{R_1+R_2}C_2$	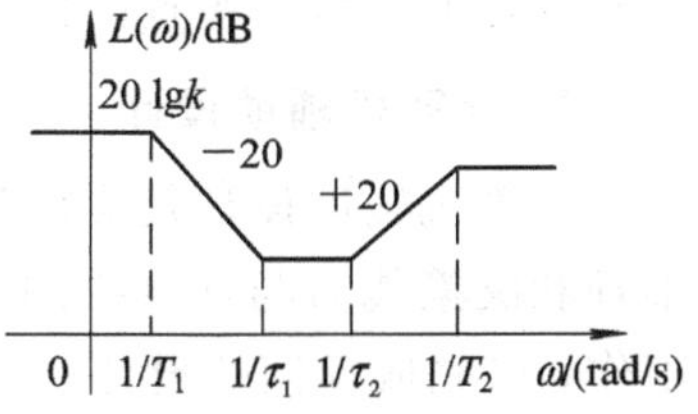 $L(\omega)$/dB　20 lg$k$　-20　$+20$　0　$1/T_1$　$1/\tau_1$　$1/\tau_2$　$1/T_2$　ω/(rad/s)

6.3 串联校正

串联校正装置的结构比较简单，为了减小功耗，校正装置通常安置在前向通道中信号能量较低的部分。系统校正的主要工作是按照性能指标的要求选择合适的校正装置并确定其参数，即设计校正装置。常用的工程设计方法有以下几种：

1. 频率法

频率法的设计思想是利用校正装置改变原系统开环频率特性的形状，使其具有合适的低频段、中频段和高频段，从而获得满意的静态和动态性能。一般来说，开环系统频率特性的低频段表征了闭环系统的稳态性能；中频段表征了闭环系统的动态性能；高频段表征了闭环系统的复杂性和噪声抑制性能。频率法设计控制系统的实质是在系统中加入频率特性形状合适的校正装置，使开环系统对数幅频特性形状变为所期望的形状：低频段增益充分大，以保证稳态误差要求；中频段对数幅频特性斜率一般为－20 dB/dec，并占有充分宽的频带，以保证具有适当的相角裕度；高频段增益尽快减小，以削弱噪声影响，若系统原有部分高频段已符合该要求，则校正时尽可能保持高频段形状不变。频率校正法是一种简便的图解设计方法，既可以在奈奎斯特曲线上进行，又可以在伯德图或尼克尔斯图上进行，但采用伯德图较多，主要是由于在伯德图上能够清楚地看出影响原系统性能的因素是什么，特性曲线应如何改变，应当引入何种形式的校正装置，从而可以通过作图的方法较方便地求出校正装置的形式和参数。但这种设计方法在一定程度上带有试探的性质，能否很快得到满意的结果，在很大程度上取决于设计人员的经验。

由频率法引申出来的期望对数频率特性设计更为实用，该方法只要根据性能指标画出期望的开环对数频率特性，然后减去固有系统的相应特性，就可以方便地求出校正装置的形式和参数。

2. 根轨迹法

根轨迹法的设计思想是假定校正后的闭环系统具有一对主导共轭复极点，系统的性能主要由这一对主导极点的位置所决定。该方法是利用根轨迹来设计的，也是一种图解方法。

如果原系统的性能指标不满足要求，可以引入适当的校正装置，利用其零、极点去改变原来根轨迹的形状，迫使校正后系统的根轨迹通过所期望的主导极点的应有位置，以达到校正的目的。由于校正后系统实际存在的闭环零点和非主导极点会对性能有所影响，所以在选择期望主导极点的位置时要留有余地。

3. 计算机辅助设计

计算机辅助设计是应用计算机辅助分析、设计和仿真软件，把设计者的分析、判断、推理和决策能力与计算机的快速运算、准确的信息处理和存储能力结合起来，共同有效地工作，以完成预期的设计任务。

以上三种方法中，频率法校正是经典控制理论中应用最广泛的校正方法。本书主要介绍这种校正方法。一般用频率法校正系统时，是以频域指标作为设计依据的。但如果系统给出的是时域指标，则应根据两类性能指标之间的近似关系，将其转换成频域性能指标，然后在伯德图上进行校正装置的设计。而对于已校正系统的暂态响应性能指标，也需要通过相反的换算来求取。对于高阶系统，由于频域指标与时域指标之间缺乏严格的定量关系，故频率校正方法通常只能给出一般性的指导，校正计算结果应通过计算机仿真及现场测试加以完善。

6.3.1 串联超前校正

由前一节可知，超前校正能提供一个正值的相角，可作为改善相角裕度的有效手段。而超前校正的结果，会导致截止频率 ω_c 增大(向右移动)，可提高系统的快速性，会造成相角裕度的增加。设计时需将超前网络的交接频率$1/(\alpha T)$和 $1/T$ 选在待校正系统截止频率两边，并适当选择参数 α 和 T，则可使已校正系统的截止频率和相角裕度满足性能指标的要求，从而改善闭环系统的动态性能。对于闭环系统的稳态性能要求，可通过选择已校正系统的开环增益来保证。设计步骤如下：

(1) 根据稳态误差要求，确定系统开环增益 K。

(2) 根据已确定的开环增益 K 绘制原系统的伯德图，求出未校正系统的相角裕度 γ 和幅值裕度 h。

(3) 确定校正后系统的截止频率 ω_c'' 和网络参数 α。

① 若事先已对校正后系统的截止频率 ω_c'' 提出要求，则按要求值选定 ω_c''。然后，在伯德图上查得原系统的 $L_0(\omega_c'')$，取 $\omega_m=\omega_c''$，使超前校正网络的对数幅频值 $10\lg\dfrac{1}{\alpha}$(正值)与 $L_0(\omega_c'')$(负值)之和为零，即令

$$L_0(\omega_c'')+10\lg\frac{1}{\alpha}=0 \tag{6-35}$$

从而求得超前网络参数值。

② 若事先不知校正后系统的截止频率 ω_c''，则可根据给定的相角裕度 γ''，通过经验公式(6-36)求得网络的最大超前角 φ_m：

$$\varphi_m=\gamma''-\gamma+\Delta \tag{6-36}$$

式中，φ_m 为超前网络的最大超前角，γ''为校正后系统要求的相角裕度，γ 为校正前系统的相角裕度，Δ 为校正网络引入后使截止频率右移(增大)而导致相角余量减小的补偿量，Δ 值的大小视原系统在 ω_c 附近的相频特性形状而定，一般取 $\Delta=5°\sim10°$左右。

求出校正网络的最大超前角 φ_m 后，则据式(6-37)求出 α。然后在未校正系统的特性曲线上查出其幅值等于$-10\lg(1/\alpha)$所对应的频率，该频率即为校正后系统的截止频率 ω_c''，且 $\omega_m=\omega_c''$。

$$\alpha=\frac{1-\sin\varphi_m}{1+\sin\varphi_m} \tag{6-37}$$

(4) 确定校正网路的传递函数。根据步骤(3)所求出的 ω_m 和 α 两值，据式(6-38)可求出时间常数 T。

$$T=\frac{1}{\omega_m\sqrt{\alpha}} \tag{6-38}$$

那么，校正网路的传递函数为

$$G_c(s) = \frac{Ts+1}{\alpha Ts+1} \tag{6-39}$$

(5) 绘制校正网路和校正后系统的对数频率特性曲线。

(6) 校验校正后系统是否满足给定指标的要求。若校验结果证实系统经校正后已满足全部性能指标要求，则设计工作结束。反之，若校验结果发现系统校正后仍不能满足要求，则需再重选一次 φ_m 和 ω_c''，重新计算，直至完全满足给定性能指标要求。

(7) 根据超前网路的参数 α 和 T，确定网络各电气元件的数值。

【例 6-1】 设单位反馈系统，被控对象传递函数为

$$G(s) = \frac{K}{s(s+1)}$$

要求：系统在单位斜坡信号作用下，输出稳态误差 $e_{ss} \leqslant 0.1$，相角裕度 $\gamma'' \geqslant 45°$，幅值裕度 $h''(\mathrm{dB}) \geqslant 10(\mathrm{dB})$。试设计串联无源超前网络。

解 (1) 由稳态误差确定开环增益

$$e_{ss} = \frac{1}{K} \leqslant 0.1, \qquad K = 10$$

(2) 未校正系统开环传递函数

$$G(s) = \frac{10}{s(s+1)}, \qquad G(\mathrm{j}\omega) = \frac{10}{\mathrm{j}\omega(\mathrm{j}\omega+1)}$$

计算未校正系统的相角裕度和幅值裕度

$$L(\omega) = 20\lg 10 - 20\lg\omega - 20\lg\sqrt{\omega^2+1}$$

$$20\lg\frac{10}{\omega_c\sqrt{1+\omega_c^2}} = 0\ (\mathrm{dB})$$

$$\frac{10}{\omega_c\sqrt{1+\omega_c^2}} = 1$$

$$\omega_c = 3.08\ (\mathrm{rad/s})$$

$$\gamma = 180° - 90° - \arctan 3.08 = 17.99°$$

幅值裕度为∞。可见，$\gamma = 17.99°$ 与题目的要求 $\gamma'' \geqslant 45°$ 相差较大。为了在不减小 K 值(满足稳态精度)的前提下，获得要求的相角裕度，必须在系统中串入超前校正网络。

(3) 根据截止频率的要求，计算超前校正装置参数。

据式(6-36)求得校正网络的最大超前角 φ_m 为

$$\varphi_m = \gamma'' - \gamma + \Delta = 45° - 17.99° + 7.99° = 35°$$

据式(6-37)求得网络参数 α 为

$$\alpha = \frac{1-\sin 35°}{1+\sin 35°} = 0.27$$

故有

$$-10\lg\frac{1}{\alpha} = -10\lg\frac{1}{0.27} = -5.7\ \mathrm{dB}$$

$$L(\omega) = 20\lg 10 - 20\lg\omega - 20\lg\sqrt{\omega^2+1} = -5.7\ \mathrm{dB}$$

$$\omega = 4.3\ \mathrm{rad/s}$$

故选校正后系统的截止频率 $\omega_c'' = 4.3\ \mathrm{rad/s}$，且有

$$\omega_m = \omega_c'' = 4.3 \text{ rad/s}$$

(4) 确定校正网络的传递函数

据式(6-38)可求得时间常数 T。

$$T = \frac{1}{\omega_m \sqrt{\alpha}} = \frac{1}{4.3\sqrt{0.27}} = 0.45 \text{ s}$$

$$\alpha T = 0.27 \times 0.45 = 0.12 \text{ s}$$

为抵消校正网络的衰减，加入增益 $K' = 1/\alpha = 3.7$ 的放大器，则校正环节为：

$$G_c(s) = \frac{1 + Ts}{1 + \alpha Ts} = \frac{1 + 0.45s}{1 + 0.12s}$$

(5) 校正后系统的传递函数

$$G_c(s)G(s) = \frac{10(0.45s + 1)}{s(s+1)(0.12s+1)}$$

(6) 校验校正后系统的性能指标：

$$\begin{aligned}\gamma'' &= 180° - 90° + \arctan 0.45 \times 4.3 - \arctan 4.3 - \arctan 0.12 \times 4.3 \\ &= 48.5° > 45°\end{aligned}$$

故相角裕度满足题目的要求，校正后系统幅值裕度仍为 $h'' = \infty$，也满足要求。

(7) 校正网络的实现

$$a = \frac{R_2}{R_1 + R_2} = 0.27$$

$$T = R_1 C = 0.45s$$

若选 $C = 2.2\ \mu\text{F}$，计算得 $R_1 = 205\ \text{k}\Omega$，$R_2 = 75.8\ \text{k}\Omega$。选用标准值 $R_1 = 200\ \text{k}\Omega$，$R_2 = 75\ \text{k}\Omega$。

例 6-1 的 MATLAB 程序如下：

```
n0=10;
d0=[1, 1, 0];
sys0=tf(n0, d0);
margin(sys0);
[gm0, pm0, wg0, wp0]=margin(sys0);          %作未校正系统的伯德图
Aangle=36*pi/180; %计算期望的超前角
a=(1-sin(Aangle))/(1+sin(Aangle));           % 然后计算分度系数
[mag, phase, w]=bode(sys0);
[mu, pu]=bode(sys0, w);
L=20*log10(mu);
am=10*log10(a);
wc=spline(L, w, am);                         %计算校正后系统的截止频率 ωc''
T=1/sqrt(a)/wc;                              %计算 T
nc=[T, 1];
dc=[a*T, 1];
sysc=tf(nc, dc);                             %求得校正环节的传递函数
sys=sys0*sysc;                               %求得校正后系统的传递函数
hold on
```

```
margin(sys)
[gm, pm, wg, wp]=margin(sys);          %校正后系统的性能指标
```

串联超前校正利用了超前校正装置的相位超前特性，增大了系统的相角裕度，使系统的超调量减小，提高系统稳定性。同时，还增大了系统的截止频率，从而使系统的调节时间减小。但对提高系统的稳态精度影响不大，而且降低了系统的抗高频干扰能力。故串联超前校正适合于稳态精度已满足要求，而且高频噪音信号小，但超调量和调节时间不满足要求的系统。

6.3.2　串联滞后校正

滞后校正网络具有低通滤波器特性，当它与系统的不可变部分串联相连时，会使系统开环频率特性的中频段和高频段增益降低、截止频率 ω_c 减小，从而有可能使系统获得足够大的相位裕度，它不影响频率特性的低频段。由此可见，滞后校正在一定的条件下，也能使系统同时满足动态和静态的要求。

利用滞后校正网络的高频衰减特性，可使系统的截止频率下降，从而使系统获得足够的相角裕度。故应避免滞后校正网络的最大滞后角发生在系统的截止频率附近，否则将使系统动态性能恶化。因此选择滞后网络参数时，总是使网络的第二个转角频率 $1/(\alpha T_1)$ 远小于 ω_c''，一般取 $1/\alpha T_1=\omega_c''/(5\sim10)$。

在系统的响应速度要求不高而抑制噪声性能要求较高的情况下，可采用串联滞后校正。若未校正系统有满意的动态性能，而稳态性能不满足要求，也可用串联滞后网络来提高稳态精度，同时保持其动态特性基本不变。

应用频率法设计滞后校正网络的步骤如下：

(1) 根据性能指标对误差系数的要求，确定开环增益 K。

(2) 根据已确定的开环增益 K，绘制未校正系统的对数频率特性，确定未校正系统的截止频率 ω_c、相角裕度 γ 和幅值裕度 h。

(3) 确定校正后系统的截止频率 ω_c''。

① 若已知校正后系统的截止频率 ω_c''，则可按要求值选定 ω_c''。

② 若未对校正后系统的截止频率 ω_c'' 提出要求，则根据要求的相角裕度 γ''，按经验公式式(6-40)求出新的相角裕度 γ，并将此作为求 ω_c'' 的依据。

$$\gamma=\gamma''+\Delta \tag{6-40}$$

式中，γ 为原系统在新的截止频率 ω_c'' 处的相角裕度，γ'' 为校正后系统的相角裕度，Δ 为补偿滞后校正网络的副作用而增添的相角裕度，一般为 5°～10°。

根据 γ 的值，求出未校正系统对应的频率，该频率即为校正后系统的截止频率 ω_c''。

(4) 求滞后网络的 β 值。求出未校正系统在 ω_c'' 处的对应幅频值 $L(\omega_c'')$，由式(6-41)求出 β 值。

$$L(\omega_c'')=20\lg\beta \tag{6-41}$$

(5) 确定校正网络的传递函数。据式(6-42)选取校正网络的第二个转折频率为

$$\omega_2=\frac{1}{T}\approx\left(\frac{1}{10}\sim\frac{1}{5}\right)\omega_c'' \tag{6-42}$$

这样计算出 T 和 βT，即求得滞后网络的传递函数如式(6－43)所示。

$$G_c(s)=\frac{1+Ts}{1+\beta Ts} \tag{6-43}$$

(6) 绘制校正网络和校正后系统的对数频率特性曲线。

(7) 校验校正后系统是否满足给定指标的要求。若未达到要求，可进一步左移 ω_c'' 后重新计算，直至完全满足给定的性能指标要求为止。

(8) 根据滞后网络的参数 T 和 β，确定滞后网络各电气元件的数值。

【例 6－2】 一单位负反馈控制系统的开环传递函数为

$$G(s)=\frac{K}{s(1+0.1s)(1+0.2s)}$$

若要求校正后系统的静态速度误差系数 $K_v=100s^{-1}$，相角裕度 $\gamma''\geqslant 40°$，幅值裕度 $h''\geqslant 10$ dB，截止频率不小于 2.3 rad/s，试设计串联校正装置。

解 (1) 确定开环增益 K。

系统为Ⅰ型系统，故

$$K=K_v=100$$

未校正系统的开环传递函数为

$$G(s)=\frac{100}{s(1+0.1s)(1+0.2s)}$$

相应的 Bode 图如图 6－26 所示。

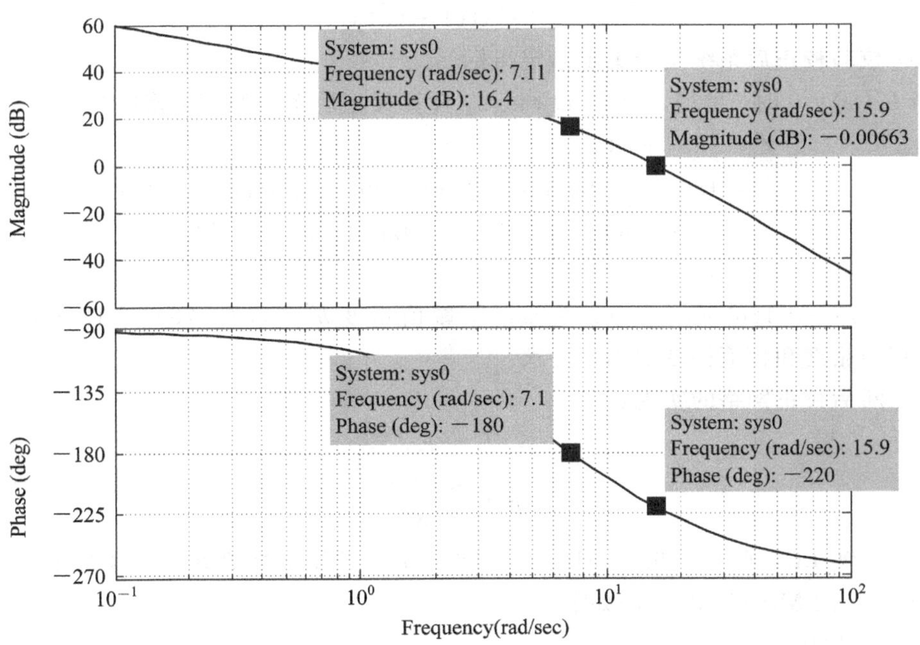

图 6－26 例 6－2 未校正系统 Bode 图

(2) 由图 6－26 可知，原系统的截止频率 $\omega_c=15.9$ rad/s，相角裕度 $\gamma=-40°$，相位穿越频率 $\omega_g=7.1$ rad/s，幅值裕度 $L_h=-16.4$ dB，可见待校正系统不稳定。

(3) 根据要求 $\gamma''\geqslant 40°$，取 $\Delta=6°$，由式(6-40)得

$$\gamma(\omega_c'') = \gamma'' + \Delta = 46°$$

由未校正系统的相频特性曲线或用解析法解得，在 $\omega=2.69$ rad/s 附近，$\varphi(\omega)=-134°$，即相角裕度 $\gamma=46°$，故初选 $\omega_c''=2.69$ rad/s。

(4) 求滞后网络参数 β

未校正系统在 $\omega_c''=2.69$ rad/s 处的对数幅频值 $L(\omega_c'')=30$ dB，带入式(6-41)得

$$30 = 20\lg\beta$$

求得

$$\beta \approx 31.62$$

(5) 求校正网络的传递函数。

按式(6-42)选

$$\omega_2 = \frac{1}{T} = \frac{1}{10}\times 2.69 = 0.269 \text{ rad/s}$$

故得

$$T = 3.7s,\ \beta T = 116.99s$$

滞后校正装置的传递函数为

$$G_c(s) = \frac{3.7s+1}{116.99s+1}$$

校正后系统的开环传递函数为

$$G_c(s) = \frac{100(3.7s+1)}{s(1+0.1s)(1+0.2s)(116.99s+1)}$$

(6) 校验校正后系统是否满足给定指标

当 $L''(\omega)=0$ 时，可得 $\omega_c''=2.69$ rad/s，计算校正后系统的相角裕度为

$$\begin{aligned}\gamma'' &= 180° + \varphi(\omega_c'') \\ &= 180° + \arctan 3.7\times 2.69 - 90° - \arctan 0.1\times 2.69 \\ &\quad - \arctan 0.2\times 2.69 - \arctan 116.99\times 2.69 \\ &= 41.1° > 40°\end{aligned}$$

当 $\varphi''(\omega)=-180°$时，$\omega_g''=6.78$ rad/s，幅值裕度 $h''=|L(6.78)|=12.6$ dB>10 dB。可见，相角裕度和幅值裕度都满足要求。

(7) 滞后校正网络的实现：

$$T = R_2C$$

$$\beta = \frac{R_1+R_2}{R_2}$$

若选 $R_2=200$ kΩ，则 $R_1=6.12$ MΩ，$C=18.5$ μF，选用标准值 $R_1=6.2$ MΩ，$C=22$ μF。

例 6-2 的 MATLAB 程序如下：

```
n0=100;
d0=conv([1, 0], conv([0.1, 1], [0.2, 1]));
sys0=tf(n0, d0);
bode(sys0);
[gm0, pm0, wg0, wp0]=margin(sys0);        %绘制未校正系统的 Bode 图，并计算相角裕度和
```

幅值裕度

```
gama=40;
gama1=gama+6;
[mu, pu, w]=bode(sys0);
wc=spline(pu, w', (gama1-180));              %计算截止频率 ω''c
na=polyval(n0, j * wc);
da=polyval(d0, j * wc);
g=na/da;
g1=abs(g);
h=20 * log10(g1);
beta=10^(h/20); %计算分度系数β
T=10/wc;
sysc=tf([T, 1], [beta * T, 1]);              %计算校正环节传递函数
sys=sys0 * sysc ;                            %校正后系统传递函数
hold on
bode(sys)
>> [gm, pm, wg, wp]=margin(sys);             %计算校正后系统性能指标
```

串联滞后校正是利用滞后校正装置的高频幅值衰减特性，通过牺牲快速性达到提高稳定裕度的目的，使系统的超调量减小；同时，也使系统的高频抗干扰能力提高。串联滞后校正适合于对快速性要求不高而对高频抗干扰能力要求高的系统。

6.3.3 串联滞后-超前校正

串联滞后-超前校正，实质上综合应用了滞后和超前校正各自的特点，超前校正部分可以提高系统的相角裕度，增加系统的稳定性，改善系统的动态性能；滞后校正部分可以改善系统的稳态性能，从而使已校正系统响应速度快，超调量小，抑制高频噪声的性能也较好。

如果系统校正前其动态性能和稳态性能都不满足要求，而且距性能指标甚远，则仅采用上述超前校正或滞后校正，均难以达到预期的校正效果。此时宜采用串联滞后-超前校正。

串联滞后-超前校正的设计步骤如下：

(1) 根据稳定性能的要求，确定开环增益 K。

(2) 根据确定的开环增益 K 值作为开环增益，作原系统的对数幅频特性，并求出未校正系统的截止频率 ω_c、相角裕度 γ 及幅值裕度 h。

(3) 在未校正系统的对数幅频特性曲线上，选择斜率从 -20 dB/dec 变为 -40 dB/dec 的转折频率作为校正网络超前部分的第一个转折频率 $\omega_3=\dfrac{1}{T_2}$。这种选择不是唯一的，但这种选择可以降低校正后系统的阶次，并使中频段有较宽的 -20 dB/dec 斜率频段。

(4) 根据响应速度的要求，选择校正后系统的截止频率 ω_c''，据式(6-44)求出校正网络的衰减因子 α。

$$20\ \lg\alpha = L(\omega_c'') + 20\ \lg\left(\frac{\omega_c''}{\omega_3}\right) \tag{6-44}$$

其中，$L(\omega_c'')+20\lg\left(\frac{\omega_c''}{\omega_3}\right)$可由未校正系统的对数幅频特性曲线上的－20 dB/dec 延长线在 ω_c'' 处的数值确定。

(5) 确定滞后部分的转折频率。

可在式(6－45)范围内选取滞后部分的第二个转折频率

$$\omega_2=\frac{1}{T_1}\approx\left(\frac{1}{10}\sim\frac{1}{5}\right)\omega_c'' \tag{6-45}$$

由式(6－46)可确定滞后部分的第一个转折频率

$$\omega_1=\frac{1}{\alpha T_1} \tag{6-46}$$

(6) 确定超前部分的转折频率。

超前部分的第二个转折频率由式(6－47)确定

$$\omega_4=\frac{\alpha}{T_2} \tag{6-47}$$

(7) 校验校正后系统的各项性能指标。若指标不满足要求，则需从步骤(3)重新计算。

【例 6－3】 一单位负反馈系统的开环传递函数为

$$G_0(s)=\frac{K_v}{s\left(\frac{1}{6}s+1\right)\left(\frac{1}{2}s+1\right)}$$

设计一校正装置，使系统满足如下性能指标：速度误差系数 $K_v\geqslant180$，相角裕度 $\gamma''\geqslant45°$，动态过程的调节时间不超过 3 s。

解 (1) 确定开环增益。

系统为Ⅰ型系统，故 $K=K_v=180$。待校正系统的开环传递函数为

$$G_0(s)=\frac{180}{s\left(\frac{1}{6}s+1\right)\left(\frac{1}{2}s+1\right)}$$

对应的 Bode 图如图 6－27 所示。

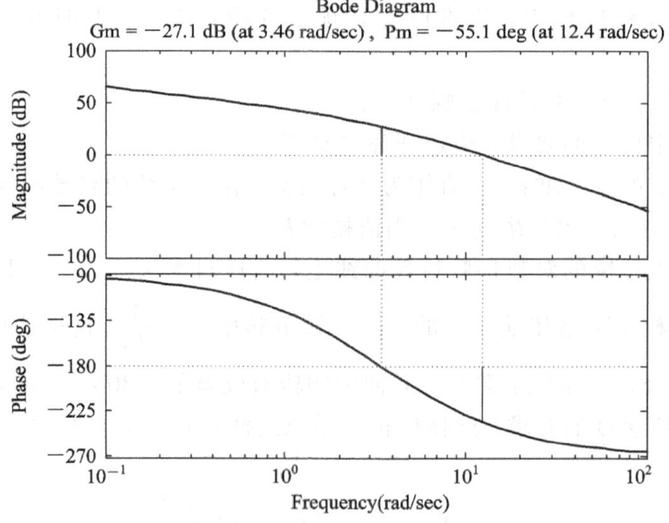

图 6－27　例 6－3 未校正系统的 Bode 图

(2) 由图 6-27 可知，未校正系统的截止频率 $\omega_c=3.46$ rad/s，幅值裕度 $h=-27.1$ dB，穿越频率 $\omega_g=12.4$ rad/s，相角裕度 $\gamma=-55.1°$。

(3) 选取校正网络超前部分的第一个转折频率。

$$\omega_3=\frac{1}{T_2}=2\ \text{rad/s}$$

(4) 选择已校正系统的截止频率 ω_c'' 和校正网络的衰减因子 α。

根据给定指标要求 $\gamma''\geqslant 45°$和 $t_s\leqslant 3$ s，利用时域性能指标和频域性能指标之间的对应关系可得

$$M_r=\frac{1}{\sin\gamma''}=\frac{1}{\sin 45°}=1.414$$

$$\begin{aligned}\omega_c&\geqslant\frac{\pi[2+1.5(M_r-1)+2.5(M_r-1)^2]}{t_s}\\&=\frac{\pi[2+1.5(1.414-1)+2.5(1.414-1)^2]}{3}\\&=3.2\ \text{rad/s}\end{aligned}$$

故 ω_c'' 应在 3.2～6 rad/s 范围内选取。考虑到−20 dB/dec 斜率线的中频段应占一定的宽度，选取 $\omega_c''=3.5$ rad/s。这时，$L(\omega_c'')+20\lg\left(\frac{\omega_c''}{\omega_3}\right)=33$ dB。由式(6-44)可算出 $\alpha=45$。

(5) 确定滞后部分的转折频率。

$$\omega_2=\frac{1}{T_1}=\frac{1}{7}\omega_c''=0.5\ \text{rad/s}$$

$$\omega_1=\frac{1}{\beta T_1}=\frac{1}{45}\times 0.5=0.01\ \text{rad/s}$$

(6) 确定超前部分的转折频率。

$$\omega_3=\frac{1}{T_2}=\frac{1}{0.5}=2\ \text{rad/s}$$

$$\omega_4=\frac{\beta}{T_2}=\frac{45}{0.5}=90\ \text{rad/s}$$

(7) 校验校正后系统的各项性能指标。

滞后-超前校正网络的传递函数为

$$G_c(s)=\frac{2s+1}{90s+1}\cdot\frac{0.5s+1}{0.01s+1}$$

校正后系统的开环传递函数为

$$G_k(s)=\frac{180(2s+1)}{s(0.01s+1)(0.167s+1)(90s+1)}$$

校正后系统的相角裕度为

$$\begin{aligned}\gamma&=180°+\varphi(\omega_c'')\\&=180°-90°+\arctan 2\times 3.5-\arctan 0.01\times 3.5-\arctan 0.167\times 3.5-\arctan 90\times 3.5\\&=49.8°>45°\end{aligned}$$

系统的调节时间为

$$M_r=\frac{1}{\sin\gamma}=\frac{1}{\sin 49.8°}=1.33$$

$$t_s = \frac{\pi[2+1.5(1.33-1)+2.5(1.33-1)^2]}{3.5} = 2.48\ \text{s} < 3\ \text{s}$$

可见，经校正后性能指标完全满足要求。

例 6-3 的 MATLAB 程序如下：

```
num=180;
den=conv([1, 0], conv([0.5, 1], [0.167, 1]));
sys0=tf(num, den);
grid on
margin(sys0)
grid on
margin(sys0)
[gm0, pm0, wg0, wp0]=margin(sys0);          %求未校正系统的性能指标
numc=[1, 2.5, 1];
denc=[0.9, 90.01, 1];
sysc=tf(numc, denc);                        %设计 PID 校正装置
sys=sys0 * sysc;                            %求校正后系统传递函数
hold on
margin(sys)
[gm, pm, wg, wp]=margin(sys);               %求校正后系统的性能指标
```

6.4 并联校正

为了改善系统的性能，工程控制中除采用串联校正外，还采用并联校正。并联校正也称局部反馈校正。通过局部反馈校正可以改善反馈环节所包围的不可变部分的性能，减弱参数变化对控制系统性能的影响。采用并联校正后，不仅可以得到与串联校正相同的效果，还可以获得改善系统性能的某些功能。

6.4.1 并联校正原理

并联校正系统如图 6-28 所示，环节 $G_1(s)$、$G_2(s)$是系统的固有部分，在环节 $G_2(s)$的反馈通道上，引入并联装置 $G_c(s)$。由 $G_c(s)$构成的反馈称为局部反馈，设其传递函数为 $G_2'(s)$，对应的频率特性如式(6-48)所示。

$$G_2'(\text{j}\omega) = \frac{G_2(\text{j}\omega)}{1+G_2(\text{j}\omega)G_c(\text{j}\omega)} \tag{6-48}$$

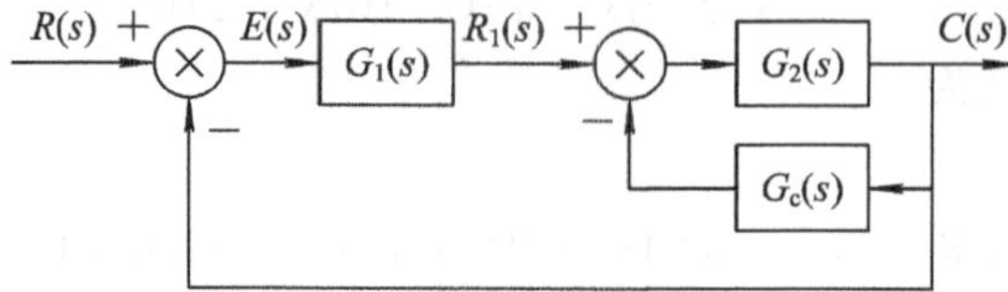

图 6-28　并联校正系统结构图

若局部闭环本身是稳定的，则当$|G_2(\text{j}\omega)G_c(\text{j}\omega)| \ll 1$ 时，

$$G_2'(\text{j}\omega) \approx G_2(\text{j}\omega) \tag{6-49}$$

当$|G_2(\mathrm{j}\omega)G_c(\mathrm{j}\omega)|\gg1$时，

$$G_2'(\mathrm{j}\omega)\approx\frac{1}{G_c(\mathrm{j}\omega)} \tag{6-50}$$

从式(6-49)和式(6-50)可以看出，当局部闭环增益远小于1时，该反馈可认为开路，局部闭环的频率特性近似等于前向通路的固有频率特性$G_2(\mathrm{j}\omega)$；当局部闭环增益远大于1时，其频率特性几乎与固有频率特性$G_2(\mathrm{j}\omega)$无关，仅取决于反馈通路的频率特性$G_c(\mathrm{j}\omega)$的倒数，这说明通过选择$G_c(\mathrm{j}\omega)$，能在一定的频率范围内改变系统的原有特性，从而满足系统性能指标的要求。

6.4.2　并联校正设计

设含有并联校正的控制系统如图6-29所示。

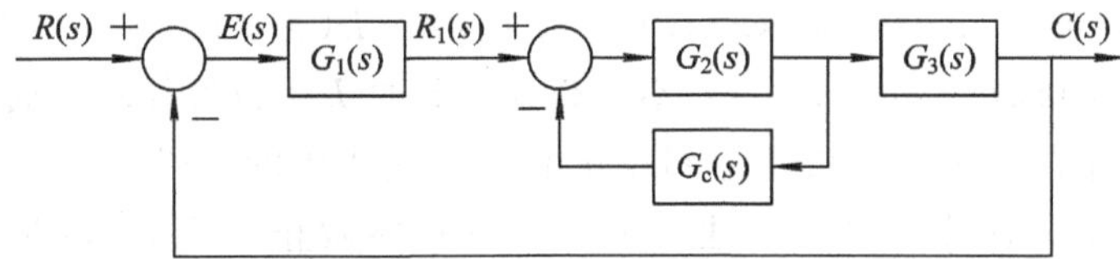

图6-29　并联校正控制系统

待校正系统的开环传递函数为

$$G_0(s)=G_1(s)G_2(s)G_3(s) \tag{6-51}$$

已校正系统的开环传递函数为

$$G_k(s)=\frac{G_1(s)G_2(s)G_3(s)}{1+G_2(s)G_c(s)}=\frac{G_0(s)}{1+G_2(s)G_c(s)} \tag{6-52}$$

已校正系统的对数频率特性为

$$G_k(\mathrm{j}\omega)=\frac{G_1(\mathrm{j}\omega)G_2(\mathrm{j}\omega)G_3(\mathrm{j}\omega)}{1+G_2(\mathrm{j}\omega)G_c(\mathrm{j}\omega)}=\frac{G_0(\mathrm{j}\omega)}{1+G_2(\mathrm{j}\omega)G_c(\mathrm{j}\omega)} \tag{6-53}$$

若$20\lg|G_2(\mathrm{j}\omega)G_c(\mathrm{j}\omega)|<0$，则

$$20\lg|G_k(\mathrm{j}\omega)|\approx20\lg|G_0(\mathrm{j}\omega)| \tag{6-54}$$

可见，在$20\lg|G_2(\mathrm{j}\omega)G_c(\mathrm{j}\omega)|<0$的频率范围内，已校正系统的开环幅频特性近似等于未校正系统的开环频率特性，并联校正装置不起作用。

若$20\lg|G_2(\mathrm{j}\omega)G_c(j\omega)|>0$，则

$$20\lg|G_k(\mathrm{j}\omega)|\approx20\lg|G_0(\mathrm{j}\omega)|-20\lg|G_2(\mathrm{j}\omega)G_c(\mathrm{j}\omega)| \tag{6-55}$$

即

$$20\lg|G_2(\mathrm{j}\omega)G_c(\mathrm{j}\omega)|\approx20\lg|G_0(\mathrm{j}\omega)|-20\lg|G_k(\mathrm{j}\omega)| \tag{6-56}$$

表明在$20\lg|G_2(\mathrm{j}\omega)G_c(\mathrm{j}\omega)|>0$的频率范围内，未校正系统的开环幅频特性减去按性能指标要求求出的期望开环幅频特性，可以获得近似的$20\lg|G_2(\mathrm{j}\omega)G_c(\mathrm{j}\omega)|$，由此求得$G_2(s)G_c(s)$。由于$G_2(s)$已知，故可求得并联校正装置$G_c(s)$。

并联校正的应用中，应注意以下三点：

(1) 在$20\lg|G_2(\mathrm{j}\omega)G_c(\mathrm{j}\omega)|>0$的受校正频段内，应使式(6-57)成立。$20\lg|G_0(\mathrm{j}\omega)|$比$20\lg|G_k(\mathrm{j}\omega)|$大得越多，校正精度越高。

$$20\lg|G_0(j\omega)| > 20\lg|G_k(j\omega)| \tag{6-57}$$

(2) 并联反馈环节必须稳定。

(3) $20\lg|G_2(j\omega)G_c(j\omega)|=0$ 附近误差较大，且截止频率 ω_c 附近对系统的稳定性和动态性能指标影响最大，应使 $20\lg|G_2(j\omega)G_c(j\omega)|=0$ 点远离截止频率 ω_c 点。

并联反馈校正设计步骤如下：

(1) 根据静态性能指标，求得未校正系统的开环增益 K。

(2) 绘制未校正系统的开环对数幅频特性曲线，即

$$L_0(\omega)=20\lg|G_0(j\omega)| \tag{6-58}$$

(3) 由给定性能指标要求绘制期望开环对数幅频特性曲线，即

$$L(\omega)=20\lg|G_k(j\omega)| \tag{6-59}$$

(4) 由 $L(\omega)<L_0(\omega)$ 找出 $G_c(s)$ 起作用的频段，并在该频段内求得

$$L_c(\omega)=20\lg|G_2(j\omega)G_c(j\omega)|=L_0(\omega)-L(\omega),\ L_0(\omega)-L(\omega)>0$$

当 $20\lg|G_2(j\omega)G_c(j\omega)|<0$ 时，$G_c(s)$ 不起作用，此时 $L_c(\omega)$ 可任取。通常，将并联校正装置起作用的频段中的 $L_c(\omega)$ 曲线延伸到校正装置不起作用的频段中去。

(5) 检验局部反馈回路的稳定性，并在期望开环截止频率 ω_c' 附近检查 $L_c(\omega)>0$ 的程度。

(6) 由 $G_2(s)G_c(s)$ 确定 $G_c(s)$。

(7) 校验校正后系统的性能指标是否满足要求。

(8) 考虑 $G_c(s)$ 的工程实现。

这种校正设计方法仅适用于最小相位系统。

【例 6-4】 系统结构图如图 6-30 所示。试设计并联校正装置 $G_c(s)$，使系统满足：$\gamma\geqslant 48°$，$t_s\leqslant 0.5$ s。

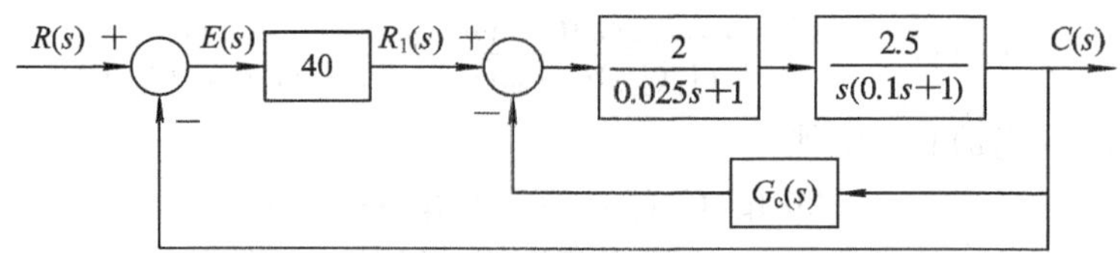

图 6-30 例 6-4 系统结构图

解 (1) 未校正系统的开环传递函数为

$$G_0(s)=\frac{200}{s(0.1s+1)(0.025s+1)}$$

对应的对数幅频特性曲线如图 6-31 中的 $L_0(\omega)$ 所示。未校正系统的截止频率 $\omega_c\approx 43$ rad/s，相角裕度 $\gamma=-37°$。可见系统不稳定。

(2) 取 $\gamma''=50°$，则 $M_r=1.3$，那么

$$\omega_c''\geqslant\frac{\pi[2+1.5(M_r-1)+2.5(M_r-1)^2]}{t_s}=16.8\ \text{rad/s}$$

取 $\omega_c''=18$ rad/s，并取 $\omega_2=0.1\omega_c''=1.8$ rad/s，从 ω_2 向左作斜率为 -40 dB/dec 的线段交 $L_0(\omega)$ 曲线于 $\omega_1=0.15$ rad/s。期望对数幅频特性如图 6-31 中的 $L(\omega)$ 所示。为简单起见，$L(\omega)$ 曲线中频段斜率为 -20 dB/dec 的线段一直延长交 $L_0(\omega)$ 曲线于 $\omega_3=63$ rad/s。

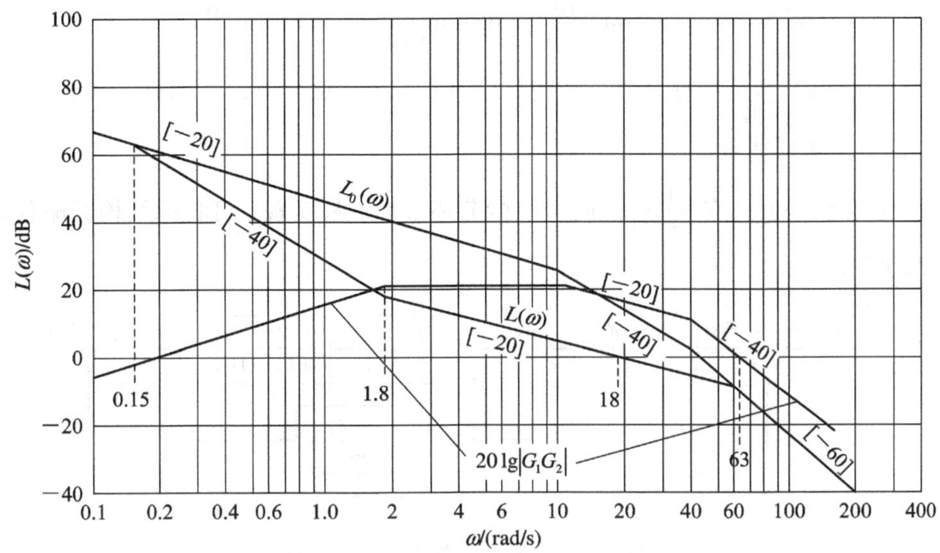

图 6-31　例 6-4 校正前后系统对数频率特性图

因此，在 $0.15<\omega<63$ 的范围内，$L(\omega)<L_0(\omega)$，则 $G_c(s)$ 起作用，并由 $L_c(\omega)=L_0(\omega)-L(\omega)$ 求得 $L_c(\omega)$。在 $\omega<0.15$ 及 $\omega>63$ 的范围内，$L_0(\omega)=-L(\omega)$，所以 $L_c(\omega)$ 曲线向两边延伸即可。$L_c(\omega)$ 曲线如图 6-31 所示。

(3) 根据 $L_c(\omega)$ 求得

$$G_2(s)G_c(s)=\frac{K_1 s}{\left(\frac{s}{1.8}+1\right)\left(\frac{s}{10}+1\right)\left(\frac{s}{40}+1\right)}$$

其中，$K_1=1/0.15=6.7$。

(4) 检验局部反馈回路的稳定性，并在期望开环截止频率 ω_c'' 附近检查 $L_c(\omega)>0$ 的程度。

局部反馈回路对开环对数幅频特性为 $L_c(\omega)$，当 $\omega=\omega_3=63$ rad/s 时，有

$$\gamma_2=180°+90°-\arctan\frac{63}{1.8}-\arctan\frac{63}{10}-\arctan\frac{63}{40}=43°$$

所以，局部反馈回路稳定。而且，当 $\omega=\omega_c''=18$ rad/s 时，有

$$L_c(\omega)=20\lg\frac{6.7\times 18}{\frac{18}{1.8}\times\frac{18}{10}\times 1}=20\lg 6.7=16.5\ \text{dB}$$

基本满足 $20\lg|G_2(j\omega)G_c(j\omega)|\gg 0$ 的要求，表明近似程度较高。

(5) 求取反馈校正装置的传递函数 $G_c(s)$，即

$$G_c(s)=\frac{G_2(s)G_c(s)}{G_2(s)}=\frac{1.34s^2}{0.56s+1}$$

(6) 验算设计指标要求。由于近似条件能较好地满足，故可直接用期望特性来验算。

$$G_k(s)=\frac{200\left(\frac{s}{1.8}+1\right)}{s\left(\frac{s}{0.15}+1\right)\left(\frac{s}{63}+1\right)^2}=\frac{200(0.56s+1)}{s(6.7s+1)(0.016s+1)^2}$$

$$\gamma'' = 90° + \arctan\frac{18}{1.8} - \arctan\frac{18}{0.15} - 2\arctan\frac{18}{63} = 53.1°$$

$$M_r = \frac{1}{\sin\gamma''} = 1.25 \qquad \sigma\% = 0.16 + 0.4(M_r - 1) = 26\% < 30\%$$

可见，$\sigma\%$满足指标要求。

(7) 由于$G_c(s)=\dfrac{1.34s^2}{0.56s+1}$有两个纯微分环节，不易实现，可将原结构图略作调整，如图 6－32 所示。

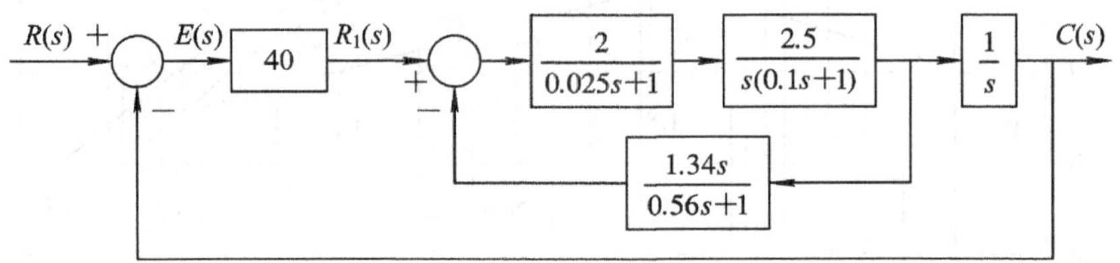

图 6－32 例 6－4 校正后系统结构图

习 题 六

6－1 已知单位负反馈角度伺服系统的开环传递函数为

$$G_0(s) = \frac{K}{s(0.2s+1)(0.5s+1)}$$

要求系统最大角速度输出为 12(°)/s，输出角度位置误差小于 2°，试求：

(1) 计算满足指标要求的 K 值及相应的相角裕度和幅值裕度；

(2) 在前向通路串接超前校正网络

$$G_c(s) = \frac{0.4s+1}{0.08s+1}$$

计算校正后系统的相角裕度和幅值裕度，说明超前校正对系统动态性能的影响。

6－2 已知单位负反馈系统的开环传递函数

$$G_0(s) = \frac{K}{s(s+1)}$$

设计串联超前校正环节，使系统满足：

(1) 相角裕度 $\gamma''\geqslant 45°$；

(2) 响应单位速度输入的稳态误差 $e_{ss}\leqslant\dfrac{1}{15}$；

(3) 剪切频率 $\omega_c''\geqslant 7.5$ rad/s。

6－3 系统如图 6－33 所示，其中 R_1，R_2 和 C 组成校正网络。要求校正后系统的稳态误差为 $e_{ss}=0.01$，相角裕度 $\gamma''\geqslant 60°$，试确定 K，R_1，R_2 和 C 的参数。

6－4 已知一单位反馈控制系统如图 6－34 所示。试设计一串联校正装置 $G_c(s)$，使校正后的系统同时满足下列性能要求：

(1) 跟踪输入 $r(t)=\dfrac{1}{2}t^2$ 时的稳态误差为 0.1；

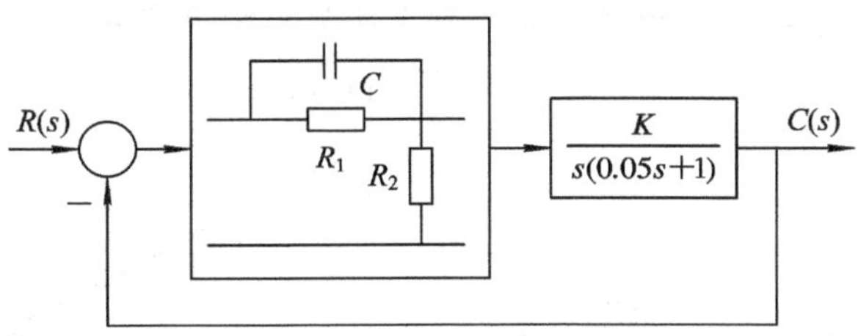

图 6-33　系统结构图

(2) 相位裕量 $\gamma''=45°$。

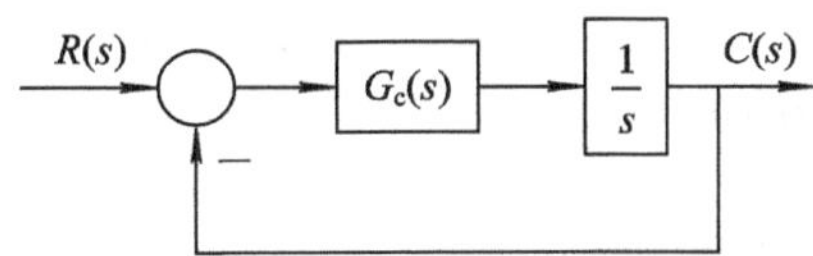

图 6-34　题 6-4 系统结构图

6-5　已知系统的开环传递函数为

$$G(s)=\frac{K}{s(0.1s+1)(0.2s+1)}$$

使系统校正后的静态速度误差系数 $K_v=30\text{s}^{-1}$，相角裕度 $\gamma''\geqslant40°$，截止频率 $\omega_c''\geqslant2.3$ rad/s，试设计串联校正装置。

6-6　已知单位负反馈系统的开环传递函数

$$G_0(s)=\frac{40}{s(0.2s+1)(0.0625s+1)}$$

(1) 若要求相角裕度 $\gamma''\geqslant30°$，幅值裕度为 10～12 dB，试设计串联超前校正环节。

(2) 若要求相角裕度 $\gamma''\geqslant50°$，幅值裕度为 30～40 dB，试设计串联滞后校正环节。

6-7　已知单位负反馈系统的开环传递函数

$$G_0(s)=\frac{K}{s(0.1s+1)(0.01s+1)}$$

设计滞后-超前校正环节，使系统期望特性满足下列指标：

(1) 静态速度误差系数 $K_v\geqslant100\text{s}^{-1}$；

(2) 剪切频率 $\omega_c''\geqslant20$ rad/s；

(3) 相角裕度 $\gamma''\geqslant45°$。

6-8　某单位负反馈系统的开环传递函数为

$$G_0(s)=\frac{K\mathrm{e}^{-0.03s}}{s(s+1)(0.2s+1)}$$

要求系统的开环增益 $K=30$，截止频率 $\omega_c''\geqslant2.5$，相角裕度 $\gamma''=40°\pm5°$。

(1) 判断采用何种串联校正方式(超前校正、滞后校正和滞后-超前校正)能达到系统的要求，并说明理由。

(2) 若采用滞后-超前校正，校正装置的传递函数为

$$G_c(s)=\frac{(2s+1)(s+1)}{(20s+1)(0.01s+1)}$$

求校正后系统的截止频率 ω_c'' 和相角裕度 γ''，校验能否满足系统要求。

6-9 图 6-35 给出三个由最小相位环节组成的串联校正环节的频率特性。

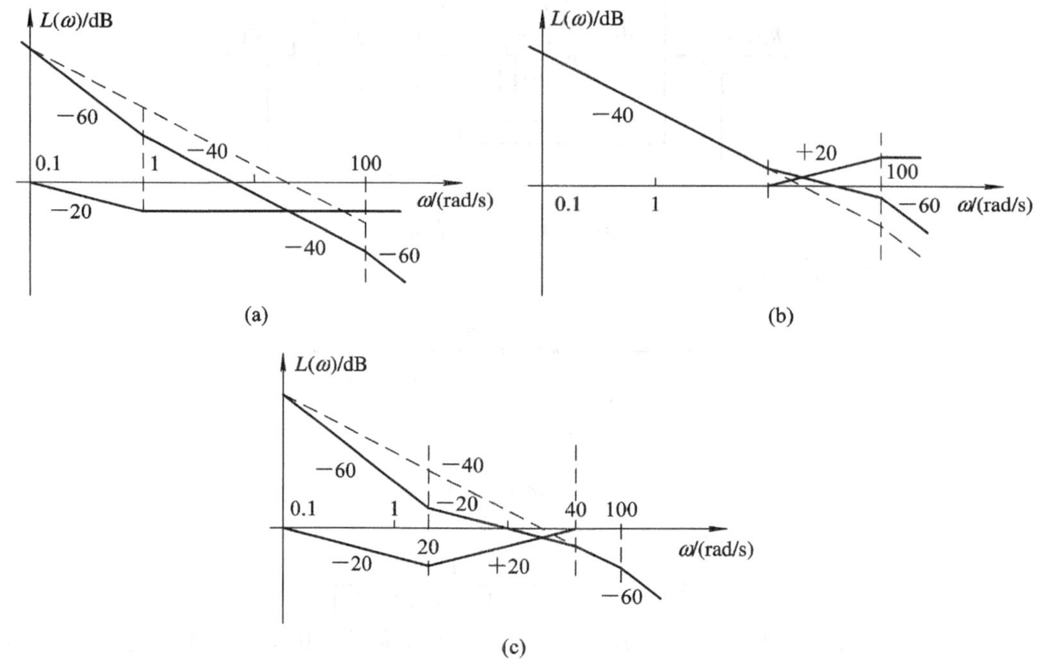

图 6-35 最小相位环节频率特性曲线图

若单位负反馈系统的开环传递函数为

$$G_0(s)=\frac{400}{s^2(0.01s+1)}$$

试问：

(1) 哪一个校正环节使校正后的系统稳定程度最好？

(2) 要将 12 Hz 的正弦噪声削弱为原来的 1/10，应采用哪一个校正环节？

6-10 设复合控制系统如图 6-36 所示，图中，$G_n(s)$为顺馈装置传递函数，$G_c(s)=K_t s$，为测速发电机及分压器的传递函数，$G_1(s)=K_1$，$G_2(s)=\frac{1}{s^2}$。试确定 K_1、$G_n(s)$及$G_c(s)$，使系统输出量完全不受扰动 $n(t)$的影响，且单位阶跃响应超调量 $\sigma\%=25\%$，峰值时间 $t_p=2$ s。

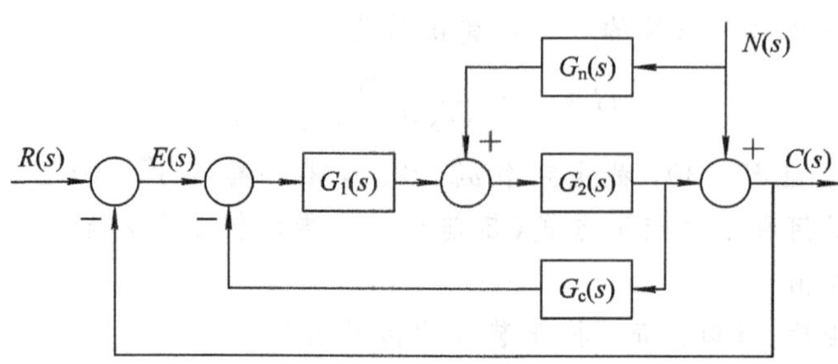

图 6-36 系统结构图

6-11 设单位反馈系统的开环传递函数

$$G(s)=\frac{K}{s(s+3)(s+9)}$$

(1) 如果要求系统在单位阶跃输入作用下的超调量 $\sigma\%=20\%$，试确定 K 值；

(2) 根据所求得的 K 值，求出系统在单位阶跃输入作用下的调节时间 t_s，以及静态速度误差系数 K_v；

(3) 设计一串联校正装置，使系统的 $K_v\geqslant 20$，$\sigma\%\leqslant 17\%$，t_s 减小到校正前系统调节时间的一半以内。

6-12　某系统的开环对数幅频特性如图 6-37 所示，其中虚线表示校正前的，实线表示校正后的。

(1) 确定所用的是何种串联校正方式，写出校正装置的传递函数 $G_c(s)$；

(2) 确定使校正后系统稳定的开环增益范围；

(3) 当开环增益 $K=1$ 时，求校正后系统的相角裕度 γ 和幅值裕度 h。

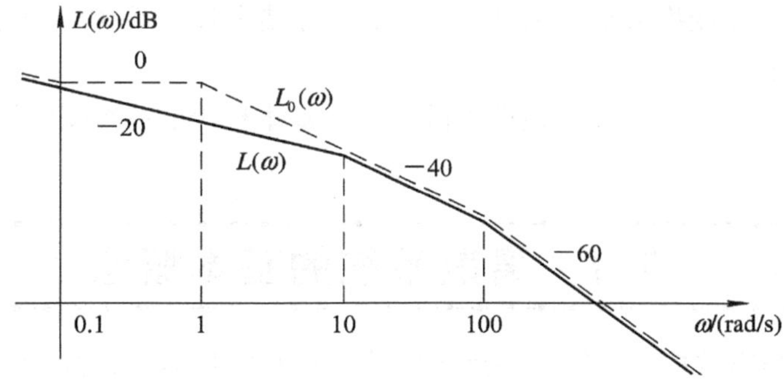

图 6-37　对数幅频特性图

6-13　某单位反馈系统的开环传递函数为

$$G_0(s)=\frac{K}{(s+1)\left(\frac{s}{5}+1\right)\left(\frac{s}{30}+1\right)}$$

试设计 PID 控制器，使系统的稳态速度误差 $e_{ssv}\leqslant 0.1$，超调量 $\sigma\%\leqslant 20\%$，调节时间 $t_s\leqslant 0.5$ s。

6-14　系统结构如图 6-38 所示。

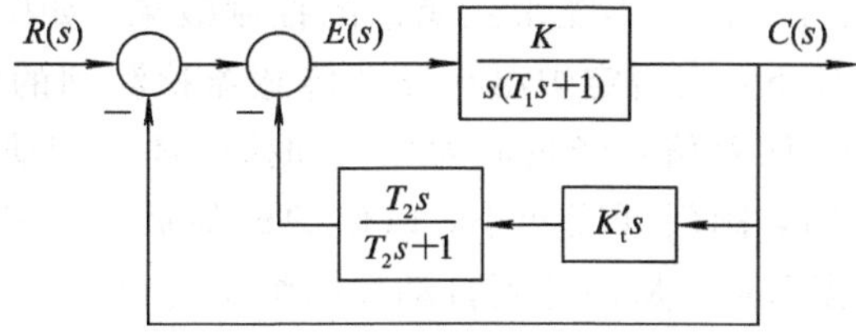

图 6-38　系统结构图

其中，$K_1=440\text{s}^{-1}$，$T_1=0.025\text{s}$。试设计校正装置，使系统满足 $\gamma''\geqslant 50°$，$\omega_c''\geqslant 40$ rad/s，并且具有一定的噪声抑制能力，请确定测速反馈系数 K_t' 和超前网络时间常数 T_2。

第七章 线性离散系统的分析

前面几章所研究的控制系统中，所有变量都是时间 t 的连续函数，这类系统被称为连续控制系统，其中控制器是由模拟装置实现的。随着数字计算机及微处理器的快速发展，其在控制系统的应用已相当普遍。根据工程需要，数字控制系统的基础理论，即离散系统理论的发展非常迅速。

离散系统与连续系统相比，既有本质上的不同，又有分析研究方法上的相似性。线性离散系统，可用差分方程来描述，其中采用 Z 变换的方法分析离散系统，使其分析方法与连续系统的拉普拉斯变换分析方法非常相似，从而使得连续系统中的许多概念和方法，可以推广应用于离散系统。

本章基于 Z 变换的方法讨论线性离散系统的基本理论、基本概念和基本方法。

7.1 离散系统的基本概念

一般来说，当离散控制系统中的离散信号是脉冲序列形式(时间上离散)时，系统称为采样控制系统或脉冲控制系统；而当离散系统中的离散信号是数码或数字序列形式(时间上离散、幅值上量化)时，称为数字控制系统或计算机控制系统。在理想采样及忽略量化误差情况下，数字控制系统近似于采样控制系统，将它们统称为离散系统，从而使采样控制系统与数字控制系统的分析在理论上统一了起来。

7.1.1 采样控制系统

采样控制最早出现在某些惯性非常大或具有较大时延特性的被控对象的控制中，因为这类系统采用连续控制方式往往不能得到满意的控制效果。如图 7－1 所示工业炉温自动控制系统，其工作原理如下：当给定炉温与温度传感器检测到的实际炉温不相等时，通过比较器会产生误差信号，误差信号经过放大环节和执行环节带动燃料供应阀开度变化，当实际炉温高于给定炉温时，阀门开度变小，以使炉温降低；当实际炉温低于给定炉温时，阀门开度变大，以使炉温升高，从而达到自动控制炉温的目的。

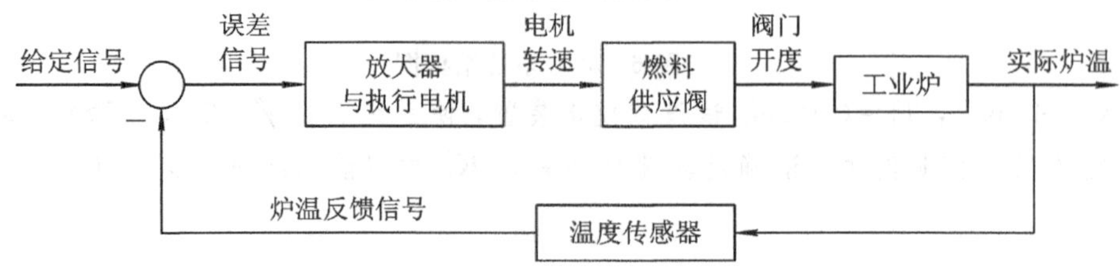

图 7－1 炉温连续控制系统

在炉温控制过程中如果采用连续控制方式，无法解决控制精度和动态性能之间的矛盾。因为被控对象工业炉通常是一个具有时延的惯性单元，其传递函数可以表示为：$e^{-\tau s}/(Ts+1)$，且时延 τ 可达数秒或数十秒，惯性时间常数 T 可达千秒以上，因此炉温的变化需要相当长的时间。而在整个控制器中，执行电机的时间常数相对于工业炉的延迟时间和时间常数显得很小，因此，可将放大器、执行电机和温度传感器等环节都看成是比例环节 K，燃料供应阀是一个积分环节。在这个系统中，比例系数 K 的设计非常困难，因为当 K 选取较大值时，系统灵敏度高，电机对很小的温度偏差也很敏感，如当有一个很小的温度偏差(炉温低于给定温度)时，电机很快转动，开大燃料供应阀，但由于炉子的延时和大惯性特性，炉温的上升过程很缓慢，因此，等到炉温达到给定值时，阀门开度早已过量，这时，电机即使停转甚至反转，炉温仍继续升高。同理，此后减小阀门开度，同样会调节过度。如此反复调节阀门，造成炉温大幅度振荡。如果 K 选择过小，系统的灵敏度低，反应迟钝，只有误差信号足够大才能使电机克服“死区”(静摩擦)而转动，从而使阀门开度变化，这样会使调节误差很大，调节时间变长。

为了克服上述缺陷，可以采用采样控制。如图 7-2 所示，在误差信号和放大器与执行电机之间装一个采样开关 S，则系统成为炉温的采样控制系统。在这一系统中，采样开关每隔 T 秒接通一次，每次接通时间为 τ 秒。这样当炉温误差如图 7-3(a)所示连续变化时，采样开关输出的是一串离散误差信号，如图 7-3(b)所示。由此可知，在每个采样周期 T 秒中，只有在开关 S 接通的很小的 τ 秒区间内，误差信号才能经放大器来驱动执行电机，控制燃料供应阀，调节阀门开度，而在其余大部分时间内，电机处于停机状态，等待炉温慢慢变化，从而使调节过量的情况大大减轻，甚至于采用较大的放大倍数 K，系统仍能保证稳定，并使炉温调节过程无超调。

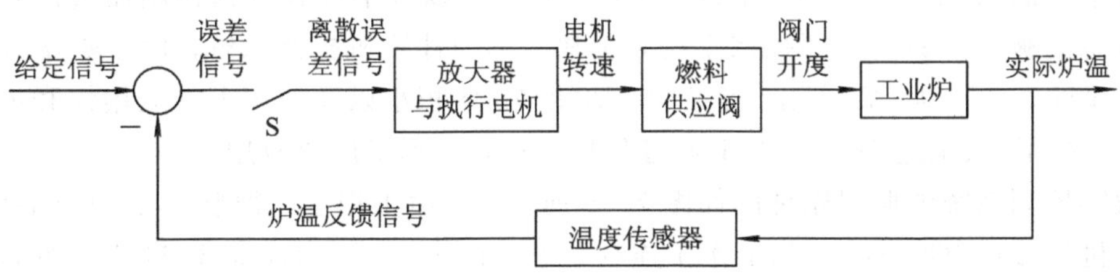

图 7-2　炉温采样控制系统

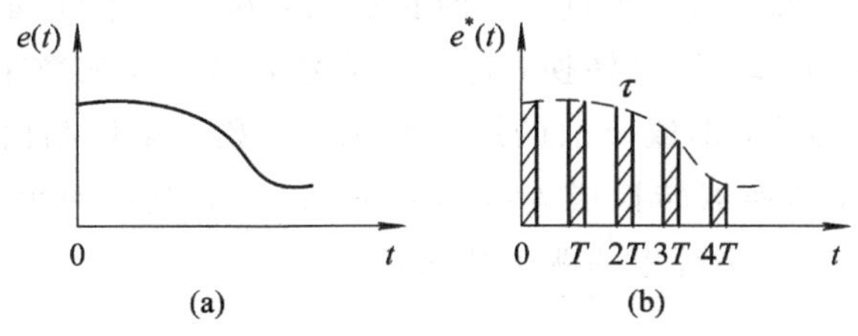

图 7-3　误差信号及其采样

在上述系统中，作用于放大器和执行电机上的信号是具有一定时间间隔的脉冲信号序列，即信号变量是时间的离散函数；同时系统中有些变量是时间的连续函数，如炉温。在采样控制系统中，为了使连续信号和离散信号之间能互相传递，在连续信号和脉冲序列之间需要采样开关，又称采样器；在脉冲序列和连续信号之间需要保持器，以实现信号的变换。采样器和保持器是采样控制系统的两个特殊环节，将在后面对它们进行叙述。

根据采样器在系统中所处的位置不同，可以构成各种采样系统。如果采样器位于系统的闭合回路之外，或者系统本身不存在闭合回路，则称为开环采样系统；如果采样器位于系统闭合回路之内，则称为闭环采样系统。其中，用得最多的是误差采样控制的闭环采样系统，其典型结构图如图 7-4 所示。图中，S 为理想采样开关，其采样瞬时的脉冲幅值等于相应采样瞬时误差信号 $e(t)$ 的幅值，且采样持续时间 τ 趋于零；$G_h(s)$ 为保持器的传递函数；$G_p(s)$ 为被控对象的传递函数；$H(s)$ 为测量变送反馈元件的传递函数。

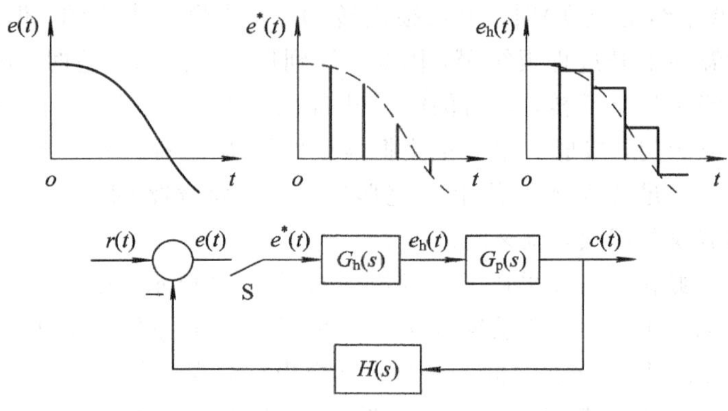

图 7-4　采样控制系统典型结构图

7.1.2　数字控制系统

随着数字控制器和计算机的出现，采样控制方式在现代工业控制中应用更为广泛，形成了数字控制系统。所谓数字控制系统，是指一种以数字计算机为控制器去控制具有连续工作状态的被控对象的闭环控制系统，通常又称为计算机控制系统。由于数字计算机具有运算速度快、精度高、集成化、容量大、功能多、体积小以及使用上的通用性和灵活性等特点，因此在军事、航空航天以及工业过程控制中，得到了广泛应用。

数字控制系统的典型原理图如图 7-5 所示。它由工作于离散状态下的数字控制器(数字计算机及接口电路)$G_c(s)$和工作于连续状态下的被控对象 $G_0(s)$和测量元件 $H(s)$组成。因此在数字控制系统中，需要设置 A/D 和 D/A 转换装置，以实现连续信号和数字信号之间的转换。即数字计算机在对系统进行实时控制时，在每个采样周期中，计算机首先对连续信号进行采样并编码，即 A/D 转换，将连续信号 $e(t)$转换成数字信号 $\bar{e}^*(t)$，然后按控制律或控制算法进行运算，形成离散的运算结果，即数字量控制信号 $\bar{u}^*(t)$；最后将计算结果 $\bar{u}^*(t)$通过 D/A 转换器转换成连续信号 $u_h(t)$控制被控对象。因此，A/D 转换器和 D/A 转换器是计算机控制系统中的两个特殊环节。

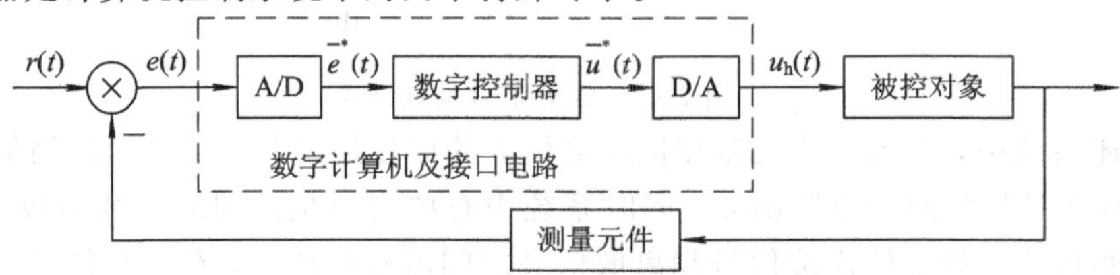

图 7-5　数字控制系统典型原理图

1. A/D 转换器

A/D 转换器是把连续的模拟信号转换为离散的数字信号的装置。A/D 转换包括两个过程，其一是采样过程，即每隔一定的时间间隔 T 对输入的连续信号 $e(t)$（如图 7－6(a)所示）进行一次采样，得到采样后的离散信号 $e^*(t)$，如图 7－6(b)所示；二是量化过程，在计算机中，任何数值的离散信号都必须用二进制表示，成为离散数字信号，才能进行运算。通常把采样信号 $e^*(t)$在数值上表达为最小位二进制数的整数倍的过程称为量化，A/D 转换器的最小的二进制单位称为量化单位。采样信号 $e^*(t)$经量化后变成数字信号 $\bar{e}^*(t)$的过程，如图 7－6(c)所示，也称编码过程。因此，数字计算机中的离散数字信号在时间上和幅值上都是断续的。

通常，假定 A/D 转换器有足够的字长来表示数码，则量化单位 q 足够小，故由量化引起的幅值的断续性(即量化误差)可以忽略。此外，还可以认为采样编码过程瞬时完成，可用理想脉冲的幅值来等效代替数字信号的大小，则 A/D 转换器就可以用一个每隔 T 秒瞬时闭合一次的理想采样开关 S 来表示。

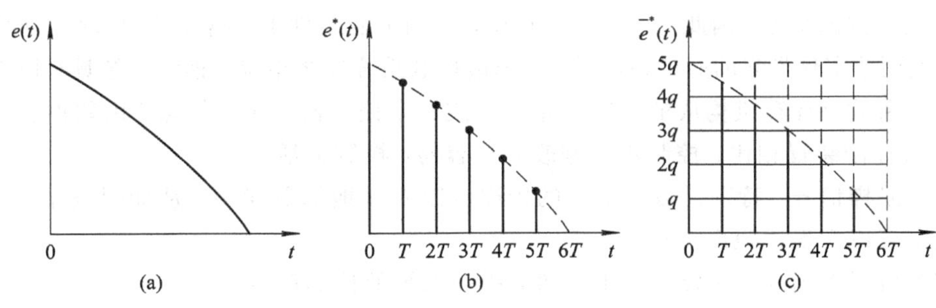

图 7－6　A/D 转换过程

2. D/A 转换器

D/A 转换器是把离散的数字信号转换为连续模拟信号的装置。D/A 转换也有两个过程：一是解码过程，把离散数字信号 $\bar{u}^*(t)$转换为离散的模拟信号 $u^*(t)$，如图 7－7(a)所示；二是复现过程，因为离散的模拟信号无法直接控制连续的被控对象，需要将离散的模拟信号复现为连续的模拟信号，实现这一转换的装置称为信号保持器。经过保持器将离散模拟信号复现为连续模拟信号 $u_h(t)$，如图 7－7(b)所示。

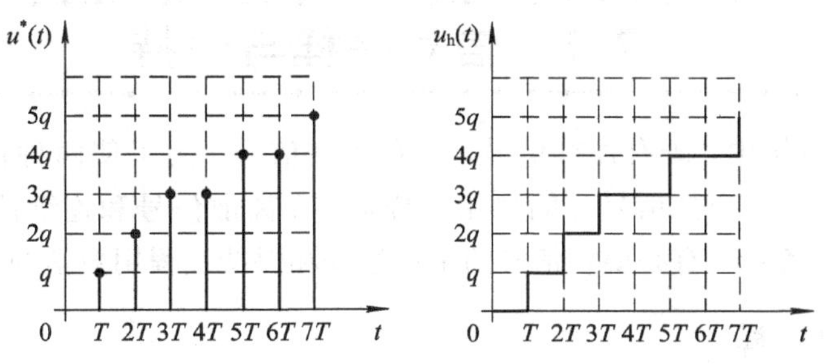

图 7－7　D/A 转换过程

如果令被控对象的传递函数为 $G_o(s)$，测量元件的传递函数为 $H(s)$，则数字控制系统等效结构图如图 7－8 所示。由计算机构成的数字控制器 $G_c(s)$将按照一定的控制规律，将周期为 T 的理想采样开关 S 采样后的误差信号 $e^*(t)$处理成所需要的数字信号 $\bar{e}^*(t)$，并以一定的周期给出运算后的数字信号 $u^*(t)$，将数字量转换为模拟量的 D/A 转换器可以用保持器取代，其传递函数为 $G_h(s)$，它把数字信号 $u^*(t)$ 转换成连续模拟信号 $u_h(t)$。

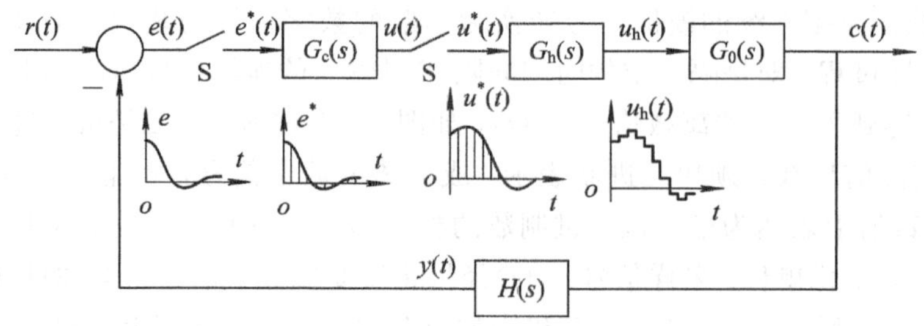

图 7-8 数字控制系统典型结构图

7.1.3 离散控制系统特点

虽然离散控制系统中，信号采样后，采样点间信息会丢失，而且采样信号经保持器输出后会有一定的延迟，因此与连续系统相比，在确定的条件下，离散控制系统的性能会有所降低。然而数字化带来的好处显而易见，离散控制系统较之相应的连续系统具有以下优点：

(1) 由数字计算机构成的数字校正装置或数字控制器，其控制规律由软件实现，因此，与连续式控制装置相比，控制规律修改调整容易，控制灵活。

(2) 采样信号，特别是数字信号的传递可以有效地抑制噪声，从而提高了系统的抗干扰能力，可以实现远距离传送。

(3) 可以采用高灵敏度的控制元件，提高系统的控制精度。

(4) 可用一台计算机分时控制若干个系统，提高设备的利用率，经济性好。

(5) 计算机控制系统可以实现复杂的控制目标，实现控制和管理的一体化。

(6) 对于具有传输延迟，特别是大延迟的控制系统，可以引入采样的方式使系统稳定。

在离散系统中，系统的一处或多处信号是脉冲序列或数码，控制的过程是不连续的，因此连续系统的研究方法不再适用。研究离散系统的数学基础是 Z 变换，通过 Z 变换，可以把我们熟悉的稳定性分析、稳态误差计算、时间响应以及系统校正方法等，经过适当的改变直接应用于离散控制系统的分析和设计之中。

7.2 信号采样与保持

在离散控制系统中，既有连续信号，又有离散信号。为了使两种信号能够在系统中互相传递，在连续信号和离散信号之间要用采样器，在离散信号和连续信号之间要用保持器。为了定量研究离散系统，有必要对信号的采样过程和保持过程用数学的方法加以描述。

7.2.1 信号的采样

1. 采样信号的数学表示

把连续信号变换为脉冲序列的装置称为采样器，又叫采样开关。假设采样器每隔 T 秒闭合一次，闭合的持续时间为 τ。由于在实际采样过程中，采样开关的闭合时间非常小，一般远小于采样周期 T 和系统连续部分的最大时间常数，因此为便于分析，可以认为 τ 趋于零。这种情况下，采样器就可以用一个理想采样器来代替。采样过程可以看成是一个理想单位脉冲序列 $\delta_T(t)$ 与连续输入信号 $e(t)$ 相乘的结果，如图 7-9 所示。

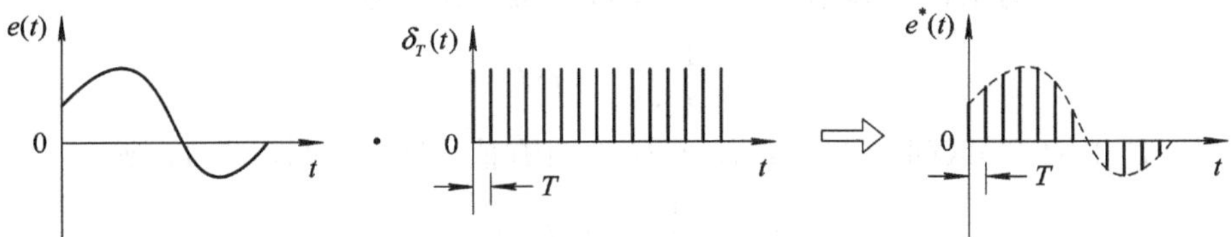

图 7-9　信号的采样过程

用数学形式描述上述采样过程，则有

$$e^*(t) = e(t)\delta_T(t) \tag{7-1}$$

在实际的控制系统中，总是认为信号从 $t=0$ 时刻开始，即当 $t<0$ 时，$e(t)=0$。因此理想单位脉冲序列 $\delta_T(t)$ 可以表示为

$$\delta_T(t) = \sum_{n=0}^{\infty}\delta(t-nT) \tag{7-2}$$

其中，$\delta(t-nT)$ 是出现在时刻 $t=nT$，强度为 1 的单位脉冲，故式(7-1)可以写为

$$e^*(t) = e(t)\sum_{n=0}^{\infty}\delta(t-nT)$$

由于 $e(t)$ 的数值仅在采样的瞬时才有意义，所以 $e^*(t)$ 又可表示为

$$e^*(t) = \sum_{n=0}^{\infty}e(nT)\delta(t-nT) \tag{7-3}$$

2. 采样信号的拉普拉斯变换

对采样信号 $e^*(t)$ 进行拉普拉斯变换，可得

$$E^*(s) = \mathscr{L}[e^*(t)] = \mathscr{L}\left[\sum_{n=0}^{\infty}e(nT)\delta(t-nT)\right] = \sum_{n=0}^{\infty}e(nT)\mathscr{L}[\delta(t-nT)] \tag{7-4}$$

根据拉普拉斯变换的位移定理，有

$$\mathscr{L}[\delta(t-nT)] = \mathrm{e}^{-nTs}\int_0^{\infty}\delta(t)\mathrm{e}^{-st}\mathrm{d}t = \mathrm{e}^{-nTs}$$

所以，采样信号的拉普拉斯变换

$$E^*(s) = \sum_{n=0}^{\infty}e(nT)e^{-nTs} \tag{7-5}$$

因此只要已知连续信号 $e(t)$ 采样后的脉冲序列 $e(nT)$ 的值，相应采样信号 $e^*(t)$ 的拉普拉斯变换 $E^*(s)$ 就可以求得，且如果 $e(t)$ 是一个有理函数，则 $E^*(s)$ 总可以表示成 e^{Ts} 的有理函数形式。显然，如果采用拉普拉斯变换法研究离散系统，虽然 $E^*(s)$ 可以表示成 e^{Ts} 的有理函数，但却是复变量 s 的超越函数，不便于进行定量分析和设计。为了解决这个问题，通常采用 Z 变换法研究离散系统。Z 变换可以把离散系统的 s 超越方程变换为变量 Z 的代数方程。

3. 采样信号的频谱

由式(7-2)可知，理想单位脉冲序列 $\delta_T(t)$ 是周期函数，可以展开为傅里叶级数的形式，即

$$\delta_T(t) = \sum_{n=-\infty}^{+\infty} c_n \mathrm{e}^{\mathrm{j}n\omega_s t} \tag{7-6}$$

式中，$\omega_s = 2\pi/T$，为采样角频率；c_n 是傅里叶系数，其值为

$$c_n = \frac{1}{T}\int_{-T/2}^{T/2} \delta_T(t)\mathrm{e}^{-\mathrm{j}n\omega_s t}\mathrm{d}t$$

由于在$[-T/2,\ T/2]$区间中，$\delta_T(t)$仅在 $t=0$ 时有值，且 $\mathrm{e}^{-\mathrm{j}n\omega_s t}|_{t=0}=1$，所以

$$c_n = \frac{1}{T}\int_{0_-}^{0_+} \delta(t)\mathrm{d}t = \frac{1}{T} \tag{7-7}$$

将式(7-7)代入式(7-6)，有

$$\delta_T(t) = \frac{1}{T}\sum_{n=-\infty}^{+\infty} \mathrm{e}^{\mathrm{j}n\omega_s t} \tag{7-8}$$

再把式(7-8)代入式(7-1)，有

$$e^*(t) = \frac{1}{T}\sum_{n=-\infty}^{+\infty} e(t)\mathrm{e}^{\mathrm{j}n\omega_s t} \tag{7-9}$$

对式(7-9)两边取拉普拉斯变换，由拉普拉斯变换的复数位移定理，得

$$E^*(s) = \frac{1}{T}\sum_{n=-\infty}^{+\infty} E(s+\mathrm{j}n\omega_s) \tag{7-10}$$

式(7-10)在描述采样过程的性质方面是非常重要的，因为该式提供了理想采样器在频域中的特点。如果 $E^*(s)$没有右半 s 平面的极点，则可令 $s=\mathrm{j}\omega$，得到采样信号 $e^*(t)$的傅里叶变换

$$E^*(\mathrm{j}\omega) = \frac{1}{T}\sum_{n=-\infty}^{+\infty} E[\mathrm{j}(\omega+n\omega_s)] \tag{7-11}$$

其中，$E(\mathrm{j}\omega)$为非周期连续信号 $e(t)$的傅里叶变换，$E(\mathrm{j}\omega) = \int_{-\infty}^{+\infty} e(t)\mathrm{e}^{-\mathrm{j}\omega}\mathrm{d}t$。

设连续信号的频谱$|E(\mathrm{j}\omega)|$如图 7-10 所示，其中 ω_h 为频谱$|E(\mathrm{j}\omega)|$中的最大角频率。由式(7-11)知采样信号 $e^*(t)$的频谱$|E^*(\mathrm{j}\omega)|$是连续信号频谱$|E(\mathrm{j}\omega)|$以采样角频率 ω_s 为周期的无穷多个频谱之和，当 $\omega_s>2\omega_h$时，如图 7-11 所示。其中，$n=0$ 的频谱称为采样频谱的主分量，如图 7-11 中曲线 1 所示，它与连续频谱$|E(\mathrm{j}\omega)|$形状一致，仅在幅值上变化了$\frac{1}{T}$，其余频谱($n=\pm1,\ \pm2,\ \cdots$)都是由于采样而引起的高频频谱，称为补分量，如图 7-11 中曲线 2 所示。图 7-11 中由于采样角频率 $\omega_s>2\omega_h$，采样频谱的主分量与高频分量没有发生频率混叠，利用图 7-12 所示的理想低通滤波器可恢复原来连续信号的频谱。如果加大采样周期 T，采样角频率 ω_s 相应减小，当 $\omega_s<2\omega_h$时，采样频谱的主分量与高频分量会产生频谱混叠，如图 7-13 所示。这时，即使采用理想低通滤波器也无法恢复原来连续信号的频谱。因此，要从采样信号 $e^*(t)$中完全复现出采样前的连续信号 $e(t)$，对采样角频率 ω_s 应有一定的要求。

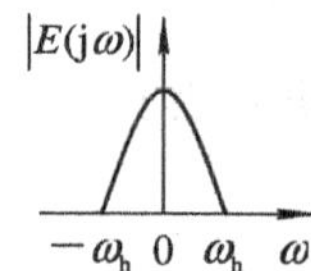

图 7-10　连续信号频谱

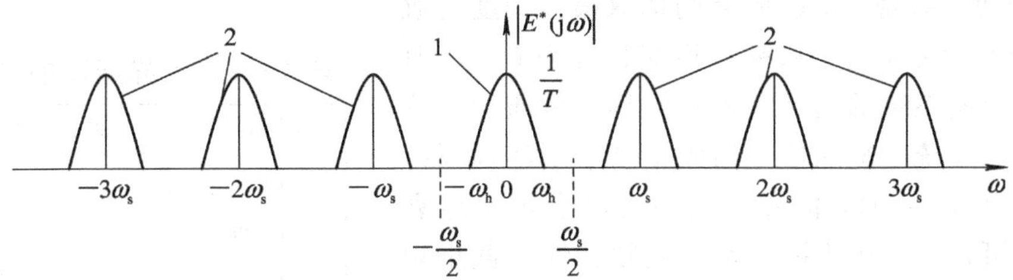

图 7-11 采样信号频谱($\omega_s > 2\omega_h$)

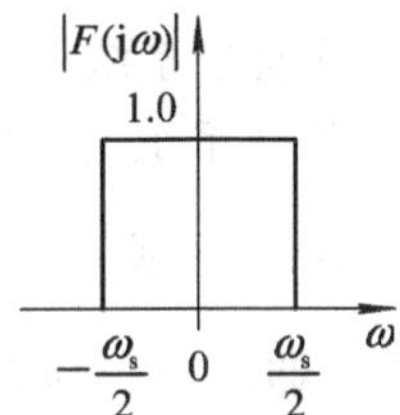

图 7-12 理想低通滤波器的频率特性

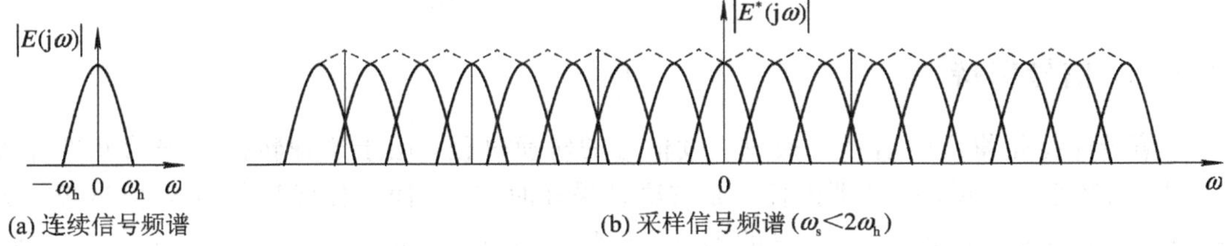

图 7-13 连续信号频谱 $|E(\mathrm{j}\omega)|$ 与采样信号频谱 $|E^*(\mathrm{j}\omega)|$ ($\omega_s < 2\omega_h$)的比较

4. 香农采样定理

显然，采样周期 T 越小(即采样频率 ω_s 越高)，离散信号越接近连续信号；若采样周期 T 过大(即采样频率 ω_s 过低)，则离散信号无法准确反映连续信号的变化。通过上述分析可知，如果采样器的输入信号 $e(t)$ 具有有限带宽，即有直到 ω_h 的频率分量，则使信号 $e(t)$ 能完整地从采样信号 $e^*(t)$ 中恢复过来的采样周期 T，或采样角频率 ω_s 必须满足下列条件：

$$T \leqslant \frac{\pi}{\omega_h} \text{ 或 } \omega_s \geqslant 2\omega_h \tag{7-12}$$

5. 采样周期 T 的确定

香农采样定理是确定采样周期 T 的理论依据。但它只给出了一个指导原则，并未给出具体的采样周期 T 选取的公式。采样周期 T 选得越小，对系统控制过程的信息了解越多，但将增加一些不必要的运算负担，并使控制规律更复杂，实现更困难，并且采样周期 T 小到一定程度后，再减小就没有多大意义了。反之，采样周期 T 选得过大，将使控制误差较大，降低系统的动态性能，甚至可能导致系统不稳定。因此，采样周期 T 的选择要根据实际情况综合考虑，有时需要反复试验才能最终确定。

在大多数的工业过程控制系统中，微型计算机所能提供的运算速度，对于采样周期来说，可选的余地较大。工程实践证明，采样周期 T 根据表 7-1 给出的参考数据选取时，可以取得比较满意的控制效果。

对于随动系统，采样周期的选取很大程度上取决于系统的性能指标。从频域性能指标来看，一般情况下，控制系统的闭环频率响应具有低通滤波特性，当随动系统的输入信号的频率高于闭环幅频特性的谐振频率 ω_r 时，信号通过系统时会很快地衰减。一般可认为，开环频率响应幅频特性的截止频率 ω_c 与闭环频率响应幅频特性的谐振频率 ω_r 非常接近，可近似认为 $\omega_c=\omega_r$，即通过随动系统的控制信号的最高频率分量为 ω_c，超过 ω_c 的分量通过系统时将被大幅度衰减。根据工程实践经验，随动系统的采样频率或采样周期可近似选取为

表 7-1　采样周期的参考数据

控制过程	采样周期 T/s
流量	1
液面	5
压力	5
温度	20
成分	20

$$\omega_s = 10\omega_c \quad \text{或} \quad T = \frac{\pi}{5\omega_c} \tag{7-13}$$

从时域性能指标来看，采样周期可通过单位阶跃响应的上升时间或调节时间按下列经验公式选取：

$$T = \frac{1}{10}t_r \quad \text{或} \quad T = \frac{1}{40}t_s \tag{7-14}$$

7.2.2　信号保持

信号保持是将离散信号转换成连续信号的转换过程，用于这种转换过程的元件称为保持器。从数学上来说，保持器的任务是解决各采样时刻之间的插值问题。由采样过程的数学描述可知，在采样时刻，连续信号的函数值与脉冲序列的脉冲强度相等。即在 $t=nT$ 时刻，有

$$e(t)\big|_{t=nT} = e(nT) = e^*(nT)$$

而在 $(n+1)T$ 时刻

$$e(t)\big|_{t=(n+1)T} = e[(n+1)T] = e^*[(n+1)T]$$

那么在 nT 与 $(n+1)T$ 时刻之间，即 $0<\Delta t<T$ 时，连续信号 $e(nT+\Delta t)$ 的值为多少，这就是保持器要解决的问题。在工程上应用最为广泛的是零阶保持器。

零阶保持器是按常值外推的保持器，其外推公式为

$$e(nT+\Delta t) = e(nT) \qquad 0 \leqslant \Delta t < T$$

即，零阶保持器是把前一采样时刻 nT 的采样值 $e(nT)$ 作为常值一直保持到下一采样时刻 $(n+1)T$ 到来之前，其保持时间为一个采样周期 T，零阶保持器的输出特性如图 7-14 所示。零阶保持器使采样信号 $e^*(t)$ 变成阶梯信号 $e_h(t)$。

若给零阶保持器输入一个理想单位脉冲 $\delta(t)$，则其单位脉冲响应函数 $g_h(t)$ 是幅值为 1，持续时间为 T 的矩形脉冲，如图 7-15 所示，其数学表达式为

$$g_h(t) = 1(t) - 1(t-T)$$

对单位脉冲响应函数 $g_h(t)$ 取拉普拉斯变换，得到零阶保持器的传递函数为

$$G_h(s) = \frac{1}{s} - \frac{e^{-Ts}}{s} = \frac{1-e^{-Ts}}{s} \tag{7-15}$$

令 $s=j\omega$，得到零阶保持器的频率特性

$$G_h(j\omega) = \frac{1-e^{-j\omega T}}{j\omega} = \frac{2e^{-j\omega t/2}(e^{j\omega t/2}-e^{-j\omega t/2})}{2j\omega} = T\,\frac{\sin(T\omega/2)}{T\omega/2}e^{-jT\omega/2} \tag{7-16}$$

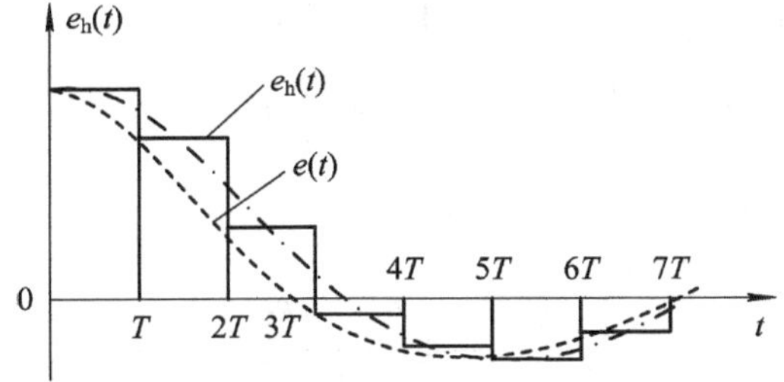

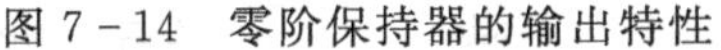
图 7-14　零阶保持器的输出特性

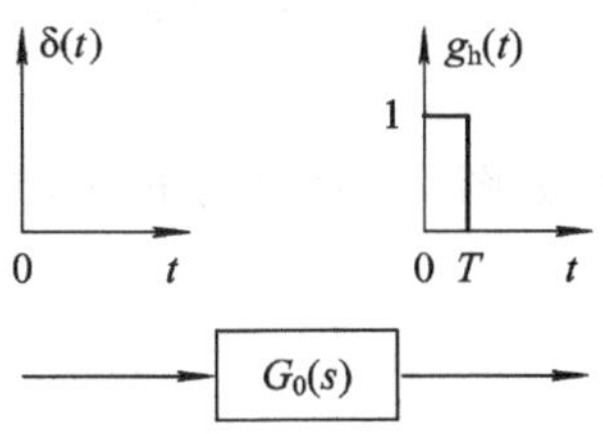

图 7-15　零阶保持器的脉冲响应

若以采样角频率 $\omega_s=2\pi/T$ 来表示，则上式可表示为

$$G_h(j\omega)=\frac{2\pi}{\omega_s}\cdot\frac{\sin\pi\left(\dfrac{\omega}{\omega_s}\right)}{\pi\left(\dfrac{\omega}{\omega_s}\right)}e^{-j\pi\left(\frac{\omega}{\omega_s}\right)} \tag{7-17}$$

零阶保持器的幅频特性 $|G_h(j\omega)|$ 和相频特性 $\angle G_h(j\omega)$ 如图 7-16 所示。由图可见，零阶保持器具有如下特性：

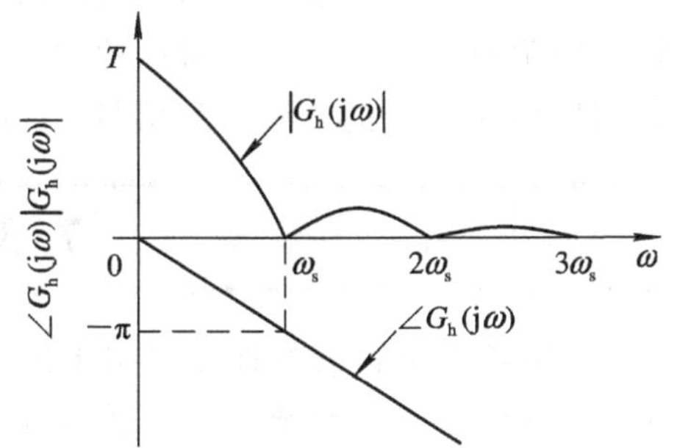

图 7-16　零阶保持器的频率特性

(1) 低通特性。由于零阶保持器的幅频特性的幅值随频率值的增大而迅速衰减，说明其具有低通滤波特性，但零阶保持器除允许主要频谱分量通过外，还允许部分高频分量通过，因此会造成数字控制系统输出中存在纹波。

(2) 相角滞后特性。由相频特性可见，零阶保持器会产生相角滞后，且随 ω 的增大而增大，在 $\omega=\omega_s$ 处，相角滞后达 $-180°$，从而使系统的稳定性变差。

(3) 时间滞后特性。在图 7-14 中，如果把阶梯信号 $e_h(t)$ 的中点连接起来，如图中点划线所示，则可以得到与连续信号 $e(t)$ 形状一致但在时间上滞后 $T/2$ 的响应 $e(t-T/2)$，即零阶保持器输出的平均响应，这相当于给系统增加了一个延迟时间为 $T/2$ 的延迟环节，使系统总的相角滞后增大，同样对系统的稳定性不利。

在工程上，零阶保持器可以采用不同的方法近似实现。如果将零阶保持器传递函数中的 e^{Ts} 项展开成幂级数，则有

$$\begin{aligned}G_h(s)&=\frac{1-e^{-Ts}}{s}=\frac{1}{s}\left(1-\frac{1}{e^{Ts}}\right)\\&=\frac{1}{s}\left(1-\frac{1}{1+Ts+\dfrac{1}{2}T^2s^2+\cdots}\right)\end{aligned}$$

若取前两项，则有

$$G_h(s)\approx\frac{1}{s}\left(1-\frac{1}{1+Ts}\right)=\frac{T}{Ts+1}$$

就可以用如图 7-17 所示的 RC 无源网络实现。

若取前三项，则有

$$G_h(s) \approx \frac{1}{s}\left[1-\frac{1}{1+Ts+\frac{1}{2}T^2s^2}\right] = T\frac{1+\frac{1}{2}Ts}{1+Ts+\frac{1}{2}T^2s^2}$$

可以用如图 7-18 所示的 *RLC* 无源网络实现。

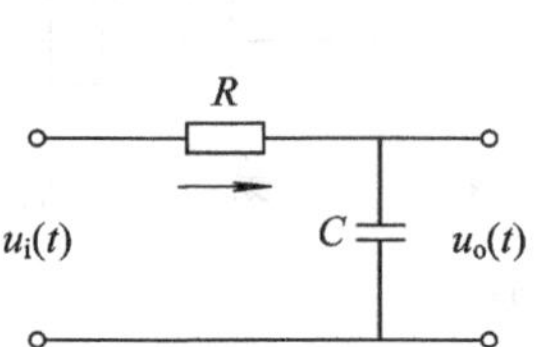

图 7-17　零阶保持器的 *RC* 无源网络实现

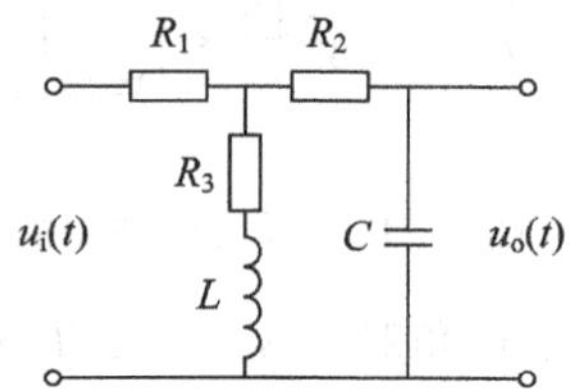

图 7-18　零阶保持器的 *RLC* 无源网络实现

更高阶的近似，将使无源网络变得比较复杂，在实际中较少采用。

在数字控制系统中的 D/A 转换器所实现的功能就是零阶保持器的功能。D/A 转换器输出的阶梯波形信号经过简单的 *RC* 滤波作平滑，滤去高频分量，就可以得到相对于离散时间序列 $x(kT)$ 的连续时间信号 $x(t)$。

7.3　Z 变　换

Z 变换是从拉普拉斯变换引申出来的一种变换方法，是研究线性离散系统的重要数学工具。与线性连续系统通过拉普拉斯变换的方法来研究其动态和稳态性能相似，线性离散系统也可以通过 Z 变换来分析其性能。

7.3.1　Z 变换的定义

由式(7-5)，采样信号 $e^*(t)$ 的拉普拉斯变换为

$$E^*(s) = \sum_{n=0}^{\infty} e(nT)e^{-nsT} \qquad (7-18)$$

由于各项均含有 e^{sT} 因子，即 $E^*(s)$ 为 s 的超越函数，不便于计算，因此引进一个新变量：

$$z = e^{sT} \qquad (7-19)$$

将式(7-19)代入式(7-18)，则采样信号 $e^*(t)$ 的 Z 变换定义为

$$E(z) = E^*(s)\big|_{s=\frac{1}{T}\ln z} = \sum_{n=0}^{\infty} e(nt)z^{-n} \qquad (7-20)$$

注意，在 Z 变换的过程中，由于考虑的仅是连续时间函数在采样时刻的采样值，因此式(7-20)表达的仅是连续时间函数在采样时刻上的信息，而不反映采样时刻之间的信息。从这个意义上来说，连续时间函数 $e(t)$ 与相应的离散时间函数 $e^*(t)$ 具有相同的 Z 变换，即

$$E(z) = \mathscr{Z}[e^*(t)] = \mathscr{Z}[e(t)] \qquad (7-21)$$

7.3.2　Z 变换的方法

求离散时间函数 $e^*(t)$ 的 Z 变换的方法有很多种，下面介绍其中三种常用的方法。

1. 级数求和法

将式(7-20)展开成级数表达形式，即

$$E(z)=e(0)+e(T)z^{-1}+e(2T)z^{-2}+\cdots+e(nT)z^{-n}+\cdots \tag{7-22}$$

显然，只要将连续信号 $e(t)$ 按周期 T 进行采样，将采样点处的值代入式(7-29)，便可得到 Z 变换的级数表达形式，但级数具有无穷多项，是开式，如不能写成闭式，则很难应用。基本上常用函数的 Z 变换都可写成闭式。

【例 7-1】 求指数函数 $e(t)=\mathrm{e}^{-at}(a<0)$ 的 Z 变换。

解 将指数函数 $e(t)=\mathrm{e}^{-at}(a>0)$ 在各个采样时刻上的采样值代入式(7-22)，得到

$$Z(\mathrm{e}^{-at})=1+\mathrm{e}^{-aT}z^{-1}+\mathrm{e}^{-2aT}z^{-2}+\cdots+\mathrm{e}^{-naT}z^{-n}+\cdots$$

在上式中，若 $|\mathrm{e}^{-aT}z^{-1}|<1$，则上式可以写成如下闭式，即

$$Z(\mathrm{e}^{at})=\frac{1}{1-\mathrm{e}^{-aT}z^{-1}}=\frac{z}{z-\mathrm{e}^{-aT}}$$

在 MATLAB 中，求 Z 变换函数为 ztrans()。求指数函数 Z 变换的程序如下：

```
syms n T a z;           %定义各符号变量
Fn=exp(-a*n*T)          %定义变量
Ez=ztrans(Fn, n, z)     %计算 Z 变换
ez=simple(Ez)           %简化 z 变换表达式
```

2. 部分分式法(查表法)

首先求出连续信号 $e(t)$ 的拉普拉斯变换 $E(s)$，将 $E(s)$ 展开成部分分式之和的形式，如

$$E(s)=\sum_{i=1}^{n}\frac{A_i}{s+p_i} \tag{7-23}$$

使每一部分对应简单的时间函数，这样就可以通过这些简单时间函数的 Z 变换(可查表 7-2)得到 $E(s)$ 的 Z 变换。

【例 7-2】 求正弦信号 $e(t)=\sin\omega t$ 的 Z 变换 $E(z)$。

解 对正弦信号求拉普拉斯变换，并进行部分分式分解，得

$$E(s)=\frac{\omega}{s^2+\omega^2}=\frac{1}{2\mathrm{j}}\left[\frac{1}{s-\mathrm{j}\omega}-\frac{1}{s+\mathrm{j}\omega}\right]$$

对上式求拉式反变换为

$$e(t)=\frac{1}{2\mathrm{j}}(\mathrm{e}^{\mathrm{j}\omega t}-\mathrm{e}^{-\mathrm{j}\omega t})$$

该信号采样后的 Z 变换为

$$E(z)=\frac{1}{2\mathrm{j}}\left[\frac{1}{1-\mathrm{e}^{\mathrm{j}\omega T}z^{-1}}-\frac{1}{1-\mathrm{e}^{-\mathrm{j}\omega T}z^{-1}}\right]=\frac{z\ \sin\omega T}{z^2-2z\ \cos\omega T+1}$$

求正弦函数 Z 变换的程序如下：

```
syms w n T z;                    %定义符号变量
Ez=ztrans(sin(w*n*T), n, z)      %计算 Z 变换
ez=simple(Ez)                    %简化 Z 变换表达式
```

常用函数的 Z 变换表见表 7-2。由该表可见，常用函数的 Z 变换都是 Z 的有理分式，且分母多项式的次数大于或等于分子多项式的次数。

表 7－2　常用函数的拉普拉斯变换和 Z 变换表

序号	拉普拉斯变换 $E(s)$	时间函数 $e(t)$	Z 变换 $E(z)$
1	1	$\delta(t)$	1
2	$\frac{1}{1-e^{-Ts}}$	$\delta_T(t)=\sum_{n=0}^{\infty}\delta(t-nT)$	$\frac{z}{z-1}$
3	$\frac{1}{s}$	$1(t)$	$\frac{z}{z-1}$
4	$\frac{1}{s^2}$	t	$\frac{Tz}{(z-1)^2}$
5	$\frac{1}{s^3}$	$\frac{t^2}{2}$	$\frac{T^2z(z+1)}{2(z-1)^3}$
6	$\frac{1}{s^{n+1}}$	$\frac{t^n}{n!}$	$\lim_{a\to 0}\frac{(-1)^n}{n!}\frac{\partial^n}{\partial a^n}\left(\frac{z}{z-e^{-aT}}\right)$
7	$\frac{1}{s+a}$	e^{-at}	$\frac{z}{z-e^{-aT}}$
8	$\frac{1}{(s+a)^2}$	te^{-at}	$\frac{Tze^{-aT}}{(z-e^{-aT})^2}$
9	$\frac{a}{s(s+a)}$	$1-e^{-at}$	$\frac{(1-e^{-aT})z}{(z-1)(z-e^{-aT})}$
10	$\frac{b-a}{(s+a)(s+b)}$	$e^{-at}-e^{-bt}$	$\frac{z}{z-e^{-aT}}-\frac{z}{z-e^{-bT}}$
11	$\frac{\omega}{s^2+\omega^2}$	$\sin\omega t$	$\frac{z\sin\omega T}{z^2-2z\cos\omega T+1}$
12	$\frac{s}{s^2+\omega^2}$	$\cos\omega t$	$\frac{z(z-\cos\omega T)}{z^2-2z\cos\omega T+1}$
13	$\frac{\omega}{(s+a)^2+\omega^2}$	$e^{-at}\sin\omega t$	$\frac{ze^{-aT}\sin\omega T}{z^2-2ze^{-aT}\cos\omega T+e^{-2aT}}$
14	$\frac{s+a}{(s+a)^2+\omega^2}$	$e^{-at}\cos\omega t$	$\frac{z^2-ze^{-aT}\cos\omega T}{z^2-2ze^{-aT}\cos\omega T+e^{-2aT}}$
15	$\frac{1}{s-(1/T)\ln a}$	$a^{t/T}$	$\frac{z}{z-a}$

3. 留数计算法

设已知连续信号 $e(t)$ 的拉普拉斯变换 $E(s)$ 及其全部极点 p_i ($i=1, 2, 3, \cdots, n$)，则 $E(s)$ 的Z 变换可以通过下列留数计算式求得，即

$$E(z) = \sum_{i=1}^{n}\mathrm{Res}\left[E(s)\frac{z}{z-e^{Ts}}\right]_{s=p_i} = \sum_{i=1}^{n}R_i \tag{7-24}$$

式中，$R_i=\mathrm{Res}\left[E(s)\frac{z}{z-e^{Ts}}\right]_{s=p_i}$ 为 $E(s)\frac{z}{z-e^{Ts}}$ 在 $s=p_i$ 上的留数。

当 $E(s)$ 具有 $s=p_i$ 的一阶极点时，对应的留数为

$$R = \lim_{s \to p_i}\left[(s - p_i)E(s)\frac{z}{z - e^{Ts}}\right] \tag{7-25}$$

当 $E(s)$ 具有 $s = p_i$ 的 q 阶重极点时，对应的留数为

$$R = \frac{1}{(q-1)!}\lim_{s \to p_i}\frac{d^{q-1}}{ds^{q-1}}\left[(s - p_i)^q E(s)\frac{z}{z - e^{Ts}}\right] \tag{7-26}$$

【例 7－3】 试求取连续时间函数

$$x(t) = \begin{cases} 0 & t < 0 \\ 2t & t \leqslant 0 \end{cases}$$

的 Z 变换。

解　首先写出 $x(t)$ 的拉普拉斯变换，即

$$X(s) = \frac{2}{s^2}$$

显然，$X(s)$ 具有 $s=0$ 的二阶重极点，根据式(7－26)求取 $x(t)$ 的 Z 变换，即

$$X(z) = \frac{1}{(2-1)!}\cdot\frac{d}{ds}\left[(s-0)^2\frac{2}{s^2}\cdot\frac{z}{z - e^{Ts}}\right]\bigg|_{s=0} = \frac{2Tz}{(z-1)^2}$$

求上述函数 Z 变换的 MATLAB 程序如下：

```
syms n T z;                  %定义符号变量
Ez=ztrans(2 * n * T, n, z)   %计算 Z 变换
ez=simple(Ez)                %简化 Z 变换表达式
```

7.3.3　Z 变换的基本性质

Z 变换也有和拉普拉斯变换类似的一些基本性质，熟悉这些性质，可以使 Z 变换的应用变得简单方便，有利于分析和设计离散系统。下面介绍常用的几种 Z 变换性质。

1. 线性定理

若 $E_1(z) = \mathscr{Z}[e_1(t)]$，$E_2(z) = \mathscr{Z}[e_2(t)]$，$a$，$b$ 为常数，则

$$\mathscr{Z}[ae_1(t) \pm be_2(t)] = aE_1(z) \pm bE_2(z) \tag{7-27}$$

2. 实数位移定理(滞后-超前定理)

实数位移是指整个采样序列 $e(nT)$ 在时间轴上左右平移若干采样周期，其中向左平移 $e(nT+kT)$ 为超前，向右平移 $e(nT-kT)$ 为滞后。实数位移定理如下：

如果函数 $e(t)$ 是可 Z 变换的，其 Z 变换为 $E(z)$，则有滞后定理

$$\mathscr{Z}[e(t - kT)] = z^{-k}E(z) \tag{7-28}$$

以及超前定理

$$\mathscr{Z}[e(t + kT)] = z^k\left[E(z) - \sum_{n=0}^{k-1} e(nT)z^{-n}\right] \tag{7-29}$$

其中 k 为正整数。

z^{-k} 代表时域中的延迟算子，它将采样信号滞后 k 个采样周期；z^k 代表时域中的超前算子，它把采样信号超前 k 个采样周期。这些算子仅用于运算，在实际物理系统中并不存在。

实数位移定理的作用相当于拉普拉斯变换中的微分或积分定理。应用实数位移定理，

可将描述离散系统的差分方程转换为 z 域的代数方程。

【例 7-4】 试用实数位移定理计算滞后函数 $(t-5T)^3$ 的 Z 变换。

解 由式(7-28)并通过查 Z 变换表可得

$$\mathscr{Z}[(t-5T)^3]=z^{-5}\mathscr{Z}[t^3]=z^{-5}3!\mathscr{Z}\left[\frac{t^3}{3!}\right]$$

$$=6z^{-5}\frac{T^3(z^2+4z+1)}{6(z-1)^4}=\frac{T^3(z^2+4z+1)z^{-5}}{(z-1)^4}$$

3. 复数位移定理

如果连续函数 $e(t)$是可 Z 变换的，其 Z 变换为 $E(z)$，则有

$$\mathscr{Z}[\mathrm{e}^{\mp at}e(t)]=E(za^{\pm aT}) \tag{7-30}$$

【例 7-5】 试用复数位移定理计算函数 $t^2\mathrm{e}^{aT}$ 的 Z 变换。

解 令 $e(t)=t^2$，查 Z 变换表可得

$$E(z)=\mathscr{Z}[t^2]=2\mathscr{Z}\left[\frac{t^2}{2}\right]=\frac{T^2z(z+1)}{(z-1)^3}$$

根据复数位移定理(7-30)可得

$$\mathscr{Z}[t^2\mathrm{e}^{at}]=E(z\mathrm{e}^{-at})=\frac{T^2z\mathrm{e}^{-at}(z\mathrm{e}^{-at}+1)}{(z\mathrm{e}^{-at}-1)^3}=\frac{T^2z\mathrm{e}^{at}(z+\mathrm{e}^{at})}{(z-\mathrm{e}^{at})^3}$$

4. 终值定理

如果信号 $e(t)$的 Z 变换为 $E(z)$，信号序列 $e(nT)$为有限值($n=0,1,2,\cdots$)，且极限 $\lim\limits_{n\to\infty}e(nT)$存在，则信号序列的终值为

$$\lim_{n\to\infty}e(nT)=\lim_{z\to1}(z-1)E(z) \tag{7-31}$$

在离散系统分析中，常采用终值定理求取系统输出序列的稳态值和系统的稳态误差。

【例 7-6】 设 Z 变换函数为

$$E(z)=\frac{2z^2}{(z-1)(z^2+15z+4)}$$

试利用终值定理确定 $e(nT)$的终值。

解 由终值定理(7-31)，得

$$e_{\mathrm{ss}}(\infty)=\lim_{z\to1}(z-1)E(z)=\lim_{z\to1}(z-1)\frac{2z^2}{(z-1)(z^2+15z+4)}=\lim_{z\to1}\frac{2z^2}{z^2+15z+4}=0.1$$

5. 卷积定理

设 $x(nT)$和 $y(nT)$，$n=0,1,2,\cdots$，为两个采样函数，其离散卷积定义为

$$x(nT)*y(nT)=\sum_{k=0}^{\infty}x(kT)y[(n-k)T] \tag{7-32}$$

则卷积定理可描述为：在时域中，若

$$g(nT)=x(nT)*y(nT)$$

则在 z 域中必有

$$G(z)=X(z)Y(z) \tag{7-33}$$

在离散系统分析中，卷积定理是沟通时域与 z 域的桥梁。利用卷积定理可建立离散系统的脉冲传递函数。

7.3.4　Z 反变换

已知 Z 变换表达式 $E(z)$，求相应离散函数序列 $e(nT)$ 的过程，称为 Z 反变换，记为

$$e(nT) = \mathscr{Z}^{-1}[E(z)] \tag{7-34}$$

当 $n<0$ 时，$e(nT)=0$，函数序列 $e(nT)$ 是单边的，对单边序列常用的 Z 反变换法有：部分分式法，幂级数法和反演积分法。

1. 部分分式法(查表法)

部分分式法又称查表法，由于 Z 变换表内容有限，因此首先将较复杂的 $E(z)$ 展开成部分分式形式，然后通过查 Z 变换表找出相应的 $e^*(t)$，或者 $e(nT)$。考虑到 Z 变换表中，所有 Z 变换函数 $E(z)$ 在其分子上都有因子 z，所以，通常先将 $E(z)/z$ 展成部分分式之和，然后将等式左边分母中的 z 乘到等式右边各分式中，再逐项查表反变换。

【例 7-7】 设 $E(z)$ 为

$$E(z) = \frac{z}{(z-1)(z-\mathrm{e}^{-T})}$$

试用部分分式法求其 Z 反变换。

解　首先将 $\frac{E(z)}{z}$ 展开成部分分式，即

$$\frac{E(z)}{z} = \frac{K_1}{z-1} + \frac{K_2}{z-\mathrm{e}^{-T}}$$

$$K_1 = \lim_{z\to 1}\left(\frac{z-1}{z}\right)E(z) = \frac{1}{1-\mathrm{e}^{-T}}$$

$$K_2 = \lim_{z\to 1}\left(\frac{z-\mathrm{e}^{-T}}{z}\right)E(z) = \frac{1}{1-\mathrm{e}^{-T}}$$

$$E(z) = \frac{1}{1-\mathrm{e}^{-T}}\left(\frac{z}{z-1} + \frac{z}{z-\mathrm{e}^{-T}}\right)$$

查 Z 变换表得

$$e(nT) = \frac{1}{1-\mathrm{e}^{-T}}(1-\mathrm{e}^{-nT})$$

最后可得

$$e^*(t) = \frac{1}{1-\mathrm{e}^{-T}}\sum_{n=0}^{+\infty}(1-\mathrm{e}^{-nT})\delta(t-nT)$$

在 MATLAB 中，求解 Z 反变换的函数为 iztrans()，计算上述函数的 Z 反变换的程序为：

```
syms n z T; %定义符号变换
ent=iztrans(z/(z-1)/(z-exp(-T)))      %进行 Z 反变换
pretty(ent) %写成易读形式
```

2. 幂级数法(长除法)

在工程上，$E(z)$ 一般为有理分式，可以直接通过长除法，得到一个无穷项幂级数的展开式

$$E(z) = c_0 + c_1 z^{-1} + c_2 z^{-2} + \cdots + c_n z^{-n} + \cdots = \sum_{n=0}^{\infty} c_n z^{-n} \tag{7-35}$$

变量 z^{-n} 的系数代表连续时间函数在 nT 时刻上的采样值，根据上式可直接写出 $e^*(t)$ 的脉冲序列表达式：

$$e^*(t)=\sum_{n=0}^{\infty}c_n\delta(t-nT) \tag{7-36}$$

【例 7-8】 设 $E(z)$ 为

$$E(z)=\frac{(1-\mathrm{e}^{-aT})z}{(z-1)(z-\mathrm{e}^{-aT})}$$

试用长除法求其 Z 反变换。

解

$$E(z)=\frac{(1-\mathrm{e}^{-aT})z}{(z-1)(z-\mathrm{e}^{-aT})}=\frac{(1-\mathrm{e}^{-aT})z}{z^2-z(1+\mathrm{e}^{-aT})+\mathrm{e}^{-aT}}$$

应用长除法，得到

$$E(z)=0z^0+(1-\mathrm{e}^{-aT})z^{-1}+(1-\mathrm{e}^{-2aT})z^{-2}+(1-\mathrm{e}^{-3aT})z^{-3}+\cdots$$

$$=\sum_{n=0}^{\infty}(1-\mathrm{e}^{-naT})z^{-n}$$

所以

$$e^*(t)=\sum_{n=0}^{\infty}(1-\mathrm{e}^{-naT})\delta(t-nT)$$

计算上述函数的 Z 反变换的程序为：

```
syms a z n T;            %定义符号变换
ent=iztrans((1-exp(-a*T)) *z/(z-1)/(z-exp(-a*T)))        %进行 Z 反变换
pretty(ent)        %写成易读形式
```

3. 留数计算法(反演积分法)

在实际问题中遇到的 Z 变换函数 $E(z)$，除了有理分式外，也可能是超越函数，此时将无法应用部分分式法及幂级数法来求 Z 反变换，只能采用留数计算法。当然，留数计算法对 $E(z)$ 为有理分式的情形也适用。

$E(z)$ 的幂级数展开形式为

$$E(z)=\sum_{n=0}^{\infty}e(nT)z^{-n} \tag{7-37}$$

该级数的各系数 $e(nT)$，$n=0$，1，2，…，可以由积分的方法求得，而在求积分值时要用到柯西留数定理，故称为留数计算法。

设函数 $E(z)z^{n-1}$ 除有限个极点 z_1，z_2，…z_k 外，在 z 域上是解析的，则留数计算法的公式为

$$e(nT)=\frac{1}{2\pi\mathrm{j}}\oint_{\Gamma}E(z)z^{n-1}\mathrm{d}z=\sum_{i=1}^{k}\mathrm{Res}[E(z)z^{n-1}]_{z\to z_i} \tag{7-38}$$

式中 $\mathrm{Res}[E(z)z^{n-1}]_{z\to z_i}$ 表示函数 $E(z)z^{n-1}$ 在极点 z_i 处的留数，留数计算方法如下：

若 z_i，$i=0$，1，2，…，k，为单极点，则

$$\mathrm{Res}[E(z)z^{n-1}]_{z\to z_i}=\lim_{z\to z_i}[(z-z_i)E(z)z^{n-1}] \tag{7-39}$$

若 z_i 为 m 阶重极点，则

$$\mathrm{Res}[E(z)z^{n-1}]_{z\to z_i}=\frac{1}{(m-1)!}\left\{\frac{\mathrm{d}^{m-1}}{\mathrm{d}z^{m-1}}[(z-z_i)^m E(z)z^{n-1}]\right\}_{z=z_i}$$

【例 7－9】 设 Z 变换函数

$$E(z)=\frac{z}{(z-2)(z-1)^2}$$

试用留数计算法求其 Z 反变换。

解　因为函数

$$E(z)z^{n-1}=\frac{z^n}{(z-2)(z-1)^2}$$

有 $z_1=2$ 是单极点，$z_2=1$ 是 2 阶重极点，极点处留数

$$\mathrm{Res}[E(z)z^{n-1}]_{z\to z_1}=\lim_{z\to 2}[(z-2)E(z)z^{n-1}]=\lim_{z\to 2}(z-2)\frac{z^n}{(z-2)(z-1)^2}=2^n$$

$$\begin{aligned}\mathrm{Res}[E(z)z^{n-1}]_{z\to z_2}&=\frac{1}{(m-1)!}\left\{\frac{\mathrm{d}^{m-1}}{\mathrm{d}z^{m-1}}[z-1]^2E(z)z^{n-1}\right\}_{z\to 5}\\&=\frac{1}{(2-1)!}\left\{\frac{\mathrm{d}^{2-1}}{\mathrm{d}z^{2-1}}\left[(z-1)^2\frac{z^n}{(z-2)(z-1)^2}\right]\right\}_{z\to 2}\\&=-n-1\end{aligned}$$

所以

$$e(nT)=\sum_{i=1}^{k}\mathrm{Res}[E(z)z^{n-1}]_{z\to z_i}=2^n-n-1$$

相应的采样函数

$$e^*(t)=\sum_{n=0}^{\infty}e(nT)\delta(t-nT)=\sum_{n=0}^{\infty}(2^n-n-1)\delta(t-nT)$$

计算上述函数的 Z 反变换的程序为：

```
syms z n;                              %定义符号变换
ent=iztrans(z/(z-2)/(z-1)^2)           %进行 Z 变换
```

7.4　离散系统的数学模型

与连续系统的分析方法相类似，研究离散系统的性能也必须先建立离散系统的数学模型。与线性连续系统的数学模型类似，线性离散系统的数学模型主要有差分方程、脉冲传递函数和离散状态空间表达式三种。本节主要针对差分方程、脉冲传递函数进行介绍。

7.4.1　线性常系数差分方程及其解法

对于线性定常离散系统，k 时刻的输出 $c(k)$，不但与 k 时刻的输入 $r(k)$有关，而且与 k 时刻以前的输入 $r(k-1)$，$r(k-2)$，…有关，同时还与 k 时刻以前的输出 $c(k-1)$，$c(k-2)$，…有关。这种关系一般可以用 n 阶后向差分方程来描述，即

$$c(k)=-\sum_{i=1}^{n}a_i c(k-i)+\sum_{j=0}^{m}b_j r(k-j) \tag{7-40}$$

式中，$a_i(i=1, 2, \cdots, n)$和 $b_j(j=0, 1, \cdots, m)$为常系数，$m\leqslant n$。式(7－40)称为 n 阶线性常系数差分方程。

线性定常离散系统也可以用 n 阶前向差分方程来描述，即

$$c(k+n)=-\sum_{i=1}^{n}a_i c(k+n-i)+\sum_{j=0}^{m}b_j r(k+m-j) \tag{7-41}$$

工程上常系数差分方程通常采用迭代法和Z变换法来求解。

1. 迭代法

若已知差分方程式(7-40)或式(7-41)，并且给定输出序列的初值，则可以利用递推关系，通过迭代一步一步地算出输出序列，这个过程可在计算机中完成。

【例7-10】 已知二阶差分方程

$$c(k)=r(k)+3c(k-1)-4c(k-2)$$

输入序列 $r(k)=2$，初始条件为 $c(0)=0$，$c(1)=1$，试用迭代法求输出序列 $c(k)$，$k=0$，1，2，3，4，5，…。

解 根据初始条件及递推关系，得

$$\begin{aligned}
c(0)&=0\\
c(1)&=1\\
c(2)&=r(2)+3c(1)-4c(0)=5\\
c(3)&=r(3)+3c(2)-4c(1)=13\\
c(4)&=r(4)+3c(3)-4c(2)=21\\
c(5)&=r(5)+3c(4)-4c(3)=13\\
&\vdots
\end{aligned}$$

2. Z变换法

设差分方程如式(7-41)所示，对差分方程两端取Z变换，并利用Z变换的实数位移定理，得到以 z 为变量的代数方程，然后对代数方程的解 $C(z)$ 取Z反变换，可求得输出序列 $c(k)$。

【例7-11】 试用Z变换法解下列二阶差分方程：

$$c(k+2)-2c(k+1)+c(k)=0$$

设初始条件 $c(0)=0$，$c(1)=1$。

解 对差分方程的每一项进行Z变换，根据实数位移定理：

$$\mathscr{Z}[c(k+2)]=z^2C(z)-z^2c(0)-zc(1)=z^2C(z)-z$$

$$\mathscr{Z}[-2c(k+1)]=-2zC(z)+2zc(0)=-2zC(z)$$

$$\mathscr{Z}[c(k)]=C(z)$$

于是，差分方程变换为关于 z 的代数方程

$$(z^2-2z+1)C(z)=z$$

解出

$$C(z)=\frac{z}{z^2-2z+1}=\frac{z}{(z-1)^2}$$

查Z变换表，求出Z反变换

$$c^*(t)=\sum_{n=0}^{\infty}n\delta(t-nT)$$

或写成

$$c(k) = k \qquad (k = 0, 1, 2, \cdots)$$

求解差分方程可以得到线性定常离散系统在给定输入序列作用下的输出响应序列特性，但不便于研究系统参数变化对离散系统性能的影响。因此，与线性连续系统类似，对于线性定常离散系统需要重点研究其另一种数学模型——脉冲传递函数。

7.4.2　脉冲传递函数

1. 脉冲传递函数定义

设离散系统如图 7-19 所示，如果系统的输入信号为 $r(t)$，其采样信号 $r^*(t)$的 Z 变换函数为 $R(z)$，系统连续部分的输出为 $c(t)$，其采样信号 $c^*(t)$的 Z 变换函数为 $C(z)$，则线性定常离散系统的脉冲传递函数定义为：在零初始条件下，系统输出采样信号的 Z 变换 $C(z)$与输入采样信号的 Z 变换 $R(z)$之比，记作

$$G(z) = \frac{C(z)}{R(z)} = \frac{\sum_{n=0}^{\infty} c(nT) z^{-n}}{\sum_{n=0}^{\infty} r(nT) z^{-n}} \tag{7-42}$$

所谓零初始条件，是指在 $t<0$ 时，输入脉冲序列各采样值 $r(-T)$，$r(-2T)$，…以及输出脉冲序列各采样值 $c(-T)$，$c(-2T)$，…均为零。

式(7-42)表明，如果已知 $R(z)$和 $G(z)$，则在零初始条件下，线性定常离散系统的输出采样信号为

$$c^*(t) = \mathscr{Z}^{-1}[C(z)] = \mathscr{Z}^{-1}[G(z)R(z)]$$

实际上许多采样系统输出是连续信号 $c(t)$，而不是采样信号 $c^*(t)$，如图 7-20 所示。在这种情况下为了应用脉冲传递函数的概念，可以在系统输出端虚设一个开关，如图 7-20 中虚线所示，并且它与输入采样开关同步工作，具有相同的采样周期。必须指出，虚设的采样开关是不存在的，它只表明了脉冲传递函数所能描述的是输出连续函数 $c(t)$在采样时刻的离散值 $c^*(t)$。

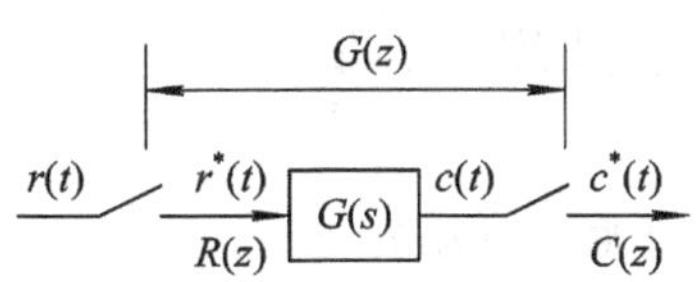

图 7-19　开环离散系统

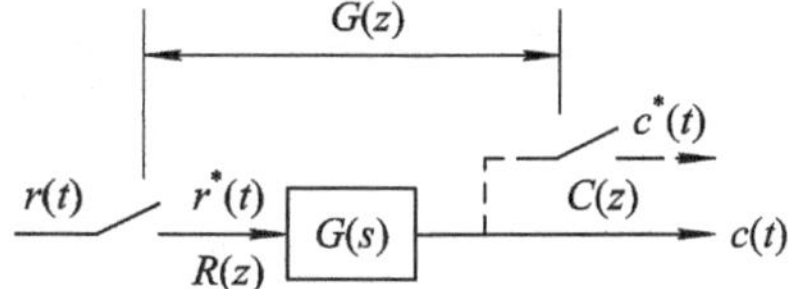

图 7-20　实际开环离散系统

2. 脉冲传递函数求法

传递函数 $G(s)$的拉普拉斯反变换是单位脉冲函数 $c(t)$，将 $c(t)$离散化得到脉冲响应序列 $c(nT)$，将 $c(nT)$进行 Z 变换可得到脉冲传递函数 $G(z)$。上述变换过程表明，只要将 $G(s)$表示成 Z 变换表中的标准形式，直接查表可得 $G(z)$。所以常把上述过程表示为

$$G(z) = \mathscr{Z}[G(s)]$$

并称之为 $G(s)$的 Z 变换。这一表示应理解为根据上述过程求 $G(s)$所对应的 $G(z)$，而不能理解为 $G(z)$是对 $G(s)$直接进行 Z 变换的结果。

【例 7-12】 采样系统结构图如图 7-21 所示。求相应的脉冲传递函数。

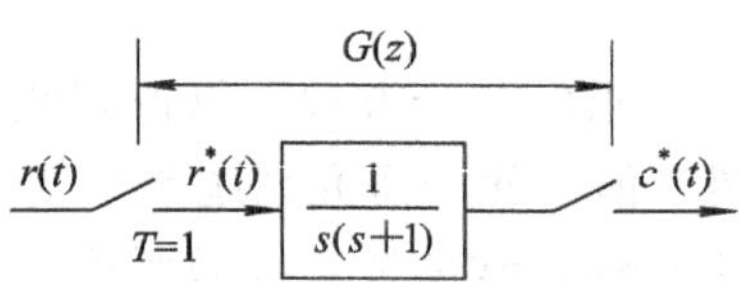

图 7-21 开环采样系统结构图

解 系统的脉冲传递函数为

$$G(z)=\mathscr{Z}\left[\frac{1}{s(s+1)}\right]=\mathscr{Z}\left[\frac{1}{s}-\frac{1}{s+1}\right]$$

$$=\frac{z}{z-1}-\frac{z}{z-\mathrm{e}^{-T}}$$

$$=\frac{z(1-\mathrm{e}^{-T})}{(z-1)(z-\mathrm{e}^{-T})}$$

7.4.3 开环系统脉冲传递函数

在求取离散系统的开环脉冲传递函数时，如果系统由多个环节相串联，则采样开关的数目和位置不同，求出的开环脉冲传递函数也不同。

1. 串联环节之间有采样开关时

设开环离散系统如图 7-22 所示，在两个串联连续环节 $G_1(s)$和 $G_2(s)$之间，有理想采样开关。根据脉冲传递函数定义，有

$$Q(z)=G_1(z)R(z),\ C(z)=G_2(z)Q(z)$$

其中，$G_1(z)$和 $G_2(z)$分别为 $G_1(s)$和 $G_2(s)$的脉冲传递函数。于是有

$$C(z)=G_2(z)G_1(z)R(z)$$

因此，系统开环脉冲传递函数

$$G(z)=\frac{C(z)}{R(z)}=G_1(z)G_2(z) \tag{7-43}$$

式(7-43)表明，由理想采样开关隔开的两个线性连续环节串联时的脉冲传递函数，等于这两个环节各自的脉冲传递函数之积。这一结论，可以推广到类似的 n 个环节相串联时的情形。

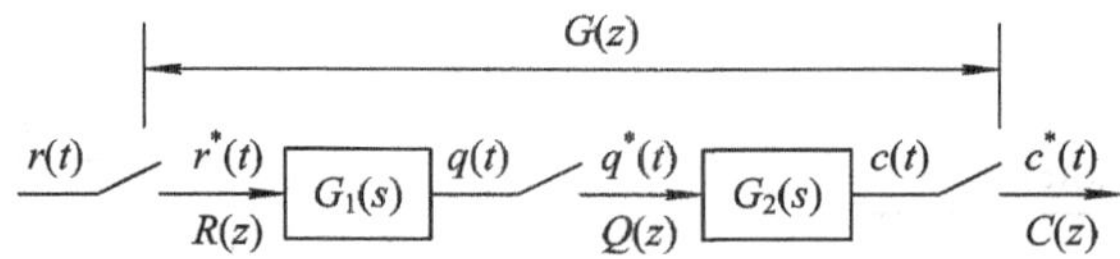

图 7-22 环节间有理想采样开关的串联开环离散系统

2. 串联环节之间无采样开关时

设开环离散系统如图 7-23 所示，在两个串联连续环节 $G_1(s)$和 $G_2(s)$之间没有理想采样开关隔开。此时系统的传递函数为

$$G(s)=G_1(s)G_2(s)$$

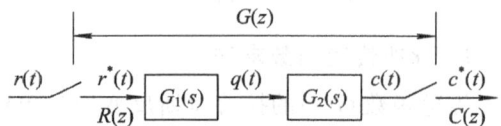

图 7-23 环节间无理想采样开关的串联离散系统

根据脉冲传递函数的定义

$$G(z)=\frac{C(z)}{R(z)}=\mathscr{Z}[G_1(s)G_2(s)]=G_1G_2(z) \tag{7-44}$$

式(7-44)表明，没有理想采样开关隔开的两个线性连续环节串联时的脉冲传递函数，等于这两个环节传递函数乘积后的相应Z变换。这一结论也可以推广到类似的n个环节相串联时的情形。

显然，式(7-43)与(7-44)不等，即

$$G_1(z)G_2(z) \neq G_1G_2(z)$$

【例7-13】 开环离散系统如图7-22、图7-23所示，其中，$G_1(s)=1/s$，$G_2(s)=a/(s+a)$，试求两种系统的开环脉冲传递函数$G(z)$。

解 对如图7-22所示系统，有

$$G_1(z) = \mathscr{Z}\left[\frac{1}{s}\right] = \frac{z}{z-1}$$

$$G_2(z) = \mathscr{Z}\left[\frac{a}{s+a}\right] = \frac{az}{z-\mathrm{e}^{-aT}}$$

因此

$$G(z) = G_1(z)G_2(z) = \frac{az^2}{(z-1)(z-\mathrm{e}^{-aT})}$$

对如图7-23系统，有

$$G_1(s)G_2(s) = \frac{a}{s(s+a)}$$

$$G(z) = G_1G_2(z) = \mathscr{Z}\left[\frac{a}{s(s+a)}\right]$$

$$= \frac{z(1-\mathrm{e}^{-aT})}{(z-1)(z-\mathrm{e}^{-aT})}$$

显然，在串联环节之间有、无同步采样开关隔离时，其开环零点不同，但极点仍然一样。

3. 有零阶保持器时

设有零阶保持器的开环离散系统如图7-24(a)所示。将图7-24(a)变换为图7-24(b)所示的等效开环系统，则系统的开环传递函数为

$$G(z) = \mathscr{Z}\left[(1-\mathrm{e}^{-sT})\frac{G_p(s)}{s}\right] = \mathscr{Z}\left[\frac{G_p(s)}{s} - \mathrm{e}^{-sT}\frac{G_p(s)}{s}\right] = (1-z^{-1})\mathscr{Z}\left[\frac{G_p(s)}{s}\right] \tag{7-45}$$

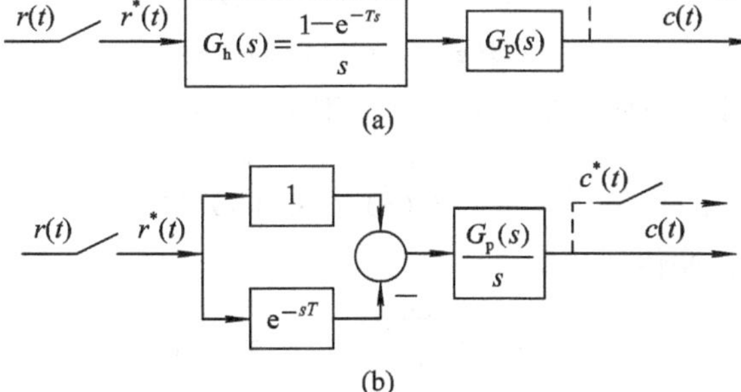

图7-24　有零阶保持器的开环离散系统

【例 7-14】 设离散系统如图 7-24(a)所示，已知采样周期为 $T=1$ s，

$$G_p(s)=\frac{1}{s+2}$$

试求系统的脉冲传递函数 $G(z)$。

解 因为

$$\frac{G_p(s)}{s}=\frac{1}{s(s+2)}=\frac{0.5}{s}-\frac{0.5}{s+2}$$

查 Z 变换表可得

$$\mathscr{Z}\left[\frac{G_p(s)}{s}\right]=\frac{0.5z}{z-1}-\frac{0.5z}{z-\mathrm{e}^{-2T}}=\frac{0.5z(1-\mathrm{e}^{-2T})}{(z-1)(z-\mathrm{e}^{-2T})}$$

因此，有零阶保持器的开环系统脉冲传递函数

$$G(z)=(1-z^{-1})\mathscr{Z}\left[\frac{G_p(s)}{s}\right]=\frac{0.5(1-\mathrm{e}^{-2T})}{z-\mathrm{e}^{-2T}}$$

当 $T=1$ s时，有

$$G(z)=\frac{0.5(1-\mathrm{e}^{-2})}{z-\mathrm{e}^{-2}}$$

7.4.4 闭环系统脉冲传递函数

由于在闭环系统中采样器有多种配置，因此闭环离散系统结构图形式并不唯一。图 7-25 是一种比较常见的误差采样闭环离散系统结构图。图中，虚线所示的理想采样开关是为了便于分析而设的，所有理想采样开关都同步工作，采样周期为 T。

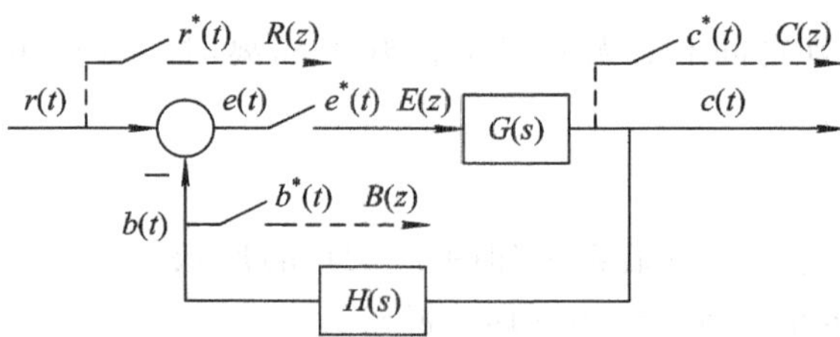

图 7-25 闭环离散系统结构图

根据结构图以及脉冲传递函数的定义，对图 7-25 可建立如下方程组：

$$\begin{cases}C(z)=G(z)E(z)\\E(z)=R(z)-B(z)\\B(z)=GH(z)E(z)\end{cases}$$

解上述方程组，可得该闭环离散系统脉冲传递函数

$$\Phi(z)=\frac{C(z)}{R(z)}=\frac{G(z)}{1+GH(z)} \tag{7-46}$$

闭环离散系统的误差脉冲传递函数

$$\Phi_e(z)=\frac{E(z)}{R(z)}=\frac{1}{1+GH(z)} \tag{7-47}$$

与连续系统相类似，令 $\Phi(z)$或 $\Phi_e(z)$的分母多项式为零，便可得到闭环离散系统的特征方程：

$$D(z) = 1 + GH(z) = 0 \tag{7-48}$$

式中，$GH(z)$为开环离散系统脉冲传递函数。

用与上面类似的方法，还可以推导出采样器为不同配置形式的闭环系统的脉冲传递函数。需要注意的是，如果误差信号 $e(t)$处没有采样开关，则不能求出闭环离散系统的脉冲传递函数，而只能求出输出采样信号的 Z 变换函数 $C(z)$。

【例 7-15】 设闭环离散系统结构图如图 7-26 所示，试证其闭环脉冲传递函数为

$$\Phi(z) = \frac{G_1(z)G_2(z)}{1 + G_1(z)G_2H(z)}$$

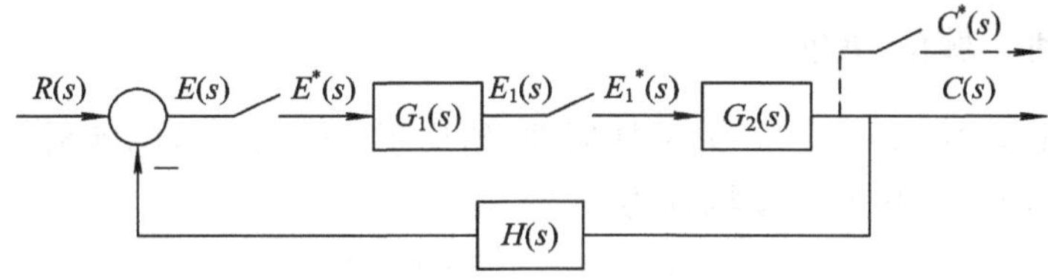

图 7-26　闭环离散系统

证明　由图 7-26 得下列方程

$$C(z) = G_2(z)E_1(z)$$
$$E_1(z) = G_1(z)E(z)$$
$$E(z) = R(z) - G_2H(z)E_1(z)$$

消去中间变量 $E_1(z)$、$E(z)$，即得

$$\Phi(z) = \frac{C(z)}{R(z)} = \frac{G_1(z)G_2(z)}{1 + G_1(z)G_2H(z)}$$

证毕。

【例 7-16】 设闭环离散系统结构图如图 7-27 所示，试证其输出采样信号的 Z 变换为

$$C(z) = \frac{GR(z)}{1 + GH(z)}$$

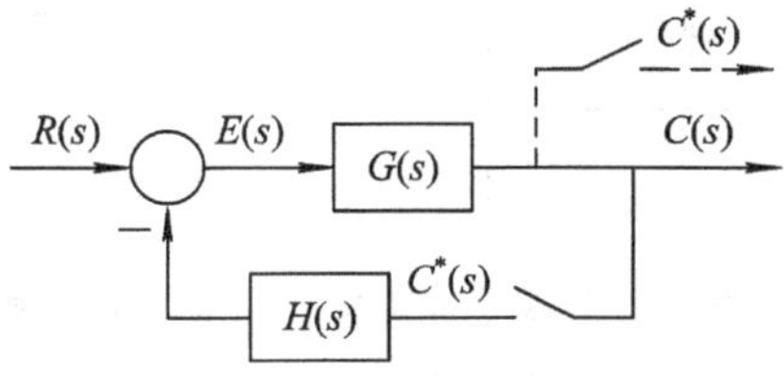

图 7-27　闭环离散系统

证明　由图 7-27 有

$$C(z) = GR(z) - GH(z)C(z)$$
$$[1 + GH(z)]C(z) = GR(z)$$
$$C(z) = \frac{GR(z)}{1 + GH(z)}$$

证毕。

由于误差信号 $e(t)$处无采样开关，从上式解不出 $C(z)/R(z)$，因此求不出闭环脉冲传递函数，但可以求出 $C(z)$，进而确定闭环系统的采样输出信号 $c^*(t)$。

7.5 离散系统的稳定性和稳态误差

与线性连续系统分析中的情况一样，稳定性和稳态误差是线性离散系统分析的重要内容。而线性离散系统的稳定性是由闭环脉冲传递函数的极点在 z 平面上的分布决定的。为了借助连续系统在 s 平面上稳定性的分析方法，首先需要研究 s 平面与 z 平面的映射关系。

7.5.1 s 域到 z 域的映射

在 Z 变换定义中，$z=e^{sT}$（T 为采样周期）给出了 s 域到 z 域的映射关系。s 域中的任意点可表示为 $s=\sigma+j\omega$，映射到 z 域则为

$$z = e^{(\sigma+j\omega)T} = e^{\sigma T}e^{j\omega T} \tag{7-49}$$

于是 s 域到 z 域的基本映射关系式为

$$|z| = e^{\sigma T} \qquad \angle z = \omega T \tag{7-50}$$

当 $\sigma=0$，相当于取 s 平面的虚轴，此时若 ω 从 $-\infty$ 变到 ∞ 时，由式(7-50)知，映射到 z 平面的轨迹是以原点为圆心的单位圆。当 s 平面上的点沿虚轴从 $-\omega_s/2$ 移到 $\omega_s/2$ 时(其中 $\omega_s=2\pi/T$ 为采样角频率)，对应 z 平面上相应点沿单位圆从 $-\pi$ 逆时针变化到 π，正好转了一圈；而当 s 平面上的点在虚轴上从 $\omega_s/2$ 移到 $3\omega_s/2$ 时，对应 z 平面上相应点又将逆时针沿单位圆转过一圈。依次类推，如图 7-28 所示。这样就把 s 平面划分为无穷多条平行于实轴的周期带，其中从 $-\omega_s/2$ 到 $\omega_s/2$ 的周期带称为主带，其余的周期带称为辅带。

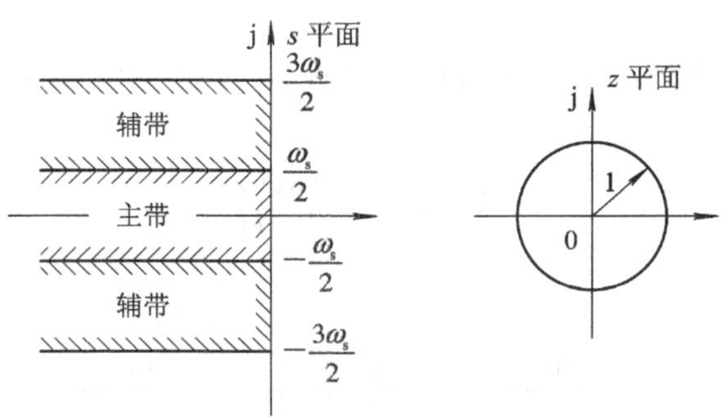

图 7-28　s 平面虚轴在 z 平面上的映射

显然，在 s 平面的左半部，复变量 s 的实部 $\sigma<0$，此时 $|z|<1$，这样 s 平面的左半部就映射到 z 平面单位圆的内部；而在 s 平面的右半部，复变量 s 的实部 $\sigma>0$，此时 $|z|>1$，这样 s 平面的右半部就映射到 z 平面单位圆的外部。

7.5.2 线性定常离散系统稳定的充分必要条件

对于一个线性定常离散系统，当其脉冲响应序列趋于零时，系统是稳定的，否则系统不稳定。

设离散控制系统输出 $c(t)$的 Z 变换可以写为

$$C(z)=\frac{M(z)}{D(z)}R(z)$$

式中，$\frac{M(z)}{D(z)}$是系统的脉冲传递函数，一般为有理分式，并且 $D(z)$的阶数高于 $M(z)$的阶数。设输入信号为单位脉冲信号，则有

$$C(z)=\frac{M(z)}{D(z)}=\sum_{i=1}^{n}\frac{c_i z}{z-p_i}$$

式中，$p_i(i=1, 2, 3, \cdots n)$为脉冲闭环传递函数的极点。

对上式取 Z 反变换得

$$c(nT)=\sum_{i=1}^{n}c_i p_i^n$$

由上式可知，如果离散系统的全部极点均位于 z 平面上以原点为圆心的单位圆之内，则有

$$|p_i|<1(i=1, 2, 3, \cdots n)$$

则一定有

$$\lim_{k\to\infty}c(kT)=\lim_{k\to\infty}\sum_{i=1}^{n}c_i p_i^k\to 0$$

此时系统稳定。

由此得出结论，线性定常离散系统稳定的充分必要条件是：系统闭环脉冲传递函数的全部极点均分布在 z 平面上以原点为圆心的单位圆内，或者系统所有特征根的模均小于 1。

【例 7-17】 闭环离散系统如图 7-29 所示，其中

$$G_p(s)=\frac{1.5}{s(0.1s+1)(0.05s+1)}$$

采样周期 $T=1$ s，试判断系统的稳定性。

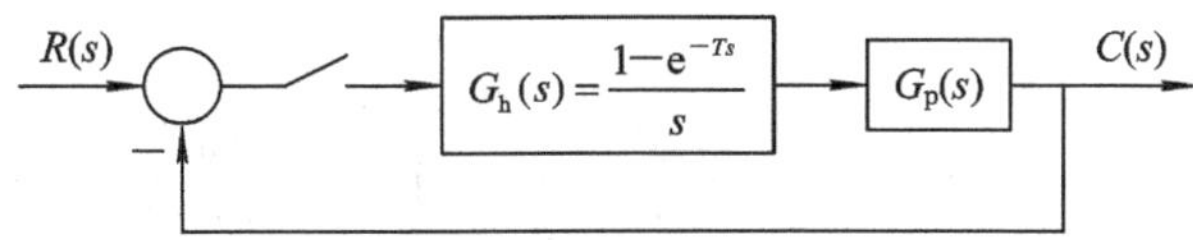

图 7-29　闭环离散系统

解　系统开环传递函数为

$$\begin{aligned}G_hG_p(z)&=\mathscr{Z}\left[\frac{1-e^{-Ts}}{s}\cdot\frac{1.5}{s(0.1s+1)(0.05s+1)}\right]\\&=(1-z^{-1})\mathscr{Z}\left[\frac{1.5}{s^2(0.1s+1)(0.05s+1)}\right]\\&=1.5(1-z^{-1})\mathscr{Z}\left[-\frac{0.15}{s}+\frac{0.2}{s+10}-\frac{0.05}{s+20}+\frac{1}{s^2}\right]\\&=1.5(1-z^{-1})\left[-\frac{0.15z}{z-1}+\frac{0.2z}{z-e^{-10}}-\frac{0.05z}{z-e^{-20}}+\frac{z}{(z-1)^2}\right]\\&=\frac{1.275z+0.225}{z^2-z}\end{aligned}$$

闭环脉冲传递函数为

$$\Phi(z)=\frac{G_hG_p(z)}{1+G_hG_p(z)}=\frac{1.275z+0.225}{z^2+0.275z+0.225}$$

闭环特征方程为

$$D(z)=z^2+0.275z+0.225=0$$

求得特征根为

$$z_{1,2}=-0.1375\pm j0.454$$

显然，系统的特征根全部在单位圆内，所以离散系统是稳定的。

当系统阶数较高时，直接求解特征方程的根是很不方便的，因此与连续系统相类似，希望寻找到间接的稳定判据。

7.5.3 离散系统的稳定性判据

由于离散系统的稳定性需要确定系统特征方程的根是否都在 z 平面的单位圆内，而连续系统中的劳斯稳定判据，实质上是用来判断系统特征方程的根是否都在左半 s 平面。因此不能直接套用劳斯判据来判断离散系统的稳定性。而必须用一种新的线性变换，将 z 平面单位圆内的区域，映射到 w 平面上的左半平面，从而使劳斯稳定判据推广应用于离散控制系统。这种新的坐标变换，称为 w 变换。

实现上述变换的方式是一种双线性变换。令

$$z=\frac{w+1}{w-1} \tag{7-51}$$

则

$$w=\frac{z+1}{z-1} \tag{7-52}$$

上式中 z，w 均为复变量，令

$$z=x+jy,\ w=u+jv$$

代入式(7-52)，得

$$u+jv=\frac{(x^2+y^2)-1}{(x-1)^2+y^2}-j\frac{2y}{(x-1)^2+y^2}$$

即有

$$u=\frac{(x^2+y^2)-1}{(x-1)^2+y^2}$$

由于上式的分母$(x-1)^2+y^2$ 始终为正，因此 $u=0$ 可等价为 $x^2+y^2=1$，表明 w 平面的虚轴对应于 z 平面的单位圆周；$u<0$ 等价为 $x^2+y^2<1$，表明左半 w 平面对应于 z 平面单位圆内的区域；$u>0$ 等价为 $x^2+y^2>1$，表明右半 w 平面对应于 z 平面单位圆外的区域。

z 平面和 w 平面的这种对应关系，如图 7-30 所示。

经过 w 变换之后，可以直接应用劳斯判据判断离散系统的稳定性，称之为 w 域中的劳斯稳定判据。

即将式(7-51)带入 z 平面系统特征方程 $1+GH(z)=0$ 中，将其转换为 w 平面上的特征方程 $1+GH(w)=0$，于是离散系统稳定的充要条件，由特征方程 $1+GH(z)=0$ 的所有根位于 z 平面单位圆内，转换为特征方程 $1+GH(w)=0$ 的所有根位于左半 w 平面。因此

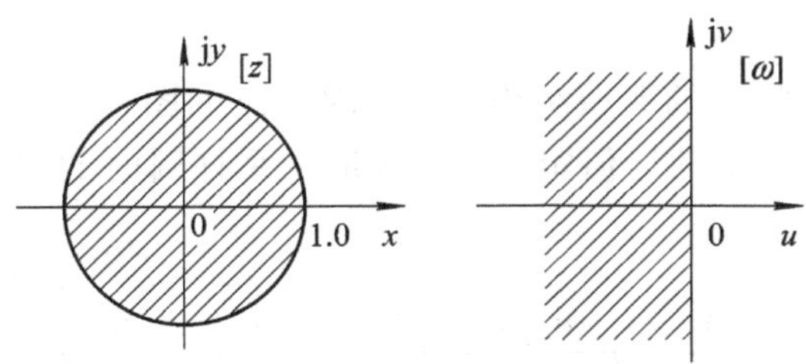

图 7-30　z 平面与 w 平面的对应关系

可根据 w 域中特征方程系数，直接应用劳斯稳定判据来判断离散系统的稳定性。

【例 7-18】　闭环离散系统如图 7-29 所示，其中 $G_p(s)=\dfrac{K}{s(s+1)}$，采样周期 $T=0.5$ s，试判断系统的稳定性。

解　系统开环脉冲传递函数为

$$
\begin{aligned}
G_hG_p(z) &= \mathscr{Z}\left[\frac{1-e^{-Ts}}{s}\cdot\frac{K}{s(s+1)}\right] \\
&= K(1-z^{-1})\mathscr{Z}\left[\frac{1}{s^2(s+1)}\right] \\
&= K(1-z^{-1})\mathscr{Z}\left[\frac{1}{s^2}-\frac{1}{s}+\frac{1}{s+1}\right] \\
&= K(1-z^{-1})\left[\frac{0.5z}{(z-1)^2}-\frac{z}{z-1}+\frac{z}{z-0.6065}\right] \\
&= K\,\frac{0.1065z+0.0902}{(z-1)(z-0.6065)}
\end{aligned}
$$

则得闭环特征方程为

$$
\begin{aligned}
D(z) &= (z-1)(z-0.6065)+K(0.1065z+0.0902) \\
&= z^2+(0.1065K-1.6065)z+(0.6065+0.0902K)=0
\end{aligned}
$$

令 $z=\dfrac{(w+1)}{(w-1})$，得

$$D(w)=0.1967Kw^2+(0.787-0.1804K)w+(3.213-0.0163K)=0$$

列出劳斯表

$$
\begin{array}{lll}
w^2 & 0.1967K & 3.213-0.0163K \\
w^1 & 0.787-0.1804K & 0 \\
w^0 & 3.213-0.0163K &
\end{array}
$$

从劳斯表第一列系数可以看出，为保证系统稳定，必须有

$$0<K<4.3625$$

7.5.4　离散系统的稳态误差

与线性连续控制系统类似，线性定常离散系统的稳态性能也是用系统在输入信号作用下输出响应的稳态误差来表征的，并且只有在稳定的前提下，研究系统的稳态性能才有意义。线性连续系统中计算稳态误差的终值定理法和静态误差系数法，在一定的条件下可以推广到离散系统中。

1. 终值定理法

由于采样系统没有唯一的典型结构形式，因此以如图 7－31 所示的单位反馈误差采样系统为例，介绍采用 Z 变换的终值定理法，求取在采样瞬时的稳态误差。

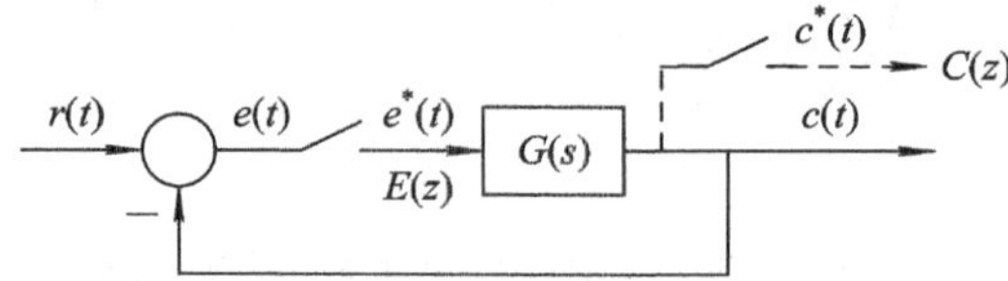

图 7－31 单位反馈离散系统

图 7－31 中，系统误差采样信号 $e^*(t)$的 Z 变换为

$$\begin{aligned} E(z) &= R(z) - C(z) \\ &= R(z) - G(z)E(z) \end{aligned}$$

因此有

$$E(z) = \frac{1}{1+G(z)}R(z) = \Phi_e(z)R(z)$$

其中 $\Phi_e(z)=\dfrac{E(z)}{R(z)}=\dfrac{1}{1+G(z)}$为系统误差脉冲传递函数。

如果该离散系统是稳定的，即 $\Phi_e(z)$的极点全部位于 z 平面上的单位圆内，则可用 Z 变换的终值定理求出采样瞬时的稳态误差

$$e_{ss}(\infty) = \lim_{t\to\infty} e^*(t) = \lim_{z\to 1}(z-1)E(z) = \lim_{z\to 1}\frac{(z-1)R(z)}{1+G(z)} \tag{7-53}$$

式(7－53)表明，线性定常离散系统的稳态误差，不仅与系统本身的结构和参数有关，也与输入序列的形式及幅值有关，而且与采样周期的选取也有关。

【例 7－19】 设离散系统如图 7－31 所示，其中

$$G(s) = \frac{1}{s(0.1s+1)}$$

$T=1$ s，输入连续信号 $r(t)=1(t)+t+t^2$，试求离散系统的稳态误差。

解 $G(s)$的 Z 变换为

$$G(z) = \mathscr{Z}\left[\frac{1}{s(0.1s+1)}\right] = \mathscr{Z}\left[\frac{1}{s} - \frac{1}{s+10}\right] = \frac{z}{z-1} - \frac{z}{z-\mathrm{e}^{-10}} = \frac{z(1-\mathrm{e}^{-10})}{(z-1)(z-\mathrm{e}^{-10})}$$

系统的误差脉冲传递函数

$$\Phi_e(z) = \frac{1}{1+G(z)} = \frac{(z-1)(z-\mathrm{e}^{-10})}{z^2 - 2\mathrm{e}^{-10}z + \mathrm{e}^{-10}}$$

闭环极点 $z_1=0.368+\mathrm{j}0.482$，$z_2=0.368-\mathrm{j}0.482$，全部位于 z 平面的单位圆内，可以应用终值定理方法求稳态误差。

当 $r(t)=1(t)$时，$R(z)=z/(z-1)$，对应的稳态误差为

$$e_{ss1}(\infty) = \lim_{z\to 1}(z-1)\Phi_e(z)R(z) = \lim_{z\to 1}(z-1)\cdot\frac{(z-1)(z-\mathrm{e}^{-10})}{z^2-2\mathrm{e}^{-10}z+\mathrm{e}^{-10}}\cdot\frac{z}{z-1} = 0$$

当 $r(t)=t$ 时，$R(z)=z/(z-1)^2$，对应的稳态误差为

$$e_{ss2}(\infty) = \lim_{z\to 1}(z-1)\Phi_e(z)R(z) = \lim_{z\to 1}(z-1)\cdot\frac{(z-1)(z-\mathrm{e}^{-10})}{z^2-2\mathrm{e}^{-10}z+\mathrm{e}^{-10}}\cdot\frac{z}{(z-1)^2} = 1$$

当 $r(t)=t^2$ 时，$R(z)=z(z+1)/(z-1)^3$，对应的稳态误差为

$$e_{ss3}(\infty)=\lim_{z\to 1}(z-1)\Phi_e(z)R(z)=\lim_{z\to 1}(z-1)\cdot\frac{(z-1)(z-e^{-10})}{z^2-2e^{-10}z+e^{-10}}\cdot\frac{z(z+1)}{(z-1)^3}=\infty$$

根据线性叠加性质，系统的稳态误差为

$$e_{ss}(\infty)=e_{ss1}(\infty)+e_{ss2}(\infty)+e_{ss3}(\infty)=\infty$$

2. 静态误差系数法

在连续控制系统中，我们把开环传递函数 $G(s)$ 具有 $s=0$ 的极点个数 v 作为划分系统型别的标准，以此来讨论不同型别的连续系统在典型输入信号的作用下采用静态误差系数法求取稳态误差的方法。由 Z 变换算子 $z=e^{sT}$ 关系式可知，如果连续系统开环传递函数 $G(s)$ 有 v 个 $s=0$ 的极点，即 v 个积分环节，与 $G(s)$ 相应的 $G(z)$ 必有 v 个 $z=1$ 的极点。因此，在线性离散系统中，我们对应地把开环脉冲传递函数 $G(z)$ 具有 $z=1$ 的极点个数 v 作为划分离散系统型别的标准，即 $v=0$，1，2 时，系统称为 0 型、Ⅰ型和Ⅱ型离散系统。

下面讨论在稳定的前提下，如图 7-31 所示的不同型别的单位负反馈离散系统在阶跃信号、斜坡信号以及加速度信号等典型输入信号作用下的稳态误差，并建立离散系统静态误差系数的概念。

1）阶跃输入时的稳态误差

当系统输入信号为阶跃函数 $r(t)=R\cdot 1(t)$ 时，其 Z 变换函数

$$R(z)=\frac{Rz}{z-1}$$

因而，由式(7-53)知，稳态误差为

$$e_{ss}(\infty)=\lim_{z\to 1}\frac{Rz}{1+G(z)}=\frac{R}{1+\lim\limits_{z\to 1}G(z)}=\frac{R}{K_p}\tag{7-54}$$

式(7-54)代表离散系统在采样瞬时的稳态位置误差。式中

$$K_p=1+\lim_{z\to 1}G(z)\tag{7-55}$$

称为离散系统的静态位置误差系数。在阶跃输入条件下，对 0 型离散系统，即 $G(z)$ 没有 $z=1$ 的极点，此时 $K_p\neq\infty$，从而 $e_{ss}(\infty)\neq 0$，即系统存在位置误差；对Ⅰ型或Ⅰ型以上的离散系统，$K_p=\infty$，从而 $e_{ss}(\infty)=0$。

2）斜坡输入时的稳态误差

当系统输入信号为斜坡函数 $r(t)=Rt$ 时，其 Z 变换函数

$$R(z)=\frac{RTz}{(z-1)^2}$$

因而系统稳态误差为

$$e_{ss}(\infty)=\lim_{z\to 1}\frac{z-1}{1+G(z)}\frac{RTz}{(z-1)^2}=\frac{RT}{\lim\limits_{z\to 1}(z-1)[1+G(z)]}=\frac{RT}{\lim\limits_{z\to 1}(z-1)G(z)}=\frac{RT}{K_v}\tag{7-56}$$

式中

$$K_v=\lim_{z\to 1}(z-1)G(z)\tag{7-57}$$

称为离散系统的静态速度误差系数。在速度输入条件下，0 型系统的 $K_v=0$，所以 $e_{ss}(\infty)$

$\to 0$；Ⅰ型系统的 K_v 为有限值，存在有限的速度误差；Ⅱ型和Ⅱ型以上系统 $K_v=\infty$，不存在稳态误差。

3）加速度输入时的稳态误差

当系统输入信号为加速度函数 $r(t)=Rt^2/2$ 时，其 Z 变换函数

$$R(z)=\frac{RT^2z(z+1)}{2(z-1)^3}$$

因而稳态误差为

$$e_{ss}(\infty)=\lim_{z\to 1}\frac{z-1}{1+G(z)}\frac{RT^2z(z+1)}{2(z-1)^3}=\frac{RT^2}{\lim\limits_{z\to 1}(z-1)^2G(z)}=\frac{RT^2}{K_a} \tag{7-58}$$

称为加速度误差。式中

$$K_a=\lim_{z\to 1}(z-1)^2G(z) \tag{7-59}$$

称为离散系统的静态加速度误差系数。在加速度输入条件下，由于0型及Ⅰ型系统的 $K_a=0$，所以 $e_{ss}(\infty)\to 0$；Ⅱ型系统的 K_a 为常值，存在加速度误差。只有Ⅲ型和Ⅲ型以上系统不存在采样瞬时的稳态误差。

将上述讨论结果归纳如表7-3所示，可得典型输入下不同型别单位反馈离散系统稳态误差的计算规律。由表可见，离散系统的稳态误差不仅与静态误差系数有关，也与采样周期 T 有关。

表 7-3　单位反馈离散系统的稳态误差

系统型别	位置误差 $r(t)=R\cdot 1(t)$	速度误差 $r(t)=R\cdot t$	加速度误差 $r(t)=R\dfrac{t^2}{2}$
0型	$\dfrac{R}{K_p}$	∞	∞
Ⅰ型	0	$\dfrac{RT}{K_v}$	∞
Ⅱ型	0	0	$R\dfrac{T^2}{K_a}$

7.6　离散系统的动态性能分析

与分析线性连续系统动态性能的方法类似，分析线性离散系统的动态性能，通常也有时域法、根轨迹法和频域法，其中时域法最简便。通常先求取离散系统的阶跃响应序列，再按动态性能指标定义来确定指标值。

7.6.1　离散系统的时间响应

设离散系统的闭环脉冲传递函数 $\Phi(z)=\dfrac{C(z)}{R(z)}$，则系统单位阶跃响应的 Z 变换为

$$C(z)=\frac{z}{(z-1)}\Phi(z)$$

通过Z反变换，求出时域响应的脉冲序列 $c^*(t)$。虽然有些离散系统无法写出闭环传递函数，但是 $C(z)$ 的表达式是一定可以写出来的，因此一定可以求出时域响应的脉冲序列 $c^*(t)$。离散系统的动态性能指标的定义与连续系统中的定义是相同的。

【例7-20】 闭环离散系统如图7-29所示，其中

$$G_{\mathrm{p}}(s)=\frac{1}{s(s+1)},\ r(t)=1(t)$$

采样周期 $T=1$ s，试分析系统的动态性能。

解 先求开环脉冲传递函数 $G(z)$

$$G(z)=\mathscr{Z}\left[\frac{1-\mathrm{e}^{-sT}}{s^2(s+1)}\right]=(1-z^{-1})\mathscr{Z}\left[\frac{1}{s^2(s+1)}\right]=\frac{0.368z+0.264}{(z-1)(z-0.368)}$$

闭环脉冲传递函数

$$\Phi(z)=\frac{G(z)}{1+G(z)}=\frac{0.368z+0.264}{z^2-z+0.632}$$

当输入信号为 $r(t)=1(t)$ 时，有 $R(z)=\frac{z}{(z-1)}$，因此系统单位阶跃响应序列的 z 变换为：

$$C(z)=\Phi(z)R(z)=\frac{0.368z^{-1}+0.264z^{-2}}{1-2z^{-1}+1.632z^{-2}-0.632z^{-3}}$$

利用长除法，将 $C(z)$ 展开成无穷级数

$$C(z)=0.368z^{-1}+z^{-2}+1.4z^{-3}+1.4z^{-4}+1.147z^{-5}+0.895z^{-6}+\cdots$$

因此可以写出系统在单位阶跃信号作用下的输出序列 $c(nT)$ 为

$$c(0T)=0,\ c(1T)=0.368,\ c(2T)=1,\ c(3T)=1.4,$$
$$c(4T)=1.4,\ c(5T)=1.147,\ c(6T)=0.895$$

根据 $c(nT)$ 数值，可以绘出如图7-32所示的离散系统的单位阶跃响应，由图可以近似求得离散系统的性能指标：上升时间 $t_r=2$ s，峰值时间 $t_p=4$ s，调节时间 $t_s=12$ s，超调量 $\sigma\%=40\%$。

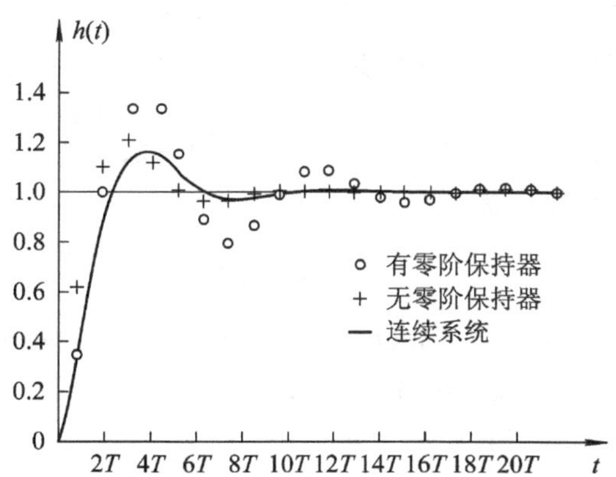

图7-32　MATLAB仿真曲线

该系统单位阶跃响应MATLAB程序如下：

```
T=1;
G=tf([1], [1 1 0]);
Gs=c2d(G, T);
Fz=feedback(Gs, 1);
dstep(Fz.num, Fz.den, 18)
grid
axis([0 18 0 1.5]);
hold;
Y= dstep(Fz.num, Fz.den, 18);
T=0:17;
stem(t, Y, 'r')
```

7.6.2 采样器和保持器对动态性能的影响

在图 7 - 32 中同时绘出了图 7 - 29 所示系统中如果没有采样器和保持器时的连续系统、加零阶保持器和不加零阶保持器时离散系统的单位阶跃响应。通过对比可以得到采样器和保持器对动态性能的影响如下：

(1) 采样器将使系统的峰值时间和调节时间略有减小，但使超调量增大，因此采样所造成的信息损失将降低系统的稳定程度。但在某些情况下，例如在具有大延迟的系统中，误差采样反而会提高系统的稳定程度。

(2) 零阶保持器使系统的峰值时间和调节时间都加长，超调量增加。可见除了采样造成的不稳定因素外，零阶保持器的相角滞后也降低了系统的稳定程度。

离散系统的动态性能分析可采用 MATLAB 中相应函数来获取。

习 题 七

7 - 1 试求下列函数的 Z 变换。

(1) $e(t)=t^2\mathrm{e}^{-3t}$ (2) $e(t)=1-\mathrm{e}^{-at}$

(3) $E(s)=\dfrac{6}{s(s+2)}$ (4) $E(s)=\dfrac{(s+3)}{s(s+1)(s+2)}$

7 - 2 试分别用部分分式法、幂级数法和反演积分法求下列函数的 Z 反变换。

(1) $E(z)=\dfrac{10z}{(z-1)(z-2)}$ (2) $E(z)=\dfrac{-3+z^{-1}}{1-2z^{-1}+z^{-2}}$

7 - 3 试求下列函数的终值。

(1) $E(z)=\dfrac{z+5}{z^2+4z+3}$ (2) $E(z)=\dfrac{z^2}{(z-0.8)(z-0.1)^2}$

7 - 4 已知差分方程为 $c(k)-4c(k+1)+c(k+2)=0$，初始条件 $c(0)=0$，$c(1)=1$。试用迭代法求输出序列 $c(k)$，$k=0$，1，2，3，4。

7 - 5 用 Z 变换法求解下列差分方程。

(1) $c(k+1)-bc(k)=r(k)$，已知输入信号 $r(k)=a^k$，初始条件 $c(0)=0$。

(2) $c(k+2)+4c(k+1)+3c(k)=2k$，已知初始条件 $c(0)=c(1)=0$。

求 $c(k)$。

7-6　试由以下差分方程确定脉冲传递函数。

$$c(k)+0.5c(k-1)-c(k-2)+0.5c(k-3)=4r(k)-r(k-2)-0.6r(k-3)$$

且初始条件为零。

7-7　设开环离散系统分别如图7-33所示，试用$C(z)$表示各系统的输出，指出哪些系统可以写出输出对输入的脉冲传递函数，哪些不能写出。

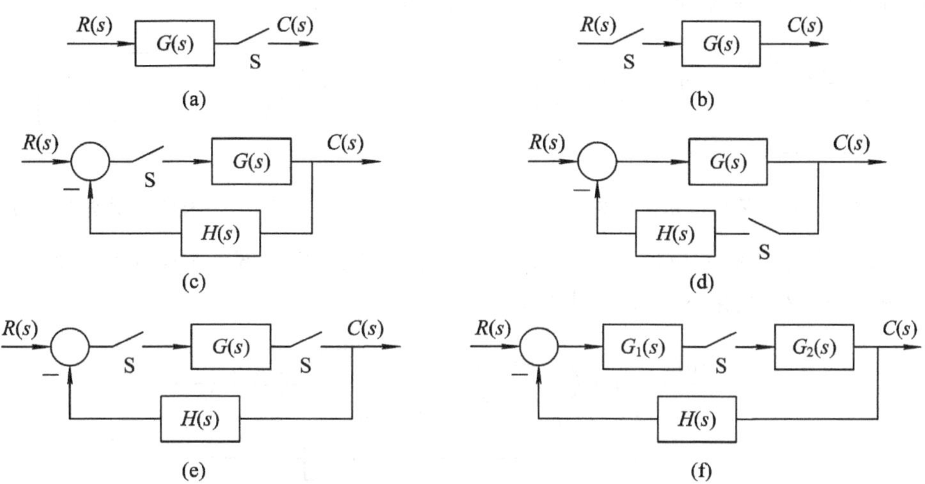

图7-33　题7-7所示系统

7-8　试求图7-34所示各闭环离散系统的脉冲传递函数$\Phi(z)$或输出Z变换$C(z)$。

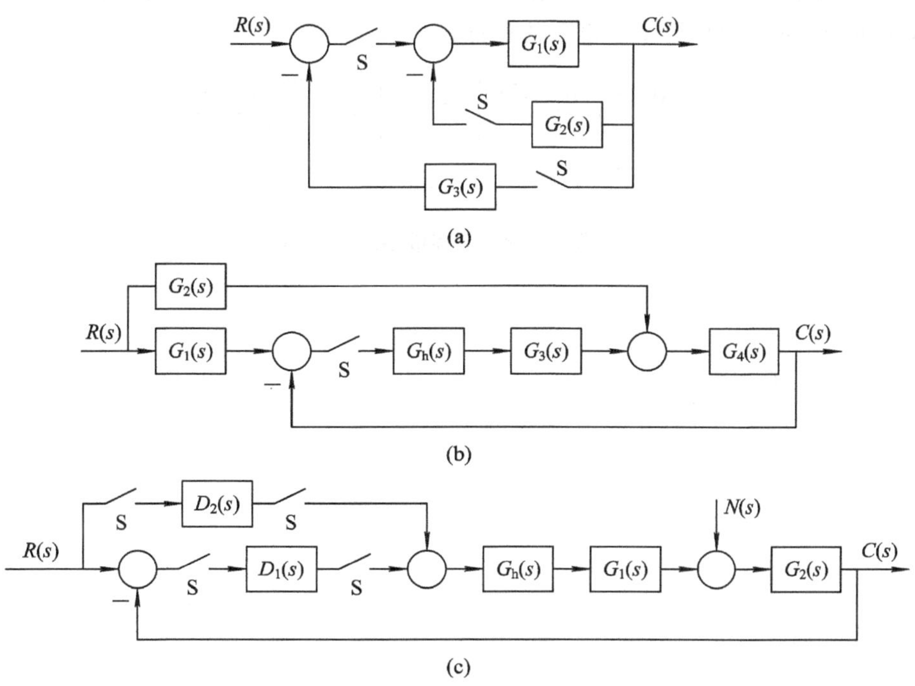

图7-34　闭环离散系统结构图

7-9　设离散系统如图7-35所示，采样周期$T=1$ s，$G_h(s)$为零阶保持器，而$G(s)=$

$\frac{K}{s(0.2s+1)}$，要求：

(1) 当 $K=5$ 时，分析系统的稳定性；

(2) 确定使系统稳定的 K 值范围。

7-10　如图 7-36 所示的采样控制系统，要求在 $r(t)=t$ 作用下的稳态误差 $e_{ss}=0.25T$，试确定放大系数 K 及系统稳定时 T 的取值范围。

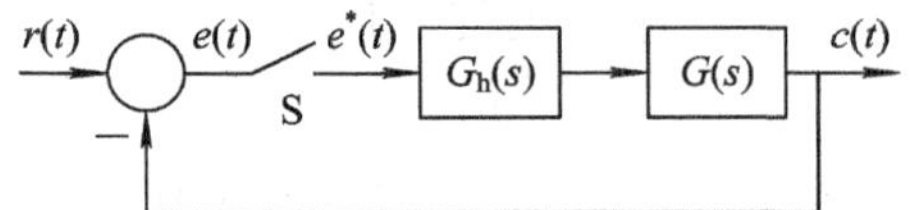

图 7-35　某离散系统结构图

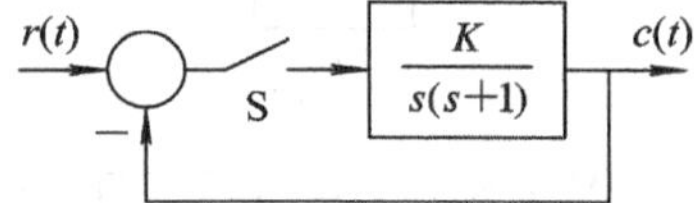

图 7-36　某采样控制系统结构图

7-11　设离散系统如图 7-37 所示，其中，采样周期 $K=10$，$T=0.2$ s，输入信号 $r(t)=1+t+t^2/2$，试用终值定理计算系统的稳态误差 $e^*(\infty)$。

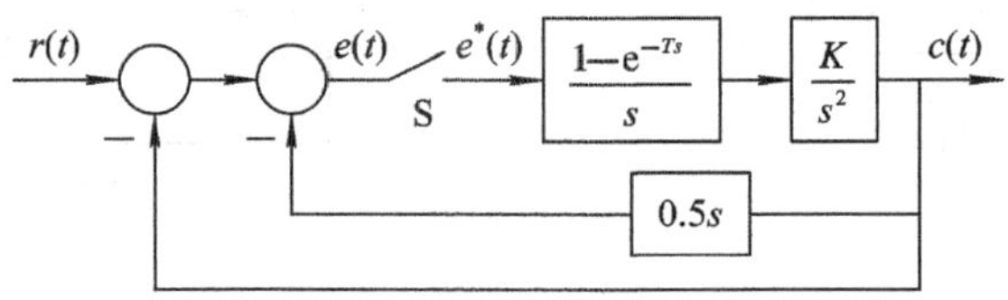

图 7-37　某离散系统结构图

7-12　设离散系统如图 7-38 所示，其中 $T=0.1$ s，$K=1$，试求静态误差系数 K_p，K_v，K_a；并求系统在 $r(t)=t$ 作用下的稳态误差 $e^*(\infty)$。

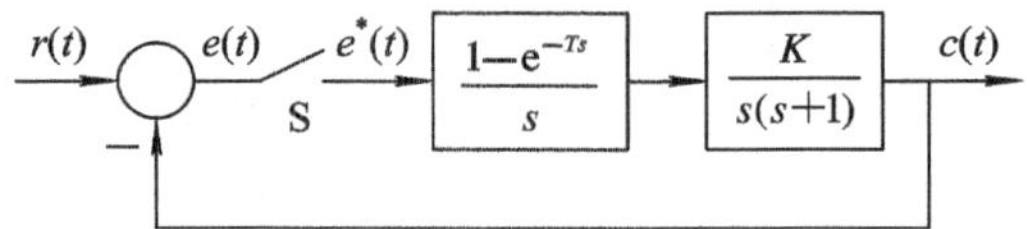

图 7-38　某离散系统结构图

附录 A　拉氏变换和拉氏反变换

表 I-1 为拉氏变换基本性质和定理；表 I-2 为常用函数拉氏变换对照表；表 I-3 为多项有理分式展开。

表 I-1　拉氏变换基本性质和定理

基本性质/定理	$f(t)$	$F(s)=\mathscr{L}[f(t)]$
拉氏变换定义	$f(t)$	$F(s)=\int_0^{\infty} f(t)\mathrm{e}^{-st}\mathrm{d}t$
线性性质	$f_1(t)$，$f_2(t)$，a 和 b 为常数	$\mathscr{L}[af_1(t)+bf_2(t)]=aF_1(s)+bF_2(s)$
微分性质	$\frac{\mathrm{d}f(t)}{\mathrm{d}t}$	$sF(s)-f(0)$
积分性质	$\int f(t)\mathrm{d}t$	$\frac{1}{s}[F(s)+f^{(-1)}(0)]$
	$\int_0^t f(t)\mathrm{d}t$	$\frac{1}{s}F(s)$
位移性质	$f(t-\tau_0)\cdot 1(t-\tau_0)$	$\mathrm{e}^{-\tau_0 s}F(s)$，$\tau_0>0$
	$\mathrm{e}^{-at}f(t)$	$F(s+a)$
延迟性质	$f(t-\tau)$，τ 为非负实数，$t<0$ 时 $f(t)=0$	$\mathrm{e}^{-s\tau}F(s)$
n 阶导数	$\frac{\mathrm{d}^n}{\mathrm{d}t^n}f(t)$	$s^nF(s)-s^{n-1}f(0)-s^{n-2}f'(0)-\cdots f^{(n-1)}(0)$
函数乘以 t	$tf(t)$	$-\frac{\mathrm{d}}{\mathrm{d}s}F(s)$
函数除以 t	$\frac{1}{t}f(t)$	$\int_s^{\infty}F(s)\mathrm{d}s$
初始定理	$\lim\limits_{t\to 0_+}f(t)$	$\lim\limits_{s\to\infty}sF(s)$
终值定理	$\lim\limits_{t\to\infty}f(t)$	$\lim\limits_{s\to 0}sF(s)$
相似定理	$f(at)$	$\frac{1}{a}F(\frac{s}{a})$，$a>0$
卷积定理	$f_1(t)*f_2(t)=\int_0^t f_1(t-\tau)f_2(\tau)\mathrm{d}\tau$	$F_1(s)F_2(s)$

表 I-2 常用函数拉氏变换对照表

	原函数 $f(t)$	像函数 $F(s)$
1	$\delta(t)$	1
2	$1(t)$	$\frac{1}{s}$
3	t	$\frac{1}{s^2}$
4	$\frac{t^{n-1}}{(n-1)!}$	$\frac{1}{s^n}$
5	e^{-at}	$\frac{1}{s+a}$
6	$\frac{1}{a}(1-e^{-at})$	$\frac{1}{s(s+a)}$
7	$\frac{1}{a}[a_0-(a_0-a)e^{-at}]$	$\frac{s+a_0}{s(s+a)}$
8	$\frac{1}{(b-a)}(e^{-at}-e^{-bt})$	$\frac{1}{(s+a)(s+b)}$
9	$\frac{1}{(b-a)}[(a_0-a)e^{-at}-(a_0-b)e^{-bt})]$	$\frac{s+a_0}{(s+a)(s+b)}$
10	$\frac{1}{\omega}\sin\omega t$	$\frac{1}{s^2+\omega^2}$
11	$\cos\omega t$	$\frac{s}{s^2+\omega^2}$
12	$\frac{1}{\omega}(a_0{}^2+\omega^2)^{1/2}\sin(\omega t+\varphi)$，$\varphi=\arctan\frac{\omega}{a_0}$	$\frac{s+a_0}{s^2+\omega^2}$
13	$\frac{1}{\omega^2}(1-\cos\omega t)$	$\frac{1}{s(s^2+\omega^2)}$
14	$\frac{a_0}{\omega^2}-\frac{(a_0{}^2+\omega^2)^{1/2}}{\omega^2}\cos(\omega t+\varphi)$，$\varphi=\arctan\frac{\omega}{a_0}$	$\frac{s+a_0}{s(s^2+\omega^2)}$
15	$\frac{a_0-a}{a^2+\omega^2}e^{-at}+\frac{1}{\omega}[\frac{a_0{}^2+\omega^2}{a^2+\omega^2}]^{1/2}\sin(\omega t+\varphi)$ $\varphi=\arctan\frac{\omega}{a_0}-\arctan\frac{\omega}{a}$	$\frac{s+a_0}{(s+a)(s^2+\omega^2)}$
16	$\frac{-1}{\sqrt{1-\zeta^2}}e^{-\zeta\omega_n t}\sin(\omega_n\sqrt{1-\zeta^2}t-\varphi)$，$\varphi=\arctan\frac{\sqrt{1-\zeta^2}}{\zeta}$	$\frac{s}{s^2+2\zeta\omega_n s+\omega_n{}^2}$

续表一

	原函数 $f(t)$	像函数 $F(s)$
17	$\dfrac{-1}{\sqrt{1-\zeta^2}}\mathrm{e}^{-\zeta\omega_n t}\sin(\omega_n\sqrt{1-\zeta^2}t)$	$\dfrac{\omega_n^2}{s^2+2\zeta\omega_n s+\omega_n^2}$
18	$1-\dfrac{1}{\sqrt{1-\zeta^2}}\mathrm{e}^{-\zeta\omega_n t}\sin(\omega_n\sqrt{1-\zeta^2}t+\varphi)$，$\varphi=\arctan\dfrac{\sqrt{1-\zeta^2}}{\zeta}$	$\dfrac{\omega_n^2}{s(s^2+2\zeta\omega_n s+\omega_n^2)}$
19	$\dfrac{\mathrm{e}^{-at}+at-1}{a^2}$	$\dfrac{1}{s^2(s+a)}$
20	$\dfrac{a_0-a}{a^2}\mathrm{e}^{-at}+\dfrac{a_0}{a}t+\dfrac{a-a_0}{a^2}$	$\dfrac{s+a_0}{s^2(s+a)}$
21	$\dfrac{a^2-a_1a+a_0}{a^2}\mathrm{e}^{-at}+\dfrac{a_0}{a}t+\dfrac{c_1a-a_0}{a^2}$	$\dfrac{s^2+a_1s+a_0}{s^2(s+a)}$
22	$[(a_0-a)t+1]\mathrm{e}^{-at}$	$\dfrac{s+a_0}{(s+a)^2}$
23	$\dfrac{1}{(n-1)!}t^{n-1}\mathrm{e}^{-at}$	$\dfrac{1}{(s+a)^n}$
24	$\dfrac{1-(1+at)\mathrm{e}^{-at}}{a^2}$	$\dfrac{1}{s(s+a)^2}$
25	$\dfrac{a_0}{a^2}+\left(\dfrac{a-a_0}{a}t-\dfrac{a_0}{a^2}\right)\mathrm{e}^{-at}$	$\dfrac{s+a_0}{s(s+a)^2}$
26	$\dfrac{a_0}{a^2}+\left(\dfrac{a_1a-a_0-a^2}{a}t+\dfrac{a^2-a_0}{a^2}\right)\mathrm{e}^{-at}$	$\dfrac{s^2+a_1s+a_0}{s(s+a)^2}$
27	$\dfrac{1}{ab}+\dfrac{1}{ab(a-b)}(b\mathrm{e}^{-at}-a\mathrm{e}^{-bt})$	$\dfrac{1}{s(s+a)(s+b)}$
28	$\dfrac{a_0}{ab}+\dfrac{a_0-a}{a(a-b)}\mathrm{e}^{-at}+\dfrac{a_0-b}{b(b-a)}\mathrm{e}^{-bt}$	$\dfrac{s+a_0}{s(s+a)(s+b)}$
29	$\dfrac{a_0}{ab}+\dfrac{a^2-a_1a+a_0}{a(a-b)}\mathrm{e}^{-at}-\dfrac{b^2-a_1b+a_0}{b(a-b)}\mathrm{e}^{-bt}$	$\dfrac{s^2+a_1s+a_0}{s(s+a)(s+b)}$
30	$\dfrac{\mathrm{e}^{-at}}{(b-a)(c-a)}+\dfrac{\mathrm{e}^{-bt}}{(a-b)(c-b)}+\dfrac{\mathrm{e}^{-ct}}{(a-c)(b-c)}$	$\dfrac{1}{(s+a)(s+b)(s+c)}$
31	$\dfrac{a_0-a}{(b-a)(c-a)}\mathrm{e}^{-at}+\dfrac{a_0-b}{(a-b)(c-b)}\mathrm{e}^{-bt}+\dfrac{a_0-c}{(a-c)(b-c)}\mathrm{e}^{-ct}$	$\dfrac{s+a_0}{(s+a)(s+b)(s+c)}$

续表二

	原函数 $f(t)$	像函数 $F(s)$
32	$\frac{a^2-a_1a+a_0}{(b-a)(c-a)}e^{-at}+\frac{b^2-a_1b+a_0}{(a-b)(c-b)}e^{-bt}+\frac{c^2-a_1c+a_0}{(a-c)(b-c)}e^{-ct}$	$\frac{s^2+a_1s+a_0}{(s+a)(s+b)(s+c)}$
33	$\frac{1}{\omega}e^{-at}\sin\omega t$	$\frac{1}{(s+a)^2+\omega^2}$
34	$\frac{1}{\omega}[(a_0-a)^2+\omega^2]^{1/2}e^{-at}\sin(\omega t+\varphi)$ $\varphi=\arctan\frac{\omega}{a_0-a}$	$\frac{s+a_0}{(s+a)^2+\omega^2}$
35	$e^{-at}\cos\omega t$	$\frac{s+a_0}{(s+a)^2+\omega^2}$
36	$\frac{1}{a^2+\omega^2}+\frac{1}{(a^2+\omega^2)^{1/2}\omega}e^{-at}\sin(\omega t-\varphi)$ $\varphi=\arctan\frac{\omega}{-a}$	$\frac{1}{s[(s+a)^2+\omega^2]}$
37	$\frac{a_0}{a^2+\omega^2}+\frac{[(a_0-a)^2+\omega^2]^{1/2}}{(a^2+\omega^2)^{1/2}\omega}e^{-at}\sin(\omega t+\varphi)$ $\varphi=\arctan\frac{\omega}{a_0-a}-\arctan\frac{\omega}{-a}$	$\frac{s+a_0}{s[(s+a)^2+\omega^2]}$
38	$\frac{a_0}{a^2+\omega^2}+\frac{[(a^2-\omega^2-a_1a+a_0)^2+\omega^2(a_1-2a)^2]^{1/2}}{(a^2+\omega^2)^{1/2}\omega}e^{-at}\sin(\omega t+\varphi)$ $\varphi=\arctan\frac{\omega(a_1-2a)}{a^2-\omega^2-a_1a+a_0}-\arctan\frac{\omega}{-a}$	$\frac{s^2+a_1s+a_0}{s[(s+a)^2+\omega^2]}$
39	$\frac{e^{-ct}}{(c-a)^2+\omega^2}+\frac{e^{-at}}{[(c-a)^2+\omega^2)]^{1/2}\omega}\sin(\omega t-\varphi)$ $\varphi=\arctan\frac{\omega}{c-a}$	$\frac{1}{(s+c)[(s+a)^2+\omega^2]}$
40	$\frac{a_0-c}{(a-c)^2+\omega^2}e^{-ct}+\frac{1}{\omega}\left[\frac{(a_0-a)^2+\omega^2}{(c-a)^2+\omega^2}\right]^{1/2}e^{-at}\sin(\omega t+\varphi)$ $\varphi=\arctan\frac{\omega}{a_0-a}-\arctan\frac{\omega}{c-a}$	$\frac{s+a_0}{(s+c)[(s+a)^2+\omega^2]}$
41	$\frac{a_0-c}{c(a^2+\omega^2)}-\frac{e^{-ct}}{c[(a-c)^2+\omega^2]}+\frac{1}{\omega(a^2+\omega^2)^{1/2}[(c-a)^2+\omega^2]^{1/2}}e^{-at}\sin(\omega t-\varphi)$ $\varphi=\arctan\frac{\omega}{-a}+\arctan\frac{\omega}{c-a}$	$\frac{1}{s(s+c)[(s+a)^2+\omega^2]}$
42	$\frac{a_0}{c(a^2+\omega^2)}+\frac{(c-a_0)e^{-ct}}{c[(a-c)^2+\omega^2]}+\frac{e^{-at}}{\omega(a^2+\omega^2)^{1/2}}\left[\frac{(a_0-a)^2+\omega^2}{(c-a)^2+\omega^2}\right]^{1/2}\sin(\omega t-\varphi)$ $\varphi=\arctan\frac{\omega}{a_0-a}-\arctan\frac{\omega}{c-a}-\arctan\frac{\omega}{-a}$	$\frac{s+a_0}{s(s+c)[(s+a)^2+\omega^2]}$

表 I－3　多项有理分式展开

<table>
<tr><td colspan="2">复杂多项有理分式一般形式</td></tr>
<tr><td colspan="2">$G(s)=\frac{C(s)}{R(s)}=\frac{b_m s^m+b_{m-1}s^{m-1}+\cdots+b_1 s+b_0}{a_n s^n+a_{n-1}s^{n-1}+\cdots+a_1 s+a_0}=\frac{b_m s^m+b_{m-1}s^{m-1}+\cdots+b_1 s+b_0}{(s-s_1)(s-s_2)\cdots(s-s_n)}$，其中，$a_i$，$b_j(i=0\sim n$，$j=0\sim m)$为实常数，且 $m<n$，s_1，s_2，…，s_n 是 $R(s)=0$ 的根，即 $G(s)$的极点</td></tr>
<tr><td colspan="2">复杂多项有理分式展开及对应的拉氏反变换</td></tr>
<tr><td rowspan="2">$R(s)=0$
无重根</td><td>多项式展开：
$$G(s)=\frac{c_1}{s-s_1}+\frac{c_2}{s-s_2}+\cdots+\frac{c_i}{s-s_i}+\cdots+\frac{c_n}{s-s_n}=\sum_{i=1}^{n}\frac{c_i}{s-s_i}$$
其中，c_i 为待定常数，为 $G(s)$ 在极点 s_i 处的留数，$c_i=\lim\limits_{s\to s_i}(s-s_i)F(s)$ 或 $c_i=\left.\frac{C(s)}{\dot{R}(s)}\right|_{s=s_i}$</td></tr>
<tr><td>对应的拉氏反变换：$f(t)=\mathscr{L}^{-1}[G(s)]=\sum\limits_{i=1}^{n}c_i e^{s_i t}$</td></tr>
<tr><td rowspan="2">$R(s)=0$
有重根</td><td>多项式展开：
$$G(s)=\frac{C(s)}{(s-s_1)^r(s-s_{r+1})\cdots(s-s_n)}=\frac{c_r}{(s-s_1)^r}+\frac{c_{r-1}}{(s-s_1)^{r-1}}+\cdots+\frac{c_1}{s-s_1}+\frac{c_{r+1}}{s-s_{r+1}}+\cdots+\frac{c_n}{s-s_n}$$
其中，s_1 为$G(s)$的重极点，s_{r+1}，…，s_n 为$G(s)$的$(n-r)$个非重极点；c_r，c_{r-1}，…，c_1，c_{r+1}，…，c_n 为待定常数；$c_r=\lim\limits_{s\to s_1}(s-s_1)^r F(s)$；
$$c_{r-1}=\lim_{s\to s_1}\frac{\mathrm{d}}{\mathrm{d}s}[(s-s_1)^r F(s)]；\cdots；c_{r-i}=\frac{1}{i!}\lim_{s\to s_1}\frac{\mathrm{d}^{(i)}}{\mathrm{d}s^i}[(s-s_1)^r F(s)]；\cdots；$$
$$c_1=\frac{1}{(r-1)!}\lim_{s\to s_1}\frac{\mathrm{d}^{(r-1)}}{\mathrm{d}s^{r-1}}[(s-s_1)^r F(s)]；c_j=\lim_{s\to s_j}(s-s_j)F(s)$$</td></tr>
<tr><td>对应的拉氏反变换：
$$f(t)=\mathscr{L}^{-1}[G(s)]=\left[\frac{c_r}{(r-1)!}t^{r-1}+\frac{c_{r-1}}{(r-2)!}t^{r-2}+\cdots+c_2 t+c_1\right]e^{s_1 t}+\sum_{i=1}^{n}c_i e^{s_i t}$$</td></tr>
</table>

附录 B　MATLAB 系统与常用函数

1.1　命令窗口

启动 MATLAB 系统后，工作平台上会弹出一个 MATLAB 的命令窗口，这时用户可以发出 MATLAB 命令。例如，为了生成一个 3*3 的矩阵，可以在提示符下，键入如下的命令：

```
A=[1 2 3; 4 5 6; 7 8 9]
```

方括号命令表示矩阵，空格或逗号将每行的元素分开，而分号将矩阵的各行数值分开。再键入 Enter 后，MATLAB 将回显如下的矩阵：

```
A=
    1    2    3
    4    5    6
    7    8    9
```

为了求该矩阵的逆矩阵，则只要键入命令

```
B=inv(A)
```

MATLAB 就将计算出相应的结果。

1.2　图形窗口

可以用 figure 命令生成一个新的图形窗口，还可以用命令窗口的 File 菜单的 New 子菜单的 Figure 项来打开一个新的图形窗口。

1.3　文件类型

在 MATLAB 系统中，根据功能可将 MATLAB 系统所使用的外部文件分为几类，并用不同的扩展名作为其标识，本书用的主要是 M 文件。M 文件以字母 m 为其扩展名，例如 startup.m。在 MATLAB 系统中，有两类 M 文件。一类称为程序 M 文件，简称 M 文件；另一类称为函数 M 文件，或简称为函数，统称为 M 文件。

1.4　语言语法要素

在 MATLAB 中有两个基本概念：变量和表达式。变量由变量名表示，函数名作为特殊的变量名看待，每个变量名由一个字母后面跟随任意个字母或数字(包括下划线)组成，但 MATLAB 只能分辨前 19 个字符。MATLAB 能区分组成变量名的大小写字母。MATLAB 的语句则是下列两种形式之一：

变量名=表达式

表达式

在前一种语句形式下，MATLAB 将运算的结果赋给“变量名”；而在第二种语句形式下，将运算的结果赋给 MATLAB 的永久变量 ans，每条语句以回车符结束。一般地，运算的结果在命令窗口中显示出来。如果语句的最后一个字符是分号“；”，表示该语句的执行结果不被显示，这可避免显示一些用户不感兴趣的结果。

1.5　MATLAB 的特殊运算符

在 MATLAB 的 M 文件中，可以加入解释行。解释行的标识符为“%”，该标识符将被作为注解内容。程序执行时，注解被忽略。

方括号“[　　]”用于生成矩阵。语句 A=[　　]生成空矩阵 A。

冒号“：”最主要的作用是生成向量。例如：

j:k 生成向量[j，j+1，j+2，…，k]。

j:i:k 生成向量[j，j+i，j+2 * i，…，k]。如果 j>k，则生成空矩阵。

A(:，j)表示矩阵 A 的第 j 列。

A(I，:)表示矩阵 A 的第 I 行。

A(j:k)表示向量 A(j)，A(j+1)，…，A(k)。

A(:，j:k)表示从第 j 列到第 k 列的矩阵子块。

有时一条 MATLAB 语句会很长，在命令窗口的一行内很可能写不下，此时只要在该语句中加入三连点(“…”，也称换行连接符)，再回车即可在下一行接着写该语句。

1.6　MATLAB 的在线帮助

用户可以随时利用在线帮助查询自己不懂得用法的函数。例如：在命令窗口键入 help abs 后，可将 abs 函数的主要用法和用途都列出来。

1.7　MATLAB 常用函数

1.7.1　特殊变量与常数

ans	计算结果的变量名	computer	确定运行的计算机
eps	浮点相对精度	Inf	无穷大
I	虚数单位	inputname	输入参数名
NaN	非数	nargin	输入参数个数
nargout	输出参数的数目	pi	圆周率
nargoutchk	有效的输出参数数目	realmax	最大正浮点数
realmin	最小正浮点数	varargin	实际输入　的参量
varargout	实际返回的参量		

1.7.2 操作符与特殊字符

+	加	—	减
*	矩阵乘法	.*	数组乘(对应元素相乘)
^	矩阵幂	.^	数组幂(各个元素求幂)
\	左除或反斜杠	/	右除或斜杠
./	数组除(对应元素除)	kron	Kronecker 张量积
:	冒号	()	圆括
[]	方括	.	小数点
..	父目录	...	继续
,	逗号(分割多条命令)	;	分号(禁止结果显示)
%	注释	!	感叹号
′	转置或引用	=	赋值
==	相等	<>	不等于
&	逻辑与	|	逻辑或
~	逻辑非	xor	逻辑异或

1.7.3 基本数学函数

abs	绝对值和复数模长	acos，acodh	反余弦，反双曲余弦
acot，acoth	反余切，反双曲余切	acsc，acsch	反余割，反双曲余割
angle	相角	asec，asech	反正割，反双曲正割
secant	正切	asin，asinh	反正弦，反双曲正弦
atan，atanh	反正切，双曲正切	tangent	正切
atan2	四象限反正切	ceil	向着无穷大舍入
complex	建立一个复数	conj	复数配对
cos，cosh	余弦，双曲余弦	csc，csch	余切，双曲余切
cot，coth	余切，双曲余切	exp	指数
fix	朝 0 方向取整	floor	朝负无穷取整
gcd	最大公因数	imag	复数值的虚部
lcm	最小公倍数	log	自然对数
log2	以 2 为底的对数	log10	常用对数
mod	有符号的求余	nchoosek	二项式系数和全部组合数
real	复数的实部	rem	相除后求余
round	取整为最近的整数	sec，sech	正割，双曲正割
sign	符号数	sin，sinh	正弦，双曲正弦
sqrt	平方根	tan，tanh	正切，双曲正切

1.7.4　基本矩阵和矩阵操作

blkding	从输入参量建立块对角矩阵	eye	单位矩阵
linespace	产生线性间隔的向量	logspace	产生对数间隔的向量
numel	元素个数	ones	产生全为 1 的数组
rand	均匀分布随机数和数组	randn	正态分布随机数和数组
zeros	建立一个全 0 矩阵	:(colon)	等间隔向量
cat	连接数组	diag	对角矩阵和矩阵对角线
fliplr	从左自右翻转矩阵	flipud	从上到下翻转矩阵
repmat	复制一个数组	reshape	改造矩阵
roy90	矩阵翻转 90 度	tril	矩阵的下三角
triu	矩阵的上三角	dot	向量点集
cross	向量叉集	ismember	检测一个集合的元素
intersect	向量的交集	setxor	向量异或集
setdiff	向量的差集	union	向量的并集

1.7.5　数值分析和傅立叶变换

cumprod	累积	cumsum	累加
cumtrapz	累计梯形法计算数值微分	factor	质因子
inpolygon	删除多边形区域内的点	max	最大值
mean	数组的均值	mediam	中值
min	最小值	perms	所有可能的转换
polyarea	多边形区域	primes	生成质数列表
prod	数组元素的乘积	rectint	矩形交集区域
sort	按升序排列矩阵元素	sortrows	按升序排列行
std	标准偏差	sum	求和
trapz	梯形数值积分	var	方差
del2	离散拉普拉斯	diff	差值和微分估计
gradient	数值梯度	cov	协方差矩阵
corrcoef	相关系数	conv2	二维卷积
conv	卷积和多项式乘法	filter	IIR 或 FIR 滤波器
deconv	反卷积和多项式除法	filter2	二维数字滤波器
cplxpair	将复数值分类为共轭对	fft	一维的快速傅立叶变换
fft2	二维快速傅立叶变换	fftshift	将 FFT 的 DC 分量移到频谱中心
ifft	一维快速反傅立叶变换	ifft2	二维傅立叶反变换
ifftn	多维快速傅立叶变换	ifftshift	反 FFT 偏移
nextpow2	最靠近的 2 的幂次	unwrap	校正相位角

1.7.6　多项式与插值

conv	卷积和多项式乘法	roots	多项式的根
poly	具有设定根的多项式	polyder	多项式微分
polyeig	多项式的特征根	polyfit	多项式拟合
polyint	解析多项式积分	polyval	多项式求值
polyvalm	矩阵变量多项式求值	residue	部分分式展开
interp1	一维插值	interp2	二维插值
interp3	三维插值	interpft	使用 FFT 的一维插值
interpn	多维插值	meshgrid	为 3 维点生成 x 和 y 的网格
ndgrid	生成多维函数和插值的数组	pchip	分段 3 次 Hermite 插值多项式
ppval	分段多项式的值	spline	3 次样条数据插值

1.7.7　绘图函数

bar	竖直条图	barh	水平条图
hist	直方图	histc	直方图计数
hold	保持当前图形	loglog	x，y 对数坐标图
pie	饼状图	plot	绘二维图
polar	极坐标图	semilogy	y 轴对数坐标图
semilogx	x 轴对数坐标	subplot	绘制子图
bar3	数值 3D 竖条图	bar3h	水平 3D 条形图
comet3	3D 彗星图	cylinder	圆柱体
fill3	填充的 3D 多边形	plot3	3 维空间绘图
quiver3	3D 震动(速度)图	slice	体积薄片图
sphere	球	stem3	绘制离散表面数据
waterfall	绘制瀑布	trisurf	三角表面
clabel	增加轮廓标签到等高线图中	datetick	数据格式标记
grid	加网格线	gtext	用鼠标将文本放在 2D 图中
legend	图注	plotyy	左右边都绘 Y 轴
title	标题	xlabel	X 轴标签
ylabel	Y 轴标签	zlabel	Z 轴标签
contour	等高线图	contourc	等高线计算
contourf	填充的等高线图	hidden	网格线消影
meshc	连接网格/等高线	mesh	具有参考轴的 3D 网格
peaks	具有两个变量的采样函数	surf	3D 阴影表面图
surface	建立表面低层对象	surfc	海浪和等高线的结合
surfl	具有光照的 3D 阴影表面	trimesh	三角网格图